W0254807

SONDERDRUCK AUS

HANDBUCH DER ANALYTISCHEN CHEMIE

HERAUSGEGEBEN VON

W. FRESENIUS-WIESBADEN UND G. JANDER-GREIFSWALD

DRITTER TEIL. BAND VII a α

(SPRINGER-VERLAG / BERLIN · GÖTTINGEN · HEIDELBERG 1950)

(PRINTED IN GERMANY)

F. HEIN UND G. BÄHR

WASSERSTOFF

MIT 38 ABBILDUNGEN

NICHT IM HANDEL

SONDERDRUCK AUS

HANDBUCH DER ANALYTISCHEN CHEMIE

HERAUSGEGEBEN VON

W. FRESENIUS-WIESBADEN UND G. JANDER-GREIFSWALD

DRITTER TEIL. BAND VII a α

(SPRINGER-VERLAG / BERLIN · GÖTTINGEN · HEIDELBERG 1950)

(PRINTED IN GERMANY)

F. HEIN UND G. BÄHR

DIE QUANTITATIVE BESTIMMUNG DES WASSERS

MIT 31 ABBILDUNGEN

NICHT IM HANDEL

SONDERDRUCK AUS

HANDBUCH DER ANALYTISCHEN CHEMIE

HERAUSGEGEBEN VON

W. FRESENIUS-WIESBADEN UND G. JANDER-GREIFSWALD

DRITTER TEIL. BAND VII a α

(SPRINGER-VERLAG / BERLIN · GÖTTINGEN · HEIDELBERG 1950)

(PRINTED IN GERMANY)

R. KLEMENT

FLUOR

MIT 17 ABBILDUNGEN

NICHT IM HANDEL

HANDBUCH DER ANALYTISCHEN CHEMIE

HERAUSGEGEBEN

VON

W. FRESENIUS UND G. JANDER

WIESBADEN GREIFSWALD

DRITTER TEIL

QUANTITATIVE BESTIMMUNGS- UND TRENNUNGSMETHODEN

BAND VII a α

ELEMENTE DER SIEBENTEN HAUPTGRUPPE

I

Springer-Verlag Berlin Heidelberg GmbH

1950

ELEMENTE DER SIEBENTEN HAUPTGRUPPE

I

WASSERSTOFF (EINSCHL. WASSER) FLUOR

BEARBEITET

VON

G. BÄHR · F. HEIN · R. KLEMENT

MIT 86 ABBILDUNGEN

Springer-Verlag Berlin Heidelberg GmbH
1950

ISBN 978-3-540-01463-8 ISBN 978-3-662-30591-1 (eBook)
DOI 10.1007/978-3-662-30591-1

Ursprünglich erschienen bei Springer-Verlag OHG, Berlin-Göttingen-Heidelberg 1950.

Inhaltsverzeichnis.

Verzeichnis der Zeitschriften und ihrer Abkürzungen.

Abkürzung	Zeitschrift
A.	LIEBIGS Annalen der Chemie; bis **172** (1874): Annalen der Chemie und Pharmacie.
Acc. Sci. med. Ferrara	Accademia delle scienze mediche di Ferrara.
A. Ch.	Annales de Chimie; vor 1914: Annales de Chimie et de Physique.
Acta Comment. Univ. Tartu	Acta et Commentationes Universitatis Tartuensis (Dorpatensis).
Acta med. Scand.	Acta Medica Scandinavica.
Agricultura	Agricultura.
Am. Chem. J. (Am. Ch.)	American Chemical Journal; seit 1917 vereinigt mit Am. Soc.
Am. Fertilizer	The American Fertilizer.
Am. J. Physiol.	American Journal of Physiology.
Am. J. Sci.	American Journal of Science.
Am. Soc.	Journal of the American Chemical Society.
Am. Soc. Test. Mater. (Am. Soc. Testing Materials)	American Society of Testing Materials.
Anal. Chem.	Analytical Chemistry, früher Ind. Eng. Chem. Anal. Edit.
Anal. chim. Acta	Analytica chimica acta.
Analyst	The Analyst.
An. Argentina	Anales de la asociación química Argentina.
An. Españ.	Anales de la sociedad española de física y química.
An. Farm. Bioquim.	Anales de farmacia y bioquímica (Buenos Aires).
Angew. Ch.	Angewandte Chemie, vor 1932: Zeitschrift für angewandte Chemie.
Ann. Acad. Sci. Fenn.	Annales academiae scientiarum fennicae.
Ann. agronom.	Annales agronomiques.
Ann. Chim. anal.	Annales de Chimie analytique et de Chimie appliquée.
Ann. Chim. applic.	Annali di chimica applicata.
Ann. Falsific.	Annales des Falsifications et des Fraudes.
Ann. Office nat. Combustibles liquides	Annales de l'Office National des Combustibles Liquides.
Ann. Phys.	Annalen der Physik (GRÜNEISEN und PLANCK).
Ann. Sci. agronom. Franç.	Annales de la Science agronomique française et étrangère; nach 1930: Annales agronomiques.
Ann. Soc. Sci. Bruxelles	Annales de la société scientifique de Bruxelles, Série A: Sciences mathématiques; Série B: Sciences physiques et naturelles.
Anz. Akad. Wiss. Wien, math.-naturwiss. Kl.	Anzeiger der Akademie der Wissenschaften in Wien, Mathematische-Naturwissenschaftliche Klasse.
Anz. Krakau. Akad.	Anzeiger der Akademie der Wissenschaften, Krakau.
Apoth.-Z.	Apotheker-Zeitung.
Ar.	Archiv der Pharmazie.
Arch. Eisenhüttenw.	Archiv für das Eisenhüttenwesen.
Arch. exp. Pathol.	Archiv für experimentelle Pathologie und Pharmakologie (NAUNYN-SCHMIEDEBERG).
Arch. Math. Naturvidensk (Arch. F. Mathem. og Naturvid.)	Archiv for Mathematik og Naturvidenskab.
Arch. Néerland. Physiol.	Archives Néerlandaises de Physiologie de l'Homme et des Animaux.
Arch. Phys. biol.	Archives de Physique biologique et de Chimie-Physique des Corps organisés.
Arch. Physiol.	Archiv für die gesamte Physiologie des Menschen und der Tiere (PFLÜGER).
Arch. Sci. biol.	Archivio di scienze biologiche (Italy).
Arch. Sci. phys. nat. Genève	Archives des Sciences physiques et naturelles, Genève.
Atti Accad. Lincei	Atti della Reale Accademia nazionale dei Lincei.

Abkürzung	Zeitschrift
Atti Accad. Sci. Torino	Atti della Reale Accademia delle Scienze di Torino.
Atti Congr. naz. Chim. pura applic.	Atti del congresso nazionale di chimica pura ed applicata.
Atti X Congr. int. Chim., Roma (Atti Congr. int. Chim. Roma)	Atti del X Congresso Internazionale di Chimica (Roma).
Austr. J. exp. Biol. med. Sci.	Australian Journal of Experimental Biology and Medical Science.
B.	Berichte der Deutschen Chemischen Gesellschaft.
Ber. dtsch. keram. Ges.	Berichte der Deutschen Keramischen Gesellschaft.
Ber. dtsch. pharm. Ges.	Berichte der Deutschen Pharmazeutischen Gesellschaft.
Ber. oberhess. Ges. Naturk.	Bericht der oberhessischen Gesellschaft für Natur- und Heilkunde.
Ber. Wien. Akad.	Sitzungsberichte der Akademie der Wissenschaften, Wien.
Betriebslab.	Betriebslaboratorium; russ.: Sawodskaja Laboratorija.
Biochem. J.	Biochemical Journal.
Biol. Bl.	Biological Bulletin of the Marine Biological Laboratory; seit 1930: Biological Bulletin.
Bio. Z.	Biochemische Zeitschrift.
Bl.	Bulletin de la Société chimique de France; vor 1907: Bulletin de la Société chimique de Paris.
Bl. Acad. Roum.	Bulletin de la section scientifique de l'Académie Roumaine.
Bl. Acad. Russie	Bulletin de l'Academie des Sciences de Russie; seit 1925: Bl. Acad. URSS.
Bl. Acad. Sci. Pétersb.	Bulletin de l'Académie impériale des Sciences, Pétersbourg; seit 1917: Bl. Acad. Russie.
Bl. Acad. URSS.	Bulletin de l'Académie des Sciences de l'U[nion des] R[épubliques] S[oviétiques] S[ocialistes].
Bl. Acad. URSS., Sér. chim.	Bulletin de l'Académie des Sciences de l'U[nion des] R[épubliques] S[oviétiques] S[ocialistes], Sér. chimique.
Bl. agric. chem. Soc. Japan	Bulletin of the Agricultural Chemical Society of Japan.
Bl. Am. phys. Soc.	Bulletin of the American Physical Society.
Bl. Assoc. techn. Fonderie (Bull. [Ass.] techn. Fonderie)	Bulletin de l'Association Technique de Fonderie.
Bl. Biol. pharm.	Bulletin des Biologistes pharmaciens.
Bl. Bur. Mines Washington	Bulletin, Bureau of Mines, Washington.
Bl. chem. Soc. Japan	Bulletin of the Chemical Society of Japan.
Bl. Chim. pura apl. Bukarest (B. Chim. pura aplicata Bukarest)	Buletinul de Chimie Pură si Aplicată (al Societătii Române de Chimie), Bukarest.
Bl. Inst. physic. chem. Res. (Abstr.) Tôkyô	Bulletin of the Institute of Physical and Chemical Research, Abstracts, Tôkyô.
Bl. Sci. pharmacol.	Bulletin des Sciences pharmacologiques.
Bl. Soc. chim. Belg.	Bulletin de la Société chimique de Belgique.
Bl. Soc. Chim. biol.	Bulletin de la Société de Chimie biologique.
Bl. Soc. chim. Paris	Vgl. Bl.
Bl. Soc. Min.	Bulletin de la Société française de Minéralogie.
Bl. Soc. Mulhouse	Bulletin de la Société industrielle de Mulhouse.
Bl. Soc. Pharm. Bordeaux	Bulletin des Travaux de la Société de Pharmacie de Bordeaux.
Bl. Soc. România	Buletinul societatii de chimie din România.
Bodenkunde Pflanzenernähr.	Bodenkunde und Pflanzenernährung: 1. Folge (Band **1** bis **45**) heißt: Zeitschrift für Pflanzenernährung, Düngung und Bodenkunde.
Boll. chim. farm.	Bolletino chimico-farmaceutico.
Branntwein-Ind. (russ.)	Branntwein-Industrie (russisch).
Brit. chem. Abstr.	British Chemical Abstracts.
Bur. Stand. J. Res.	Bureau of Standards Journal of Research.
C.	Chemisches Zentralblatt.
Canad. Chem. Metallurgy (Can. Chem. Met.)	Canadian Chemistry and Metallurgy; ab Bd. **22** (1938): Canadian Chemistry and Process Industries.
Canadian J. Res.	Canadian Journal of Research.
Časopis českoslov. Lékárn.	Časopis československého, Lékárnictva.
Cereal Chem.	Cereal Chemistry.

Abkürzung	Zeitschrift
Chem. Abstr.	Chemical Abstracts.
Chem. Age	Chemical Age.
Chem. Apparatur	Chemische Apparatur.
Chem. eng. min. Rev.	Chemical Engineering and Mining Review.
Chem. Ind.	Chemistry and Industry.
Chemisat. soc. Agric. (Chemisat. socialist. Agr.) (russ.)	Chemisation of Socialistic Agriculture (russisch).
Chemist-Analyst	The Chemist-Analyst.
Chem. J. Ser. A	Chemisches Journal Serie A, Journal für allgemeine Chemie; russ.: Chimitscheski Shurnal Sser. A, Shurnal obschtschei Chimii.
Chem. J. Ser. B	Chemisches Journal Serie B, Journal für angewandte Chemie; russ.: Chimitscheski Shurnal Sser. B, Shurnal prikladnoi Chimii.
Chem. Listy	Chemické Listy pro vědu a průmysl.
Chem. Metallurg. Eng. (Chem. Met. Engin.)	Chemical and Metallurgical Engineering.
Chem. N.	Chemical News.
Chem. Obzor	Chemický Obzor.
Chem. Reviews	Chemical Reviews.
Chem. social. Agric.	Chemisation of socialistic Agriculture; russ.: Chimisazia ssozialistitscheskogo Semledelija.
Chem. Trade. J. chem. Engr. (Chem. Trade J.)	Chemical Trade Journal and Chemical Engineer.
Chem. Weekbl.	Chemisch Weekblad.
Ch. Fabr.	Die chemische Fabrik.
Chim. e Ind. (Milano)	Chimica e Industria (Milano).
Chim. Ind.	Chimie & Industrie.
Chim. Ind. 17. Congr. Paris	Chimie & Industrie, 17. Congrès, Paris.
Ch. Ind.	Die chemische Industrie.
Ch. Z.	Chemiker-Zeitung.
Ch. Z. Chem. techn. Übersicht	Chemiker-Zeitung, Chemisch-technische Übersicht.
Ch. Z. Repert.	Chemiker-Zeitung, Repertorium.
Coll. Trav. chim. Tchécosl.	Collection des Travaux chimiques de Tchécoslovaquie.
C. r.	Comptes rendus de l'Académie des Sciences.
C. r. Acad. URSS.	Comptes rendus (Doklady) de l'académie des sciences de l'U[nion des] R[épubliques] S[oviétiques] S[ocialistes].
C. r. Carlsberg	Comptes rendus des Travaux du Laboratoire de Carlsberg.
C. r. Soc. Biol.	Comptes rendus de la Société de Biologie.
Current Sci.	Current Science.
Dansk Tidskr. Farm.	Dansk Tidskrift for Farmaci.
Dingl. J.	DINGLERS Polytechnisches Journal.
Dtsch. med. Wschr.	Deutsche medizinische Wochenschrift.
Dtsch. tierärztl. Wschr.	Deutsche tierärztliche Wochenschrift.
Eng. Min. Journ.	Engineering and Mining Journal.
E. P.	Englisches Patent.
Fenno-Chem.	Fenno-Chemica.
Finska Kemistsamfundets Medd.	Finska Kemistsamfundets Meddelanden; fortgesetzt unter der Bezeichnung: Fenno-Chemica.
Fortschr. Chem. Physik physik. Chem.	Fortschritte der Chemie, Physik und physikalischen Chemie.
Fr.	Zeitschrift für analytische Chemie (FRESENIUS).
G.	Gazzetta chimica italiana.
Gas- und Wasserfach	Das Gas- und Wasserfach; vor 1922: Journal für Gasbeleuchtung sowie für Wasserversorgung.
Gen. electr. Rev. (General Electric Rev.)	General Electric Review.
Giorn. Biol. appl. Ind. chim. aliment. (G. Biol. appl. Ind. chim.)	Giornale di Biologia Applicata alla Industria Chimica ed Alimentare; ab Bd. **5** (1935): Giornale di Biologia Industriale Agraria ed Alimentare.
Giorn. Chim. ind. ed applic. (Giorn. Chim. ind. appl.)	Giornale di Chimica Industriale ed Applicata.
Glastechn. Ber.	Glastechnische Berichte.

Abkürzung	Zeitschrift
Glückauf	Glückauf, berg- und hüttenmännische Zeitschrift.
H.	Zeitschrift für physiologische Chemie (HOPPE-SEYLER).
Helv.	Helvetica chimica acta.
Ind. Chemist (chem. Manufacturer) (Ind. Chemist. a.Chemical Manufacturer)	Industrial Chemist and Chemical Manufacturer.
Ind. chimica	L'Industria chimica, mineraria e metallurgica.
Ind. eng. Chem.	Industrial and Engineering Chemistry.
Ind. eng. Chem. Anal. Edit.	Industrial and Engineering Chemistry, Analytical Edition.
Ing. Chimiste (Bruxelles)	Ingénieur Chimiste (Bruxelles).
Internat. Sugar J.	International Sugar Journal.
J. agric. Sci.	Journal of Agricultural Science.
J. Am. ceram. Soc.	Journal of the American Ceramic Society.
J. Am. Leather Chem.	Journal of the American Leather Chemists' Association.
J. Am. med. Assoc.	Journal of the American Medical Association.
J. Am. pharm. Assoc.	Journal of the American Pharmaceutical Association.
J. Am. Soc. Agron.	Journal of the American Society of Agronomy.
J. Am. Water Works Assoc.	Journal of the American Water Works Association.
J. anal. appl. Chem.	Journal of Analytical and Applied Chemistry.
J. Assoc. offic. agric. Chem.	Journal of the Association of Official Agricultural Chemists.
J. Biochem.	Journal of Biochemistry (Japan).
J. biol. Chem.	Journal of Biological Chemistry.
Jbr.	Jahresberichte über die Fortschritte der Chemie (LIEBIG und KOPP), 1847—1910.
Jb. Radioakt.	Jahrbuch der Radioaktivität und Elektronik.
J. chem. Educat.	Journal of Chemical Education.
J. chem. Ind.	Journal der chemischen Industrie; russ.: Shurnal Chimitscheskoi Promyschlennosti.
J. chem. Physics (J. chem. Phys.)	Journal of Chemical Physics.
J. chem. Soc.	Journal of the Chemical Society of London.
J. chem. Soc. Japan	Journal of the Chemical Society of Japan.
J. Chim. appl. (J. chem. applic.) (russ.)	Journal de Chimie Appliquée (russisch).
J. Chim. phys.	Journal de Chimie physique; seit 1931: ... et Revue générale des Colloides.
J. chos. med. Assoc.	Journal of the Chosen Medical Association (Japan).
Jernkont. Ann.	Jernkontorets Annaler.
J. ind. eng. Chem.	Journal of Industrial and Engineering Chemistry; seit 1923: Ind. eng. Chem.
J. Indian chem. Soc.	Journal of the Indian Chemical Society.
J. Indian Inst. Sci.	Journal of the Indian Institute of Science.
J. Inst. Brew.	Journal of the Institute of Brewing.
J. Inst. Petrol. Tech.	Journal of the Institution of Petroleum Technologists.
J. Iron Steel Inst.	Journal of the Iron and Steel Institute.
J. Labor clin. Med.	Journal of Laboratory and Clinical Medicine.
J. Landwirtsch.	Journal für Landwirtschaft.
J. of Hyg. (Brit.)	Journal of Hygiene (britisch).
J. opt. Soc. Am.	Journal of the Optical Society of America.
J. Pharm. Belg.	Journal de Pharmacie de Belgique.
J. Pharm. Chim.	Journal de Pharmacie et de Chimie.
J. pharm. Soc. Japan	Journal of the Pharmaceutical Society of Japan.
J. physic. Chem.	Journal of Physical Chemistry.
J. Physiol.	Journal of Physiology.
J. pr.	Journal für praktische Chemie.
J. Pr. Austr. chem. Inst.	Journal and Proceedings of the Australian Chemical Institute.
J. Res. Nat. Bureau of Standards	Journal of Research of the National Bureau of Standards, früher: Bur. Stand. J. Res.
J. Russ. phys.-chem. Ges.	Journal der russischen physikalisch-chemischen Gesellschaft.
J. S. African chem. Inst.	Journal of the South African Chemical Institute.
J. Sci. Soil Manure	Journal of the Sciences of Soil and Manure (Japan).
J. Soc. chem. Ind.	Journal of the Society of Chemical Industrie (Chemistry and Industry).

Abkürzung	Zeitschrift
J. Soc. chem. Ind. Japan (Suppl.)	Journal of the Society of Chemical Industry, Japan. Supplement.
J. Soc. Dyers Colourists	Journal of the Society of Dyers and Colourists.
J. Washington Acad. Sci.	Journal of the Washington Academy of Sciences.
J. Zucker-Ind.	Journal der Zuckerindustrie; russ.: Shurnal Sakharnoi Promyschlennosti.
Keem. Teated	Keemia Teated (Tartu).
Kem. Maanedsbl. nord. Handelsbl. kem. Ind.	Kemisk Maanedsblad og Nordisk Handelsblad for Kemisk Industri.
Klin. Wschr.	Klinische Wochenschrift.
Koks u. Chem. (russ.)	Koks und Chemie (russisch).
Kolloidchem. Beih.	Kolloidchemische Beihefte.
Kolloid-Z.	Kolloid-Zeitschrift.
Lantbruks-Akad. Handl. Tidskr.	Kungl. Lantbruks-Akademiens Handlingar och Tidskrift.
Lantbruks-Högskol. Ann.	Lantbruks-Högskolans Annaler.
L. V. St.	Landwirtschaftliche Versuchsstationen.
M.	Monatshefte für Chemie.
Magyar Chem. Folyóirat	Magyar Chemiai Folyóirat (Ungarische chemische Zeitschrift).
Malayan agric. J.	Malayan Agricultural Journal.
Medd. Centralanst. Försöksväs. jordbruks., landwirtsch.-chem. Abt.	Meddelande från Centralanstalten för Försöksväsendet på Jordbruksområdet, landbrukskemi.
Medd. Nobelinst.	Meddelanden från K. Vetenskapsakademiens Nobelinstitut.
Med. Doswiadczalna i Spoleczna	Medycyna Doswiadczalna i Spoleczna.
Mem. Sci. Kyoto Univ.	Memoirs of the College of Science, Kyoto Imperial University.
Metal Ind. (London)	Metal Industry (London).
Metallurgia ital. (Metallurg. Ital.)	Metallurgia Italiana.
Metallwirtschaft (Metallwirtsch., Metallwiss., Metalltechn.)	Metallwirtschaft, Metallwissenschaft, Metalltechnik.
Met. Erz	Metall und Erz.
Mikrochemie (Mikrochem.)	Mikrochemie, vereinigt mit Mikrochimica acta.
Mikrochim. A.	Mikrochimica acta.
Milchw. Forsch.	Milchwirtschaftliche Forschungen.
Mitt. berg- u. hüttenmänn. Abt. kgl. ung. Palatin-Joseph-Universität Sopron	Mitteilungen der berg- und hüttenmännischen Abteilung der königlich ungarischen Palatin-Joseph-Universität, Sopron.
Mitt. Forsch.-Anst. G. H. Hütte (Gutehoffnungshütte-Konzerns)	Mitteilungen aus den Forschungsanstalten des Gutehoffnungshütte-Konzerns.
Mitt. Geb. Lebensmitteluntersuch. Hyg.	Mitteilungen auf dem Gebiet der Lebensmitteluntersuchung und Hygiene.
Mitt. Kali-Forsch.-Anst.	Mitteilungen der Kali-Forschungsanstalt.
Mitt. K.W.I. Eisenforschg. (Düsseldorf)	Mitteilungen aus dem Kaiser-Wilhelm-Institut für Eisenforschung zu Düsseldorf.
Nachr. Götting. Ges.	Nachrichten der Kgl. Gesellschaft der Wissenschaften, Göttingen; seit 1923 fällt „Kgl.“ fort.
Nature	Nature (London).
Naturwiss.	Naturwissenschaften.
Natuurwetensch. Tijdschr.	Natuurwetenschappelijk Tijdschrift.
Nederl. Tijdschr. Geneesk.	Nederlandsch Tijdschrift voor Geneeskunde.
Neues Jahrb. Mineral. Geol.	Neues Jahrbuch für Mineralogie, Geologie und Paläontologie.
New Zealand J. Sci. Tech.	New Zealand Journal of Science and Technology.
Öst. Ch. Z.	Österreichische Chemiker-Zeitung.
Onderstepoort J. Vet. Sci.	Onderstepoort Journal of Veterinary Science and Animal Industry.
P. C. H.	Pharmazeutische Zentralhalle.
Ph. Ch.	Zeitschrift für physikalische Chemie.
Pharm. Weekbl.	Pharmaceutisch Weekblad.
Pharm. Z.	Pharmazeutische Zeitung.

Abkürzung	Zeitschrift
Phil. Mag.	Philosophical Magazine and Journal of Science.
Phil. Trans.	Philosophical Transactions of the Royal Society of London.
Phys. Rev.	Physical Review.
Phys. Z.	Physikalische Zeitschrift.
Plant Physiol.	Plant Physiology.
Pogg. Ann.	Annalen der Physik und Chemie, herausgegeben von POGGENDORFF (1824—1877); dann Wied. Ann. (1877—1899); seit 1900: Ann. Phys.
Pr. Am. Acad.	Proceedings of the American Academy of Arts and Sciences, Boston.
Pr. Am. Soc. Test. Mater. (*Pr. Am. Soc. for testing Materials*)	Proceedings of the American Society for Testing Materials.
Pr. (*chem. Soc.*)	Proceedings of the Chemical Society (London).
Pr. Indian Acad. Sci.	Proceedings of the Indian Academy of Sciences.
Pr. internat. Soc. Soil Sci.	Proceedings of the International Society of Soil Science.
Pr. Leningrad Dept. Inst. Fert.	Proceedings of the Leningrad Departmental Institute of Fertilizers.
Pr. Roy. Soc. Edinburgh	Proceedings of the Royal Society of Edinburgh.
Pr. Roy Soc. London Ser. A	Proceedings of the Royal Society (London). Serie A: Mathematical and Physical Sciences.
Pr. Roy Soc. New South Wales	Proceedings of the Royal Society of New South Wales.
Pr. Soc. Cambridge	Proceedings of the Cambridge Philosophical Society.
Problems Nutrit.	Problems of Nutrition; russ.: Woprossy Pitanija.
Pr. Oklahoma Acad. Sci.	Proceedings of the Oklahoma Academy of Science.
Pr. Soc. exp. Biol. Med.	Proceedings of the Society for Experimental Biology and Medicine.
Pr. Utah Acad. Sci.	Proceedings of the Utah Academy of Sciences.
Przemysl Chem.	Przemysl Chemiczny.
Publ. Health Rep.	Public Health Reports.
R.	Recueil des Travaux chimiques des Pays-Bas.
Radium	Le Radium, seit 1920: Journal de Physique et Le Radium.
Rep. Connecticut agric. Exp. Stat.	Report of the Connecticut Agricultural Experiment Station.
Repert. anal. Chem.	Repertorium der analytischen Chemie (1881—1887).
Répert. Chim. appl.	Répertoire de Chimie pure et appliquée (von 1864 ab: Bulletin de la Société chimique de France).
Rep. Invest. (*Rep. Investig.*)	United States Department Interior, Bureau of Mines, Report of Investigation.
Rev. brasil. chim. (*Revista brasileira de chimica*)	Revista Brasileira de Chimica (São Paulo).
Rev. Centro Estud. Farm. Bioquim.	Revista del centro estudiantes de farmacia y bioquímica.
Rev. Mét.	Revue de Métallurgie.
Roczniki Chem.	Roczniki Chemji.
Rev. univ. des Min.	Revue universelle des Mines.
Schweiz. Apoth. Z.	Schweizerische Apotheker-Zeitung.
Schweiz. med. Wschr.	Schweizerische medizinische Wochenschrift.
Schw. J.	SCHWEIGGERS Journal für Chemie und Physik (Nürnberg, Berlin 1811—1833, 68 Bde.).
Science	Science (New York).
Sci. Pap. Inst. Tôkyô	Scientific Papers of the Institute of Physical and Chemical Research Tôkyô.
Sci. quart. nat. Univ. Peking	Science Quarterly of the National University of Peking.
Sci. Rep. Tôhoku (*Imp. Univ.*)	Science Reports of the Tôhoku Imperial University.
Skand. Arch. Physiol.	Skandinavisches Archiv für Physiologie.
Soc.	Journal of the Chemical Society of London.
Soc. chem. Ind. Victoria (*Proc.*)	Society of Chemical Industry of Viktoria, Proceedings.
Soil Sci.	Soil Science.

Abkürzung	Zeitschrift
Spectrochim. Acta	Spectrochimica Acta.
Sprechsaal	Sprechsaal für Keramik-Glas-Email.
Stahl Eisen	Stahl und Eisen.
Svensk Tekn. Tidskr.	Svensk Teknisk Tidskrift.
Sv. V.A.H. (*SvVAH, Sv. Vet. Akad. Handl.*)	Svenska Vetenskaps-Akademiens-Handlingar.
Techn. Mitt. Krupp	Technische Mitteilungen KRUPP.
Tôhoku J. exp. Med.	Tôhoku Journal of Experimental Medicine.
Trans. Am. electrochem. Soc.	Transactions of the American Electrochemical Society.
Trans. Am. Inst. min. metalling. Eng. (*Trans. Am. Inst. Min. Eng.*)	Transactions of the American Institute of Mining and Metallurgical Engineers.
Trans. Butlerov Inst. chem. Technol. Kazan	Transactions of the BUTLEROV Institute; (seit 1935: KIROV Institute) for Chemical Technology of Kazan.
Trans. ceram. Soc. England	Transactions of the Ceramic Society, England; ab Bd. **38** (**1939**): Transactions of the British Ceramic Society.
Trans. Dublin Soc.	Scientific Transactions of the Royal Dublin Society.
Trans. Faraday Soc.	Transactions of the FARADAY Society.
Trans. Roy. Soc. Edinburgh	Transactions of the Royal Society of Edinburgh.
Trans. sci. Inst. Fert.	Transactions of the Scientific Institute of Fertilizers and Insectofungicides (USSR.).
Trans. Sci. Soc. China	Transactions of the Science Society of China.
Trav. Inst. Etat Radium (*russ.*)	Travaux de l'Institut d'Etat de Radium (russisch).
Trav. Lab. biogéochim. Acad. Sci. URSS.	Travaux du laboratoire biogéochimique de l'académie des sciences de l'U[nion des] R[épubliques] S[oviétiques] S[ocialistes]
Uchen. Zapiski Kazan. Gosud. Univ.	Uchenye Zapiski Kazanskogo Gosudarstvennogo Universiteta (USSR.).
Ukrain. chem. J.	Ukrainian Chemical Journal (Journal chimique de l'Ukraine).
Union pharm.	Union pharmaceutique.
Union S. Africa Dept. Agric.	Union of South Africa. Department of Agriculture.
Univ. Illinois Bl.	University of Illinois, Bulletin.
U.S. Dep. Commerce Bur. Mines Bl. (*U.S. Bur. Min. B.*)	U.S. Department of Commerce, Bureau of Mines, Bulletin.
U.S. Dep. Interior Bur. (*U.S. Mines Bull.*)	United States Department of the Interior, Bureau of Mines, Bulletin.
U.S. Dept. Agric. Bl.	United States Department of Agriculture, Bulletins.
U.S. Geol. Surv. Bl.	United States Geological Survey Bulletin.
Verh. phys. Ges.	Verhandlungen der Deutschen physikalischen Gesellschaft.
Vorratspflege u. Lebensmittelforsch.	Vorratspflege und Lebensmittelforschung.
Washington Acad. Science	Journal of the Washington Academy of Sciences.
Wschr. Brauerei	Wochenschrift für Brauerei.
Wied. Ann.	Annalen der Physik und Chemie, herausgegeben von WIEDEMANN; s. Pogg. Ann.
Wien. klin. Wschr.	Wiener klinische Wochenschrift.
Wien. med. Wschr.	Wiener medizinische Wochenschrift.
Wiss. Nachr. Zucker-Ind.	Wissenschaftliche Nachrichten der Zuckerindustrie (ukrain.).
Wiss. Veröffentl. Siemens-Konzern	Wissenschaftliche Veröffentlichungen aus dem SIEMENS-Konzern (seit 1935: aus den SIEMENS-Werken).
Z. anorg. Ch.	Zeitschrift für anorganische und allgemeine Chemie.
Zbl. Min. Geol. Paläont. Abt. A	Zentralblatt für Mineralogie, Geologie und Paläontologie, Abt. A: Mineralogie und Petrographie.
Z. Chem. Ind. Kolloide	Zeitschrift für Chemie und Industrie der Kolloide; seit **1913**: Kolloid-Zeitschrift.
Z. Deutsch. Öl- u. Fettind.	Zeitschrift für Deutsche Öl- und Fettindustrie.
Z. El. Ch.	Zeitschrift für Elektrochemie.
Zentr. wiss. Forsch.-Inst. Leder-Ind.	Zentrales wissenschaftliches Forschungsinstitut für die Lederindustrie; russ.: Zentralny nautschno-issledowatelski Institut koshewennoi Promyschlennosti, Sbornik Rabot.
Z. ges. Brauw.	Zeitschrift für das gesamte Brauwesen.

Abkürzung	Zeitschrift
Z. ges. Kältetechnik (-Industrie)	Zeitschrift für die gesamte Kältetechnik (-Industrie).
Z. Hygiene	Zeitschrift für Hygiene und Infektionskrankheiten.
Z. klin. Med.	Zeitschrift für klinische Medizin.
Z. Kryst.	Zeitschrift für Krystallographie und Mineralogie.
Z. landw. Vers.-Wes. Österr.	Zeitschrift für das landwirtschaftliche Versuchswesen in Deutsch-Österreich; 1925—1933 genannt: Fortschritte der Landwirtschaft.
Z. Lebensm.	Zeitschrift für Untersuchung der Lebensmittel; bis 1925: Zeitschrift für Untersuchung der Nahrungs- und Genußmittel sowie der Gebrauchsgegenstände.
Z. Metallkunde	Zeitschrift für Metallkunde.
Z. Naturforschg.	Zeitschrift für Naturforschung.
Z. Oberschl. Berg- u. Hüttenmänn. Verb.	Zeitschrift des Oberschlesischen Berg- und Hüttenmännischen Verbandes.
Z. öffentl. Ch.	Zeitschrift für öffentliche Chemie.
Z. Pflanzenernähr. Düng. Bodenkunde	Vgl. Bodenkunde Pflanzenernähr.
Z. Phys.	Zeitschrift für Physik.
Z. pr. Geol.	Zeitschrift für praktische Geologie.
Zprávy česk. keram. společnosti	Zprávy československé keramické společnosti.
Z. techn. Phys. (russ.)	Zeitschrift für Technische Physik (russ.).
Z. VDI (Z. Ver. dtsch. Ing.)	Zeitschrift des Vereins Deutscher Ingenieure.

Abkürzungen oft benutzter Sammelwerke.

Abkürzung	Sammelwerk
Berl-Lunge	Berl-Lunge: Chemisch-technische Untersuchungsmethoden, 8. Aufl. Berlin 1931—1934. Bis zur 7. Aufl. „Lunge-Berl" genannt.
GM.	Gmelins Handbuch der anorganischen Chemie, 8. Aufl. Berlin.
Handb. Pflanzenanal.	Handbuch der Pflanzenanalyse (Klein).
Lunge-Berl	Vgl. Berl-Lunge.
Schiedsverfahren	Analyse der Metalle. Erster Band: Schiedsverfahren. 2. Aufl. Berlin-Göttingen-Heidelberg 1949.

Wasserstoff.

H, Atomgewicht 1,0080, Ordnungszahl 1.
Molgewicht 2,0160, Dichte $0,071_{fl.}$[1], Litergewicht 0,08987,
Molvolumen 22,43, Kritische Temperatur — 239,9°,
Kritischer Druck 12,8 Atm., Löslichkeit in Wasser 0,01819 (20°)[2].

Von **F. HEIN**, Jena, und **G. BÄHR**, Jena.

Mit 38 Abbildungen.

Inhaltsübersicht. Seite

[1] Bei — 252,6°.
[2] Angegeben ist der BUNSENsche Absorptionskoeffizient α.

Bestimmungsmöglichkeiten.

Es ist zweckmäßig, die Bestimmungsformen zu scheiden in solche, die sich für die Bestimmung des freien, elementaren Wasserstoffs eignen, und solche, die zur Bestimmung des gebundenen Wasserstoffs dienen.

1. Bestimmung des freien Wasserstoffs. 1. Liegt *elementarer, gasförmiger Wasserstoff* vor, so kommen in erster Linie gasvolumetrische bzw. physikalische Verfahren in Frage. Die volumetrischen Bestimmungsarten zerfallen wiederum in chemische und physikalische Methoden.

I. Die **chemischen Verfahren** beruhen überwiegend auf der Verbrennung des Wasserstoffs und auf der anschließenden Ermittlung der dabei erfolgten Volumkontraktion. Je nachdem, ob die Verbrennung mittels Sauerstoffs bzw. Luft im Gasraum oder mittels fester bzw. flüssiger Oxydationsmittel (oxydative Absorptionsmittel) erfolgt, unterscheidet man apparativ zum Teil sehr verschiedene Ausführungsarten.

II. Zu den Absorptionsverfahren zählen auch die **Reaktionen, bei denen der Wasserstoff durch Palladiumschwamm allein** (ohne Sauerstoff) **aufgenommen wird,** ebenso gehört hierher die Umsetzung mit Kalium bzw. Natrium. In all diesen Fällen erfolgt die quantitative Wasserstoffbindung durch Hydridbildung. Die Absorption durch Palladiumchloridlösung ist den Oxydationsreaktionen zuzurechnen. Bei gewöhnlicher bzw. höherer Temperatur nehmen auch gewisse Olefinderivate, z. B. Natriumoleat, am Nickelkontakt den zu bestimmenden Wasserstoff quantitativ auf.

III. Die **physikalischen Volumverfahren** erstrecken sich im wesentlichen auf Kondensation bzw. Adsorption und Desorption sowie thermische Austreibung, gegebenenfalls im Vakuum.

Bei allen diesen Verfahren kann die Messung naturgemäß anstatt der Volumkontraktion auch die entsprechende Druckänderung zum Ausgangspunkt nehmen.

Die Volummessung wird in bestimmt gelagerten Fällen zweckmäßig auch über einen *Umweg* vorgenommen. Dabei wird der ursprünglich vorliegende Wasserstoff zunächst verbrannt und darauf das entstandene Wasser mit Calciumhydrid wieder zu Wasserstoff umgesetzt (Hackspill und D'Huart).

IV. Anstatt der Volummessung kann weiterhin eine **gewichtsmäßige Ermittlung** z. B. durch Wägung des bei der Verbrennung gebildeten Wassers erfolgen.

V. Ebenso sind **maßanalytische Verfahren** entwickelt worden. So konnte z. B. der bei der Umsetzung mit Nickel II-chlorid (bei 600°) entstehende Chlorwasserstoff durch Titration bestimmt und so die entsprechende Wasserstoffmenge ermittelt werden.

VI. An **physikalischen Verfahren** steht noch eine Reihe weiterer Möglichkeiten zur Verfügung. Vor allem sind hier zu erwähnen die Methode zur Bestimmung der Wärmeleitfähigkeit und die interferometrische Messung. Verwendet wurden außer sonstigen Eigenschaften auch die Diffusion, die Dichte, das spektrale und elektrische Verhalten sowie das Schalleitvermögen.

2. Für ***gebundenen Wasserstoff*** kommen gleichfalls verschiedenartige Verfahren der Bestimmung in Frage.

I. Bei **Hydriden** mit Ausnahme der Kohlenwasserstoffe benutzt man hauptsächlich wieder die Volummessungen, nachdem der Wasserstoff entweder chemisch durch Metalle bzw. Hydrolyse oder thermisch bzw. elektrisch entbunden worden ist.

II. Bei **organischen und verwandten Verbindungen** können alle elementaranalytischen Verfahren und deren Abwandlungen Anwendung finden, soweit sie sich auf den Wasserstoff beziehen.

3. An ***Sonderverfahren*** sind zu nennen:

I. die Bestimmung des sogenannten **„aktiven“ Wasserstoffs** nach ZEREWITINOFF-FLASCHENTRÄGER-ROTH bzw. nach ZIEGLER und DORSCH oder durch Austausch mit schwerem Wasser.

II. die Ermittlung der **Wasserstoff-Ionen-Konzentration** (p_H-Messung), die hier nur erwähnt werden soll, und

III. die **Bestimmung von Deuterium.**

Eignung der wichtigsten Verfahren.

Soweit der Wasserstoff *elementar* vorliegt, kommen bei größeren Mengen und Konzentrationen vornehmlich die Oxydationsverfahren in Betracht. Den Vorzug haben hier vor der ursprünglich sehr häufig benutzten, von HEMPEL (a) eingeführten Explosionsmethode die Verfahren, die mit Kontaktsubstanzen bzw. flüssigen Absorptionsmitteln arbeiten. Diese Reaktionen ermöglichen bei geeigneter Wahl nicht nur die Wasserstoffbestimmung selbst in Gegenwart von anderen reduzierenden Substanzen, sondern sind auch für *Serienbestimmungen* gut geeignet. Für Reihenmessungen finden physikalische Methoden, wie z. B. die Bestimmung der Wärmeleitfähigkeit, in großem Umfang Anwendung. Bei der Ermittlung *kleiner* Mengen von Wasserstoff haben sich diese Verfahren gleichfalls sehr bewährt, außerdem existieren aber auch spezielle chemische Arbeitsweisen, z. B. die Umsetzung mit wasserfreiem Nickel II-chlorid bzw. die mikroanalytische Erfassung des bei der Verbrennung gebildeten Wassers.

Das letztgenannte Verfahren hat bei der Bestimmung des *gebundenen* Wasserstoffs ebenfalls große Bedeutung, soweit nicht Sonderverfahren zur Anwendung gelangen.

Probenahme und Vorbereitung des Untersuchungsmaterials.

Hinsichtlich der Probenahme und der Vorbereitung des Untersuchungsmaterials vgl. die allgemeinen Methoden der Entnahme von Gasproben, wie sie z. B. in den Lehrbüchern der Gasanalyse zusammengestellt sind [BAYER (b)].

Bestimmungsmethoden.

§ 1. Bestimmung von freiem Wasserstoff.

A. Chemische Verfahren.

1. Verbrennung des Wasserstoffs im Gasraum.

I. Verbrennung mit Luft oder Sauerstoff.

a) Auslösung der Verbrennung durch Zündung (Explosionsverfahren).

Die Grundlage dieser Verfahren bildet die aus dem chemischen Volumgesetz von GAY-LUSSAC folgende Tatsache, daß der Wasserstoff sich mit dem Sauerstoff bei der Knallgasreaktion in konstantem Volumverhältnis zu Wasser vereinigt. Der eintretende Volumschwund ermöglicht daher in bekannter Weise die rechnerische Ermittlung des Wasserstoffanteils entsprechend der Gleichung: $2H_2 + O_2 \rightarrow 2\,H_2O$ zu $^2/_3$ der beobachteten Volumverminderung.

Die Verbrennung durch Explosion ist die älteste aller Gasverbrennungsmethoden und bildet die Grundlage der von VOLTA begründeten Eudiometrie. Die früher sehr beliebte Methode hat aber gewisse Schattenseiten. Zum ersten bleibt die Verpuffung aus bzw. führt nicht zum völligen Umsatz, wenn der Wasserstoffgehalt der zu untersuchenden Probe unter gewisse Grenzen sinkt[1]. Hier ist dann, um die Bestimmung zu ermöglichen, Zumischung von elektrolytisch entwickeltem Knallgas, bei Sauerstoffüberschuß von reinem Wasserstoff, in gemessener Menge nötig. Des weiteren ist in stickstoffhaltigen Gasen eine gewisse Oxydation des Stickstoffs in Betracht zu ziehen, wenn die Explosionstemperaturen zu hohe Werte erreichen. Diese Gefahr liegt vor, wenn bei Zusatz von reinem Sauerstoff das Sauerstoff-Stickstoff-Verhältnis der Luft überschritten wird, und kann Fehler bis zu $2^0/_0$ verursachen.

Bei Einhaltung der hiernach erforderlichen Bedingungen und bei Benutzung der von Hempel (a) angegebenen Explosionspipette mit Quecksilberfüllung führt das Verfahren indessen doch zu befriedigenden Ergebnissen.

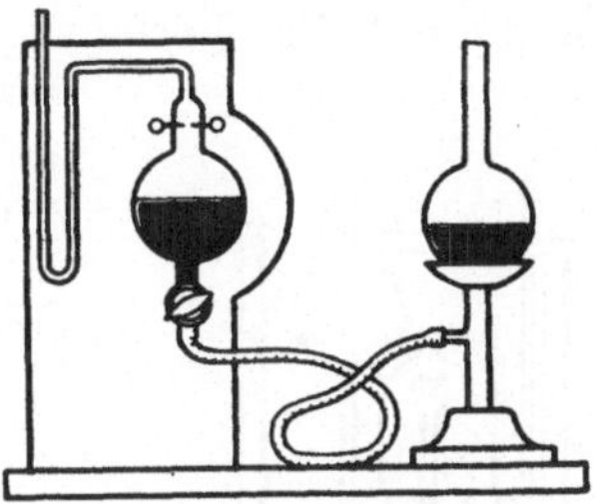

Abb. 1. Explosionspipette mit Niveaukugel nach HEMPEL.

Arbeitsvorschrift. **Apparatur.** Die Apparatur ist in Abb. 1 wiedergegeben. Charakteristisch ist die Trennung von Reaktionsgefäß und Niveaukugel, die, beide aus starkwandigem Glas, durch umsponnenen Druckschlauch miteinander verbunden sind. Die unten durch einen Glashahn verschließbare Reaktionskugel ist an der Einmündung der Capillare mit Elektroden versehen, deren Abstand (2 mm) so bemessen ist, daß der Funke eines kleineren Induktoriums überspringen und so die Zündung des Gasgemisches bewirken kann. Das zur Füllung erforderliche Quecksilber muß gut gereinigt sein [mechanisch durch Filtration durch einen Glasfiltertiegel passender Porenweite, chemisch mittels Salpetersäure bzw. QuecksilberI-nitratlösung (Treadwell)].

Bestimmung. Das in der Gasbürette passend abgemessene Volumen der wasserstoffhaltigen Probe wird nach Hinzufügen des erforderlichen Luft- bzw. Sauerstoffquantums und Feststellung des Gesamtvolumens in die Explosionspipette übergedrückt und vor Schließen des Hahns durch entsprechendes Senken der Niveaukugel um etwa $^1/_5$ ausgedehnt. Alsdann zündet man durch den Induktionsfunken. Feuererscheinung, Erschütterung des Quecksilberspiegels und Feuchtigkeitsbeschlag auf der Quecksilberoberfläche zeigen den Ablauf der Reaktion an. Das Restgas wird nach Zurückführung in die Gasbürette wieder gemessen und daraus die erfolgte Kontraktion ermittelt.

Bemerkungen. Entsprechend dem Sauerstoffgehalt der Luft ($21^0/_0$) muß man auf 2 Raumteile Wasserstoff 5 Raumteile Luft in die Explosionspipette einfüllen. Bei einem Normalfassungsvermögen der Gasbüretten von 100 cm^3 können also höchstens 28,6 cm^3 Wasserstoff zur Analyse gebracht werden.

Bei zu geringen Wasserstoffgehalten (die untere Explosionsgrenze der Wasserstoff-Luft-Gemische liegt bei einem Wasserstoffgehalt von etwa $7{,}5^0/_0$) ist Zumischung von reinem Wasserstoff erforderlich. Hierfür bedient man sich zweckmäßig der Wasserstoffpipette von Hempel (a). Man kann den zuzusetzenden Wasserstoff entweder von den letzten Spuren Sauerstoff befreien, indem man ihn durch eine Capillare mit schwach erhitztem Palladiumasbest leitet, oder man kann den hochgereinigten Wasserstoff des Handels nehmen, der in Stahlflaschen zur Verfügung steht. Es ist aber ratsam, vorher erst einen Blindversuch mit dem anzuwendenden Wasserstoff durchzuführen.

Die Methode ist nicht nur zur Untersuchung von reinem bzw. praktisch reinem Wasserstoff anwendbar, sondern auch von Mischungen desselben mit indifferenten Gasen, wie Stickstoff oder Edelgasen, wenn man die genannten Voraussetzungen beachtet.

[1] So explodieren unter den üblichen Bedingungen Gemische von Luft mit weniger als 7 und mit mehr als 75 Volumprozent Wasserstoff nicht.

Gemische des Wasserstoffs mit anderen Gasen lassen sich auf dieselbe Weise analysieren, wenn jene anderen Gase vorher durch passende Absorptionsmittel entfernt werden können. Komplizierter wird aber die Sachlage, wenn nicht absorbierbare, brennbare Gase, wie Methan und schwerere Kohlenwasserstoffe, zugegen sind. Praktisch läßt sich die Untersuchung dann allenfalls durchführen, wenn außer Wasserstoff nur noch Methan als brennbares Gas in der Probe enthalten ist. Die Verpuffung erfaßt bei genügender Sauerstoffmenge beide Gase vollständig. Die dem Methan zukommende Kontraktion läßt sich durch Bestimmung des gebildeten Kohlendioxyds ermitteln, die Restkontraktion ergibt dann mit $^2/_3$ multipliziert den Wasserstoffanteil. Das Verfahren ist aber nicht sehr genau, da wegen des hohen Sauerstoffbedarfs nur ein kleiner Teil des nicht absorbierbaren Gasrestes zur Einzelanalyse gebracht werden kann. Auch bei großer Sorgfalt kann der Fehler mehrere Prozent betragen, da die Umrechnung eine automatische Vergrößerung des Fehlers mit sich bringt.

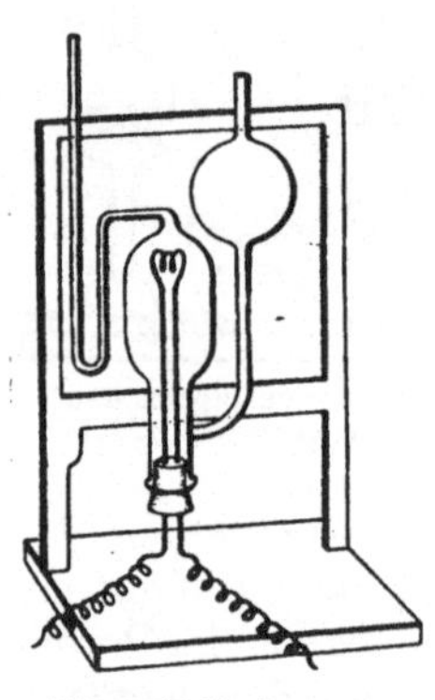
Abb. 2. H-Verbrennungspipette.

b) Verbrennung an der Platinspirale.

Dieses Verfahren ist weit vorteilhafter als die Explosionsmethode, wird aber bei der unmittelbaren Wasserstoffbestimmung merkwürdigerweise nur verhältnismäßig wenig angewendet. Es beruht im Prinzip darauf, daß die Verbrennungspartner erst an der Glühstelle in Berührung kommen, also nicht bereits vorher im ganzen vermischt werden. Außerdem wird immer einer der Partner in großem Überschuß gehalten, solange noch merkliche Gasmengen zur Umsetzung gelangen.

Arbeitsvorschrift. **Apparatur.** Eine Verbrennungspipette geeigneter Bauart ist in Abb. 2 wiedergegeben. Die Platinspirale wird unter Benutzung eines Vorschaltwiderstandes zum Glühen gebracht.

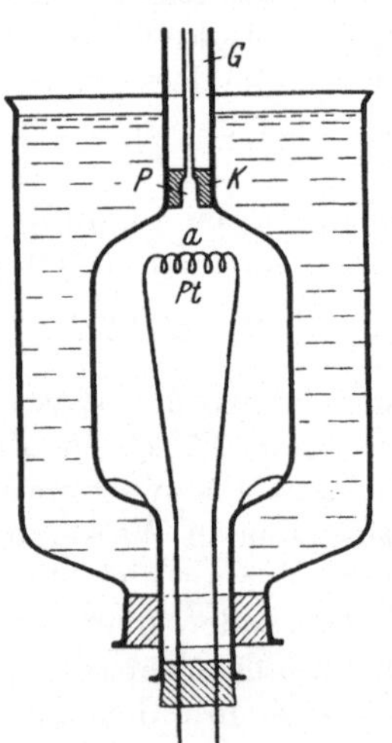

Abb. 2a. H-Verbrennungspipette nach BAYER. G = Glascapillare, P = Platincapillare, K = feuerfeste Masse, Pt = Platinspirale.

Bestimmung. Man füllt zunächst die Pipette mit dem erforderlichen Quantum an Luft bzw. Sauerstoff, bringt hierauf die Platinspirale zu schwachem Glühen und drückt alsdann die abgemessene Gasprobe langsam aus dem Meßgefäß durch die Capillare in die Pipette. Auf diese Weise wird jede Explosionsgefahr vermieden, und die Verbrennung verläuft glatt und vollständig, wenn man die Spirale je nach der Gasmenge und dem Wasserstoffgehalt 1 bis 5 Min. in Glut hält. Um ein Springen des während der Reaktion sehr heiß werdenden oberen Pipettenteils zu verhindern, muß man vor der Überführung des Gasrestes in die Bürette einige Zeit warten.

Bemerkungen. Eine besonders geeignete Ausführung der Verbrennungspipette hat AUGUSTIN angegeben, die in der von BAYER (a) abgeänderten Form hier wiedergegeben sei und meist zur Sauerstoffbestimmung in Wasserstoff bzw. mittels Wasserstoffs benutzt wird. Vgl. Abb. 2a.

DENNIS verfährt übrigens so, daß er die wasserstoffhaltige Probe zuerst in die Verbrennungspipette bringt und dann eine gemessene überschüssige Sauerstoffmenge bei glühender Platinspirale langsam aus der Bürette in den Verbrennungsraum überführt. Es soll dies den Vorteil gewähren, daß zu Anfang die Reaktion nie zu heftig ist, also die Explosionsgefahr auf jeden Fall vermieden wird und somit auch kein Stickstoff verbrennen kann. Ebenso werden natürlich auch gegen Ende der Verbrennung zu hohe Temperaturen vermieden[1].

c) Verbrennung am Palladiumkontakt.

Das Verfahren stellt einen Sonderfall der katalytischen Verbrennungen dar und ist zuerst von CL. WINKLER entwickelt worden. Benutzt wird hierbei die Fähigkeit des Palladiums, in besonderem Maße den Wasserstoff aufzunehmen und damit zugleich zu aktivieren. Bei geeigneter Bereitung des Kontaktes kann dessen Wirksamkeit so gesteigert werden, daß bereits bei Zimmertemperatur die Reaktion des Wasserstoffs mit dem beigemengten Sauerstoff einsetzt. Kommen dabei wasserstoffreiche Proben zur Analyse, so kann die Reaktionswärme das Palladium bis zur Rotglut erhitzen. Indessen hat es sich als nützlich erwiesen, den Kontakt zwecks genügend rascher Vollendung der Umsetzung bei geringen Wasserstoffgehalten schwach zu erhitzen und im übrigen die Kontakttemperatur durch Regulierung der Strömungsgeschwindigkeit des Gasgemisches in passenden Grenzen zu halten. WINKLER benutzte als Kontaktmasse fein verteiltes Palladium auf Asbest als Trägersubstanz, HEMPEL (b) schlug oberflächlich oxydierten Palladiumschwamm vor, während BUNTE kompaktes Palladium in Drahtform wählte. Untergebracht wird der Katalysator nach WINKLER in einer Capillare von 1 mm innerer und etwa 5 mm äußerer Weite bei etwa 17 cm Länge. Diese entweder aus Glas bzw. besonders zweckmäßig aus Quarzglas bestehende Capillare ist derart mit einem Faden aus 50%igem Palladiumasbest[2] gefüllt, daß der Gasstrom einem genügend hohen Widerstand begegnet.

***Arbeitsvorschrift.* Apparatur.** Die endgültige Form der Capillare, ihre Einschaltung zwischen Gasbürette und Gaspipette sowie Handhabung ergeben sich aus beistehender Abb. 3.

Bestimmung. Zur abgemessenen Wasserstoffprobe, deren Volumen bei Verwendung einer 100-cm³-Bürette 25 cm³ nicht überschreiten darf, bringt man so viel Luft, daß das Gesamtvolumen nicht ganz 100 cm³ ausmacht. Alsdann wird die Gasbürette an die mit der Gaspipette verbundene Palladiumcapillare angeschlossen. Nun erhitzt man die Verbrennungscapillare derart, daß kein sichtbares Glühen erfolgt, und führt hierauf das Gasgemenge allmählich über das Palladium in die Pipette über. Gewöhnlich ist nach zweimaligem Hin- und Herleiten die Verbrennung beendet, worauf nach Temperaturausgleich die Kontraktion abgelesen werden kann.

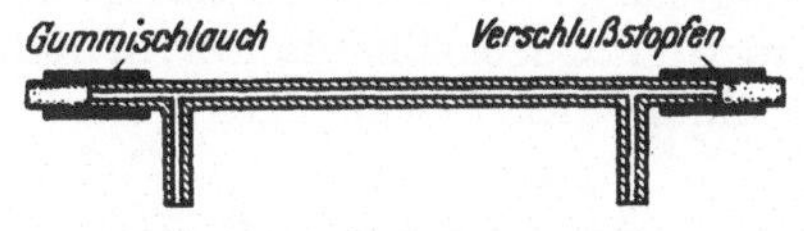

Abb. 3. Verbrennungscapillare.

Bemerkungen. Bei größeren Wasserstoffgehalten gerät der Palladiumasbestfaden in der Verbrennungscapillare an dem der Gasströmung entgegengesetzten Ende in sichtbares Glühen. Nur bei sehr geringer Strömungsgeschwindigkeit bzw. bei niedrigen Wasserstoffkonzentrationen bleibt diese Erscheinung aus, und der Fortgang der Reaktion kann dann lediglich an dem Auftreten von Wassertröpfchen hinter dem Palladiumasbest erkannt werden. Explosionen wurden bei dieser Anordnung nie beobachtet.

Sehr vorteilhaft ist diese katalytische Methode bei der Bestimmung von Wasserstoff in Gegenwart von Methan. Man kann die Reaktion dann zur fraktionierten Verbrennung ausgestalten, wenn ein Glühen des Palladiums auf jeden Fall vermieden wird. Um dies zu erreichen, leitet man das mit Luft vermengte Gas langsam

[1] RISCHBIETH vermag sogar in einer ähnlichen Pipette die fraktionierte Verbrennung von Wasserstoff und Methan durchzuführen.

[2] Hinsichtlich der Bereitung vgl. z. B. BAYER (b), S. 27.

ohne äußere Erwärmung nur so lange über den Kontakt, bis die Hauptmenge des Wasserstoffs verbrannt ist. Erst jetzt heizt man die Capillare schwach an, läßt alsdann das Gasgemisch ein zweites Mal passieren, und zwar auch wieder so langsam, daß kein Erglühen des Palladiums erfolgt. Man erzielt dadurch eine ausschließliche Verbrennung des Wasserstoffs, während das Methan unangetastet bleibt. Zur Sicherheit kann nach Ablesung des Volumenstandes der Gasrest noch in eine Kalipipette gebracht werden. Nur bei Mitverbrennung von Methan würde sich hier eine Volumabnahme infolge der Absorption des dabei entstandenen Kohlendioxyds bemerkbar machen. Sehr wesentlich ist die zusätzliche Erwärmung bei Verwendung des Palladiumkontaktes, wenn die Gasproben Kohlenmonoxyd enthalten, da dieses das Tempo der Verbrennung sehr verlangsamt.

Eine beachtliche Ergänzung des Verfahrens liefern anscheinend die Angaben von Platonow und Nekrassowa, die sich *speziell* auf Wasserstoff *und Kohlenmonoxyd* enthaltende Gase beziehen. Beide Gase werden gleichzeitig verbrannt; das aus dem Kohlenmonoxyd gebildete Kohlendioxyd wird anschließend absorbiert. Ist neben Wasserstoff und Kohlenmonoxyd auch Methan zugegen, dann werden die Wasserstoffanteile aus der Differenz der Kontraktionen berechnet. Bei der Reaktionstemperatur (145°) ist die hemmende Wirkung des Kohlenmonoxyds, die es bei Zimmertemperatur in starkem Maße auf die Wasserstoffverbrennung ausübt, praktisch nicht mehr wahrzunehmen.

Zur Bereitung des Palladiumkontaktes tränkt man die keramische Trägersubstanz mit einer Lösung von PalladiumII-chlorid[1] in 10%iger Salzsäure 12 Std. lang, trocknet die Masse dann auf dem Wasserbad und reduziert durch Wasserstoff bei 120 bis 140°. Der so erhaltene Katalysator verbrennt Wasserstoff bereits bei Zimmertemperatur, Kohlenmonoxyd bei 140 bis 150° und Methan bei 400 bis 450°, und zwar so rasch, daß 80 bis 100 cm³ schon bei 3- bis 5maligem Durchsaugen durch die 5 bis 8 cm lange Kontaktschicht binnen 1 bis 1,5 Min. vollständig umgesetzt werden. Das Reaktionsrohr[2] kann angesichts der verhältnismäßig niedrigen Verbrennungstemperatur aus gewöhnlichem Glas bestehen. Der Katalysator arbeitet monatelang, ohne seine Aktivität zu verlieren, selbst wenn aus den Gasbüretten und -pipetten Quecksilberdampf in den Kontaktraum gelangt.

Einige der Beleganalysen sind in der Tabelle 1 angeführt:

Tabelle 1.
Gemisch von Luft mit 4,95 % H_2, 4,84 % CO und 2,80 % CH_4, t = 150° bei der Verbrennung von H_2 + CO, t = 450° bei CH_4.

Versuch Nr.	1	2	3	4	5	6	7	8	9	10
H_2 gef. %	4,87	4,95	4,95	4,96	4,80	4,85	4,95	4,91	5,00	4,95
CO gef. %	4,95	4,84	4,87	4,96	4,93	4,84	4,98	4,95	4,84	4,85
CH_4 gef. %	2,75	2,95	2,84	2,74	2,80	2,72	2,79	2,72	2,75	2,71

d) Verbrennung am Platinkontakt.

An Stelle des Palladiums kann mit Vorteil auch das Platin als Kontaktsubstanz für die katalytische Verbrennung des Wasserstoffs benutzt werden. Nach Ott (a), dessen Angaben hier besonders zitiert seien, verwendet man aber anstatt der massiven Platincapillare von Drehschmidt besser ein Quarzcapillarrohr mit Platindrahtfüllung. Diese Anordnung ist nicht nur viel billiger, sondern hat auch den Vorzug, bei allen erforderlichen Temperaturen völlig gasdicht zu sein, während die andere Capillare bei höheren Temperaturen, wie besondere Versuche ergeben haben, Wasserstoff durchdiffundieren läßt.

[1] Die Art des keramischen Materials und die Konzentration der PalladiumII-chloridlösung sind nicht näher angegeben.

[2] Vgl. die Verbrennung mit Kupferoxyd S. 11.

***Arbeitsvorschrift.* Apparatur.** Die Quarzcapillare[1] wird bei etwa 1 mm lichter Weite und 2 mm Wandstärke zweckmäßig auf 24 cm Länge bemessen, was einerseits hohe Bruchsicherheit gewährleistet und andererseits die bequeme Erzielung genügend hoher Temperaturen ermöglicht. Zur Füllung benutzte OTT (b) drei Platindrähte, die derartig im Durchmesser beschaffen sein sollen, daß die Capillare bestens damit angefüllt ist. Die Enden der Platindrähte sollen beiderseitig um 20 mm aus der Quarzcapillare herausragen und in die unmittelbar anschließenden Glascapillaren der Gasbürette bzw. -pipette eingeführt werden, um in Verbindung mit der Wasserkühlung der Capillarenden (s. Abb. 4) die Fortpflanzung der Verbrennung in die angeschlossenen Apparate und damit die Explosionsgefahr sicher zu vermeiden. Das Platin muß speziell für die bei 300° vorzunehmende Wasserstoffverbrennung oft aktiviert werden, was am besten durch 10 Min. langes Behandeln mit Königswasser in der Capillare bewirkt wird. Sofortiges gründliches Nachwaschen mit destilliertem Wasser, Trocknen mit filtrierter Luft und Ausglühen macht die Quarzcapillare mit Platindrahtfüllung alsbald gebrauchsfertig.

Bestimmung. Nach Entfernung der absorbierbaren Gasanteile und Zumischung des für die Verbrennung mutmaßlich erforderlichen Sauerstoffs wird zunächst die Quarzcapillare unter Durchleiten von Luft ausgeglüht, einmal, um vom Platin adsorbierte Gase zu beseitigen, zum anderen, um etwa vorhandene Feuchtigkeitströpfchen zu entfernen. Während des Erkaltens wird die Kühlung der Enden der Quarzcapillare und der zu den Glascapillaren von Bürette und Gaspipette führenden Verbindungsschläuche in Gang gesetzt. Auch die benachbarten Glashähne müssen durch Umwickeln mit nassen Tuchstreifen vor der Strahlungswärme der Heizvorrichtung (s. Abb. 4) geschützt werden. Nach dem Anheizen der Quarzcapillare auf etwa 300° wird das Gasgemisch bei möglichst geringen Überdrucken hin und her geleitet, um eine unnötige Beanspruchung der Hahnverschlüsse zu vermeiden. Das Ende der Verbrennung wird daran erkannt, daß nach Serien von 2- bis 5maligem langsamen Hin- und Herleiten eine Feineinstellung gemacht und dabei auf Volumkonstanz geprüft wird. Die hohe Temperatur des Quarzröhrchens stört hierbei nicht, da sich schließlich stationäre Wärmeverhältnisse einstellen. Wenn 2- bzw. 3mal der gleiche Volumstand zur Ablesung gelangt, kann die Reaktion als beendet angesehen werden. Alsdann wird das Öfchen abgestellt und sofort entfernt, damit die Quarzcapillare rasch erkalten kann. Zwecks schnellen Temperaturausgleichs werden auch die Kühlvorrichtungen beseitigt und die Glasteile getrocknet.

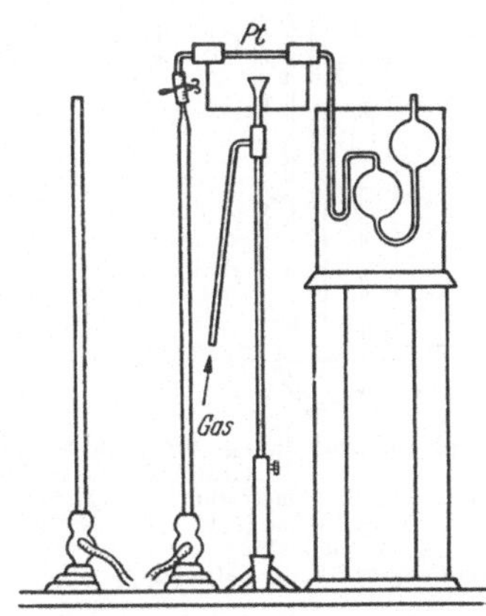

Abb. 4. Anordnung zur H-Verbrennung mit Pt-Draht in Quarzcapillare.

Bemerkungen. Es ist zu beachten, daß die Verbrennung des Wasserstoffs über frisch aktiviertem Platin bereits bei Zimmertemperatur beginnen kann, was Vorsicht bei der Abmessung der Gasprobe erfordert. Ist Kohlenmonoxyd neben Wasserstoff zugegen, so verbrennt auch dieses bei 300° quantitativ. Es muß daher vorher so weit wie möglich beseitigt werden. Angesichts der unvollständigen Absorption durch die gebräuchlichen Mittel verlangt die exakte Analyse darüber hinaus, das aus dem nicht absorbierten Kohlenmonoxydrest bei der Verbrennung gebildete Kohlendioxyd durch Nachbehandlung mit Kalilauge zu ermitteln und dann eine entsprechende Korrektur am Wasserstoffwert anzubringen. Ein Vorteil dieses Verfahrens

[1] Am besten aus völlig durchsichtigem Quarzglas, obgleich auch der „milchige", aber gut geschmolzene Quarz völlig gasdicht sein soll.

ist, daß Methan als wichtigster Begleiter derartiger Gasgemische bei 300° über dem Platinkontakt völlig unangegriffen bleibt. Erst ab 400° macht sich die Methanverbrennung bemerkbar, weshalb die Fraktionierung bei angehender Rotglut grundsätzlich fehlerhaft verlaufen muß. Gegenwart schwererer Kohlenwasserstoffe, wie z. B. Äthan, stört die Ergebnisse bei fraktionierter Verbrennung (300°) des Wasserstoffs nicht. Die Genauigkeit der Methode ist bei sachgemäßer Durchführung gut.

Anstatt Platindraht kann auch fein verteiltes Platin auf großflächigem Trägermaterial verwendet werden. In Betracht kommen poröses keramisches Material, Silicagel, Asbest und Tonerde. Auch platinierter Chrom-Nickel-Draht wurde mit Erfolg als Kontaktsubstanz benutzt.

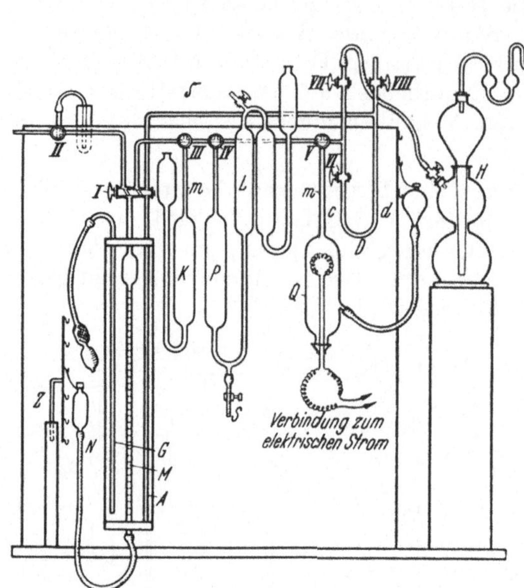

Abb. 5. Anordnung zur H-Bestimmung nach KROGH (Halbmikroverfahren).
A = Thermobarometerrohr, M = Meßbürette, G = Durchmischrohr, N = Niveaugefäß, Z = Zahntrieb, K = Kaligefäß, P = Pyrogallolgefäß, L = Luftabschlußgefäß, Q = Verbrennungsgefäß, D = Manometer, H = Wasserstoff-Entwickler.

Nach KOBE und Mitarbeitern besitzt platiniertes Silicagel den Vorzug, daß es die Verbrennung des Wasserstoffs bereits bei 100° ermöglicht, während Kupferoxyd z. B. erst bei 230 bis 300° sicher arbeitet. Außerdem verläuft die Reaktion am Platin-Silicagel entschieden schneller. In der Apparatur von JAEGER wird einfach an Stelle des Kupferoxydrohres ein entsprechend dimensioniertes Rohr mit 1 g Silicagel eingebaut. Der Kontakt ist dabei mit 0,072% Platin beladen.

Auch bei dem *Halbmikroverfahren* von HALDANE, das hier in der von KROGH angegebenen Modifikation wiedergegeben werden soll, verbrennt man den Wasserstoff an glühendem Platin (Drahtspirale). Nach Aufnahme und Messung der Gasprobe in der 10-cm³-Gasbürette, die hier unbedingt ebenso wie das praktisch raumgleiche Thermobarometerrohr von einem Wassermantel auf Temperaturkonstanz gehalten werden muß, stellt man das Sperrquecksilber im Verbrennungsgefäß auf die Marke ein, heizt die Platinspirale elektrisch auf schwache Rotglut und treibt das Gas nach Öffnen des zugehörigen Hahnes 5- bis 6mal langsam an ihr vorbei (vgl. Abb. 5). Auch hier besteht natürlich bei zu raschem Tempo Explosionsgefahr. Nach beendeter Verbrennung wartet man einige Minuten, bis die Luft im Apparat und das Sperrquecksilber einigermaßen die Ausgangstemperatur angenommen haben. Nach Wiedereinstellung des im Verbrennungsgefäß befindlichen Quecksilbers auf die Marke bringt man alsdann den zugehörigen Hahn wieder in die Ausgangsstellung, stellt nach Durchmischung der Flüssigkeit im Wassermantel das Manometer ein und liest das Endvolumen ab[1].

Bei Gasen, die nicht genügend Sauerstoff enthalten, muß natürlich vor dem Versuch eine entsprechend bemessene überschüssige Sauerstoff- bzw. Luftmenge der Gasprobe zugemischt werden. Bei der Ablesung müssen die Tausendstel Kubikzentimeter geschätzt werden, da die Bürette nur in Hundertstel Kubikzentimeter geteilt ist. Es werden stets Kontrollverbrennungen in gleicher Weise durchgeführt, wobei die

[1] Weitere Einzelheiten s. SCHWARZ, H., S. 32.

Differenz der Volumina nach zwei aufeinanderfolgenden Verbrennungen nicht mehr als $\pm$ 0,002 cm^3 betragen darf.

Die Kontaktverfahren sind für alle Wasserstoffgehalte bis herab zu 1% anwendbar.

II. Verbrennung unter Anwendung von festen Oxydationsmitteln (von gebundenem Sauerstoff).

a) Kupferoxyd.

Die Bestimmung von Wasserstoff durch Verbrennung mit gebundenem Sauerstoff, speziell mit Kupferoxyd, gehört zu den ältesten Verfahren und wird auch heutzutage mit Erfolg angewendet, wenn es sich darum handelt, minimale Wasserstoffmengen zu erfassen und durch Wägung des gebildeten Wassers in geeigneten Absorptionsgefäßen der Bestimmung zugänglich zu machen[1].

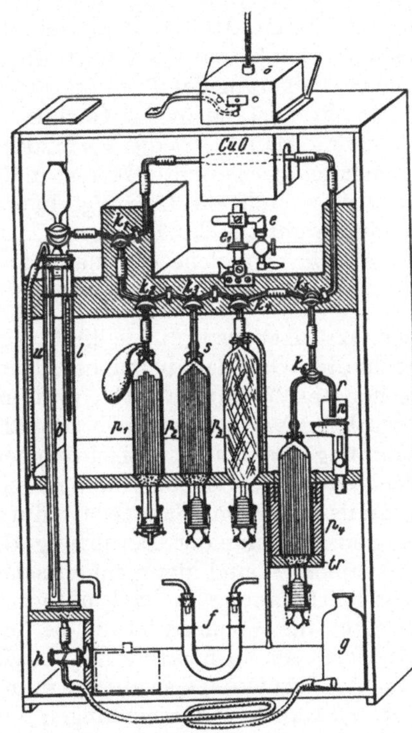

Abb. 6. H-Verbrennung nach dem Prinzip von JAEGER.
l = Wassermantel, b = BUNTE-Bürette, g = Niveaugefäß, r = Gaseinsaugrohr, h = Verbindungshahn z. Niveaurohr, p_1–p_4 = Absorptionspipetten für CO_2, Äthylen, Sauerstoff, Kohlenoxyd, f = Absorptionsrohr.

Ein gasvolumetrisches Verfahren wurde 1898 von JAEGER ausgearbeitet, der erkannt hatte, daß Wasserstoff, ebenso wie Kohlenmonoxyd, schon bei 300° quantitativ durch Kupferoxyd verbrannt wird, während Methan erst bei heller Rotglut (700 bis 800°) angegriffen wird. Auf diesem großen Unterschied zwischen der Reaktionstemperatur des Wasserstoffs und der vieler anderer Gase beruht das JAEGERsche Verfahren, das eine *fraktionierte* Verbrennung vieler technischer Gase gestattet, die unter anderen brennbaren Bestandteilen auch freien Wasserstoff enthalten. Gegenüber den bisher behandelten Kontaktverfahren hat die Methode von JAEGER den Vorteil, daß der gesamte benötigte Sauerstoff nicht in Gasform zugemischt zu werden braucht, sondern dem Kupferoxyd entnommen wird. Es steht daher in der Gasbürette praktisch der gesamte Meßraum für die zu analysierende Gasprobe zur Verfügung, d. h. es kann der nach den Absorptionen zurückbleibende gesamte Gasrest auf einmal verbrannt werden und nicht nur in Bruchteilen, was naturgemäß infolge Wegfalls der Umrechnung eine erheblich größere Genauigkeit zur Folge hat.

Auch im Vergleich zum Explosionsverfahren treten die Vorzüge klar zutage. Einmal ist die Verbrennung bei richtiger Handhabung vollständig. Es bedarf also keines zusätzlichen Wasserstoffs, selbst wenn die anfänglichen Konzentrationen noch so klein sind. Zum anderen ist eine Mitverbrennung von Stickstoff bei den erforderlichen niedrigen Temperaturen (250 bis 300°) ausgeschlossen.

Das ursprüngliche Verfahren ist im Laufe der Jahre apparativ und auch hinsichtlich der Versuchsbedingungen vereinfacht und verbessert worden. Die folgenden Angaben tragen diesem Umstand Rechnung.

Arbeitsvorschrift. Die **Apparatur** (s. Abb. 6) besteht in ähnlicher Weise wie bei den Kontaktverfahren aus der Gasbürette nebst Zubehör, dem das Kupferoxyd enthaltenden Quarzrohr mit Heizvorrichtung und einer mit Kaliumhydroxyd be-

[1] Vgl. die Bestimmung des gebundenen Wasserstoffs auf elementaranalytischem Wege S. 54.

schickten Pipette. Das etwa 25 cm lange Quarzrohr hat eine lichte Weite von etwa 4 mm und läuft auf der einen Seite in eine rechtwinklig gebogene Quarzcapillare aus. Die Füllung aus Kupferoxyd in Drahtform erstreckt sich auf etwa 10 cm und wird beiderseitig durch Asbestpfropfen festgehalten. Das weite Ende ist mit einer eng anliegenden Quarzcapillare ausgefüllt, um den toten Raum möglichst zu verkleinern.

Vor der eigentlichen Analyse bereitet man sich etwas reinen Stickstoff (aus Luft, der man den Sauerstoff z. B. in einer Phosphorpipette entzieht) und führt diesen in die KOH-Pipette (Kalipipette) der Apparatur von JAEGER über. Mit diesem Stickstoff spült man vor der Verbrennung das Quarzrohr durch zur Entfernung des Luftsauerstoffs, legt alsdann einen passend geformten zweiteiligen Aluminium- bzw. Kupferblock um das Quarzrohr, setzt das Thermometer in die zugehörige Bohrung ein und heizt hierauf mit kleiner Flamme bis auf 230° an. Alsdann leitet man die Gasprobe, die vorher von den absorbierbaren Bestandteilen befreit worden ist, durch das Verbrennungsrohr hin und her unter allmählicher Steigerung der Temperatur auf 280°[1]. Wenn bei weiterem Hin- und Herleiten der Niveaustand in der Gasbürette unverändert bleibt, ist der Wasserstoff völlig verbrannt. Man sperrt die Verbindung des Verbrennungsrohres mit der Kalipipette ab, nachdem der gesamte Gasrest in die Bürette einschließlich Quarzrohr übergeführt worden ist, stellt die Heizung ab, entfernt den Aluminiumblock und kühlt das Verbrennungsrohr zweckmäßig durch Auflegung nasser Filterstreifen auf Zimmertemperatur ab. Die gefundene Volumabnahme entspricht dem gesuchten Wasserstoff.

Bemerkungen. Das Verfahren arbeitet nach OTT (b) ebenso gut wie die Platinkontaktmethode, ist aber aus den schon obengenannten Gründen bequemer. Nach dem gleichen Autor verbrennt der Wasserstoff schon bei 220° quantitativ, während das Methan selbst bei 295° nicht angegriffen wird. Nur Äthan ist auch bei 220° nicht mehr ganz resistent, was bei der Bestimmung des Wasserstoffs in Gegenwart von Äthan und schweren Kohlenwasserstoffen zu beachten ist. Die sonstigen von OTT erörterten Punkte — Resorption von abdissoziiertem Sauerstoff durch das bei der Verbrennung entstandene Kupfer, Verhinderung der Berührung des Quarzrohres durch das Kupferoxyd mittels Asbestpapiers — sind hier nicht entscheidend, da die Reaktionstemperatur der *Wasserstoff*verbrennung ja weit unterhalb Rotglut liegt. Bei sehr exakten Analysen kann auch die Volumänderung berücksichtigt werden, die durch den Übergang der Kupferoxyde in metallisches Kupfer verursacht wird[2]. Als Nachteil wird empfunden, daß das Kupferoxyd so gut wie immer etwas Kohlendioxyd zurückhält und somit zu grundsätzlichen Abweichungen Veranlassung gibt, wenn beim Betrieb der Apparatur Kohlendioxyd auftritt. Die Gefahr erheblicher Temperaturfehler ist groß, da verhältnismäßig große Volumina und Substanzmengen ziemlich hoch erhitzt werden und daher eine sehr sorgfältige Abkühlung erfordern. Das Gas muß, wie bereits erwähnt, in angemessenem Tempo über das Kupferoxyd geleitet werden, um örtliche Überhitzungen zu vermeiden. Nach der Verbrennung der Hauptmenge des Wasserstoffs kann die Geschwindigkeit dann erheblich beschleunigt werden[3].

Die Wirkung des Kupferoxyds kann intensiviert werden, wenn man es mit anderen Oxyden geeigneter Art innig mischt. Von WIBAUT wurde zu diesem Zweck

[1] PUTSCHKOW empfiehlt, beim ersten Durchleiten höchstens eine Geschwindigkeit von 10 cm^3 je Min. anzuwenden, da sonst infolge örtlicher Überhitzung des Kontakts schon Mitverbrennung von Kohlenwasserstoffen erfolgen kann.

[2] Die entsprechende Raumvergrößerung bedingt bei exakten Analysen die sogenannte Kupferkorrektur, die auf 100 cm^3 Wasserstoff bei 20° und 760 mm Druck den Betrag von + 0,034 cm^3 ausmacht, wenn man für das Kupferoxyd die Zusammensetzung 60% Cu_2O + 40% CuO annimmt.

[3] Eine praktisch handlichere Ausführung des Verbrennungsgeräts von JAEGER beschreibt ALLNER.

Cerdioxyd vorgeschlagen und festgestellt, daß derartige Mischungen die Verbrennung wesentlich beschleunigen.

Von BRÜCKNER und SCHICK wurde die Zumischung von EisenIII-oxyd (1%) bzw. Mangandioxyd empfohlen, die schon bei 220° die rasche und vollständige Verbrennung von Wasserstoff bewirkt. Zu diesen Mischungen gehören auch die Hopcalite[1], deren Aktivität gegenüber Kohlenoxyd zur Genüge bekannt sein dürfte und die sich demgemäß auch mit Wasserstoff bei wenig erhöhten Temperaturen sehr lebhaft umsetzen. All diesen Mischungen ist aber, ebenso wie dem Kupferoxyd selbst, die Fähigkeit eigen, Kohlendioxyd zu absorbieren, was bei Gegenwart bzw. Entstehung dieses Gases zu den erwähnten Schwierigkeiten führt. Man ging daher in neuerer Zeit dazu über, die Masse der Oxyde durch Aufbringung auf indifferente Trägersubstanzen zu verringern und damit die Absorption auf ein erträgliches Maß zu reduzieren. SCHMIDT konnte zeigen, daß Bimsstein und Asbest als Trägersubstanzen nicht geeignet sind, daß sich aber Quarzsand sehr gut verwenden läßt. Man kann dann die Menge des Kupferoxyds, das auf dem Sand aus darauf eingetrocknetem Kupfernitrat bereitet wird, so weitgehend verringern, daß die Kohlendioxydabsorption völlig verschwindet. Merkwürdigerweise können solche Kupferoxyd-Quarzsand-Mischungen weit mehr Sauerstoff abgeben, als dem Kupferoxyd selbst entspricht[2].

b) Silberoxyd.

Benutzt man anstatt Kupferoxyd zur Füllung des Verbrennungsröhrchens Silberoxyd, so läßt sich der Wasserstoff schon bei 100° innerhalb 3 Std. quantitativ verbrennen. Die beobachtete Volumkontraktion wird auch bei Gegenwart von Sauerstoff (Luft) allein durch den Wasserstoff verursacht, da das Silberoxyd bzw. das Silber bei der genannten Temperatur nicht katalytisch wirkt.

Bereitet wird das Silberoxyd durch Fällen von Silbernitratlösung mit frischer reiner Kalilauge. Nach dem Abfiltrieren auf mineralische Filter (Glas- bzw. Porzellanfritten, Glaswolle oder Asbest) und sorgfältigem Auswaschen wird im Vakuum und schließlich ohne Vakuum unter Atmosphärendruck bei 110 bis 120° getrocknet. Das frisch bereitete Präparat entspricht annähernd der Formel AgOH.

Bemerkungen. Die Methode wird wohl nur in speziellen Fällen Verwendung finden, denn im Vergleich zum Kupferoxyd sind, abgesehen von der niedrigeren Reaktionstemperatur, Vorteile bei der Anwendung von Silberoxyd nicht festzustellen. Nachteilig ist der höhere Preis des Silberoxyds und der Umstand, daß es nicht so bequem wie das Kupferoxyd zu regenerieren ist (das Kupfer braucht man zu diesem Zweck nur im Luftstrom auf dunkle Rotglut zu erhitzen). Die fraktionierte Verbrennung des Wasserstoffs in Gegenwart von Kohlenwasserstoffen, wie Methan und Äthan, läßt sich mit Silberoxyd gleichfalls durchführen (COLSON). Möglicherweise ist die Anwendung von Silberoxyd in diesem Falle vorteilhafter, da die Umsetzung bereits bei Temperaturen von 100° quantitativ verläuft und somit die Gefahr, daß Homologe des Methans, wie Äthan, mitangegriffen werden, gänzlich zurücktritt. Kohlenoxyd darf nicht zugegen sein, da es im gleichen Temperaturbereich wie der Wasserstoff zu reagieren beginnt und außerdem das entstehende Kohlendioxyd je nach der Menge mehr oder weniger vom Silberoxyd absorbiert wird (NESMJELOW).

2. Verbrennung unter Absorption.

I. Einphasige Absorptionsmittel.

a) Palladiumschwamm.

Das Verfahren beruht auf der Verwendung von sauerstoffhaltigem Palladiumschwamm und ist von HEMPEL (b) angegeben worden. Streng genommen gehört es noch zu den Oxydations-

[1] Gemische aus MnO_2, CuO, CoO und Ag_2O.

[2] Bei Gegenwart von Kohlenmonoxyd (Wassergas) verläuft die Bestimmung nur dann quantitativ, wenn das gebildete Kohlendioxyd mittels einer Hilfsbürette (zwischen Kupferoxydrohr und Pipette) sofort entfernt und gemessen wird. (Vgl. RASZFELD.)

methoden, die leicht reduzierbare Metalloxyde, wie Silberoxyd, verwenden. HEMPEL (b) ermittelte auch die Bedingungen, unter denen eine Mitverbrennung von Methan nicht stattfindet. Eine nennenswerte Anwendung hat diese Arbeitsweise nicht gefunden, daher sei auch von weiteren Angaben abgesehen.

In neuerer Zeit wurde das Verfahren von WALKER und SHUKLA wieder aufgegriffen und in Verbindung mit dem Kondensationsverfahren zur Ermittlung von Wasserstoff neben Methan und Äthan benutzt. Nach dem Ausfrieren des Äthans erfolgte die Oxydation des Wasserstoffs mit oxydiertem Palladiumschwamm bei 100° innerhalb 15 bis 20 Min. Die Genauigkeit betrug $\pm$ 1,1%.

b) PalladiumII-chlorid-Lösung.

Die Methode beruht darauf, daß ziemlich neutrale, wäßrige PalladiumII-chloridlösungen sich mit Wasserstoff gemäß dem Reaktionsschema: $PdCl_2 + H_2 \rightarrow Pd + 2\,HCl$ umsetzen. Paraffine, wie Methan, Äthan usw., werden dabei nicht angegriffen, falls die Reaktionstemperaturen unter einer gewissen Grenze bleiben. Olefine und Kohlenoxyd reagieren unter allen Umständen und müssen daher vorher entfernt werden.

Arbeitsvorschrift. Von CAMPBELL und HART. PalladiumII-chlorid (entsprechend 3 g Palladium) wird unter Zusatz von 5 cm³ konzentrierter Salzsäure (D 1,2) in 25 bis 30 cm³ Wasser unter Erwärmen gelöst. Durch Verdünnen mit Wasser auf 750 cm³ wird hieraus eine fast 1%ige Lösung erhalten, die in der üblichen HEMPEL-Pipette zur Anwendung gelangt.

Man führt zunächst die Gasprobe ein, wobei die Pipettencapillare mit dem nachfolgenden Sperrwasser völlig gefüllt sein muß. Nach Verschließen der Capillare wird die Verbindung mit der Bürette gelöst und die Pipette nach Herausnehmen aus dem Halter, was bei geeigneter Konstruktion der Schellen leicht zu bewerkstelligen ist, etwa 2 Std. lang in ein Wasserbad eingetaucht. Die Absorption ist alsdann quantitativ vollzogen, sofern der Wasserstoffgehalt 65 cm³ nicht überschreitet. Die Pipettenfüllung reicht im Durchschnitt für 100 cm³ Wasserstoff aus und muß daher bei den üblichen Gehalten öfters erneuert werden. Nach dem Abkühlen wird der verbliebene Gasrest wie sonst in die Bürette zurückgebracht und dort gemessen.

Zur Regeneration verbrauchter Füllungen dampft man diese samt abgeschiedenem Palladium zur Trockne ein und wiederholt diese Behandlung unter Zugabe von 5 bis 6 cm³ konzentrierter Salzsäure und 4 bis 5 Tropfen konzentrierter Salpetersäure. Der Rückstand wird schließlich wie oben gelöst.

Bemerkungen. Die Methode, die im Prinzip eigentlich schon zu den mehrphasigen Absorptionsverfahren gehört, weil sich das ausgeschiedene Palladium in geringem Maße an der Wasserstoffabsorption beteiligt (s. weiter unten), arbeitet zwar langsam und kann die lästige Anwendung höherer Temperaturen nicht vermeiden; sie ist aber nach den Beleganalysen genau und zuverlässig. Bei reichlichem Gehalt an Salzsäure arbeitet die Absorptionslösung noch langsamer. Erhöhung des Palladiumchloridgehaltes (auf 2%) bietet keinen Vorteil.

Im Prinzip gleiche Erfahrungen machen MULLER und FOIX; sie stellen außerdem fest, daß die Menge des ausgeschiedenen Palladiums, das nach dem Abfiltrieren und Veraschen im wesentlichen als PdO zur Wägung gelangt, zum absorbierten Wasserstoff in konstantem Verhältnis steht und daher auch zur Wasserstoffbestimmung benutzt werden kann. Der Umrechnungsfaktor ist allerdings größer als der Beziehung 2 H:Pd entspricht, was auf eine geringe H_2-Sorption durch das ausgeschiedene Palladium zurückgeht.

c) Natrium bzw. Kalium.

Für diese Methode liegen nur einige ältere Angaben vor, in der neueren Zeit scheint man sich mit dieser Bestimmungsmöglichkeit nicht mehr beschäftigt zu haben (vgl. JACQUELAIN). Die Grundlage der Methode bildet die Fähigkeit der

Alkalimetalle, unter passenden Bedingungen den Wasserstoff als Hydrid zu binden gemäß der Gleichung $2\ Me + H_2 \rightarrow 2\ MeH$. Die sehr geringe Flüchtigkeit der festen, salzartigen Hydride ist hierbei zweifellos günstig, indessen ist ihre hohe Empfindlichkeit gegenüber Feuchtigkeit, Sauerstoff und sogar Quecksilber sehr nachteilig. Außerdem vollzieht sich die Wasserstoffbindung erst bei über 300°, während schon bei beginnender Rotglut, im Vakuum sogar ab 400°, die Spaltung der Hydride wieder einsetzt. Ihre hohe Reaktionsfähigkeit verbietet auch das Arbeiten bei Gegenwart der üblichen Sperrflüssigkeiten, so daß also nur unter besonderen Verhältnissen die Anwendung dieses Verfahrens in Frage kommen dürfte. Nach HEMPEL ist z. B. Natrium bequem zur Wasserabsorption verwendbar, wenn man im Hochvakuum arbeitet und die Gasprobe mittels TOEPLER-Pumpe vom Meßgefäß in den Reaktionsraum bzw. umgekehrt befördert. Lithium und die Erdalkalimetalle können in gleicher Weise zur Absorption von Wasserstoff herangezogen werden, da sie ebenfalls feste und praktisch nicht flüchtige Hydride von Salzcharakter bilden. Diese entstehen sogar viel energischer und sind auch bei höheren Temperaturen weit beständiger, aber gegenüber Feuchtigkeit und Sauerstoff gleichfalls sehr empfindlich. Der Umstand, daß diese Metalle unter ähnlichen Reaktionsbedingungen auch Stickstoff zu absorbieren vermögen, verbietet aber in vielen Fällen gerade ihre Anwendung als Wasserstoffbindemittel.

II. Mehrphasige Absorptionsmittel.

a) Silberpermanganat mit versilbertem Kieselgel.

Das von HEIN und DANIEL angegebene Verfahren geht auf die Beobachtung zurück, daß silberhaltige Permanganatlösungen befähigt sind, gasförmigen Wasserstoff schon bei Zimmertemperatur und unter gewöhnlichen Druckverhältnissen (zumal bei Gegenwart von überschüssigem Silbernitrat) rasch zu absorbieren, so daß sich die Frage nach der analytischen Verwertung dieser Tatsache aufdrängte. Die Entwicklung zur Absorptionsmethode erschien um so lohnender, als sich zeigte, daß nicht nur reiner Wasserstoff, sondern auch Mischungen desselben mit anderen Gasen, wie Stickstoff, Sauerstoff und insbesondere gesättigten Kohlenwasserstoffen (z. B. Methan und Äthan) prompt reagieren, ohne daß die letzteren dabei angegriffen werden. Diese Tatsache in Verbindung mit der Unempfindlichkeit der entwickelten Absorptionsmischungen gegen hemmend wirkende Substanzen, wie Kohlenmonoxyd u. dgl., lassen die Methode sogar besonders vielseitig verwendungsfähig und gegenüber manchen anderen katalytischen Absorptionsverfahren überlegen erscheinen, wozu noch die einfache Handhabung und die verhältnismäßige Billigkeit beitragen. Wichtig war weiterhin die Feststellung, daß die Anlaufzeit der Absorption durch einen geeigneten Katalysator, nämlich versilbertes Kieselgel, praktisch vollkommen ausgeschaltet werden kann.

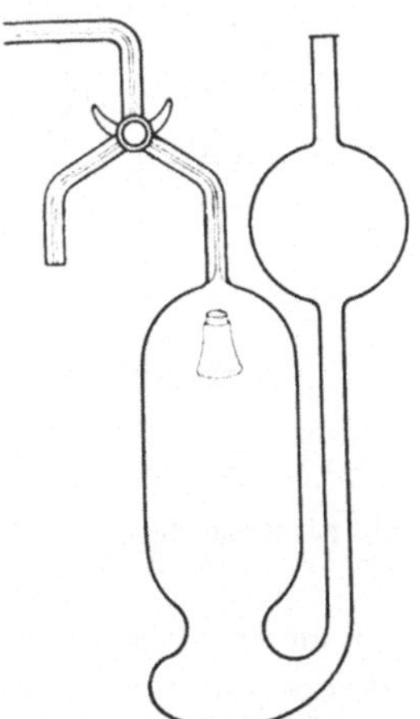

Abb. 7. H-Absorptionspipette nach HEIN und DANIEL.

Darstellung des Absorptionsmittels. Zur Darstellung der Pipettenfüllung wird die Lösung von 30 g Kaliumpermanganat in 500 cm³ Wasser (das entspricht etwa der Löslichkeit bei 20°) mit einer Lösung von 70 g Silbernitrat in 100 cm³ Wasser versetzt, wobei alsbald Silberpermanganat sich in reichlichen Mengen fein kristallin abscheidet. Zu diesem Gemisch werden etwa 25 g versilbertes Kieselgel unter ständigem Umrühren hinzugefügt. Das so bereitete Absorbens wird in eine Spezialpipette (vgl. Abb. 7) durch den seitlichen Stutzen eingefüllt. Die Kapazität entspricht bei regelmäßigem Gebrauch etwa 5 Liter Wasserstoff.

Zur *Bereitung des Silberkieselgels* werden in 200 cm³ einer etwa 0,1 n-Silbernitratlösung, die mit verdünnter (2n) Ammoniaklösung bis zum Verschwinden des anfänglichen Niederschlages versetzt wird, 25 g Kieselgel „pulverförmig" der *Erzröstgesellschaft*[1] zu *Köln* eingerührt. Dann werden unter innigem Durchmischen 20 cm³ 40%iges Formalin zugegeben, wobei das Gel schmutzig dunkelgrün wird. Nach dem Absitzen (etwa 5 Min.) wird die überstehende Flüssigkeit ohne Rücksicht auf etwa noch suspendierte Teilchen durch eine Nutsche (sehr geeignet ist das Jenaer Glasfilter G. 3 von 7 bis 9 cm ∅) dekantiert und das Gel gründlich mit heißem Wasser ausgewaschen, bis der Formaldehydgeruch restlos verschwunden ist. Zu der Suspension wird hierauf so viel gesättigte Silberpermanganatlösung gegeben, daß die rote Lösungsfarbe nicht mehr verschwindet. Alsdann wird sofort filtriert und das feuchte Produkt ohne Auswaschen in die Silberpermanganatmischung eingetragen. Die Gesamtbereitung von Mischung und Katalysator sowie die Füllung der Pipette kann wegen des präparativen Maßstabes in ½ Std. erledigt sein.

Angesichts des nicht unerheblichen Eigenvolumens der Füllung muß das Lösungsvermögen für Stickstoff, der gewöhnlich als indifferenter Bestandteil der wasserstoffhaltigen Gasproben auftritt, berücksichtigt werden. Dies ist um so notwendiger, als infolge spontaner Sauerstoffentwicklung mit der Zeit der ursprünglich in der Füllung vorhandene Stickstoff vollständig herausgespült wird. Aus diesen Gründen schüttelt man die Pipette vor Ausführung der Analyse etwa 5 Min. lang mit etwa 40 cm³ Stickstoff, den man sich z. B. rasch in einer Phosphorpipette aus dem entsprechenden Luftquantum beschaffen kann. Bei längerem Stehen der Füllung, z. B. über Nacht, muß aber zuerst der entbundene, zum Teil jedoch noch adsorbierte Sauerstoff durch 3 Min. langes Schütteln mit etwa 100 cm³ Luft entfernt werden. Erst dann kann man die Sättigung mit Stickstoff vornehmen. Bei Serienanalysen ist diese Behandlung natürlich nur am Anfang nötig.

Apparatur. Die Pipettenform unterscheidet sich von den normalen Ausführungen dadurch, daß der Suspensionsfüllung entsprechend das Ansatzrohr der Niveaukugel genügend weit dimensioniert ist und außerdem der eigentliche Reaktionsraum oberhalb dieses Ansatzes eine Einschnürung besitzt, die verhindert, daß bei intensivem Schütteln Gasblasen in das Niveaurohr übertreten können. Diese Pipette kann natürlich auch für andere flüssig-feste Absorptionsmischungen benutzt werden.

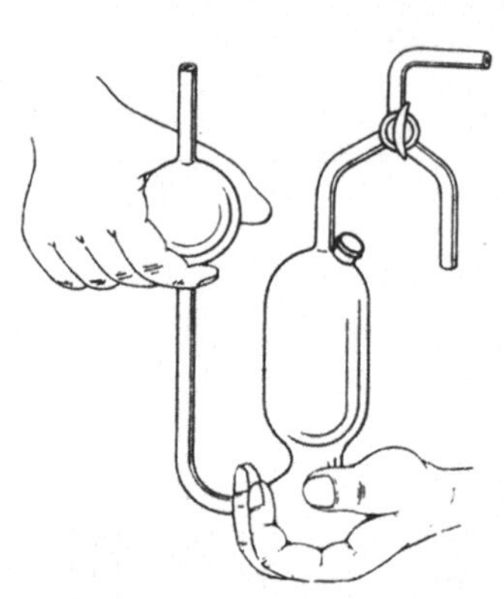

Abb. 8. Handhabung der H-Absorptionspipette nach HEIN u. DANIEL.

Bestimmung. Zur Analyse wird die Probe, die vorher wie üblich von Kohlenmonoxyd, Olefinen und ähnlichen Gasen befreit worden ist, in der gewohnten Art in die wie oben vorbereitete Pipette übergeführt, diese hierauf in der aus Abb. 8 ersichtlichen Weise mit beiden Händen gefaßt und kräftig ruckweise geschüttelt. Um hierbei Gasverluste durch das Niveaurohr zu vermeiden, muß die Pipette so geneigt gehalten werden, daß der Ansatz des Niveaurohrs nach unten kommt. Nach der Absorption des Wasserstoffs, die innerhalb 6 bis 10 Min. beendet zu sein pflegt, wird der Gasrest von geringen, aus der Füllung stammenden Sauerstoffmengen befreit, was in der üblichen Weise, z. B. mit einer alkalischen Pyrogallolfüllung oder in einer Phosphorpipette, erfolgen kann.

Bemerkungen. Es ist angebracht, die Wasserstoffabsorption mit Silberpermanganat bei Raumtemperaturen von etwa 20° oder etwas darüber vorzunehmen, da bei niedrigeren Wärmegraden die Reaktionsgeschwindigkeit rasch zurückgeht.

[1] Jetzt Firma GEBR. HERRMANN, *Köln-Bayenthal.*

Die Notwendigkeit dauernden kräftigen Schüttelns zur Erreichung rascher Absorption führte schließlich noch zur Konstruktion einer mechanisch schwenkbaren Pipette, die den besonderen Anforderungen gerecht wird und sich insbesondere trotz der Suspensionsfüllung nicht verstopft.

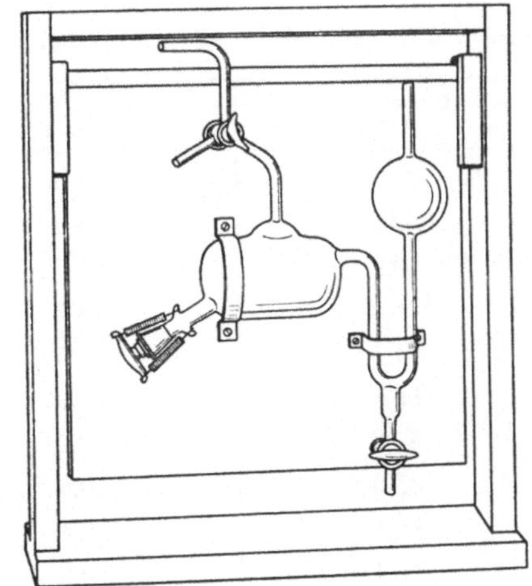

Abb. 9. H-Absorptionspipette nach HEIN und DANIEL auf Schwenkbrett montiert.

Wie Abb. 9 zeigt, besteht der Absorptionsraum aus einem waagerechten zylindrischen Gefäß von etwa 500 cm³ Inhalt, das oben über eine domartige Ausstülpung mit einem Capillarrohr nebst einem Dreiweghahn verbunden ist. Die Niveaukugel (150 cm³) sitzt auf einem 15 mm weiten U-Rohr, das exzentrisch, und zwar ziemlich weit oben, an das Reaktionsgefäß angesetzt ist und zudem unten einen größeren Glashahn trägt. Es ist dadurch die Möglichkeit gegeben, bei etwaiger Verstopfung den Suspensionsschlamm abzulassen. An der entgegengesetzten Seite des Absorptionsgefäßes befindet sich unten ein Einfüllstutzen mit Schliffstopfen, durch den man bei Kopfstellung des die Pipette tragenden Schwenkbrettes bequem die Suspensionsfüllung einbringen kann; der flüssige Anteil wird bei Normalstellung, wie üblich, durch das Niveaurohr eingefüllt.

Die Schüttelvorrichtung ist aus Abb. 10 zu ersehen. Die Pleuelstange greift am Schwenkbrett in eine Öse ein und ist im übrigen wie sonst mit dem Exzenter des Vorgeleges verbunden. Die Gasbürette steht auf einem mittels Zwinge in passender Höhe befestigten Stativ und ist durch einen Capillarglaswinkel Glas an Glas an das Zuleitungsrohr der Pipette angeschlossen. Durch geeignete Biegung dieses Ansatzrohres wird es ermöglicht, daß beim Schütteln Bürette und Pipette verbunden bleiben können. Die Schüttelgeschwindigkeit soll etwa 300 Hin- und Hergängen je Min. entsprechen. Die Absorptionszeiten bewegen sich dann gleichfalls in dem oben angegebenen Intervall von 6 bis 10 bzw. 12 Min.

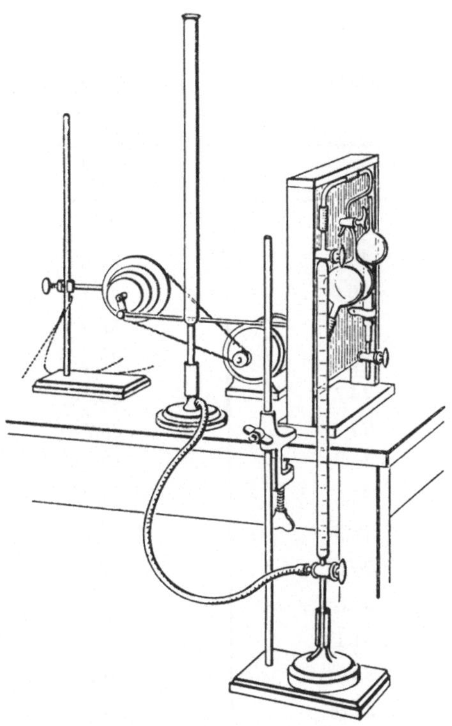

Abb. 10. Anordnung zur H-Bestimmung nach HEIN und DANIEL.

Es seien schließlich noch einige Beleganalysen angeführt, die einen Begriff sowohl von der Fehlerbreite als auch vom jeweiligen Zeitbedarf geben. Die in Tabelle 2 zusammengestellten Analysenresultate wurden bei Benutzung der Handpipette, die in Tabelle 3 enthaltenen bei Anwendung der mechanischen Schwenkpipette erhalten.

Tabelle 2.

Analysen von Wasserstoff-Stickstoff-Gemischen mittels der Handpipette.

Gasgemisch cm^3	Zugegebene H_2-Menge cm^3	Gefundene H_2-Menge cm^3	Absorptionszeit Min.
40,4	29,0	28,8	8
82,2	43,5	43,7	9
79,0	45,3	45,3	9
75,6	14,7	14,6	10
41,2	29,9	30,1	8
89,3	64,0	63,9	7
40,3	8,7	8,8	6
45,0	10,6	10,6	7
62,8	22,8	23,0	7
56,1	20,9	21,0	6
9,5	3,8	3,8	9
89,6	58,0	57,9	9
83,3	71,5	71,5	7

Tabelle 3.

Analysen von Wasserstoff-Stickstoff-Gemischen mittels der mechanischen Schwenkpipette.

Gasgemisch cm^3	Zugegebene H_2-Menge cm^3	Gefundene H_2-Menge cm^3	Zeit Min.
71,9	36,2	36,1	7
43,3	22,6	22,4	8
96,0	47,1	47,3	6
64,3	50,0	49,8	7
85,5	65,8	65,6	10
44,5	35,6	35,6	9
71,3	65,9	65,8	12
42,8	17,2	17,2	9–10
35,3	9,3	9,2	6–7
76,3	22,7	22,5	5–6
20,6	4,8	4,8	7
90,0	19,7	19,8	7–8
31,1	7,4	7,3	8
35,2	9,2	9,2	6–7
39,0	13,2	13,2	8
89,9	56,1	55,9	9

Eine Gegenüberstellung von Wasserstoffwerten aus Leuchtgasanalysen, die einmal nach der Silberpermanganatmethode, zum anderen mittels der Palladiumsol-Natriumpikrat-Füllung nach PAAL und HARTMANN durchgeführt wurden, zeigt Tabelle 4.

Tabelle 4. Wasserstoffbestimmung in Leuchtgas.

	Mit Silberpermanganat	Mit Palladium-Pikrat (PAAL und HARTMANN)
1.	Gefundene H_2-Menge .... 28,9 %	Gefundene H_2-Menge .... 28,7 %
2.	Gefundene H_2-Menge .... 30,1 %	Gefundene H_2-Menge .... 29,9 %
3.	Gefundene H_2-Menge .... 29,3 %	Gefundene H_2-Menge .... 29,8 %
	Dauer 9 bis 10 Min.	Dauer 12 bis 15 Min.

b) Palladiumsol mit Natriumpikrat.

Dieses von PAAL und HARTMANN entwickelte Verfahren geht auf die Beobachtung zurück, daß kolloides, durch protalbinsaures Natrium geschütztes Palladiumsol sehr stark Wasserstoff absorbiert (bis zum Zweitausendfachen des Eigenvolumens) und dieses hochaktiviert auf reduzierbare Substanzen überträgt. Das in Wasser gut lösliche Natriumpikrat ist hierfür besonders geeignet, da eine Totalreduktion zu Triaminophenolat große Mengen von Wasserstoff beansprucht und somit der Lösung eine hohe Wasserstoffkapazität verleiht. Die absolut benötigten Palladiummengen sind gering, da das Metall nicht als Speicher, sondern praktisch nur als Reduktionskatalysator fungiert. Die Absorptionsgeschwindigkeit frisch bereiteter Füllungen ist so groß, daß man bei normalen Wasserstoffmengen mit etwa 10 Min. Einwirkungsdauer auskommt.

Arbeitsvorschrift. Zur Darstellung einer ausreichenden Absorptionsfüllung verwendet man 2 g festes Palladiumsol, das man entweder nach der Vorschrift[1] von PAAL und HARTMANN bereitet oder gleich fertig von den Firmen Degussa und Heraeus bezieht. Diese Menge löst man zusammen mit 5 g Pikrinsäure in 22 cm^3 1n-Natronlauge auf und verdünnt alsdann auf 100 cm^3. Die Lösung ist dann gebrauchsfertig und wird zweckmäßig in eine mit Glasperlen von etwa 5 mm Durchmesser versehene Pipette eingefüllt. Das Fassungsvermögen der Pipette beträgt etwa 4,5 Liter.

Nach Einbringen der zu untersuchenden Probe pflegt die Absorption in etwa 5 bis 10 Min. beendet zu sein, zumal wenn die Temperatur auf 50 bis 60^0 gesteigert wird. Bei größeren Mengen von Wasserstoff ist es vorteilhaft, den Gasrest nach etwa 5 Min. in die Bürette zurückzuführen und so die Oberfläche der Glaskugeln mit frischer Lösung zu benetzen. Bei erneutem Einfüllen der Gasprobe pflegt die Absorption dann nach weiteren 5 Min. beendet zu sein.

Vor der Absorption des Wasserstoffs müssen Kohlendioxyd, Sauerstoff und möglichst vollständig auch Kohlenmonoxyd entfernt werden.

Bemerkungen. Ältere bzw. gebrauchte Lösungen reagieren entschieden langsamer, weshalb empfohlen wird, zwei Absorptionspipetten zu verwenden, von denen die eine stets eine frische Füllung enthalten muß. Die Hauptmenge des Wasserstoffs wird dann von der alten Lösung absorbiert, während man den letzten Anteil mit der frischen Füllung beseitigt.

Kohlendioxyd muß wegen der alkalischen Reaktion der Füllung vorher entfernt werden. Sauerstoff darf gleichfalls nicht mehr vorhanden sein, da er durch das wasserstoffbeladene Palladiumsol katalytisch zu Wasser hydriert und so infolge der dann eintretenden Volumverminderung einen Mehrgehalt an Wasserstoff vortäuschen würde. Es wird empfohlen, auch ungesättigte Kohlenwasserstoffe, wie Äthylen, Acetylen usw., vorher zu entfernen, obgleich deren Reduktion zu Äthan usw. keinen über den dem Wasserstoff entsprechenden Volumenschwund hinausgehenden zusätzlichen Volumenschwund verursachen kann.

[1] Eine ausführliche Vorschrift zur bequemen Darstellung des Sols wurde neuerdings von ZYBASSOW, DYMSCHITZ und DWORKINA gegeben. Vgl. auch BAYER (b), S. 136/137.

Als Nachteil der Methode wurde dem Verfasser von PAAL selbst vor allem die allmähliche Selbstvergiftung der Füllung und dann ihre Empfindsamkeit gegenüber Kohlenmonoxyd genannt. Selbst geringe Mengen von Kohlenmonoxyd, wie sie z. B. nach der Behandlung mit der ammoniakalischen KupferI-chloridlösung zurückbleiben, vermindern die Wirksamkeit des Palladiumsols und damit das Absorptionstempo in beträchtlichem Ausmaße.

Zur Regeneration der Absorptionslösung kann man nach PAAL und HARTMANN folgendermaßen verfahren: Man versetzt die verbrauchte bzw. unwirksam gewordene Füllung so lange tropfenweise mit verdünnter Schwefelsäure, bis kein Niederschlag mehr entsteht. Außer dem gesamten Palladium enthält die Fällung freie Protalbinsäure und unverbrauchte Pikrinsäure. Nach dem Abfiltrieren und Auswaschen suspendiert man in wenig Wasser, löst vorsichtig mit möglichst wenig Natronlauge und ergänzt den Pikratgehalt im erforderlichen Ausmaß. Nach dem Verdünnen auf das Ursprungsvolumen kann die Mischung schließlich wieder verwendet werden.

c) Palladiumsol mit Natrium-anthrachinon-2,7-disulfonat.

Von BONNEY und HUFF wurde vorgeschlagen, das Natriumpikrat der Füllung nach PAAL und HARTMANN durch das anthrachinon-2,7-disulfosaure Natrium zu ersetzen, das wirksamer und besser sein soll, da es durch Sauerstoff (Luft) in Lösung regeneriert wird.

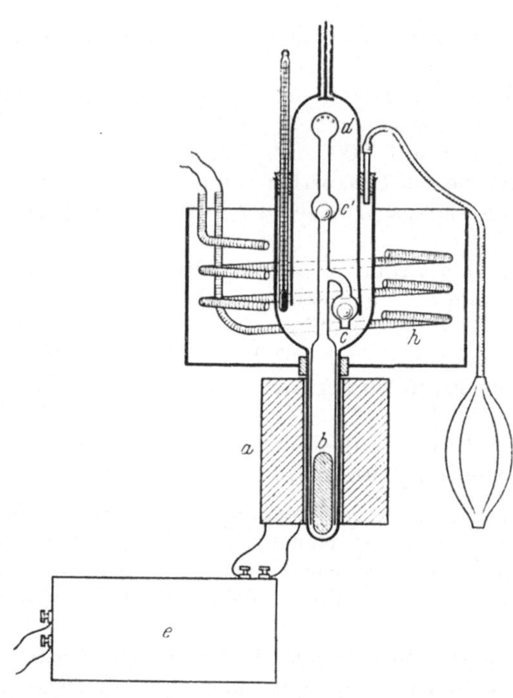

Abb. 11. H-Absorptionspipette nach BONNEY und HUFF.

Arbeitsvorschrift. 15 g anthrachinon-2,7-disulfosaures Natrium, das man zweckmäßig nach LAUER bereitet und das nicht frei von 2,6-Salz zu sein braucht, werden in 100 cm³ Wasser gelöst und mit 1,0 g kolloidalem, nach PAAL und AMBERGER bereitetem Palladium versetzt.

Die Lösung wird nach den Angaben der Autoren vorteilhaft in einer Spezialpipette verwendet, deren Prinzip und Arbeitsweise aus beistehendem Bild zu entnehmen ist (Abb. 11).

Wesentlich an der Konstruktion erscheint, daß durch elektromagnetisches Anheben vermittels der Magnetspule a und des Unterbrechers e des glasumkleideten Eisenkolbens b die Absorptionsflüssigkeit in dem verjüngten unteren Teil c der Pipette hochgedrückt und nach Öffnen des Kugelventils c' durch die Sprühdüse d im Glasraum verteilt wird. Beim Absinken des Kolbens (Strompause) wird durch Ventil c die Absorptionsflüssigkeit wieder in den Hubraum eingesaugt. Etwa 35 Hube je Min. bewirken die erforderliche Geschwindigkeit. Durch Einsetzen der Pipette in ein Wasserbad h läßt sich die Absorptionsaktivität der Füllung bei verschiedenen Temperaturen untersuchen.

Die Füllung soll nach den Angaben der Autoren bei 120 cm³ Fassungsvermögen von reinem Wasserstoff 10,8 cm³ je Min., bei 200 cm³ Fassungsvermögen 14,5 cm³ je Min. absorbieren, während die Palladiumsol-Natriumpikrat-Füllung nach PAAL und HARTMANN bei 120 cm³ Fassungsvermögen unter gleichen Bedingungen nur knapp 3 cm³ je Min. absorbieren soll. Diese Angaben beziehen sich auf Zimmertemperatur. Temperaturen über 30° sind schädlich, da dann infolge Ausflockens des Palladiums die Aktivität sinkt.

Die Kapazität der Normalfüllung beträgt etwa 800 cm³ Wasserstoff, indessen soll sich das Bild wesentlich günstiger gestalten infolge der leichten Regenerierbarkeit der Füllung, die ganz spontan bei Berührung mit Luft bzw. Sauerstoff vor sich geht, in noch nicht geklärter Weise vom pH-Wert der Absorptionsflüssigkeit abhängt und im übrigen eine besondere Langlebigkeit derselben gewährleisten soll.

Bemerkungen. Sauerstoff, ungesättigte Kohlenwasserstoffe, Kohlendioxyd, Kohlenmonoxyd und Schwefelkohlenstoff sollen vorher entfernt werden, Sauerstoff aus den schon an anderer Stelle erörterten Gründen. Die Olefine werden gleichfalls hydriert, während das Kohlendioxyd wohl wegen seiner zu großen Löslichkeit zuerst beseitigt sein muß. Kohlenmonoxyd und Schwefelkohlenstoff wirken als starke Kontaktgifte, verlangsamen also wiederum außerordentlich das Arbeitstempo; hinzu kommt noch die Eigenabsorption dieser Stoffe. Nach der Regeneration, die gleichfalls stark verzögert wird und 2 bis 3 Wochen erfordert, soll allerdings die ursprüngliche Aktivität wieder erreicht werden.

1,2-Naphthochinon anstatt des anthrachinon-2,7-disulfosauren Natriums erwies sich trotz seiner Wasserlöslichkeit nicht als günstig, da die Aktivität mit der Zeit nachläßt.

d) Natriumchloratlösung in Gegenwart von Hydrogencarbonat, PalladiumII-chlorid, Osmium-VIII-oxyd und Platin.

Als Acceptor für den kontakt-aktivierten Wasserstoff kann man nach HOFMANN und Mitarbeitern auch Chlorate benutzen, sofern man dafür sorgt, daß der Chloratsauerstoff durch Osmium gleichfalls genügend reaktionsfähig gemacht wird. Sauerstoff und Kontaktgifte, wie Kohlenmonoxyd, dürfen nicht zugegen sein.

Arbeitsvorschrift. Hochporöse Tonröhren werden durch Tränken mit einer 5%igen Platinchloridlösung und anschließendes Ausglühen im BUNSEN-Brenner platiniert. Alsdann füllt man eine Pipette nach HEMPEL (a) mit den so vorbereiteten Tonröhren soweit wie möglich an und beschickt hierauf mit einer Lösung von 0,05 g PalladiumII-chlorid, 0,02 g Osmium-VIII-oxyd, 35 g Natriumchlorat und 5 g Natriumhydrogencarbonat in 250 cm³ Wasser. In diesem Zustand arbeitet die Pipette noch langsam, und erst nach zweimaliger Füllung mit Wasserstoff und Absorption desselben ist die Vorbereitung beendet und die größtmögliche Absorptionsgeschwindigkeit erreicht. Auf den ursprünglich platingrauen Röhren hat sich dabei ein dunkler Beschlag, vermutlich ein Gemisch von hochdispersem Palladium und OsmiumIV-oxyd, niedergeschlagen.

Der Wasserstoff der eingebrachten Gasprobe wird in etwa 30 bis 50 Min. absorbiert, wobei Schütteln nicht viel Zweck hat. Zur Beseitigung des aus dem Hydrogencarbonat entwickelten Kohlendioxyds muß der Gasrest schließlich in eine Kalipipette gebracht werden. Die Geschwindigkeit der Absorption hängt von der Konzentration des Wasserstoffs ab und ist um so größer, je höher diese ist. Von 100 cm³ reinem Wasserstoff werden 80 bis 90% in etwa 10 Min. absorbiert, während die Absorption des Restes viel längere Zeit erfordert und erst nach maximal 50 Min. beendet ist.

Bemerkungen. Sauerstoff muß auch hier vorher entfernt werden, da sonst infolge der Knallgaskatalyse eine Überkontraktion auftreten würde. Kohlenmonoxyd wird gleichfalls absorbiert und muß daher auch vorher beseitigt werden. Darüber hinaus erweisen sich selbst die geringen Mengen, die von der ammoniakalischen KupferI-chloridlösung nicht erfaßt werden, als sehr schädlich, da sie die Wasserstoffabsorption außerordentlich verlangsamen. Zur Beseitigung der letzten Spuren von Kohlenmonoxyd ist eine Vorbehandlung mit Quecksilberchromat nötig, wodurch aber wegen der gleichzeitigen teilweisen Absorption von Wasserstoff neue Schwierigkeiten verursacht werden.

Diese Empfindlichkeit gegenüber Kohlenmonoxyd, ferner der verhältnismäßig große Zeitbedarf und die Notwendigkeit des Hygdrogencarbonatzusatzes stellen die Mängel der Methode dar.

e) Natriumchloratlösung mit Platinkontaktkerzen.

Eine Abwandlung des von HOFMANN und SCHNEIDER empfohlenen Verfahrens schlagen BIESALSKI und GIEHMANN vor, die mit einer Natriumchloratlösung bei 80 bis 90° arbeiten und sogenannte Kontaktkerzen benutzen. Diese bestehen aus feinporigen, keramischen Stäben von 15 cm Länge und 2 cm Durchmesser, deren Mantelfläche, was wesentlich ist, mit einer gasdichten Glasur überzogen ist[1]. Dadurch werden die Gase gezwungen, die Gesamtlänge der Kerze hochdispergiert in den großflächigen Capillaren zu durchwandern, wobei sie mit dem Katalysator natürlich in innigste Berührung geraten.

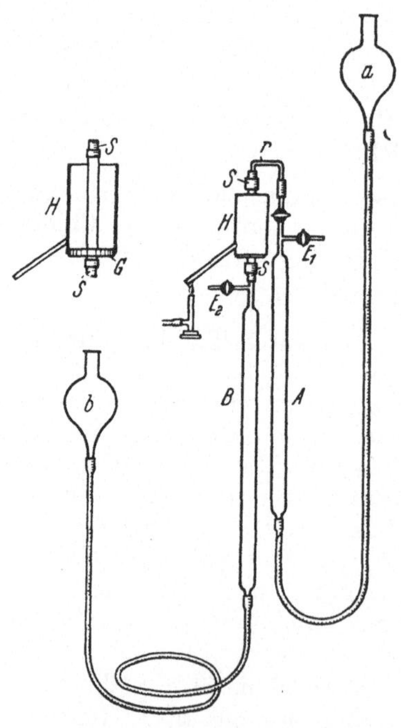

Abb. 12. H-Bestimmungsapparat nach BIESALSKI und GIEHMANN.

Arbeitsvorschrift. Zur Präparierung des Kontakts verdünnt man eine Lösung von 0,3 g Platinchlorwasserstoffsäure nach Neutralisation mit Natronlauge auf 20 cm³ und saugt hiervon zunächst 10 cm³ vorsichtig an einem Ende der Kerze ein. Diese wird darauf im Trockenschrank bei 150° getrocknet, wobei das Einsaugende sich bei Schrägstellung oben befinden muß. Nach dem Trocknen wird durch die heiße Kerze aus einem KIPPschen Apparat Wasserstoff geleitet und so bis zum Erkalten die Reduktion vollzogen. Nach entsprechender Behandlung des anderen Kerzenendes mit dem Rest der Platinlösung ist der Kontakt fertig. Eine derartige Kerze vermag so viel von der 25%igen $NaClO_3$-Lösung aufzunehmen, daß ihre Kapazität etwa 1000 cm³ Wasserstoff entspricht. Eine spezielle Aktivierung des Chloratsauerstoffs etwa durch Osmiumsäure ist nicht mehr nötig. Beistehend abgebildete Apparatur wird für die Durchführung der Bestimmungen empfohlen (Abb. 12), sie stellt im wesentlichen eine Kombination von 2 Gasbüretten A und B von je 100 cm³ Fassungsvermögen mit den zugehörigen Einstellbirnen a und b dar. Beide Büretten haben seitliche Einlaßhähne E_1 und E_2. B trägt mittels Kappenstopfen S die Kontaktkerze, die in gleicher Weise über eine übliche Glascapillarbrücke r mit A verbunden ist. Die Kerze ist von einem Heizmantel H umgeben, der aus einem 4 cm weiten Metallrohr mit seitlichem

[1] Die Anfertigung dieser Sonderkerzen hat die *Staatl. Porzellanmanufaktur Berlin* durchgeführt.

Erhitzungsansatz besteht, das mittels eines Gummiringes (G) an der Kontaktkerze befestigt ist.

Nach Einfüllen der Natriumchloratlösung erwärmt man das Heizbad mit kleiner Flamme auf 80 bis 90°, drückt das eingefüllte Gas aus der Bürette A durch die Kontaktkerze, wobei die Birne von B tiefgestellt sein muß, und wieder zurück. Nach 6maliger Wiederholung ist die Volumverminderung in der Regel beendet.

Einige Analysenergebnisse sind in Tabelle 5 zusammengestellt.

Bemerkungen. Von Vorteil erscheint die hohe Kapazität einer Bürettenfüllung der $NaClO_3$-Lösung, die normalerweise für 60 Liter Wasserstoff ausreicht (theoretisch 130 Liter). Außer für Laboratoriumsanalysen soll sich das Verfahren besonders eignen für laufende Bestimmungen von Stickstoff-Wasserstoff-Gemischen, von Crackgasen und für Leuchtgasanalysen. Kohlenmonoxyd soll nicht stören, wenn nicht mehr als 0,2 cm³ vorhanden sind. Im allgemeinen arbeitet die Kerze um so besser, je länger sie benutzt wird.

Tabelle 5.

cm³ Gas	Zahl der Durchgänge	Zeit Min.	Rest cm³
100 H_2	6	13	0,1
100 H_2	6	9	0,1
100 H_2	6	10	0,2
100 H_2	6	7	0,1
100 H_2	8	8	0,1
60 H_2 + 40 N_2	4	15	40,2
60 H_2 + 40 N_2	6	18	40,1
55 H_2 + 41 N_2	6	16	41,0
30 H_2 + 70 N_2	4	18	70,2
30 H_2 + 70 N_2	4	20	70,0
10 H_2 + 86 N_2	4	20	86,0
10 H_2 + 85 N_2	4	22	85,2
2 H_2 + 48 N_2	4	15	48,1
1 H_2 + 49 N_2	4	15	49,0
50 H_2 + 50 CH_4	6	22	50,0
60 H_2 + 10 CH_4 + 30 N_2	6	21	40,1
40 H_2 + 10 CH_4 + 50 N_2	6	23	60,1

Die Regeneration kann in 10 Min. durchgeführt werden, wobei man mit Knallgas bzw. verdünnter Lauge, darauf mit Säure und 3%igem Wasserstoffperoxyd behandelt.

Der Zwang, bei höherer Temperatur arbeiten zu müssen, stellt natürlich einen Nachteil dar, dagegen besteht ein Vorteil der Methode darin, daß man mit nur einem Platinmetall als Katalysator auskommt.

f) Dinitroresorcin mit Nickel-Kieselgur-Kontakt.

Diese neuerdings von Banerjea, Bhatt und Forster angegebene Methode arbeitet bei Zimmertemperatur und benutzt eine wäßrige Suspension von Dinitroresorcin sowie einen Nickelkontakt, der von Kohlenmonoxyd nicht vergiftet werden soll.

Arbeitsvorschrift. Zur Darstellung des Katalysators vermischt man 20 g kristallisiertes Nickelchlorid, $NiCl_2 \cdot 6H_2O$, von Merck (kobaltfrei) in 200 cm³ Wasser mit 20 g Kieselgur (gleichfalls von Merck), die nach Reinigung mit Salzsäure fein gepulvert wurde, und erhitzt nach Verdünnen auf 400 cm³ 10 Min. lang zum Sieden. Alsdann wird unter dauerndem Rühren allmählich eine Lösung von 20 g kalzinierter Soda in 200 cm³ Wasser zugegeben und hierauf noch weitere 10 Min. gekocht. Nach dem Abkühlen wird das auf der Kieselgur abgeschiedene basische Nickelcarbonat abgesaugt, chlorfrei gewaschen, bei 105° getrocknet und schließlich fein gepulvert. Hiervon wird jeweils so viel im Wasserstoffstrom bei dunkler Rotglut (Teclubrenner) in einem schwer schmelzbaren Rohr 10 Min. lang reduziert, daß rund 3 g Katalysator anfallen. Dieser wird nach dem Erkalten unter Wasserstoff direkt in eine Suspension von 3 g Dinitroresorcin in 150 cm³ Wasser eingetragen; diese Mischung wird schließlich zur Füllung der Absorptionspipette verwendet[1].

Im LUNGE-ORSAT-Apparat ist die Absorption von etwa 7,5 cm³ Wasserstoff bei Zimmertemperatur in etwa 5 Min. beendet, wenn man den auftretenden Unterdruck öfter durch Einsaugen frischer Absorptionsmischung aufhebt und gut durchschüttelt.

Stickstoff und gesättigte Kohlenwasserstoffe, wie Methan, stören nicht. Von den Beleganalysen sei die *Untersuchung einer Leuchtgasprobe* angeführt, die zunächst in üblicher Weise von Kohlendioxyd, Sauerstoff, Olefinen und Kohlenmonoxyd befreit wurde und im Rückstand 38,0% Wasserstoff enthielt.

19,1 cm³ Restgas ergaben in 5 Min. 7,3 cm³, also 38,2% Wasserstoff.

Nach 3 Std. wurde die gleiche Füllung benutzt.

19,4 cm³ Restgas ergaben in 5 Min. 7,4 cm³, also 38,1% Wasserstoff.

Bemerkungen. Als Katalysatoren wurden auch Platin bzw. Palladium in Betracht gezogen. Die Wirksamkeit des Palladiums war am besten, indessen versagte es, wie so oft, bei Anwesenheit von Kohlenmonoxydspuren und neigte auch zur spontanen Vergiftung. Nickel als solches, ohne Trägersubstanz, war unwirksam. Auffallend ist der Hinweis, daß ein besonders vorsichtig, bei 450° reduzierter Nickelkatalysator schlechter arbeitete.

Bei Verwendung alkalischer Lösungen des Dinitroresorcins wurde die Absorptionsgeschwindigkeit gleichfalls herabgesetzt. p-Nitrosophenol und auch α-Nitroso-ß-naphthol waren weit weniger geeignet als das Dinitroresorcin.

g) Natriumoleat (bzw. andere Olefinkörper) mit Nickelkontakt.

Das von BOSSHARD und FISCHLI beschriebene Verfahren wurde besonders für die Wasserstoffbestimmung in Generator- und Wassergas ausgearbeitet. Es beruht gleichfalls auf der katalytischen Übertragung und Bindung des Wasserstoffs an eine ungesättigte Substanz.

Arbeitsvorschrift. Zur Darstellung des Katalysators geht man von käuflichem „Nickelsesquioxyd“ (z. B. bei MERCK erhältlich) aus, reduziert dieses im Wasserstoffstrom bei 340° (Bleibad) und läßt unter gleichen Bedingungen erkalten. Bei Vorrathaltung muß der Katalysator in mit Wasserstoff gefüllten Glasröhrchen eingeschmolzen aufbewahrt werden. Andere Aufbewahrung, insbesondere auch als Suspension in Natriumoleatlösung, führt zur Inaktivierung.

Kurz vor Gebrauch werden 3 g des Katalysators in etwa 100 cm³ einer konzentrierten wäßrigen Lösung von Natriumoleat eingetragen; diese Mischung wird dann entweder in die gewöhnliche HEMPEL-Pipette mit Quecksilberabschluß oder in eine bequemer verwendbare einfache Kugelpipette eingefüllt.

Zur Absorption schüttelt man die zunächst in üblicher Weise von Kohlendioxyd, Olefinen, Sauerstoff und Kohlenmonoxyd befreite Gasprobe (15 bis 20 cm³) 3 Min. lang mit der Absorptionsmischung, läßt dann 3 weitere Min. bei vermindertem Druck stehen, bringt hierauf das verbliebene Gas samt gebildetem Schaum in eine zweite, in gleicher Weise gefüllte Pipette und schüttelt wieder 3 Min. Alsdann wird durch Zusatz von etwa 1 cm³ Alkohol der Schaum vernichtet und nochmals 3 Min. stehengelassen. Schließlich wird der Gasrest wie üblich in die Meßbürette gebracht und die Volumverminderung abgelesen.

---

[1] Das Dinitroresorcin wurde nach ORNDORFF und NICHOLS präpariert und bedurfte keiner weiteren Reinigung.

Folgende Beispiele beleuchten die Brauchbarkeit des Verfahrens:

Die Analyse von Leuchtgasproben ergab 47,2 bzw. 47,8% Wasserstoff, während die Explosionsmethode 47,7% lieferte.

Tabelle 6.

Angewendete Gasmenge			Nach der Absorption	Schütteldauer
CH_4 cm³	N_2 cm³	H_2 cm³	Gasrest cm³	Min.
	5,0	5,0	5,0	10
	5,0	5,0	5,0	10
	5,0	5,2	4,9	7
5,0		5,0	5,0	10
6,0		5,0	6,0	10
5.0		2,0	5,0	5
5,0 (CH_4 + N_2)		16,2	5,0	10
		9,7	0	3

Bemerkungen. Es ist nötig, mit zwei Pipetten zu arbeiten, da die konzentrierte Natriumoleatlösung beim Schütteln sehr schäumt, dieser Schaum sehr beständig ist und erst durch den Alkoholzusatz beseitigt wird. Dieser Alkohol verringert aber die Wirksamkeit des Katalysators und macht daher die Vorbehandlung mit alkoholfreier Absorptionsmischung erforderlich. Bei dieser Arbeitsweise sollen die Füllungen mehrmals verwendbar sein.

Spuren von Ammoniak bzw. von Benzol hemmen die Absorption nicht, wohl aber Kohlenmonoxyd, Schwefelwasserstoff, Schwefelkohlenstoff und Arsenwasserstoff, die wiederum als ausgesprochene Kontaktgifte erkannt wurden.

Andere Olefinderivate, wie Ölsäure selbst, Olivenöl, Sesamöl und Acrylsäure, ergaben teilweise auch brauchbare Absorptionen. Günstig verhielt sich vor allem Allylalkohol, doch wurde wegen Preis und Geruch von seiner Verwendung abgesehen. Die Empfindlichkeit des Kontakts und die Umständlichkeit seiner Darstellung und Handhabung stehen der Anwendung der Methode im Wege. Auch fehlen genaue Angaben bezüglich der Konzentration der Natriumoleatlösung.

3. Umsetzung mit wasserfreiem Nickel II-chlorid bei 600°.

Diese von HEYNE entwickelte Methode beruht auf der Reduktion von Nickelchlorid bei genügend hoher Temperatur, wobei der Wasserstoff quantitativ in titrierbaren Chlorwasserstoff übergeht. Der besondere Vorteil dieses Verfahrens besteht darin, daß die Umsetzung auch bei *sehr geringen* Wasserstoffkonzentrationen quantitativ verläuft und daher für die Bestimmung verschwindend kleiner Wasserstoffreste in indifferenten Gasen, z. B. in Stickstoff, besonders geeignet ist.

Arbeitsvorschrift. Ein Hartglasrohr von 50 cm Länge und 1,4 cm lichter Weite wird bis zu einer Schicht von 20 cm mit wasserfreiem Nickel II-chlorid gefüllt, wobei Stopfen zum Halten der Füllung bewußt weggelassen werden. Zur Erzielung einer völligen Bedeckung des Querschnitts ist das eine Ende des Rohres zugeschmolzen und gleichzeitig ein dünneres Gaszuleitungsrohr eingeschmolzen, das an seinem inneren Ende ebenfalls zugeschmolzen ist, dafür aber eine seitliche Öffnung trägt (vgl. Abb. 13). Beim Einfüllen des Nickel II-chlorids durch das obere Ende wird so der gesamte Querschnitt gleichmäßig bedeckt. Das Rohr wird nun derart in einen elektrischen Ofen gelegt, daß der Boden eben nicht mehr herausragt. Zur Entfernung jeder Spur von Feuchtigkeit wird hierauf bei 600° einen Tag lang völlig trockener Chlorwasserstoff und anschließend so lange sauerstofffreier Stickstoff durchgeleitet, bis das austretende Gas keine Chlorreaktion mehr zeigt.

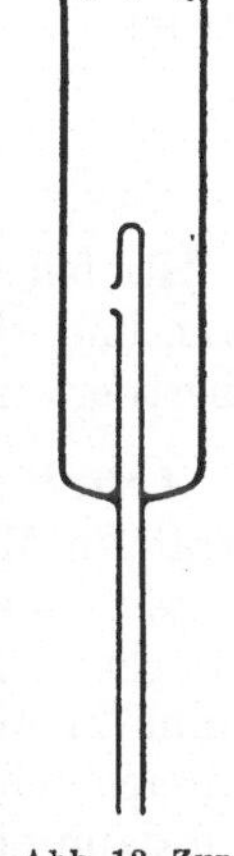

Abb. 13. Zur H-Bestimmung nach HEYNE.

Bei der gleichfalls bei 600° durchgeführten Bestimmung wird das Abgas in eine mit schwacher Natronlauge beschickte Vorlage nach VOLHARD eingeleitet. Die Strömungsgeschwindigkeit soll nicht mehr als 2 l/Std. betragen. Der durch die Umsetzung des zu ermittelnden Wasserstoffs mit dem Nickel II-chlorid gebildete Chlorwasserstoff wird hierbei absorbiert und anschließend mit 0,1 n $AgNO_3$-Lösung titriert. 1 cm³ 0,1 n $AgNO_3$-Lösung entspricht bei Zimmertemperatur und einem mittleren Luftdruck von 758 mm 1,206 cm³ trockenem Wasserstoff. Bei Gehalten von 0,1 bis 0,001 Vol.-% Wasserstoff wurden jeweils 10 Liter untersucht. Die Genauigkeit beträgt 0,001 Vol.-% der untersuchten Gasmenge.

Zur Prüfung wurde reinster *Nitralampen-Stickstoff* auf elektrolytischem Wege mit bekannten Mengen Wasserstoff vermischt und, nach dem Trocknen über Schwefelsäure und Phosphorpentoxyd, analysiert. Die Strömungsgeschwindigkeit (2 l/Std.) wurde mit einem Differentialmanometer gemessen. Die Analysendauer betrug 5 Std.

Tabelle 7.

Zugemischte Wasserstoffmenge Vol.-%	Verbrauchte Menge 0,1 n $AgNO_3$-Lösung cm³	Gefundene Wasserstoffmenge Vol.-%	Fehler cm³
0,0993	8,25	0,0994	+ 0,0001
0,0099	0,91	0,0110	+ 0,0011
0,0010	0,11	0,0013	+ 0,0003
0,0030	0,26	0,0031	+ 0,0001
0,0050	0,52	0,0063	+ 0,0013
0,0020	0,21	0,0025	+ 0,0005
0,0000	0,03	0,0003	+ 0,0003

Bemerkungen. Die Methode soll günstiger sein als die Verbrennung zu Wasser, da sich geringe Mengen Wasser außerordentlich schwer aus der Apparatur entfernen lassen. Auch ist man bei obiger Methode nicht auf Wägung angewiesen. Höhere Temperaturen (700°) sind bei der Reaktion zu vermeiden, da dann schon Verflüchtigung des Nickel II-chlorids erfolgt. Kürzere Nickel II-chloridschichten gewährleisten keine vollständige Umsetzung. Im übrigen genügt durchweg *eine* VOLHARD-Vorlage zur Absorption des Chlorwasserstoffs.

4. Mikroanalytische Methoden zur Bestimmung von freiem Wasserstoff.

Diese Methodik bedient sich der Absorptions- und Verbrennungsreaktionen, soweit nicht die an anderer Stelle behandelten physikalischen Verfahren verwendet werden.

I. Absorptionsverfahren (mit Gasproben von 1 bis 7 mm³).

Hierbei wird der Wasserstoff von einer Palladiumsol-Natriumpikrat-Lösung nach PAAL und HARTMANN absorbiert. Es handelt sich also im wesentlichen nur um eine Übertragung der auf S. 19 geschilderten Reaktion auf den Mikromaßstab.

Arbeitsvorschrift. Die Umsetzung wird in dem von KROGH entwickelten Gerät für Mikrogasanalyse durchgeführt, das zwischen den trichterartigen Erweiterungen a und b (vgl. Abb. 14) eine Meßcapillare von etwa 0,25 mm lichter Weite und eine genau geteilte Meßstrecke von 100 mm benutzt, sowie Gasproben von maximal 7 mm³ zuläßt. Zur Analyse wird aus dem Mikrobehälter (vgl. z. B. SCHWARZ) eine hinreichende Gasmenge in den unteren Trichter a der Mikrogasbürette übergeführt und dann eine Blase von etwa 7 mm³ durch Drehen der Schraube bei c eingesaugt. Durch Schwenken des Apparates wird der untere Trichter so gehoben, daß die außerhalb der Capillare befindliche Gasblase sich ablöst. In der Ausgangsstellung liest man dann unteres und oberes Ende des Gasfadens mit der Lupe bis auf 0,1 mm genau ab und ermittelt gleichzeitig die Temperatur im Wassermantel auf 0,1° genau.

Zur Absorption des Wasserstoffs bringt man die Bürette wieder in die Schrägaufwärtsstellung, entfernt mittels Saugpipette vorsichtig und möglichst weitgehend die Sperrflüssigkeit aus a (vgl. Stellung I der Abb. 14) und füllt hierauf die Absorptionslösung nach PAAL und HARTMANN langsam derart ein, daß die Trennungsschicht zum Gasfaden nicht verletzt und so Verluste von kleinen Gasbläschen vermieden werden. Bei Stellung II (vgl. Abb. 14) schraubt man alsdann die Gasblase vorsichtig in den Einfülltrichter hinunter und bewegt sie nach Berührung mit der Absorptionsflüssigkeit mehrmals um etwa 5 mm hin und her. Nach Beendigung der Absorption, die einige Minuten erfordert, zieht man die Gasblase durch entsprechende Schraubenbewegung wieder in die Capillare hinein, wäscht mittels Tropfröhrchens (s. Abb. 14) die Absorptionslösung aus dem Reaktionsraum mit angesäuertem Wasser heraus, stellt das Gerät schließlich wieder vertikal und wiederholt die Ablesungen.

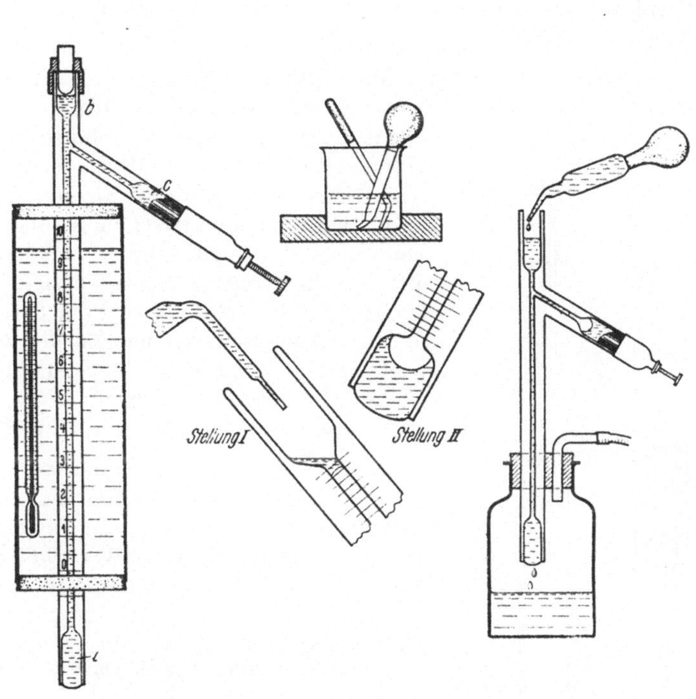

Abb. 14. Gerät zur Mikrogasanalyse nach KROGH.

Zum Ausgleich systematischer Fehler, die durch die Löslichkeit des Analysengases in Wasser und vor allem durch seine Diffusion bedingt sind, müssen zu dem ermittelten Prozentgehalt an Wasserstoff 1,5% hinzugefügt werden. Temperaturanstieg um 0,2° erforderte einen Abzug von 0,1%.

Bemerkungen. Das Verfahren hat natürlich die vorherige Beseitigung beigemengten Sauerstoffs zur Voraussetzung, da dieser sonst mit absorbiert würde.

II. Verbrennungsverfahren (mit Gasproben von 50 bis 100 mm³).

Bei diesem Verfahren wird nach Zumischung einer hinreichenden Sauerstoff- bzw. Luftmenge die Gasblase in Kontakt mit einem Platindraht gebracht, der nach Anheizen zu schwacher Rotglut die Verbrennung auslöst.

Die Mikrobürette ist ähnlich wie oben gestaltet, nur beträgt die lichte Weite hier etwa 1 mm. Um das Hängenbleiben von Wassertropfen zu vermeiden, muß die Gasprobe sehr stetig und langsam eingesaugt werden, was durch Uhrwerksantrieb der Schraube erzielt wird. Als Sperrflüssigkeit dient eine Mischung von gleichen Teilen Glycerin und angesäuerter gesättigter Kochsalzlösung, die durch Schütteln vollständig mit Luft gesättigt wird.

Der Glühdraht von 0,05 mm Dicke und etwa 6 mm Länge ist an zwei stärkeren Platindrähten befestigt, die durch Capillaren von Einschmelzglas gegeneinander isoliert sind.

Arbeitsvorschrift. Man füllt eine Gasprobe in ähnlicher Weise, wie oben geschildert, in die Meßcapillare ein, setzt kohlendioxydfreie Luft bzw. Sauerstoff zu und ermittelt die Größe der Gasblase vor und nach der Zugabe. Dann schraubt man die Blase gegen den Fülltrichter vor und bringt den Glühdraht bis an den Blasenrand heran. Durch Schließen eines elektrischen Stromes von 4 Volt heizt man bei passender Regulierung eines 10-Ohm-Widerstandes so an, daß die Kontraktion eben sichtbar wird oder der Draht leicht aufglüht. Sofort wird der Strom wieder ausgeschaltet und die Gasblase nach dem Zurückschrauben in die Capillare wieder gemessen. Die Art der Sperrflüssigkeit und die Capillarweite erfordern eine Korrektur von 0,3 mm, die von der ermittelten Gasblasenlänge abzuziehen sind.

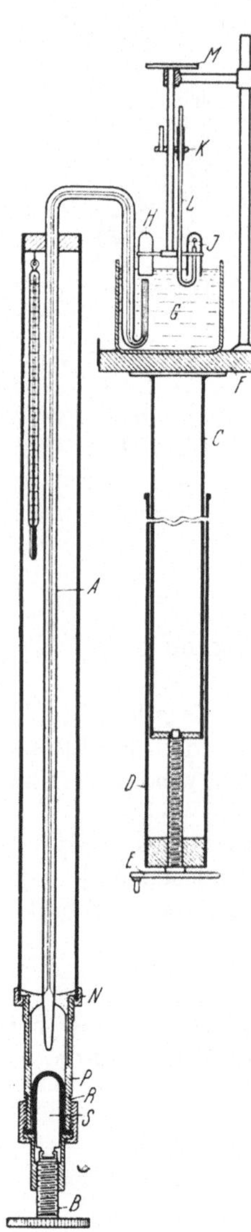

Abb. 15. Apparat zur Mikrogasanalyse nach BLACET und LEIGHTON.

Bemerkungen. Hat man vor der Verbrennung andere Gase, z. B. Kohlendioxyd oder Sauerstoff, durch Absorption entfernt, so sind die Absorptionslösungen ebenso wie die Sperrflüssigkeit sorgfältig durch Waschen mit destilliertem Wasser aus dem Einfülltrichter der Mikrogasbürette zu entfernen.

III. Trockenverfahren von BLACET und LEIGHTON bzw. BLACET und MAC DONALD (mit Gasproben von 25 bis 100 mm³).

Diese Methode verbrennt den Wasserstoff mittels Kupferoxyds in Gegenwart von festem Kaliumhydroxyd, das das entstandene Wasser sofort bindet und so anscheinend gleichgewichtsmäßige Hemmungen in der Vollständigkeit der Umsetzung beseitigt. Das Verfahren arbeitet grundsätzlich ohne wäßrige und ähnliche Lösungs- und Sperrmittel, um die Unsicherheiten zu vermeiden, die bei der Kleinheit der untersuchten Gasproben (25 bis 100 mm³) durch Löslichkeit in den relativ großen, zur Berührung gelangenden Flüssigkeitsmengen und durch die Benetzung der Capillarwandung der Mikrobürette verursacht werden können.

Die von einem Wassermantel umgebene Bürette A von etwa 0,5 mm lichter Weite und 45 cm Meßlänge ist an ihren Ausgängen anders als sonst üblich geformt, was aus beistehender Abb. 15 zu ersehen ist. An Stelle des unteren Einfülltrichters findet sich eine bei N mit Siegellack abgeschmolzene Vorkammer (bestehend aus dem Eisenzylinder P mit Gummihaube R), deren Volumen durch Auf- und Abwärtsführen des metallenen Kolbens S vermittels der Regulierschraube B variiert werden kann und in die die Capillare gegen Verschmutzung gesichert einmündet. Der obere Teil der Mikrobürette endet in einer Capillare von weit kleinerem äußeren Durchmesser, damit sie mit ihrer sorgfältig gerundeten Spitze bestmöglich der oberen Wölbung des Gasbehälters und Reaktionsgefäßes H bzw. J angeschmiegt werden kann. Für gewöhnlich taucht die Spitze ebenso wie die Behälter in Quecksilber, das sich in der pneumatischen Wanne G befindet. Die Wanne kann zusammen mit dem Stativ, das die Halter (die zur besseren Führung in Messingrohren K) der Behälter und des Absorptionsmittels L trägt, durch einen Schraubentrieb EDC mitsamt dem Tragbrett F auf- und abwärts bewegt werden[1].

Arbeitsvorschrift. Nach Füllung der Behälter H und J (Fassungsvermögen etwa 2 cm^3) mit Quecksilber, wobei die eingesperrte Luft mittels eines passend gebogenen und zur Capillare ausgezogenen Glasrohres durch das Sperrquecksilber abgeleitet wird, werden einige Hundert Kubikmillimeter der Gasprobe in den Behälter H eingeführt. Alsdann füllt man die Bürette durch entsprechendes Drehen der Schraube B mit Quecksilber. H wird nun unmittelbar über die Bürettenspitze gebracht und dann so weit gesenkt, daß diese in das Gas einmündet. Durch Drehen von B werden hierauf 25 bis 100 mm^3 Gas in die Bürette eingesaugt, wobei man den weiteren Gaseintritt durch Heben des Behälters H unterbricht und unter Nachsaugen von Quecksilber den eingesperrten Gasfaden in den Meßbereich der Capillare zieht. Bei Niveaugleichheit des oberen Meniskus mit der Oberfläche des Sperrquecksilbers befindet sich das abgemessene Gas theoretisch unter Atmosphärendruck. Nach Ablesung der zugehörigen Temperatur- und Druckdaten wird die abgemessene Gasprobe in den Behälter J und dort zur Reaktion gebracht. Hierzu wird eine an dem Halter L befestigte Platinöse eingeführt, die eine durch schrittweises Aufschmelzen vergleichbarer Mengen von Kupferoxyd und Kaliumhydroxyd entstandene dunkelblaue Perle einfaßt. Durch Überschichten eines genau passenden elektrischen Mikroöfchens über den Behälter wird dann die Gasprobe so hoch erhitzt, daß die Verbrennung des Wasserstoffs rasch und vollständig verläuft. Abb. 16 zeigt die Anordnung des vom Träger S gehaltenen Öfchens. Dieses besteht aus dem Kupferhohlblock C, der unten eine zylindrische Einstülpung besitzt, in welche das glockenförmige Reaktionsgefäß H gerade hineinpaßt. Die Heizwicklung B ist gegen den kupfernen Ofenkörper durch eine Glimmerschicht, gegen die Umgebung durch eine Asbestschicht A isoliert. L ist der Perlenhalter, G deutet den Quecksilberspiegel der pneumatischen Wanne (vgl. Abb. 15) an. Zur Erzielung der richtigen Temperatur wird der Hohlraum F des Öfchens mit Blei gefüllt, das während des Versuchs teilweise geschmolzen sein muß.

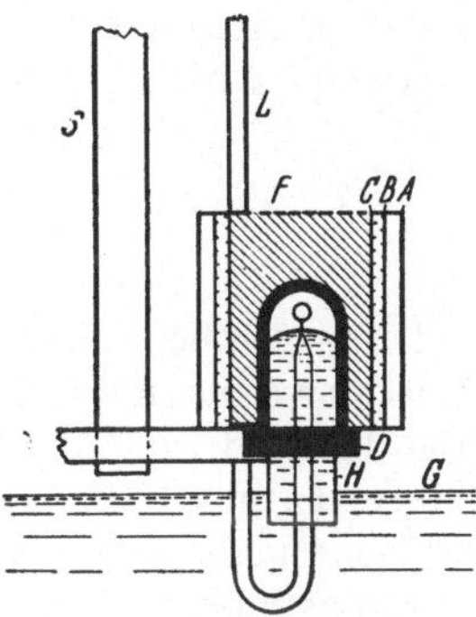

Abb. 16. Beheizungsanordnung zum Apparat von BLACET und LEIGHTON.

Da, wie gesagt, das Kaliumhydroxyd sofort das durch die Reaktion des Wasserstoffs mit dem Kupferoxyd entstandene Wasser absorbiert, entspricht die Kontraktion unmittelbar dem gesuchten Wasserstoff. Nach Entfernen der Perle und des Öfchens wird der Gasrest wieder in die Bürette zurückgebracht und unter den gleichen Bedingungen wie vorher gemessen. Die gesamte Analyse erfordert nicht mehr als 15 Min. Die Tabelle 8 gibt einen Begriff von der Exaktheit der Methode, die gleich gut auch in Gegenwart von Stickstoff bzw. Butan arbeitet.

Tabelle 8. Analyse von Wasserstoff-Methan-Gemischen.

Nr.	Abgemessenes Volumen mm^3	Theoretische H_2-Menge %	Gefundene H_2-Menge %	Differenz %
1	86,51	46,49	46,30	—0,19
2	97,43	38,11	38,00	—0,11
3	83,35	52,00	52,18	+0,18
4	87,98	47,38	47,17	—0,21
5	91,45	44,25	44,20	—0,05

Der durchschnittliche absolute Fehler beträgt also 0,15%.

[1] Auf Abb. 15 sind nur zwei Gasprobenbehälter gezeigt, während insgesamt deren vier zum Apparat gehören, die symmetrisch um ihr Haltestativ verteilt sind und mittels der Drehschraube M ausgewechselt werden können.

Bemerkungen. Ursprünglich wurde der Wasserstoff nach Zumischung der erforderlichen Sauerstoff- bzw. Luftmenge durch Explosion verbrannt, wobei diese durch einen in den Reaktionsbehälter durch das Sperrquecksilber isoliert eingeführten und elektrisch geheizten Platinglühdraht ausgelöst wurde. Die Ergebnisse waren aber nur mäßig genau und wurden vor allem unbrauchbar, wenn kleine Mengen Wasserstoff neben Kohlenwasserstoffen zu bestimmen waren. Das Verbrennungswasser wurde dabei durch eine Phosphorpentoxydperle gebunden.

Bei obigem Verfahren muß, wie schon betont, die Kupferoxydperle unbedingt Kaliumhydroxyd enthalten, da sonst der Wasserstoff nicht vollständig reagiert. Wichtig ist außerdem der Hinweis, daß der Glashalter der Platinöse beim Einführen in den Behälter diesen nicht berühren darf, da sonst adsorbierte Luft mit eingeschleppt wird.

B. Physikalisch-chemische Verfahren.

1. Desorptionsverfahren.

Diese Methode wurde erstmalig von PETERS und LOHMAR zur Analyse von Kohlenwasserstoffgemischen entwickelt; sie beruht auf der schrittweisen Abgabe des z. B. an Aktivkohle adsorbierten Gasgemisches bei Temperatursteigerung. Während nun PETERS und LOHMAR die einzelnen Desorptionsfraktionen mittels der Gaswaage untersuchten, verwendeten EDSE und HARTECK (a) statt dessen die an sich genauere und weit bequemere Wärmeleitfähigkeitsmessung und konnten auf

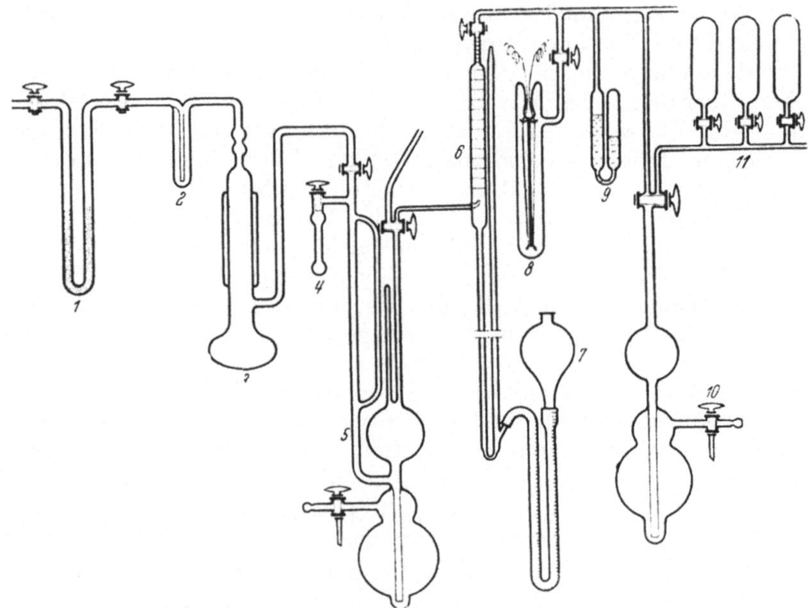

Abb. 17. Apparatur zur H-Bestimmung nach EDSE und HARTECK.

diese Weise eine wesentliche Verbesserung des Verfahrens erzielen. Die Technik dieses Meßverfahrens wird an späterer Stelle behandelt; hier sei nur darauf hingewiesen, daß es möglich ist, bei passender Größe der Meßzelle (Inhalt 15 cm^3 und weniger) unter Anwendung von 50 mm Fülldruck mit etwa 1 cm^3 Gas von Normalbedingungen auszukommen, während die Dichtemessung mit der Gaswaage rund das 10fache Volumen erfordert. Angesichts der verhältnismäßig guten Wärmeleitfähigkeit des

Wasserstoffs ist es begreiflich, daß sich die Methode auch besonders gut für dessen Bestimmung verwerten läßt.

Arbeitsvorschrift. Apparatur. Zur Ausführung der Untersuchungen wurde folgende, in Abb. 17 wiedergegebene Apparatur benutzt. Das Gasgemisch wird von dem Adsorber im U-Rohr 1 mit Hilfe der Hg-Pumpe 3 in die TOEPLER-Pumpe 5 gepumpt. Hier können gleichzeitig die Drucke gemessen werden. Ausfrierbare Gase werden in den Gasfallen 2 bzw. 4 ausgeschieden. Die Hubpumpe 5 drückt das Gas zur Volumenmessung in die Gasbürette 6, von wo es zur Messung der Wärmeleitfähigkeit durch Heben der Niveaubirne 7 in die Meßzelle 8 und von dort zur Aufbewahrung in die Gefäße 11 gebracht werden kann.

Bestimmung. Zur Adsorption wird über das Adsorbergefäß ein DEWAR-Gefäß mit Kältebad (z. B. Äther-Kohlensäureschnee) geschoben, in das gleichzeitig ein Aluminiumrohr teilweise eintaucht. Dies bedingt einerseits eine gleichmäßige Temperatur im gesamten Bad und andererseits ein kontinuierliches Ansteigen derselben in der Desorptionsphase. Bei der geringen erforderlichen Gasmenge ist der jeweilige Gleichgewichtsdruck verhältnismäßig bald erreicht, auch wenn die schlecht wärmeleitende Aktivkohle als Adsorber benutzt wird. Nach Einfüllen der jeweiligen Desorptionsfraktion in die Meßzelle wird der Meßdraht genau 1 Min. elektrisch auf 50 bis 150° überhitzt, wobei der Heizstrom von 10 Volt Spannung einer besonders guten Akkumulatorenbatterie entnommen wird. Alsdann wird die durch die Erwärmung bedingte Widerstandsänderung abgelesen, wobei man sich der bekannten Brückenmethode nach WHEATSTONE bedient; nach 3 Min. wird eine weitere Messung in Angriff genommen. Bei 3 Komponenten dauert eine Vollanalyse 1 bis 2 Std.; bei komplizierten Gemischen aus z. B. Wasserstoff, Methan, Äthylen, Propylen und Propan etwa 24 Std. Die Meßgenauigkeit ist so groß, daß die Hundertstel Ohm auf eine Einheit sicher angegeben werden können, was eine Analysengenauigkeit von durchschnittlich 0,1% ermöglicht. Die Beispiele der Tabelle 9 mögen die Brauchbarkeit des Verfahrens beleuchten.

Tabelle 9.

Fraktion	cm³	Gemessener Widerstand Ω	Bestandteile cm³
1	2,5	304,79	6,5 H_2
2	4,0	304,80	
3	2,7	373,07	5,4 CH_4
4	2,7	373,74	
5	2,4	404,09	2,0 C_2H_4 + 0,4 C_2H_6
6	3,6	400,73	1,9 C_2H_4 + 1,7 C_2H_6
7	2,5	400,16	1,2 C_2H_4 + 1,3 C_2H_6
8	3,4	399,28	0,9 C_2H_4 + 2,5 C_2H_6
9	2,5	408,76	2,0 C_3H_6 + 0,5 C_3H_8
10	2,2	408,23	1,2 C_3H_6 + 1,0 C_3H_8
11	2,5	408,12	1,3 C_3H_6 + 1,2 C_3H_8
12	3,5	407,13	0,5 C_3H_6 + 3,0 C_3H_8

Aus den in Tabelle 9 mitgeteilten Werten, aus den für die Reingase unter gleichen Bedingungen gemessenen Widerständen (H_2 304,80, CH_4 373,80, C_2H_6 398,35, C_2H_4 405,90, C_3H_8 406,82, C_3H_6 410,68 Ω) und den sich ergebenden Differenzen errechnen sich folgende, in Tabelle 10 mitgeteilten Analysenwerte, denen die theoretische Zusammensetzung gegenübergestellt ist.

Tabelle 10.

	H_2	CH_4	C_2H_4	C_2H_6	C_3H_6	C_3H_8
Gefundene Menge (cm³)	6,5	5,4	6,0	5,9	5,0	5,7
Berechnete Menge (cm³)	6,5	5,4	6,0	5,9	5,0	5,7

Bemerkungen. Das Verfahren arbeitet also erstaunlich genau, lohnt sich aber natürlich nur bei der Untersuchung kleiner Gasproben, wenn es auf große Genauigkeit ankommt, und bei Arbeiten, die den besonderen Apparateaufwand angebracht erscheinen lassen.

Edse und Harteck (b) weisen darauf hin, daß man auch Gemische der Wasserstoffisotopen (H_2 und D_2 ohne HD) nach diesem Verfahren analysieren kann.

Des weiteren stellten sie fest, daß Ersatz der Aktivkohle durch Kieselgel (z. B. die Sorte A der Firma *Herrmann* in *Köln-Bayenthal*) noch weit bessere Bedingungen schafft, da die Wärmeleitfähigkeit des Kieselgels viel größer ist und somit die Einstellzeiten wesentlich abgekürzt werden. Auch soll die Trennschärfe besser sein, was wohl mit der regelmäßigen Oberfläche und dem dadurch erleichterten Platzwechsel der adsorbierten Gasmolekeln zusammenhängen dürfte.

2. Volumetrische Elektroanalyse.

Dieses von Dassler beschriebene Verfahren stützt sich auf die elektrochemische Aktivität des Wasserstoffs, die es ermöglicht, ihn an geeigneten anodisch polarisierten Elektroden zu absorbieren.

Arbeitsvorschrift. **Apparatur.** Das erforderliche Gerät ist in Abb. 18 dargestellt; es besteht aus drei in einen gemeinsamen Rahmen eingebauten Teilen, nämlich dem Pipettengefäß P, dem Polwendeschalter S und dem Nickel-Cadmiumakkumulator A, der bei 20 Amperestunden Kapazität für ungefähr 9 Liter Wasserstoff ausreicht. In den zylindrischen, oben verjüngten Pipettenkörper ragt die aus spiralig aufgerolltem, mit etwa 3 g Palladium überzogenem Nickeldrahtnetz bestehende Gaselektrode e, die über den Wender (S) mit der Batterie verbunden ist. Die Pipette ist in den mit Einfüllöffnung o versehenen Kunststoffdeckel h des Bechergefäßes b eingelassen und taucht in Kalilauge der Dichte 1,20 ein, mit der sie durch Ansaugen bei (q) gefüllt wird. Die Gegenelektrode g (z. B. aus vernickeltem Eisenblech) umgibt das untere Pipettenende in Gestalt eines Kegelstumpfmantels. Der Zuführungsdraht zur Gaselektrode dient zugleich als deren Träger. p_1 und p_2 sind Verbindungsklemmen zwischen den Elektroden und ihren Zuleitungen.

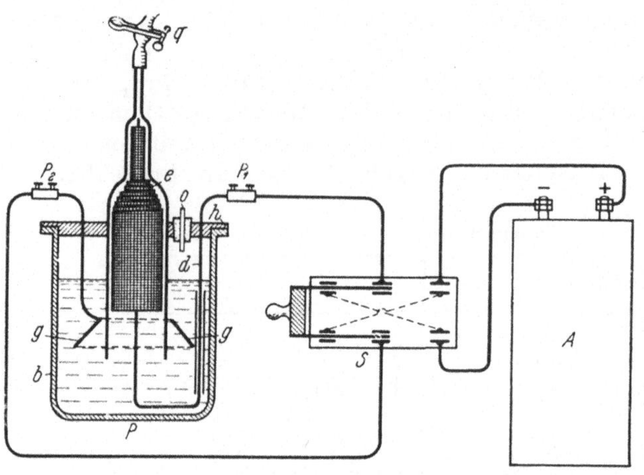

Abb. 18. Apparat zur elektrochemischen H-Bestimmung nach DASSLER.

Zur *Ausführung der Analyse* aktiviert man die Gaselektrode zunächst durch kathodische Polarisation (einige Sekunden), füllt hierauf die Gasprobe aus der Meßbürette durch q ein und macht alsdann die Elektrode durch Umlegen des Schalters S zur Anode. Bei der hierdurch bewirkten anodischen Polarisation wird der in der Gasprobe befindliche Wasserstoff sofort und schnell von der Elektrode aufgezehrt, wobei Stromstärken bis 0,6 Ampere auftreten. 100 cm^3 Wasserstoff können so in 10 Min. absorbiert werden, wobei allerdings das Potential der Elektrode höchstens um 1,3 Volt positiver als das Ruhepotential sein darf. Im allgemeinen ist die Absorption in 15 bis 45 Min. beendet, sofern nicht Kohlenmonoxyd zugegen ist. Dieses verlangsamt, wenn es auch nur in Spuren vorhanden ist, den Vorgang beträchtlich, schädigt die Elektrode aber nicht dauernd. Die Anwesenheit von 0,2 cm³ Kohlenmonoxyd auf 100 cm³ Wasserstoff verlängert die Absorptionsdauer z. B. auf $^5/_4$ St. Eine verhältnismäßig rasche Beseitigung des Wasserstoffs einschließlich des Kohlenmonoxyds ist hier nur durch Zusatz von Sauerstoff (etwa 1 Teil auf 2 Teile Gasgemisch) möglich. Es tritt dann rasche Absorption des zunächst vorhandenen Knallgasgemisches und der Kohlenmonoxydspuren ein, worauf der Restsauerstoff bei weiterer kathodischer Polarisation etwas langsamer verschwindet.

Die Beleganalysen der Tabelle 11 erläutern die Angaben.

Tabelle 11.

Zusammensetzung des Gasgemisches cm³					Temperatur der Kalilauge	Zeit	Gasrest
H_2	O_2	CH_4	N_2	CO	°C	Min.	cm³
88,8			1,0		18	40	1,0
97,5			0,6		20	30	0,6
101,5			0,3		20	45	0,3
60,4			20,2		23	20	20,3
42,4			60,2		21	30	60,2
8,6			65,8		23	15	65,8
44,3	33,5	14,1		Spuren	20	30	14,1
26,3	27,5	24,7		2,5	23	25	24,9

Bemerkungen. Ein Vorzug der Methode ist es, daß keine besonderen Handgriffe erforderlich sind und nicht geschüttelt zu werden braucht. Dafür sind die Absorptionszeiten im Vergleich zu anderen Methoden allgemein etwas länger.

C. Physikalische Verfahren.

1. Thermische Austreibung von Wasserstoff aus Metallen, unter Umständen mittels eines Hilfsgases oder im Vakuum. (Heiß- bzw. Vakuumextraktionsverfahren.)

Metalle, insbesondere Eisen und Stähle, enthalten häufig Gase – mitunter bis fast 200 cm³ auf 100 g –, teils gebunden, teils gelöst bzw. eingeschlossen in Form von Gasblasen. Zu den Bestandteilen dieser Gase gehört außer Sauerstoff und Stickstoff auch Wasserstoff, der beim Schmelzprozeß und auch im kalten Zustand, wahrscheinlich beim Beizen, aufgenommen wird. Zur Bestimmung dieses Wasserstoffs sind unter anderem die sogenannten Heißextraktionsverfahren entwickelt worden, die teils im Hochvakuum, teils mit Spülgas (Stickstoff) arbeiten und im Prinzip auf der thermischen Austreibung der betreffenden Gase beruhen und die genauesten Resultate liefern.

Arbeitsvorschrift. In einer Apparatur, deren wohl zur Zeit günstigste Form im beistehenden Schemabild (Abb. 19 VACHER und JORDAN) wiedergegeben ist, sind die wesentlichen Teile – Ofen O, Hochvakuumpumpe B, Auffanggefäße R_1, R_2, Verbrennungsstrecke C und Absorptionsröhren T_1, T_2 – zusammengefaßt. Zu Beginn des Versuchs wird der elektrische Ofen auf 1700 bis 1800° angeheizt. Gleichzeitig wird die ganze Apparatur mittels Vorvakuumpumpe bei M und durch die Quecksilberdiffusionspumpe B bis auf 0,1 mm Quecksilberdruck entgast, was den geringsten Leerwert bei der anschließend bei 1600° durchgeführten Schmelze ermöglicht. Nach 3- bis 4stündigem Erhitzen schaltet man die Pumpen ab, senkt die Temperatur auf 1600° und wirft die stückige Probe (etwa 1 g) mittels einer geeigneten Vorrichtung unter Vakuum ein. Die entwickelten Gase werden aus dem Heizraum in die Behälter R_1 und R_2 abgesaugt, die je nachdem als Vorvakuum oder als Gassammelgefäß dienen. Die Gasabgabe ist beendet, wenn das Manometer E den Ausgangsdruck wieder anzeigt, worauf der Heizraum abgesperrt wird. Abschließend werden die Gase durch die Diffusionspumpe so lange über das mit Kupferoxyd gefüllte Verbrennungs-U-Rohr C und durch die Absorptionsröhren geführt, bis die Absorption des Wassers usw. vollendet ist. Die Wägung der Absorptionsröhren ergibt endlich die Menge des gebildeten Wassers und damit die Menge des vorhandenen Wasserstoffs.

Bemerkungen. Die Genauigkeit beträgt bis 0,002%.

Die Messung kann auch volumetrisch erfolgen, indem man zunächst die gesamten Gase in den Behältern sammelt und den Gesamtdruck mißt. Alsdann leitet man die Gase über das erhitzte Kupferoxyd und absorbiert zunächst nur das Wasser

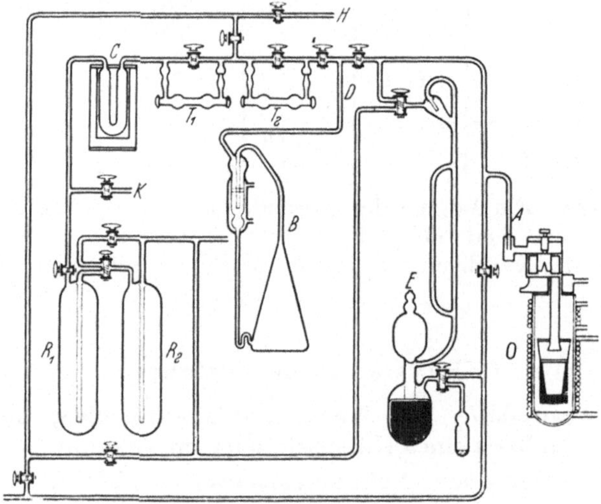

Abb. 19. Apparatur zur H-Bestimmung nach dem Heiß- bzw. Vakuumextraktionsverfahren nach VACHER und JORDAN.

im P_2O_5-Rohr, bis sich der Druck innerhalb von 5 Min. nicht mehr ändert. Man sammelt die Restgase wieder in den Behältern, mißt den neuen Druck und errechnet aus der Differenz den Wasserstoffgehalt. Genauigkeit und Zeitbedarf entsprechen denen des gravimetrischen Verfahrens.

Die Stückform der Proben ist günstiger als die Spanform. Die Extraktion verläuft nur dann quantitativ, wenn die Proben bis zum Schmelzen erhitzt werden, was wegen der erforderlichen hohen Temperatur in Magnesia- bzw. Graphittiegeln geschehen muß, die ihrerseits in Quarzgeräte eingesetzt sind. Anstatt durch Außenheizung wird neuerdings das Schmelzen mit Hochfrequenzstrom bewirkt, was natürlich in mehrfacher Beziehung von Vorteil ist und unter anderem die Analysendauer auf 20 bis 40 Min. abkürzen soll (GOERENS).

Die Austreibung der Gase kann auch bei niedrigerer Temperatur – etwa 1100° – erfolgen, wenn man das Schmelzen durch geeignete Zusätze erleichtert. Als solcher hat sich gemäß Versuchen von GOERENS (vgl. auch ZIEGLER) eine gleichteilige Legierung von Antimon und Zinn bewährt, die beim Zusammenschmelzen bei 800° im Vakuum gasfrei erhalten wird. Höhere Temperatur und längeres Erhitzen sind hierbei zu vermeiden, da sonst infolge Verdampfung von Antimon der Schmelzpunkt der bei 1050° flüssigen Eisen-Zinn-Antimon-Legierung ansteigt. 8 g dieser Legierung werden nach OBERHOFFER und BEUTELL in einem vorher bei Rotglut an der Luft und bei 1100° im Vakuum entgasten Magnesiatiegel mit der etwa 4 g wiegenden Stückprobe zusammengebracht; hierauf wird der Tiegel mittels Quarzstützen in das Quarzglasrohr eingesetzt, das einerseits mit dem Pumpenaggregat nebst Sammelgefäß usw. verbunden ist, andererseits durch einen elektrischen Röhrenofen bis auf 1100° erhitzt werden kann. Dieser Ofen wird nach Schließung und Evakuierung der Apparatur voll angeheizt über das Quarzrohr hochgeschoben. Die bei 1000° einsetzende Gasentwicklung wird bei 1060° heftig, verringert sich aber bei 1080 bis 1100° innerhalb 10 Min. beträchtlich und ist nach weiteren 30 bis 40 Min. beendet. Zwecks Abkühlung und zur Verhinderung des Verbackens von Regulus und Tiegel wird der Ofen hiernach wieder gesenkt; bei Dunkelrotglut des Tiegels wird alsdann das Schmelzgefäß abgeschaltet und schließlich das Gas zur Messung gebracht, die bei geringeren Genauigkeitsansprüchen auch im ORSAT-Apparat durchgeführt werden kann.

Der Regulus muß gut durchgeschmolzen und blasenfrei sein, sonst ist die Vollständigkeit der Entgasung zweifelhaft. Unrichtige Zusammensetzung der Zusatzlegierung (s. oben) bzw. hoher Kohlenstoffgehalt der Stahlproben können hinderlich sein (vgl. CASTRO und PORTEVIN).

2. Wärmeleitfähigkeitsverfahren.

Diese elegante Methode ist für die Bestimmung des Wasserstoffs wegen seiner besonders guten Wärmeleitfähigkeit hervorragend geeignet und findet großtechnisch in automatischen Meßgeräten vielfache Verwendung.

Im Prinzip beruht die Analyse auf einer Widerstandsmessung mittels der WHEATSTONEschen Brückenschaltung, indem man in der Meßzelle einen WOLLASTON-Draht in bestimmter Weise überhitzt und nun die entsprechende Widerstandsänderung abgleicht. Je besser das den Draht umgebende Gas die Wärme ableitet, um so geringer wird die Überhitzung und damit der Widerstand des Drahtes sein, woraus sich dann die Möglichkeit der Gehaltsermittlung ergibt.

Bei Vergleichsmessungen wird an Stelle eines der Widerstände der Brückenschaltung eine weitere Wärmeleitfähigkeitsstelle angebracht, in welcher sich das Vergleichsgas, z. B. Luft, befindet. Beide Zellen bzw. Kammern werden zweckmäßig durch ein gemeinsames Wärmebad auf praktisch gleiche Temperatur (Unterschied höchstens 0,04°) gebracht.

Die Sonderstellung des Wasserstoffs in bezug auf das Wärmeleitvermögen ist vor allem durch sein kleines Molekulargewicht bedingt, was die beistehende Tabelle 12 eindringlich veranschaulicht:

Tabelle 12.

Relatives Wärmeleitvermögen einiger Gase (in bezug auf Luft = 100)					
H_2	700	NO	98	CO_2	59
He	590	CO	96	H_2S	54
H_2O	130	NH_3	90	C_6H_6	37
CH_4	126	C_2H_2	78	SO_2	34
O_2	101	C_2H_4	72	Cl_2	32
N_2	100	C_2H_6	75	CS_2	28

Die Eichung der Wärmeleitfähigkeitszelle wird empirisch vorgenommen, indem sowohl die reinen Gase wie auch binäre Gasgemische durchgemessen werden, da das Wärmeleitvermögen von Gasgemischen sich nicht immer linear mit der Konzentration der Komponenten ändert.

Die Wärmeleitfähigkeitsmethode in der einfachen Form, wie sie großtechnisch in automatischen Meßgeräten verwendet wird, ist jedoch zu ungenau, wenn es sich um Bestimmungen von Wasserstoff neben gasförmigen Paraffin- oder Olefinkohlenwasserstoffen bzw. nur um die letzteren allein handelt. Diese Methode wurde daher von EDSE und HARTECK wesentlich verbessert.

Arbeitsvorschrift. Die Wärmeleitfähigkeitszelle, beispielsweise ein Glasrohr, in dessen Mitte ein etwa 5 cm langer WOLLASTON-Draht von rund 4 μ Dicke angebracht ist, wird nach dem Auspumpen auf Hochvakuum mit dem Auffanggefäß für die Gasprobe verbunden; man läßt so viel von dem Gas ein, daß ein in den Apparat miteingebautes Vakuummeter etwa 50 mm Quecksilberdruck auf $^1/_{10}$ mm genau zeigt. Alsdann wird die Zelle in eine WHEATSTONEsche Brückenanordnung (vgl. Abb. 20) derart eingeschaltet, daß durch den Meßdraht und die eine Seite der Brücke 10- bis 100mal soviel Strom fließt wie durch die Vergleichswiderstände. Gleichzeitig wird sie durch einen Thermostaten, z. B. eine in einem DEWAR-Gefäß befindliche Eis-Wasser-Mischung, auf Temperaturkonstanz gebracht. Als Spannungszelle genügt beispielsweise eine sehr gute Akkumulatorenbatterie von 10 Volt. Der Meßdraht wird zur Ausführung der Analyse auf 50 bis 150° überhitzt, wobei zur genauen Dosierung der Wärmemenge der Strom nur während einer sorgfältig bemessenen Zeitspanne (z. B. 1 Min.) eingeschaltet wird. Hierauf wird sofort die Widerstandsmessung durchgeführt. Die Wiederholung erfolgt erst nach einer gleichfalls konstant einzuhaltenden Ausgleichszeit, z. B. nach 3 Min.

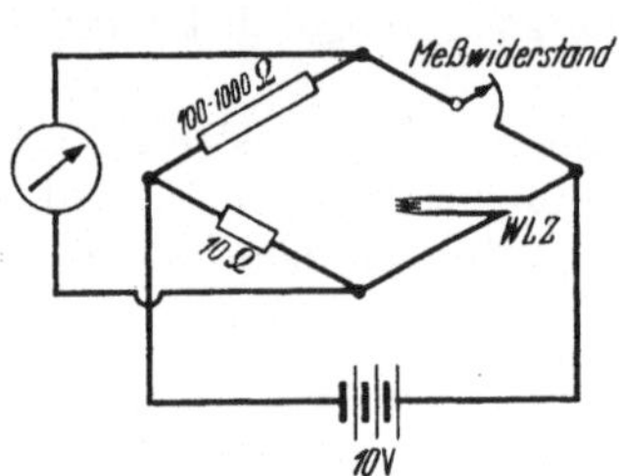

Abb. 20. Schaltung der Meßzelle beim H-Bestimmungsverfahren durch Wärmeleitfähigkeitsmessung.

Um mit der Wärmeleitfähigkeitsmethode genaue Werte zu bekommen, muß man sämtliche in Betracht kommenden Fehlerquellen kennen. Diese können in folgenden Punkten zusammengefaßt werden (vgl. FERBER und KALLER):

a) **Form der Wärmeleitfähigkeitszelle und des Meßdrahtes.** Die Meßzelle besteht zweckmäßig aus zwei Teilen – einem etwa 6 cm³ fassenden, reagensglasähnlichen, mit Schliff und nach oben gebogenen Rohr mit Hahn zum Evakuieren versehen, und einem eingeschliffenen Teil mit möglichst dünnem Glashalter, der an den Berührungsstellen mit dem Draht zweiarmig ausgezogen ist. Dadurch stellt sich bereits nach 2 Minuten ein Wärmegleichgewicht und somit auch konstanter Widerstand ein, während bei einer längeren Berührungsstrecke zwischen Draht und Halter vom letzteren durch Wärmeleitung so viel Wärme abgeführt wird, daß sich erst nach etwa 7 Min. ein Wärmegleichgewicht und somit auch der Endwiderstand nur sehr langsam einstellt.

b) **Der Meßdraht.** Als Meßdraht wird ein Wollastondraht mit 0,004 bis 0,005 mm starker Platinseele verwendet. Nach Abätzen der Silberhülle ist besonders darauf Wert zu legen, daß der Meßdraht in der Mitte der Zelle straff gespannt wird, was durch vorsichtiges Biegen des nicht abgeätzten Teiles leicht zu erreichen ist. Zum Abätzen der Silberhülle des mit Äther gut abgewaschenen Wollastondrahtes eignet sich am besten eine warme, 30%ige chlorfreie Salpetersäure (durch Auskochen chlorfrei gemacht), der einige Tropfen Silbernitratlösung zugesetzt wurden. Der Draht wird nach dem Abätzen – dies dauert wenige Minuten – mit warmem Wasser und zuletzt mit Äther gewaschen.

c) **Thermoströme.** Auch die Art der Einführung des Meßdrahtes in die Zelle ist von wesentlicher Bedeutung. Verlötet man den Wollastondraht mit im Glas des mittleren Teiles der Zelle eingeschmolzenen Platindrähten, diese wiederum außerhalb der Zelle mit Kupferdrähten, so hat der Strom während der Messung vier Lötstellen zu durchlaufen. Da die Verbindungsstellen zweier Drähte nicht vollkommen gleichartig sein können, heben sich die auftretenden Thermoströme nicht auf, sondern liefern einen zusätzlichen Strom. Dieser durch die Thermoströme bedingte Fehler läßt sich dadurch fast gänzlich ausschalten, daß man den Wollastondraht etwa 20 cm lang durchgehend durch die Meßzelle laufen läßt, indem man ihn durch kleine Öffnungen in die Zelle einführt und diese Stellen mit weißem Siegellack verkittet. Die Lötstellen des Wollastondrahtes mit dem Kupferdraht werden hierdurch von dem erhitzten dünnen Platindraht weit genug entfernt, so daß keine störenden Thermoströme mehr auftreten können.

d) **Druckabhängigkeit der Wärmeleitfähigkeit.** Für Wasserstoff, Paraffine und Olefine nimmt die Druckabhängigkeit der Wärmeleitfähigkeit in den niederen Bereichen bis etwa 60 mm Hg mit steigendem Molekulargewicht ab, d. h. *je größer das Molekulargewicht, desto kleiner ist die*

Druckabhängigkeit. Für die niedrigsten Glieder der homologen Reihe ist also die Druckabhängigkeit am größten. Dies gilt aber nur bis zu einem gewissen Druck, bei dessen Erhöhung die Wärmeleitfähigkeit zwar noch vom Druck abhängig bleibt, sich aber für alle Gase fast gleichmäßig verändert. Dieser günstigste Arbeitsdruck beträgt etwa 70 mm Hg. Bei diesem gewählten Druck von 70 mm Hg, der bei jeder neuen Füllung auf $^1/_{10}$ mm genau eingehalten werden muß, ändert sich der Widerstand für 0,1 mm Druckdifferenz etwa um 0,01 Ω.

e) **Meßwiderstand, Galvanometer und Akkumulator.** Die Meßgeräte müssen von großer Genauigkeit sein; der Meßwiderstand – eine 5-Dekaden-Präzisionskurbelbrücke und als Nullinstrument ein Spiegelgalvanometer von 10^{-8} Amp. Empfindlichkeit. Auch die Konstanz der Akkuspannung spielt eine wichtige Rolle. Es wird ein 10-Volt-Akkumulator von sehr großer Kapazität benutzt. Außerdem soll der Akku in einer Holzkiste mit Holzwolle wärmeisoliert sein. Die Messungen sollen in einem Raum von möglichst konstanter Temperatur durchgeführt werden, um durch Temperaturschwankungen Spannungsänderungen zu vermeiden.

f) **Fetten der Hähne und konstante Meßtemperatur.** Weiterhin ist auf sauberes Fetten der Hähne zu achten, damit sich durch Verschmierung der Hahnöffnungen kein Fehldruck in der Meßzelle ergibt. Auch konstante Temperatur des Eiswasserkältebades ist von Wichtigkeit, besonders bei der Einstellung des Druckes in der Meßzelle.

Bemerkungen. Die Genauigkeit beträgt beim direkten Verfahren etwa 0,1%, bei den Vergleichsmessungen ist sie sogar noch größer, wobei sich vorteilhaft die geringe Wärmekapazität und Verlustableitung sowie das fast trägheitslose Arbeiten auswirken.

Wechselnde Feuchtigkeit beeinträchtigt die Messungen, daher ist gute Trocknung der Gase erforderlich. Zu den besonderen Vorzügen der Methode ist zu rechnen, daß kein Gasverlust eintritt, also jederzeit die Messung an derselben Probe wiederholt werden kann und der Gesamtbedarf bei entsprechender Dimensionierung der Zelle bis auf 1 cm³ (unter Normalbedingungen) herabgedrückt werden kann.

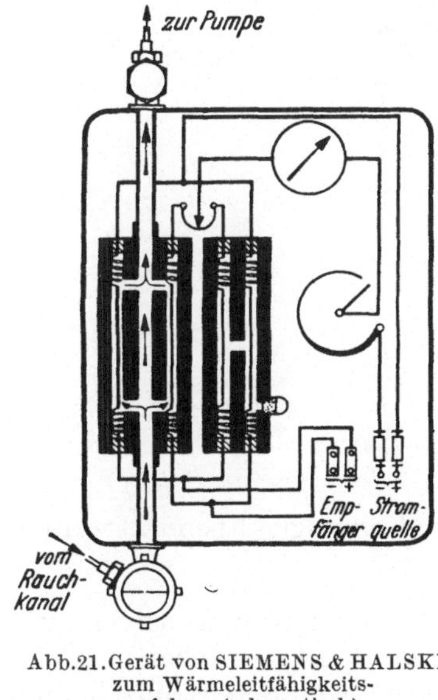

Natürlich erlaubt das Verfahren auch die *Untersuchung von strömenden Gasen* und damit eine kontinuierliche Kontrolle und Anzeige, was bei entsprechender Übertragungsmöglichkeit gleichzeitig sehr zur Betriebssicherheit beiträgt.

Angesichts dieser Vorzüge ist es begreiflich, daß nach dem Prinzip der Wärmeleitfähigkeitsmessung eine Reihe automatischer Wasserstoffanalysatoren entwickelt worden sind, von denen als Beispiel das Gerät von SIEMENS & HALSKE (Abb. 21) erwähnt sei, das ebenso wie andere bei der laufenden *Untersuchung von Wassergas, Generator- und Synthesegas*, von *Ammoniaksynthesegas*, bei der Untersuchung von Elektrolytwasserstoff bzw. Sauerstoff usw. eine vielseitige Verwendung findet (vgl. z. B. LIENEWEG).

Abb. 21. Gerät von SIEMENS & HALSKE zum Wärmeleitfähigkeitsverfahren (schematisch).

3. Diffusionsverfahren.

Streng genommen handelt es sich hier um mehr als eine reine Diffusion. Während für qualitative bzw. technisch-quantitative Zwecke poröse Trennwände genügen, erfordert die exakte quantitative Analyse ein auch bei extremen Druckverhältnissen völlig porenfreies und damit für gewöhnliche Gase absolut dichtes Gefäßmaterial. Diese Bedingungen erfüllt auch das kompakte Palladium, sofern nicht Wasserstoff zugegen ist. Dieser aber wird, insbesondere bei höherer Temperatur, durchgelassen, da er mehr oder weniger chemisch gelöst wird und in dieser Form durch das Metall hindurchdiffundiert.

I. Nach FLEIGER.

Vorschläge zur analytischen Verwendung dieser Erscheinung sind schon früher gemacht worden, doch haben erst PANETH und PETERS die praktische Anwendbarkeit dieser Methode bei der Trennung des Wasserstoffs von Antimonwasserstoff bzw. Helium dargetan (PANETH, MATTHIES und SCHMIDT-HEBBEL). Auf den Angaben dieser Autoren fußend, hat vor kurzem FLEIGER gezeigt, daß das Verfahren auch

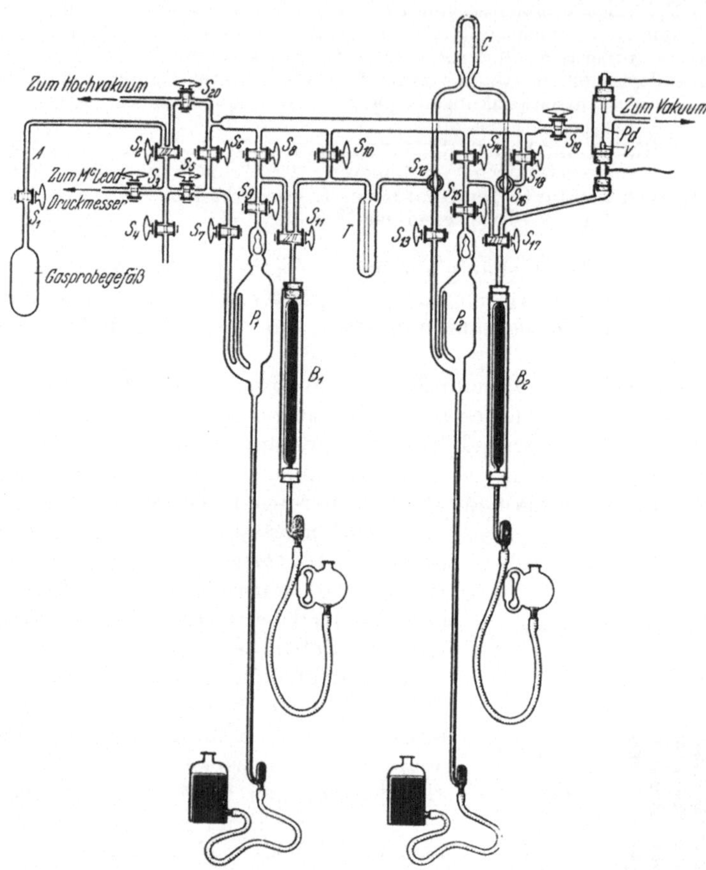

Abb. 22. Apparatur zum Diffusionsverfahren (FLEIGER).

im Rahmen der praktischen Gasanalyse mit der üblichen Genauigkeit benutzt werden kann, wenn man gewisse Einschränkungen beachtet.

Arbeitsvorschrift. *Apparatur.* An die aus Gassammelgefäß, Hochvakuumpumpe, 2 TOEPLER-Pumpen, P_1, P_2, und 2 Meßbüretten, B_1, B_2, bestehende Apparatur (vgl. z. B. Abb. 22) ist eine Diffusionszelle angeschlossen, deren Einzelheiten beistehendem Sonderbild (Abb. 23) zu entnehmen sind. Der eigentliche Kern ist ein Palladiumröhrchen von 3,8 cm Länge und 2 mm äußerem Durchmesser bei 0,1 mm Wandstärke, das am oberen Ende verschlossen und an einen Kupferstab von 3,2 mm Durchmesser angeschmolzen ist[1]. Das offene Ende ist mit einem Kupferrohr von 7,5 mm äußerem Durchmesser in gleicher Weise verbunden. Dieses Kupfer-

[1] Um eine unnötig lange Berührung des Palladiumröhrchens mit der Lötflamme zu vermeiden, wurde für die Verlötung mit dem Kupfer ein niedrig schmelzendes Silberlot verwendet.

rohr ist mit *Pyrex-Kupfer-Einschmelzglas* an die Gasanalysen-Apparatur angeschmolzen. Die Palladiumcapillare nebst Zubehör ist in einem Glasrohr untergebracht, das, wie aus der Abbildung ersichtlich, an beiden Enden vakuumdicht mit den Kupferteilen verbunden ist und zwecks Verhütung der Oxydation des Palladiums beim Erhitzen evakuiert wird. Die Aufheizung des Palladiumröhrchens erfolgt mittels Wechselstroms, der der Sekundärwicklung eines *10 : 1-Umformers* entnommen wird. Der über einen Widerstand eingeführte Primärstrom hat eine Spannung von 110 Volt.

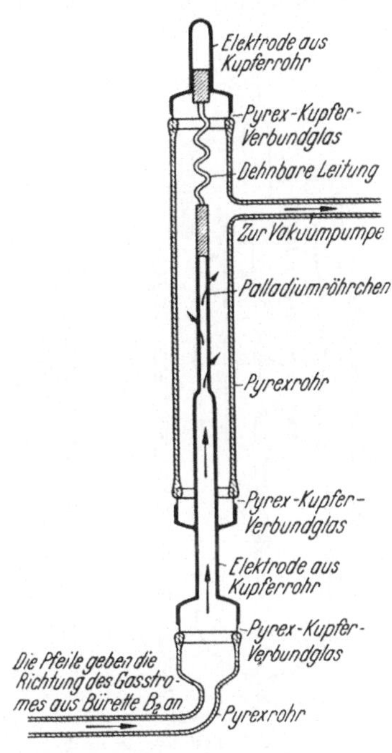

Abb. 23. Diffusionszelle nach FLEIGER.

Bestimmung. Nachdem die Apparatur auf Hochvakuum gebracht worden ist, wird die Gasprobe nach dem Abmessen zunächst in eine Gasfalle T eingelassen, um gegebenenfalls höhere Kohlenwasserstoffe mittels flüssiger Luft auszufrieren. Alsdann werden die nicht kondensierbaren Teile erneut in eine Meßbürette gepumpt und nach der Ablesung mit der Palladiumcapillare in Verbindung gebracht, deren Inhalt einschließlich dem der Verbindungsteile bekannt sein muß. Hierauf wird die Capillare auf 300° erhitzt und so für den Wasserstoff durchlässig gemacht. Normalerweise ist die Diffusion von 30 bis 80 cm nach rund 100 Min. beendet, wobei eine Genauigkeit von 0,1 cm^3 erzielt wird. Nach Erreichung der Volumkonstanz läßt man die Palladiumcapillare erkalten und nimmt schließlich die Endablesung vor[1].

Bemerkungen. Die Methode wurde speziell ausgearbeitet für die Untersuchung der Gase, die aus Kohlenwasserstoffen unter dem Einfluß der Koronaentladung entstehen. Durch Blindversuche wurde festgestellt, daß Abweichungen erst bei einem Methangehalt von 5% aufwärts auftreten, da dann Zersetzung des Methans am Palladiumkontakt unter Vermehrung des freien Wasserstoffs erfolgt. Auch bei Gegenwart von Kohlenmonoxyd ist die Diffusionsmethode anwendbar, falls der CO-Gehalt 9% nicht übersteigt. Lästig ist nur, daß bereits von 4% CO ab die Diffusionsgeschwindigkeit des Wasserstoffs so verringert wird, daß die Dauer unter sonst gleichen Bedingungen sich auf 270 Min. verlängert.

Ohne Schwierigkeiten lassen sich so Gasgemische analysieren, die außer Wasserstoff nicht mehr als 1,4% Kohlenmonoxyd und weniger als 5% Methan enthalten. Stickstoff scheint analog den Edelgasen in keiner Weise zu stören.

II. Nach TRAUTZ, LEONHARDT und KIPPHAN.

Nach dem gleichen Prinzip arbeiteten auch TRAUTZ, LEONHARDT und KIPPHAN bei der *Untersuchung von hochprozentigem Wasserstoff*, der *als Beimengungen Sauerstoff, Stickstoff und Edelgase* enthielt.

Apparatur. Die Anordnung ist aus Abb. 24 zu ersehen. Das 100 mm lange Palladiumröhrchen ü bis t von 1,5 mm lichter Weite ist (vgl. Abb. 24 rechts) zu etwa einem Drittel seiner Länge in einen Hohlstopfen P eingekittet, wobei zweckmäßig zwei Kittschichten a aus Flußspat, Glaspulver, gefällter Kieselsäure und Wasserglas eine

[1] Bezüglich weiterer Einzelheiten muß auf das Original verwiesen werden.

Schicht aus weißem Siegellack b schützen. Die Kittschichten werden nach dem Trocknen mit xylolischer Bernsteinlösung getränkt, um sie wasserfest zu machen. Die Heizung erfolgt hier nicht direkt, sondern durch ein übergeschobenes Heizröhrchen aus Quarz (50 mm lang, 2 mm weit), das mit Platindraht bzw. Chrom-Nickeldraht (0,2 mm) umwickelt ist. Die Capillare r verbindet das Gefäß mit einem geeichten Gasabmeßgefäß, Capillare s führt über Hahn z zur Pumpe.

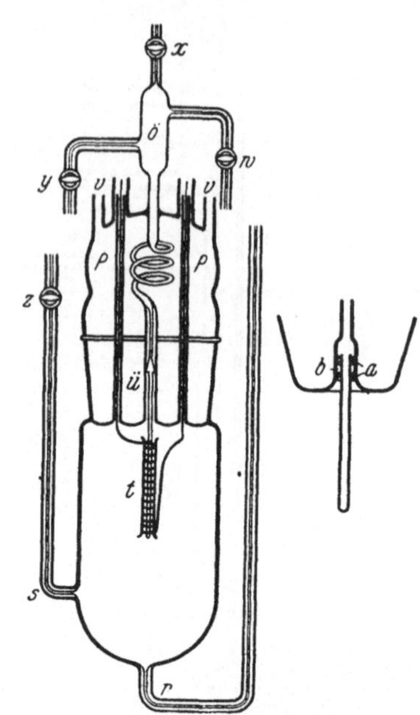

Abb. 24. Diffusionszelle nach TRAUTZ, LEONHARDT und KIPPHAN.

Bestimmung. Zur Durchführung der Analyse wird das Diffusionsgefäß, das in ein Wasserbad eintaucht, durch den Hahn z bis auf 0,1 mm Quecksilberdruck ausgepumpt, alsdann die Stopfenkühlung durch die Zu- und Abflußstutzen v in Gang gesetzt und schließlich derart ein bemessenes Gasvolumen aus dem Meßgefäß eingelassen, daß der Enddruck fast 1 Atmosphäre beträgt. Heizt man jetzt das Palladiumrohr auf ganz schwache Glut, so beginnt die Diffusion, die an einem angeschalteten Quecksilbermanometer (nicht mit abgebildet) verfolgt wird. Hierauf verbindet man die Capillare x in der Verlängerung des Stopfens mit der Pumpe, saugt nach Öffnen des Capillarhahnes den durch das Palladiumrohr austretenden Wasserstoff dauernd ab, wobei man die Temperatur bis zur deutlichen Rotglut steigert. Wenn nach etwa 1 Std. aller Wasserstoff durchdiffundiert ist, hebt man das Manometerquecksilber mit der Einstellbirne bis zur Verbindungscapillare zwischen Abmeß- und Analysiergefäß und unterbricht nach weiteren 20 Min. den Heizstrom, falls das Quecksilber im Manometer nicht mehr ansteigt. Druckänderungen infolge Rückdiffusion von Wasserstoff aus dem gekühlten Teil des Palladiumröhrchens waren nach Aufhebung der Heizung nicht zu bemerken. Aus der Druckdifferenz vor und nach der Wasserstoff-Filtration läßt sich ohne Kenntnis des konstanten Volumens des Reaktionsgefäßes endlich in der üblichen Weise der Wasserstoffgehalt in Prozenten berechnen[1]. Sauerstoffverunreinigungen werden zweckmäßig vor Durchführung des Versuches entfernt. In Tabelle 13 sind einige Analysenergebnisse zusammengestellt.

Tabelle 13.

Nr.	P_1 mm Hg-Druck	T_1 °C abs.	P_2 mm Hg-Druck	T_2 °C abs.	Wasserstoffmenge %
1	492,2	292,6	10,7	296,1	97,85
2	658,1	291,7	14,1	290,2	97,85
3	538,5	291,5	11,1	294,9	97,85
4	521,7	292,8	10,9	291,0	97,90
5	533,7	291,8	11,6	293,4	97,84

Bemerkungen. Die Unterschiede zwischen den verschiedenen Wasserstoffwerten fallen in den Bereich der Ablesefehler von P und T. Die Genauigkeit beträgt 0,5‰.

[1]
$$x\,\% = \frac{\Delta v_0}{v_0} \cdot 100 = \frac{v_K \cdot \frac{P_1}{T_1} \cdot \frac{T_0}{P_0} - v_K \cdot \frac{P_2}{T_2} \cdot \frac{T_0}{P_0}}{v_K \cdot \frac{P_1}{T_1} \cdot \frac{T_0}{P_0}} \cdot 100 = \left(1 - \frac{T_1 P_2}{T_2 P_1}\right) \cdot 100,$$

wenn v_0 das Anfangsvolumen, Δv_0 die Kontraktion und v_K das Volumen des Reaktionsgefäßes bedeuten.

In analoger Weise kann man auch den geringen *Wasserstoffgehalt von Elektrolytsauerstoff* ermitteln. Es ist dabei nur nötig, zunächst durch Absorption des Sauerstoffs – z. B. mittels alkalischer Pyrogallollösung – aus einer größeren Gasmenge den Wasserstoff anzureichern.

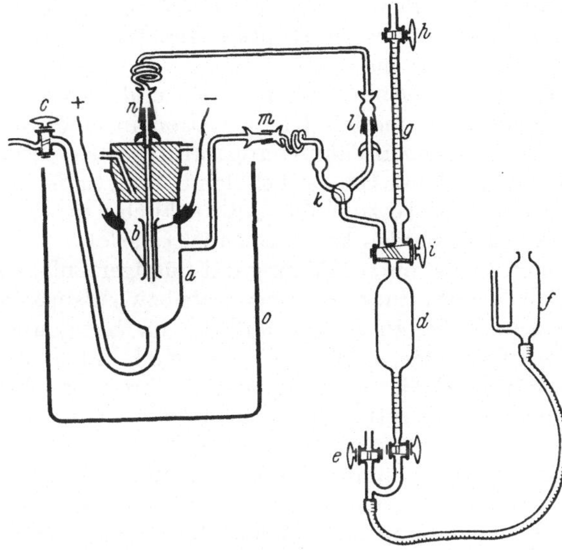

Abb. 25. Diffusionsverfahren mit direkter Volumenmessung.

Wo das nicht möglich ist, beispielsweise also bei Mischungen von wenig Wasserstoff mit viel indifferentem Gas, wie Stickstoff bzw. Edelgasen, beträgt die erreichbare Genauigkeit nur $\pm$ 0,2 Molprozent. Es ist dann nötig, den durch das Palladiumröhrchen hindurchdiffundierenden Wasserstoff aufzufangen und unmittelbar zu messen. Hierzu wurde die Apparatur in der Art ergänzt, wie es Abb. 25 erkennen läßt.

Nach Evakuieren von a wird die in d über Quecksilber abgemessene Gasprobe nach a übergeführt. Beim Erhitzen von b auf Rotglut diffundiert bei passender Hahnstellung und Senkung des Niveaugefäßes f der Wasserstoff nach d, von wo er alle 20 Min. nach der Bürette g hinübergedrückt wird. Nach zehnmaliger Wiederholung befindet sich der Wasserstoff bis auf etwa 3 Tausendstel in der Bürette g, wo sein Volumen festgestellt werden kann.

Bei diesen Versuchen mit Gasen von hohem Stickstoffpartialdruck machte sich auch eine gewisse Stickstoffdiffusion (0,11 cm³ in 7 Std.) bemerkbar, die durch eine entsprechende Korrektur berücksichtigt werden mußte. Tabelle 14 enthält die Ergebnisse der Untersuchung verschiedener Gemische von viel Stickstoff mit wenig Wasserstoff.

Tabelle 14.

Nr.	I	II	III	IV	V	VI gefunden	VII angewendet
1	2,80	625	165	0,08	0,30	2,50 cm³ 1,47 %	2,44 cm³ 1,44 %
2	2,87	550	190	0,06	0,17	2,70 cm³ 1,59 %	2,71 cm³ 1,59 %
3	2,75	660	80	0,03	0,25	2,50 cm³ 1,47 %	2,54 cm³ 1,50 %
4	1,65	300	60	0,06	0,30	1,35 cm³ 0,79 %	1,47 cm³ 0,86 %
5	1,78	380	120	0,06	0,19	1,59 cm³ 0,94 %	1,61 cm³ 0,95 %

Es bedeuten:

Spalte I: Insgesamt diffundierte Gasmenge in Kubikzentimetern.
Spalte II: Gesamtdauer der Heizung in Minuten.
Spalte III: Dauer der konstanten Nachperiode in Minuten zur Ermittlung der jeweiligen Stickstoffdiffusion.
Spalte IV: In dieser Zeit diffundierte Menge Stickstoff in Kubikzentimetern.
Spalte V: Aus den Werten der Spalten II, III und IV berechneter Gesamtstickstoff im diffundierten Gas in Kubikzentimetern.
Spalte VI: Gesamtmenge I nach Abzug des Stickstoffs und ihre Umrechnung auf Prozente des analysierten Gemisches.
Spalte VII: Angewendeter reiner Stickstoff.

4. Kondensationsverfahren.

Von dieser Methode wurde schon bei mehreren der bisher behandelten Arbeitsweisen Gebrauch gemacht, wenn es sich darum handelt, den Wasserstoff in komplizierteren Gasgemischen, z. B. *bei Gegenwart von höheren Kohlenwasserstoffen*, zu ermitteln. Wenn die Gasgemische leichter zu verflüssigende Anteile enthalten, ist es zweckmäßig, diese zuerst durch Kondensation bzw. Adsorption abzutrennen und dann erst den Wasserstoff im Restgas zu bestimmen.

Im wesentlichen handelt es sich immer wieder um das von STOCK und MASSENEZ eingeführte Prinzip der Destillation und fraktionierten Kondensation in einer geschlossenen, von STOCK und MASSENEZ angegebenen Vakuumapparatur, wobei unter anderem der Wasserstoff als nicht kondensierbares Gas zurückbleibt. Wichtig ist es, diese Fraktionierung durch Kondensation usw. so zu leiten, daß wirklich von einer Trennung im quantitativen Sinne gesprochen werden kann. Dazu ist es erforderlich, einerseits bei derart tiefen Temperaturen (meist unter Kühlung mit flüssiger Luft) zu kondensieren bzw. zu adsorbieren, daß der Dampfdruck der Kondensate bzw. Adsorbate vernachlässigt werden kann, andererseits dafür zu sorgen, daß der im Kondensat gelöste bzw. mitadsorbierte Anteil des Gasrestes, z. B. des Wasserstoffs, nicht ins Gewicht fällt. Das wird normalerweise in befriedigendem Ausmaß dadurch erreicht, daß man nach erfolgter Kondensation bzw. Adsorption den Wasserstoff usw. mittels einer geeigneten Hochvakuumpumpe (z. B. TOEPLER-Pumpe) aus dem Kondensationsraum in das für die weitere Untersuchung bestimmte Gasgerät quantitativ überführt. Die so erreichbare Genauigkeit ist im allgemeinen viel größer, als wenn man das komplizierte Gasgemisch ohne Vorzerlegung in der üblichen Weise analysiert[1].

I. Nach STOCK.

Arbeitsvorschrift. In einer völlig verschmolzenen Apparatur, wie sie beispielsweise von FLEIGER angegeben worden ist, und die außer einem Hochvakuumpumpenaggregat (Quecksilberdampfstrahlpumpe nebst Ölpumpe als Vorvakuumpumpe) ein Gassammelgefäß, eine Gasmeßbürette, eine TOEPLER-Pumpe, ein oder mehrere Kondensationsrohre, eine weitere Gasmeßbürette und noch eine TOEPLER-Pumpe enthält (vgl. Abb. 22), wird eine abgemessene Analysenprobe in den Kondensationsraum I gebracht und dort durch Abkühlen auf etwa — 80° (mit Äther-Kohlendioxydschnee oder entsprechenden Mischungen) zunächst von den dampfartigen Bestandteilen (Siedepunkt über 20°) befreit. Die hierbei nicht kondensierten Anteile werden in den Kondensationsraum II abgepumpt und nun mit flüssiger Luft auf etwa — 185° abgekühlt, worauf Kohlendioxyd und höhere Kohlenwasserstoffe sowie Äthan und Äthylen verflüssigt werden. Das den Wasserstoff enthaltende Restgas wird in die Meßbürette II abgepumpt und nach der Ablesung seines Volumens schließlich in der üblichen Weise analysiert, wobei die Heißdiffusion des Wasserstoffs durch Palladium bzw. die Wärmeleitfähigkeit, bei Anwesenheit nur eines weiteren Bestandteils auch die Dichtebestimmungsverfahren, besonders in Frage kommen.

Bemerkungen. Die Genauigkeit dieses Verfahrens kann 0,02 bis 0,1% erreichen. Eine besondere Hochvakuumanalysenapparatur ist von WARD angegeben worden. Eine Sonderausführung dieses Verfahrens stellt die Sorptionsmethode dar, bei der die Kondensation durch ein geeignetes Adsorptionsmittel, z. B. Kieselgel, unterstützt und gleichzeitig die Trennschärfe erhöht wird. In dieser Form eignet sich die Methode besonders auch zur Bestimmung kleiner Wasserstoffgehalte[2].

[1] Über die Methodik der Kondensationsanalysen und ihre Erweiterung durch Adsorption an Kieselsäuregel bei tiefen Temperaturen berichtet auch KÜHN in einer bemerkenswerten Arbeit. Wasserstoff wird unter den dort eingehaltenen Bedingungen zu etwa 5% von Kieselgel adsorbiert.

[2] Vgl. auch die Angaben von LEBEAU und MARMASSE. Dort wurde das Kieselgel vorher im Hochvakuum bei 150° entgast. CH_4, CO, O_2 und N_2 werden bei — 190° praktisch quantitativ zurückgehalten. Wasserstoff und Helium werden dabei aber nicht fixiert.

II. Nach WUSTROW.

In etwas anderer Form führt WUSTROW die Analyse derartiger komplizierter Gasgemische durch, indem er die Methode der rektifizierenden Destillation in Anlehnung an amerikanische Vorbilder verwendet. Die Destillationsapparatur besteht aus der Blase, der eigentlichen Kolonne, dem Rückflußerzeuger und den Pumpen zur Evakuierung, da zur Erhöhung der Trennschärfe bei möglichst niedrigen Drucken destilliert werden soll. Außer den zugehörigen Manometern zur Bestimmung des jeweiligen Destillationsdruckes ist noch eine automatisch arbeitende STOCK-Pumpe erforder-

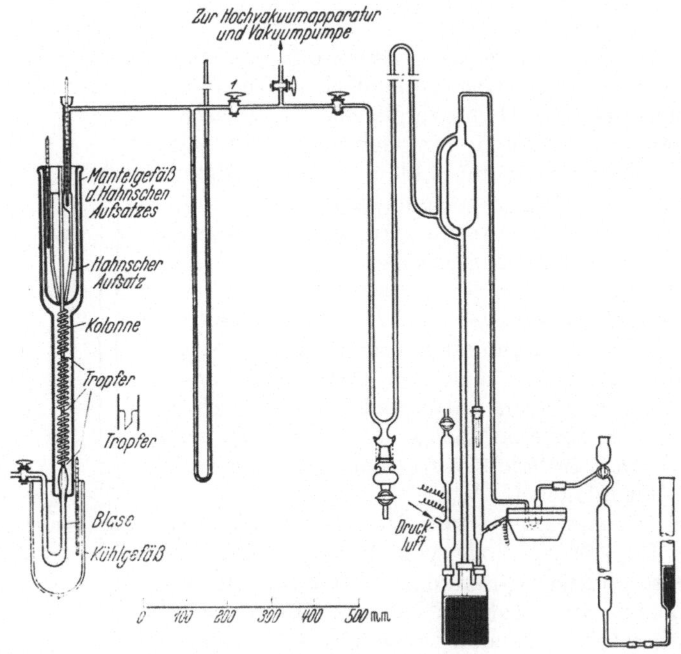

Abb. 26. Gasanalyse durch rektifizierende Destillation nach WUSTROW.

lich, die das gasförmig anfallende Destillat kontinuierlich in bereitgestellte Büretten pumpt. (Vgl. SAFFERT und WUSTROW.) Sämtliche Apparatteile bestehen aus Glas und sind miteinander verschmolzen.

Zur Analyse werden etwa 1000 cm^3 Gas benötigt, die nach Verbindung des Gasbehälters mit der U-förmigen Blase (vgl. Abb. 26) und nach Auspumpen der Apparatur auf Hochvakuum langsam eingelassen werden, während gleichzeitig die Blase mit flüssigem Stickstoff tief gekühlt wird. Der Wasserstoff und sonst vorhandene schwer kondensierbare Gasanteile, wie Kohlenmonoxyd, Stickstoff, Argon, Sauerstoff und Methan, werden mit der automatisch arbeitenden Pumpe in eine geschlossene Gasbürette gepumpt und dann in der DREHSCHMIDT-Apparatur weiter untersucht. Alle übrigen Bestandteile werden bei diesem Verfahren restlos kondensiert und anschließend rektifizierend destilliert[1,2].

[1] Geliefert wird das Gerät von der *Halleschen Laboratoriumsgerätebau-G.m.b.H.*, Halle a. d. S., Bergstraße 6.

[2] Das Prinzip der fraktionierten Kondensation bzw. Destillation wandten auch HULDERS und SCHEFFER schon speziell auf die Trennung und Bestimmung des Wasserstoffs bei Gegenwart von Methan und Äthan mit befriedigendem Erfolg an.

5. Aräometrische Verfahren.

Wasserstoff unterscheidet sich bekanntlich von allen anderen Gasen mit Ausnahme des Heliums durch eine besonders kleine Dichte und kann daher auch auf Grund dieser Eigenschaft bequem und sicher ermittelt werden, sofern man die für diese Gasmeßmethodik bestehenden Bedingungen berücksichtigt. Es kommen also für gewöhnlich nur Gemische mit *einem* weiteren Partner in Frage bzw. Mehrstoffsysteme, in welchen der Wasserstoff und eine zweite Komponente stark überwiegen. Die Messung ergibt eine mittlere Dichte, aus der im allgemeinen wegen hinreichender Befolgung der Zustandsgleichung durch die meisten Gase der Wasserstoffgehalt mittels der bekannten Mischungsregel $x\% = 100\,\frac{\varrho m - \varrho H}{\varrho g - \varrho H}$ am besten mittels Nomogrammauswertung errechenbar ist[1].

Sowohl für die Ermittlung des Wasserstoffs in kleineren Gasproben als auch für die Messung in strömendem Gas (laufende Untersuchung) sind beide Arten der Gasdichteermittlung bzw. des Dichtevergleichs, die statische und die dynamische Methode, in Gebrauch. Für die statische Auftriebsmessung im Laboratoriumsmaßstab sind besonders die Verfahren geeignet, bei denen ein abgeschlossenes Gasvolumen gewogen wird. Erwähnt sei die kompensierte Gaswaage der *Hydroapparatebau-G.m.b.H.*, Düsseldorf, die wechselnde Temperatur- und Druckeinflüsse selbsttätig ausschaltet und Druckunterschiede von 0,005 mm Wassersäule noch erkennen läßt (vgl. Abb. 27). Die größten Genauigkeiten erzielt man aber mit der von Stock und Ritta entwickelten magnetischen Gaswaage, die von Lehrer und Kuss noch sehr verfeinert wurde. Der Auftrieb wird hierbei magnetisch kompensiert. Genauigkeit 0,1‰.

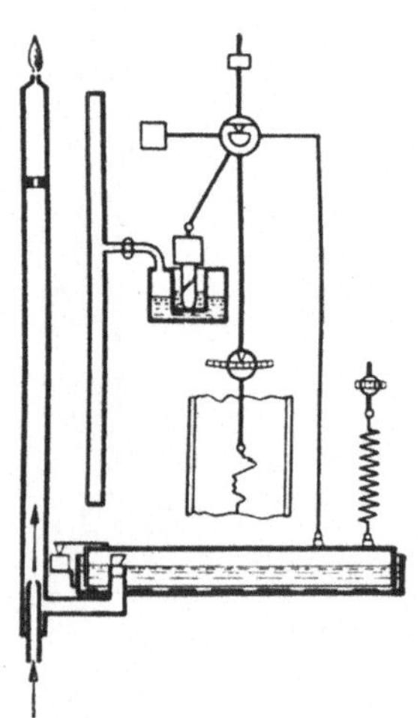

Abb. 27. Gaswaage der HYDRO-APPARATEBAU-G. m. b. H., Düsseldorf.

Auch die dynamische, die Zustandskorrekturen eliminierende Effusionsmethode von Bunsen-Schilling ermöglicht bei sorgfältiger Düsenkonstruktion (Platin) bis 0,1% Genauigkeit. Hier liegt das bekannte Bunsensche Ausströmungsgesetz zugrunde, wonach die Effusionsgeschwindigkeit umgekehrt proportional zur Quadratwurzel aus dem Molekulargewicht wächst. Ein besonders handliches Gerät zur Ausführung der Messungen auch mit kleinen begrenzten Gasmengen stellt die Gaswippe von Kahle dar (vgl. Abb. 28). Als Sperrflüssigkeit dient Quecksilber, die Gasprobe gelangt daher trocken zur Untersuchung. Beim Ausströmen geht das Gas nicht verloren, sondern wird in einem zweiten Behälter des in sich geschlossenen Apparates aufgefangen, von dem aus die Düsen nach Kippen der Wippe in umgekehrter Richtung passiert werden; somit ist eine beliebige Wiederholung der Messung möglich. Das handliche, transportable Gerät ist als Gasumlaufsapparatur eingerichtet. Auf einer Grundplatte befinden sich 2 Träger T für die um die Achse D schwenkbare, das eigentliche Gerät tragende, mit 2 Aussparungen für die Feder F versehene Metallplatte P. Das Kreislaufgerät besitzt bei 2 und 3 Erweiterungen, bei 9 und 10 Strichmarken. Die Effusionsdüse 6 ist gegen Verschmutzung usw. beiderseits durch Gasfilterplatten 7 geschützt. Vierweghahn 4 ermöglicht bei der gezeichneten Stellung das Beschicken des Gerätes mit der Gasprobe, nach Drehung um 90° den Kreislauf derselben zur Messung. Hahn 5 dient zum Einfüllen der Sperrflüssigkeit (Quecksilber), aber auch zum dauernden Durchspülen des Gerätes mit Gas bei fortlaufenden Betriebskontrollen.

[1] ϱm = gefundene mittlere Dichte, ϱH und ϱg sind die Dichten des Wasserstoffs bzw. der 2. Gaskomponente.

Arbeitsvorschrift. Bei der in der Abb. 28 gezeichneten Stellung des Einfüllhahnes 4 strömt das Gas in Richtung des Pfeiles ein, wobei das Quecksilber in Richtung des 2. Gefäßteiles des symmetrisch geformten Gerätes fließt. Nach Beendigung der Füllung, bei der man mit 10 cm^3 Gas auskommt, und Herstellung eines konstanten Druckes auf beiden Seiten wird der Hahn 4 um 90° auf Meßstellung gedreht und darauf der Tragrahmen bis zum Fassen der Feder F in der linken Aussparung geschwenkt. Gas und Sperrflüssigkeit strömen jetzt im Kreislauf in umgekehrtem Sinn, wobei die Zeit t_x des Passierens der Marken 10 und 9 mit der Stoppuhr notiert wird. Vorheriges Eichen mit Luft ergibt die Vergleichszeit t_l, woraus man dann ϱ_m nach der Gleichung $\varrho_m = \left(\frac{t_x}{t_l}\right)^2 \cdot \varrho_{Luft}$ errechnet.

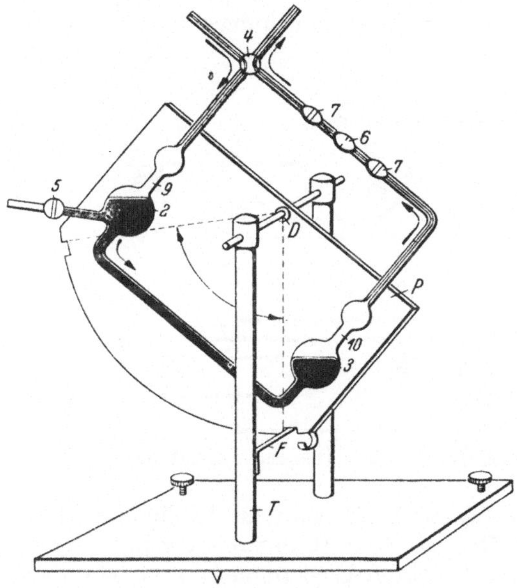

Abb. 28. Gaswippe von KAHLE.

Bemerkungen. Die Messungen einer zusammengehörigen Versuchsreihe müssen natürlich bei konstanten Temperatur- und Druckverhältnissen durchgeführt werden.

Technisch finden die Gasdichtebestimmungsmethoden vor allem Anwendung zur laufenden bzw. registrierenden Ermittlung des Wasserstoffs in Synthesegas für Ammoniak, in Wassergas, in Elektrolytsauerstoff bzw. Elektrolytchlor usw. Das Ausströmungsprinzip benutzt u. a. der I. G.-Dichteschreiber, während die von KRELL empfohlene manometrische Differentialwägung zweier gleichhoher Gassäulen von gleichen Zustandsbedingungen (Gassäulenwaage) ebenso wie der Uniondichteschreiber (SCHREIBER) bzw. die verschiedenen Ringwaagen letzten Endes nach dem Auftriebprinzip arbeiten.

Auch der die Massenträgheit verwendende Ranarex-Apparat der *A. E. G.* mißt über die Masse die Dichte und kann daher gleichfalls mit besonderem Vorteil für die Wasserstoffermittlung Verwendung finden.

6. Akustisches Verfahren.

Diese Methode schließt sich eng an die in dem vorhergehenden Abschnitt beschriebenen Verfahren an, da die Messung der Schallgeschwindigkeit durch Schwebungsbeobachtung gemäß der Beziehung $c = \sqrt{\frac{p}{\varrho}}$ auch wieder auf eine Gasdichtemessung hinaus kommt. Sie findet vor allem Verwendung zum Nachweis sehr kleiner Dichteunterschiede, wie sie von geringfügigen Verunreinigungen verursacht werden.

Arbeitsvorschrift. Der zu untersuchende Wasserstoff erzeugt beim Durchströmen einer Lippenpfeife einen bestimmten Ton, der mit dem in einer entsprechend dimensionierten Pfeife durch Vergleichsluft erregten Ton Schwebungen bildet. Durch meßbare Veränderung der Länge der Luftpfeife wird auf Verschwinden der Schwebungen justiert. Aus der Längenänderung ergibt sich der Gehalt des Wasserstoffs an Verunreinigungen, z. B. aus Luft, mit einer Genauigkeit von weniger als 0,25% (vgl. HURWITZ; SPÄTH).

Bemerkung. Voraussetzung für die Anwendbarkeit der Methode ist, daß sich die Schallgeschwindigkeit in den Zusätzen genügend stark von der in Wasserstoff unterscheidet.

7. Interferometrisches Verfahren.

Diese in der Gasanalyse sehr vielfach und bequem verwendbare Methode ist auch für die Bestimmung des Wasserstoffs sehr geeignet. Sie gründet sich auf die Tatsache, daß jedes Gas ein spezifisches Lichtbrechungsvermögen besitzt und daß nach Biot-Arago die Lichtbrechung eines Gasgemisches sich additiv aus den Brechnungswerten der Komponenten zusammensetzt.

Praktisch ausgewertet wird dieser Sachverhalt in den bekannten Gasinterferometerkonstruktionen von Haber-Löwe, die von C. Zeiss-Jena geliefert werden und die genauesten Instrumente zur Ermittlung kleiner Brechungsunterschiede darstellen (vgl. Schemabild 29).

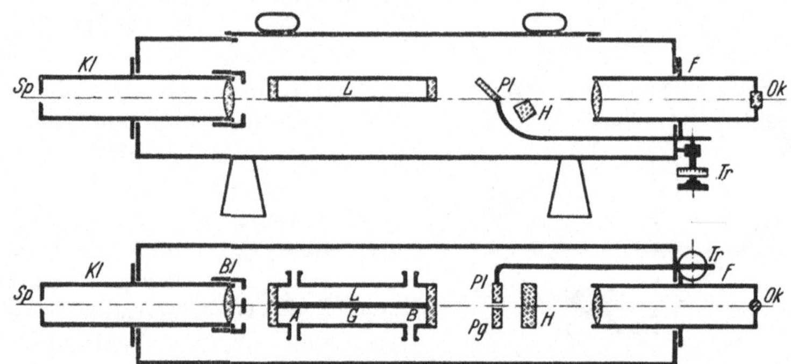

Abb. 29. Schema des Gasinterferometers nach HABER-LÖWE (Lieferfirma ZEISS-Jena).

Das durch den Spalt Sp eintretende weiße Licht wird im Kollimatorrohr Kl parallel gerichtet und passiert hinter der Doppelblende Bl in zwei getrennten oberen und unteren Wegen die entsprechend angebrachten Gaskammern L/G, von denen die obere L mit dem Vergleichsgas, meist Luft, die untere G mit dem Prüfgas gefüllt ist. Der untere Strahl durchläuft alsdann eine feststehende Glasplatte Pg, der obere eine mittels Trommelkompensator drehbare Glasplatte Pl. Hierdurch wird das durch das Prüfgas verschobene Interferenzbild mit dem des Vergleichsgases (Luft) zur Deckung gebracht. Die hierfür erforderliche Drehung mißt den Gangunterschied bzw. die Brechungsdifferenz von Prüf- und Vergleichsgas und damit den Gehalt des gesuchten Gases. Beobachtet werden die Interferenzbilder durch das Okular Ok (Zylinderlinse) des Fernrohres F. Wegen Zunahme der Genauigkeit mit der Kammerlänge sind die Gaskammern bis 100 cm lang. Zweckmäßig erfolgt empirische Eichung mit den reinen Komponenten des Gasgemisches (z. B. $H_2 + N_2$).

Arbeitsvorschrift. Nach dem Trocknen (z. B. mit Calciumchlorid) wird das auf Wasserstoff zu untersuchende Gas in die mit Einleitungsstutzen versehene Kammer G eingefüllt, alsdann auf Druck- und Temperaturgleichheit mit dem Vergleichsgas gebracht und hierauf durch Drehen der Kompensationstrommel die totale Übereinstimmung der beiden Interferenzbilder herbeigeführt. Bei empirischer Eichung kann man aus der Zahl der Trommelteile gleich den Wasserstoffgehalt in Prozenten entnehmen.

Bemerkungen. Genauigkeit $\pm 0{,}2\%$. Aus ähnlichen Gründen wie bei der Dichteanalyse ist das Verfahren ohne weiteres nur auf binäre Gasgemische, wie Ammoniaksynthesegas, Wassergas, Elektrolytgas u. ä., anwendbar. Ternäre Gemische, wie z. B. H_2, N_2, CH_4 oder Koksofengase, lassen sich aber auch untersuchen, wenn man das Verfahren mit einer weiteren Methode, z. B. der Dichtemessung, kombiniert. Wegen der schnellen Durchführbarkeit der Messung eignet sich die interferometrische Wasserstoffbestimmung gleichfalls hervorragend für die laufenden Analysen.

Der Dispersionseinfluß ist im allgemeinen sehr gering und daher zu vernachlässigen. Indessen dürfen keine zu großen Unterschiede vom Vergleichsgas bestehen, da sonst das Interferenzbild sein charakteristisches symmetrisches Aussehen einbüßt und außerdem der Meßbereich verhältnismäßig beschränkt ist. Druck- und Temperaturunterschiede wirken sich gemäß der Zustandsgleichung aus, es ist daher zur Vermeidung von Zusatzkorrekturen vorteilhaft, bei Prüfgas und bei Vergleichsgas unter gleichen Druck- und Temperaturverhältnissen zu arbeiten.

8. Spektralanalyse.

Hier liegen überraschend wenig Angaben bezüglich der quantitativen Bestimmbarkeit des Wasserstoffs vor. Es erscheint dies bemerkenswert, da qualitativ die Grenzen der Nachweisbarkeit von Wasserstoff auf spektralanalytischem Wege zum Teil sehr exakt ermittelt wurden und nach GÜNTHER und PANETH in Gemischen mit Helium bei 10^{-10} cm³ bzw. 0,1% H_2 liegen.

Die Übertragung der für feste und flüssige Stoffe erfolgreich entwickelten Emissionsspektralanalyse auf Gase ist erst im Gange; doch haben z. B. Arbeiten von KLAUER gezeigt, daß bei Drucken von etwa $^1/_{10}$ mm Quecksilber Anregung durch Hochfrequenzglimmentladung den Nachweis von 0,07% H_2 in Helium und von 0,5% H_2 in Argon ermöglicht. GATTERER beobachtete in Gasgemischen additives Verhalten der Intensitäten, wenn die Entladungen bei 1 mm Hg-Druck mittels RÖNTGEN-Induktoriums bewirkt wurden. In Gemischen von Wasserstoff mit Stickstoff dominierte sehr das Viellinienspektrum des molekularen Wasserstoffs gegenüber den BALMER-Linien, gleichzeitig wurde Bildung von Ammoniak festgestellt.

HEYES[1] arbeitete mit dem kondensierten Funken zwischen Aluminiumelektroden bei Atmosphärendruck und erhielt bei 20 Sek. Belichtung Spektren, die nach dem Verfahren der „letzten Linien" in Luft bis 0,75%, in Stickstoff bis 2% Wasserstoff erkennen ließen. Feuchtigkeit täuschte Wasserstoff vor und mußte vor der Befunkung des Prüfgases sorgfältig mit Phosphorpentoxyd entfernt werden. Es wurde festgestellt, daß bei einer Kapazität von etwa 8000 cm und mehr die Intensität der Linien praktisch konstant blieb, während die Selbstinduktion 0,000012 Henry nicht weit überschreiten durfte. Es wurden verschiedene Mischungen von Wasserstoff und Stickstoff – Variationsbereich etwa 1 bis 20% H_2 – durchgemessen; dabei wurde festgestellt, daß die Methode sich zur quantitativen Analyse eignet. Gegenwart von Helium soll die Empfindlichkeit steigern.

Da eigentliche Beleganalysen und Vergleiche mit anderen Methoden fehlen, insbesondere aber keine Genauigkeitsangaben vorliegen, mögen diese Hinweise genügen.

9. Sonstige physikalische Verfahren.

I. Stille elektrische Entladung.

Unter den sonstigen physikalischen Methoden zur Ermittlung von Wasserstoff ist zunächst die Verwendung von *stillen elektrischen Entladungen* in Ozonröhren zu nennen, die von ERLWEIN und BECKER in Vorschlag gebracht wurde. Diese Autoren beobachteten, daß die Entladungsart nicht nur von der Gasströmungsgeschwindigkeit, sondern auch von Fremdgasen, wie z. B. Wasserstoff, beeinflußt wird. Es gelang dann, den Effekt durch Messung der entsprechenden Energieänderungen auf der Hochspannungsseite mittels Thermokreuzes quantitativ zu erfassen, da dieses

[1] Vgl. auch H. LUNDEGÅRDH, Fr. 87, 365ff. (1932).

Verfahren sehr kleine Wechselströme von wenigen Milliampere bequem zu messen gestattet. Es ist danach möglich, bei empirischer Eichung den Gehalt von Luft bzw. Stickstoff an Wasserstoff zahlenmäßig anzugeben und bei strömendem Gas auch eine automatische Analyse darauf zu gründen. Nach den spärlichen Angaben muß die Entladungsröhre bestimmte Formen und Dimensionen haben, über die aber nichts Näheres gesagt wird. Ebenso fehlen Hinweise bezüglich der Genauigkeit der Methode.

Voraussetzung für die theoretisch nicht geklärte Erscheinung scheinen chemische Reaktionen des Wasserstoffs mit einer der Komponenten des Gasgemisches zu sein.

II. Verbrennungswärme.

Ein weiteres Verfahren zur Bestimmung des Wasserstoffs benutzt seine *Verbrennungswärme.* Je höher der Wasserstoffanteil in einem gegebenen Gasgemisch ist, um so mehr wird gegebenenfalls nach vorheriger Zumischung von Sauerstoff unter sonst gleichen Bedingungen die Temperatur eines als Verbrennungskontakt dienenden Platindrahtes steigen. Die dadurch bedingte Widerstandsänderung wird in der WHEATSTONEschen Brückenschaltung ermittelt und liefert nach empirischer Eichung das Maß des jeweiligen Wasserstoffgehalts. Das Verfahren arbeitet genau, sofern der Katalysator nicht vergiftet wird und man ihn von vornherein so hoch elektrisch anheizt, daß die Reaktion sofort in vollem Umfang einsetzt. Bei Verwendung von Platin bzw. Platin-Iridium ist hierfür eine Temperatur von 400 bis 500° erforderlich. Notwendig ist natürlich, daß das Prüfgas genügend Sauerstoff enthält, was gewöhnlich durch dosierte Luftzumischung erreicht wird. Andere bei der gleichen Kontakttemperatur brennbare Gase, wie Kohlenoxyd, dürfen selbstverständlich nicht zugegen sein, während Methan z. B. keine Störungen verursacht. Die auf dieser Basis gebauten Geräte (z. B. von SIEMENS & HALSKE) ähneln den Apparaten zur Messung der Wärmeleitfähigkeit, doch können die Kontaktdrähte wesentlich kürzer und stärker als die dort benutzten WOLLASTON-Drähte sein, da die durch die katalytische Verbrennung verursachten Temperaturänderungen viel größer sind. Aus Abb. 30 ist das Prinzip des $CO + H_2$-Messers von SIEMENS ersichtlich. In den Kammern wird der im zu untersuchenden Gas (gegebenenfalls unter Zusatz von Luft) vorhandene Wasserstoff an dem mit katalytisch wirkender Oberfläche versehenen Draht K verbrannt. Die Verbrennungswärme verursacht mit einer Temperatursteigerung des Drahtes eine Widerstandsänderung derselben, die in einer Brückenschaltung gemessen wird und in einer (nicht abgebildeten) Anzeigevorrichtung die Prozente H_2 angibt.

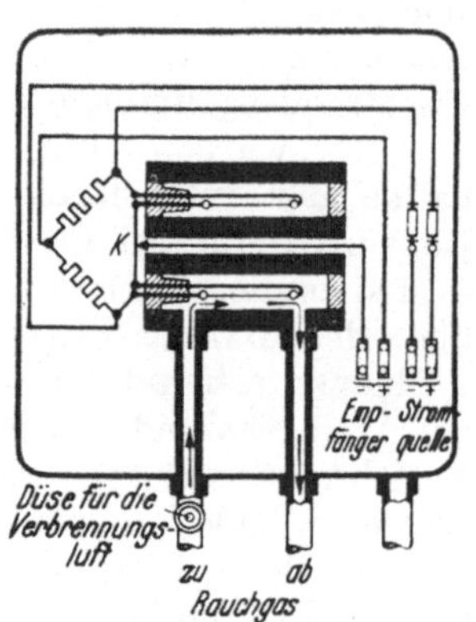

Abb. 30. $CO+H_2$ - Messer von SIEMENS & HALSKE (schematisch).

III. Dielektrikum.

Die verhältnismäßig kleine *Dielektrizitätskonstante* des Wasserstoffs[1] benutzt ein Verfahren, bei dem zwischen zwei gekoppelten gleichen Kondensatoren, die sich in dem auf Wasserstoff zu prüfenden Gas bzw. im Vergleichsgas (Luft) befinden, elektrische Schwebungen auftreten, die z. B. mittels Telephons vernommen werden. Durch meßbare Kapazitätsänderung des Vergleichskondensators werden die Schwebungen beseitigt und damit bei empirischer Eichung ein Maß für die jeweilige Wasserstoffkonzentration gewonnen.

[1] $E_{H_2} = 1{,}00026$, $E_{O_2} = 1{,}00051$, $E_{N_2} = 1{,}00058$, $E_{CO_2} = 1{,}00098$ und $E_{He} = 1{,}00007$.

Literatur.

ALLNER, W.: Ch. Fabr. 9, 71 (1936). — AUGUSTIN, H.: Stahl Eisen 49, 1087 (1929). — BANERJEA, H. N., L. A. BHATT u. R. B. FORSTER: Analyst 64, 77 (1939); durch C. 110, I, 4228 (1939). — BAYER, F.: (a) Ch. Fabr. 7, 28 (1934); (b) Gasanalyse, 2. Aufl. Stuttgart 1941. — BIESALSKI, E. u. H. GIEHMANN: Angew. Ch. 45, 767 (1932). — BLACET, F. E. u. LEIGHTON, P. A.: Ind. eng. Chem. Anal. Edit. 3, 266 (1931). — BLACET, F. E. u. G. D. MAC DONALD: Ind. eng. Chem. Anal. Edit. 6, 334 (1934); 5, 272 (1933). — BONNEY, D. T. u. W. J. HUFF: Ind. eng. Chem. Anal. Edit. 9, 157 (1937). — BOSSHARD, E. u. E. FISCHLI: Angew. Ch. 28, 365 (1915). — BRÜCKNER, H. u. R. SCHICK: Gas- und Wasserfach 82, 189 (1939). — BUNSEN, R.: Gasometrische Untersuchungen, 2. Aufl. (1877). — BUNTE, H.: B. 11, 1123 (1878).

CAMPBELL, E. D. u. E. B. HART: Am. Chem. J. 18, 294 (1896). — CASTRO, R. u. A. PORTEVIN: Arch. Eisenhüttenw. 9, 555 (1935/36). — COLSON, A.: C. r. 130, 330 (1900).

DASSLER, A.: Angew. Ch. 50, 725 (1937). — DENNIS, L. M.: Vgl. DENNIS, L. M. u. M. L. NICHOLS, Gas Analysis, New York 1929. — DREHSCHMIDT, H.: B. 21, 3242 (1888).

EDSE, R. u. P. HARTECK: (a) Angew. Ch. 52, 32 (1939); (b) 53, 210 (1940). — ERLWEIN, G. u. BECKER: Wiss. Veröffentl. Siemens-Konzern 1, 71 (1920/22).

FERBER, E. u. A. KALLER, Diplomarbeit A. KALLER, Breslau (1940). — FLASCHENTRÄGER, B.: H. 146, 219 (1925). — FLEIGER, A. G.: Ind. eng. Chem. Anal. Edit. 10, 544 (1938).

GATTERER, A.: Phys. Z. 33, 64 (1932). — GOERENS, P.: Stahl Eisen 30, 1514 (1910). — GÜNTHER, P. L. u. F. PANETH: Ph. Ch. A. 173, 401 (1935).

HACKSPILL, L. u. G. D'HUART: C. r. 177, 59 (1923); Bl. [4] 35, 800 (1924). — HALDANE, J. S.: Vgl. SCHWARZ, H., S. 32. — HEIN, Fr. u. W. DANIEL: Z. anorg. Ch. 181, 78 (1929); Ch. Fabr. 4, 381 (1931); Fr. 99, 385 (1934). — HEMPEL, W.: (a) Gasanalytische Methoden, 4. Aufl. Braunschweig 1913; (b) B. 12, 1006 (1879). — HEYES, J.: Ph. Ch. A. 172, 95 (1935). — HEYNE, G.: Fr. 70, 179 (1927). — HOFMANN, K. A.: B. 49, 1650 (1916). — HOFMANN, K. A. u. H. SCHIBSTED: B. 49, 1663 (1916). — HOFMANN, K. A. u. O. SCHNEIDER: B. 48, 1585 (1915). — HULDERS, E. H. J. u. F. E. C. SCHEFFER: R. 49, 1057 (1930). — HURWITZ, E.: Z. techn. Phys. 6, 113, 197 (1925).

JACQUELAIN, A.: Ann. Chim. Phys. 74, 203 (1840). — JAEGER, E.: J. f. Gasbeleuchtung 41, 764 (1898).

KAHLE, H.: Angew. Ch. 41, 876 (1928). — KLAUER, Fr.: Ann. Phys. (5) 20, 145 (1934). — KOBE, K. A. u. E. J. ARVESON: Ind. eng. Chem. Anal. Edit. 5, 110 (1933). — KOBE, K. A. u. W. I. BARNET: Ind. eng. Chem. Anal. Edit. 10, 139 (1938). — KOBE, K. A. u. E. B. BROOKBANK: Ind. eng. Chem. Anal. Edit. 6, 35 (1934). — KROLL, s. POLLITZER. — KROGH, A.: Skand. Arch. Physiol. 20, 279 (1908). Siehe auch SCHWARZ, H. S., 32. — KÜHN, G.: Angew. Ch. 44, 757 (1931).

LAUER, K.: J. pr. Chem. 130, 185 (1931). — LEBEAU, P. u. P. MARMASSE: C. r. 182, 1086 (1926). — LEHRER, E. u. E. KUSS: Ph. Ch. A. 163, 73 (1933). — LIENEWEG, F.: Angew. Ch. 45, 531, 546 (1932).

MÜLLER, J.-A. u. A. FOIX: Bl. [4] 31, 713 (1922).

NESMJELOW, V.: Fr. 48, 272 (1909).

OBERHOFFER, P. u. A. BEUTELL: Stahl Eisen 39, 1584 (1919). — ORNDORFF, W. R. u. M. L. NICHOLS: Am. Soc. 45, 1536 (1923). — OTT, E.: (a) Helv. 7, 886 (1924); (b) 7 887 (1924).

PAAL, C. u. C. AMBERGER: B. 38, 1402 (1905). — PAAL, C. u. W. HARTMANN: B. 43, 243 (1910). — PANETH, F., M. MATTHIES u. E. SCHMIDT-HEBBEL: B. 55, 784 (1922); Ph. Ch. 134, 360 (1928). — PETERS, K. u. W. LOHMAR: Angew. Ch. 50, 40 (1937) u. Beiheft 25. — PLATONOW, M. S. u. O. W. NEKRASSOWA: Fr. 106, 416 (1936). — POLLITZER, F.: Angew. Ch. 37, 459 (1924). — PUTSCHKOW, P. W.: Fr. 105, 334 (1936).

RASZFELD, P.: Gas- und Wasserfach 72, 344 (1929). — RISCHBIETH, P.: Ch. Z. 46, 784 (1922). — ROTH, H.: Mikrochemie 11, 140 (1932).

SAFFERT, P. u. W. WUSTROW: Z. El. Ch. 40, 231 (1934) durch Fr. 100, 37 (1935). — SCHILLING, N. H.: Handbuch der Steinkohlengasbeleuchtung, 3. Aufl. S. 100. — SCHMIDT, A.: Angew. Ch. 44, 152 (1931). — SCHREIBER: P.: Gas- u. Wasserfach 67, 33 (1924). — SCHWARZ, H.: Die Mikrogasanalyse und ihre Anwendung. Wien und Leipzig 1935. — SPÄTH, W.: Z. techn. Phys. 7, 355 (1926). — STOCK, A. u. C. MASSENEZ: B. 45, 3539 (1912). — STOCK, A. u. G. RITTER: Ph. Ch. 119, 333 (1926); Ph. Ch. A. 163, 73, 87 (1933).

TRAUTZ, M., E. LEONHARDT u. K. KIPPHAN: Fr. 78, 402 (1929). — TREADWELL, F. P.: Tabellen und Vorschriften zur Quantitativen Analyse 1938, S. 206 ff.

VACHER, H. C. u. L. JORDAN: Bureau Standards Journ. Research Paper 7, Nr. 376, 375 (1931); vgl. Fr. 92, 211 (1933). — VOLHARD, J.: A. 176, 282 (1874).

WALKER, O. J. u. S. N. SHUKLA: J. Chem. Soc. (London) 1931, 368. — WARD, E. C.: Ind. eng. Chem. Anal. Edit. 10, 169 (1938). — WIBAUT, J. P.: Chem. Weekbl. 11, 498 (1914). — WINKLER, Cl.: Vgl. WINKLER, Cl. - O. BRUNCK, Lehrbuch der technischen Gasanalyse, 5. Aufl. Leipzig 1927. — WUSTROW, W.: Fr. 108, 304 (1937).

ZEREWITINOFF, Th.: Fr. **50**, 680 (1911). — ZIEGLER, K. u. F. DERSCH: B. **62**, 1833 (1929). — ZIEGLER, N. A.: Trans. electrochem. Soc. **62** (1932). — ZYBASSOW, W. P., S. A. DYMSCHITZ u. K. M. DWORKINA: Chemie der festen Brennstoffe (russ.) **7**, 71 (1936); durch C. **108** II, 3563 (1937).

§ 2. Bestimmung von gebundenem Wasserstoff.

A. Bestimmung in Hydriden (außer Kohlenwasserstoffen).

1. Durch thermische Zersetzung.

Dieses Verfahren ist wohl allgemein anwendbar auf nicht sehr stabile Hydride, soweit der Verbindungspartner nicht selbst einen merklichen Dampfdruck besitzt. Es kommt also vornehmlich in Frage für alle Schwermetallkombinationen des Wasserstoffs. Die *allen* derartigen Fällen gerecht werdende Apparatur dürfte wohl die sein, die für die Heiß- bzw. Vakuumextraktion entwickelt und in diesem Kapitel bereits weiter oben unter Abschnitt C 1 (S. 33) beschrieben worden ist. Eine entsprechende einfachere Anordnung wurde bereits vor einer Reihe von Jahren von SIEVERTS angegeben und für die Untersuchung der Systeme Wasserstoff-Kupfer, Wasserstoff-Eisen, Wasserstoff-Nickel, Wasserstoff-Kobalt, Wasserstoff-Silber und Wasserstoff-Platin benutzt. Das Prinzip ist immer das gleiche: Die Probe wird in einem hochtemperaturfesten Gefäß (Quarzglas bzw. Graphit u. ä.) jeweils so hoch erhitzt, daß beim Abpumpen bzw. Abtransport mit Spülgas (N_2 bzw. Ar) der gesamte Wasserstoff abgegeben wird. Im ersten Fall muß natürlich die Gesamtapparatur vorher auf Hochvakuum gebracht werden. Das abgegebene Gas wird mittels TOEPLER-Pumpe in die Meßbürette übergeführt und nach der Ablesung gegebenenfalls noch weiteranalysiert. Mit Erfolg wird hierbei ebenso wie bei der Verwendung von Spülgas z. B. die Diffusion durch eine Palladiumcapillare (S. 37 ff.) oder die Wärmeleitfähigkeit (S. 35 ff.) bzw. eine der Verbrennungs- oder Absorptionsmethoden (siehe dort) zur Bestimmung herangezogen.

Bei Einschaltung von Kondensationsgefäßen (vgl. z. B. die Apparatur S. 34, 38), die auf Tieftemperatur (etwa mit flüssiger Luft) gekühlt werden, kann die thermische Zerlegung natürlich auch auf Hydride von Elementen ausgedehnt werden, die bei Raumtemperatur flüchtig sind, aber beispielsweise bei -185^0 keinen meßbaren Dampfdruck besitzen. Diese werden dann in den tiefgekühlten Kondensationsgefäßen niedergeschlagen, während der Wasserstoff wie oben in das Meßgefäß gepumpt werden kann. Meist ist in diesen Fällen das betreffende Hydrid selbst flüchtig, so daß es erst nach der gasvolumetrischen Abmessung durch die Zersetzungsstrecke, z. B. ein erhitztes Quarzrohr, geführt wird. Dieses muß möglichst so dimensioniert sein, daß die Zersetzung bei genügend langsamem Überleiten vollständig wird, damit nicht unverändertes Hydrid in dem für den Verbindungspartner vorgesehenen Kondensationsgefäß mit verdichtet wird[1]. Tritt dies doch ein, was insbesondere bei zu Gleichgewichten neigenden Zerfallsreaktionen möglich ist, so empfiehlt es sich, eine weitere Gasfalle zwischen Vorbürette und Zersetzungsrohr einzuschalten, diese nach Aufhebung der Kühlung der ersten tiefzukühlen und so das unzersetzte Hydrid erneut rückläufig durch den Ofen zu führen. Dabei muß natürlich der entbundene Wasserstoff wieder in das Sammelgefäß abgepumpt werden. Man gelangt so bei etwaiger mehrfacher Wiederholung schließlich zu der angestrebten Totalzerlegung, was daran erkannt werden kann, daß der Druck des Wasserstoffs in dem Sammelgefäß bzw. der Meßbürette nicht mehr zunimmt.

2. Durch elektrische Zersetzung.

Bei geringer Stabilität lassen sich die Hydride auch elektrisch zerlegen, was gut durchführbar ist, insbesondere wenn sie sich im Gaszustand befinden. So zerlegten bei-

[1] Vgl. z. B. die thermische Zersetzung des Borwasserstoffs B_4H_{10} durch STOCK u. MASSENEZ.

spielsweise STOCK und DOHT ein gemessenes Volumen Antimonwasserstoff durch den elektrischen Funken quantitativ in seine Bestandteile und ermittelten dann anschließend durch Volummessung den entwickelten Wasserstoff (STOCK und DOHT).

In gleicher Weise wurden auch Borwasserstoffe der Analyse unterworfen (STOCK und MASSENEZ).

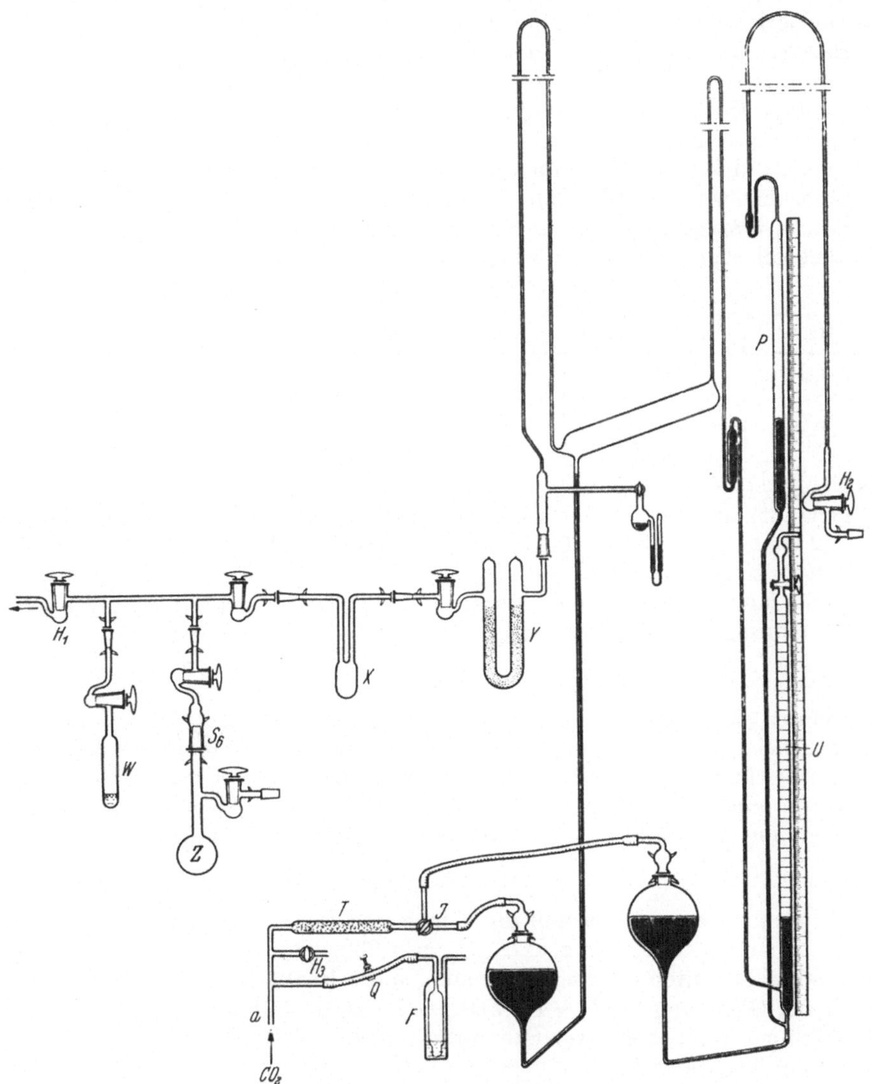

Abb. 31. Apparatur zur H-Bestimmung in salzartigen Hydriden nach ZINTL.

3. Durch hydrolytische Zersetzung.

I. Mit *Wasser* allein.

Dieses Verfahren ist naturgemäß nur auf wasserempfindliche Wasserstoffverbindungen anzuwenden, zu denen in erster Linie die salzartigen Hydride gehören. MOERS machte zuerst davon Gebrauch, als er Lithiumhydrid analysierte. Eine besonders sorgfältige Ausgestaltung hat ZINTL gegeben.

Arbeitsvorschrift. Die Apparatur (vgl. Abb. 31) enthält in W im Vakuum ausgekochtes, luftfreies Wasser und wird durch H_1 evakuiert, nachdem die Hydridprobe unter Luftausschluß in Kölbchen Z, das durch Schliff S_6 mit der Meßapparatur in Verbindung steht, eingewogen wurde. Man läßt langsam Wasserdampf unter Eiskühlung einwirken und pumpt mittels der ANTROPOFF-Pumpe den gemäß $LiH + H_2O \rightarrow LiOH + H_2$ entwickelten Wasserstoff durch eine mit festem Kohlendioxyd gekühlte Gefriertasche X und ein P_2O_5-Rohr Y in die Bürette U, die nach BOOTH mit einem Barometerrohr P, das vor dem Versuch durch Hahn H_2 evakuiert wird, verbunden ist und so auch kleinere Gasmengen unter vermindertem Druck zu messen gestattet. Das Hochtreiben des Quecksilbers in der Pumpe geschieht (nach entsprechender Stellung des Dreiwegehahnes J und Schließen des Metallhahnes H_3) mit Hilfe von CO_2, das einer bei a angeschlossenen Bombe entnommen und in T über $CaCl_2$ getrocknet wird. Vor Beginn des Versuches wird der CO_2-Strom mit Hilfe des Blasenzählers F eingestellt, sodann Quetschhahn Q geschlossen.

Als Beispiel seien in Tabelle 15 folgende Messungen angeführt:

Tabelle 15.

Hydrid	cm³ H_2 reduz.	H_2 in mg-Atomen	Me in mg-Atomen	MeH_x, x =
LiH	149,89	13,38	6,78	0,973
NaH	35,86	3,20	1,61	0,988
KH	136,64	12,19	6,06	1,012
RbH	34,25	3,06	1,54	0,987

Als Beispiel eines gasförmigen, wasserzersetzlichen Hydrids sei der Borwasserstoff B_4H_{10} genannt, der bei Zimmertemperatur binnen 48 Std. nach der Gleichung: $B_4H_{10} + 12\ H_2O \rightarrow 4\ B\ (OH)_3 + 11\ H_2$ vollständig zerlegt wird und dabei sein Volumen im Verhältnis 1:11 vermehrt.

Beispiel: 2,00 bzw. 4,20 cm³ Boran ergaben 21,6 bzw. 45,1 cm³ Wasserstoff: Volumvermehrung 1:10,8 bzw. 1:10,7.

II. Mit Säuren.

Mit *Säuren* sind allgemein die wasserempfindlichen Metallhydride zerlegbar, daneben natürlich auch diejenigen, die mit Wasser zu langsam reagieren bzw. sich aus besonderen Gründen, z. B. infolge Schwerlöslichkeit bzw. Umhüllung durch die Hydrolysenprodukte, nicht merklich umsetzen. Im Prinzip verlaufen Wasser- und Säurezersetzung ganz analog, z. B. $CaH_2 + 2\ HX \rightarrow 2\ H_2 + CaX_2$.

III. Mit Laugen.

Mit *Laugen* lassen sich speziell die Silane und Borane bequem zerlegen. Hierzu wird eine abgemessene Probe, z. B. Si_2H_6, mit 33%iger Natronlauge bei 20° in Berührung gebracht, unter welchen Bedingungen die Reaktion innerhalb einiger Stunden nach der Gleichung $Si_2H_6 + 4\ NaOH + 2\ H_2O \rightarrow 7\ H_2 + \ldots$ beendet ist. Z. B. lieferten 5,21 cm³ Si_2H_6 bei dieser Behandlung 36,45 cm³ H_2; Volumvermehrung 1:7,0 entspricht der Theorie.

B. Bestimmung in anorganischen und organischen Verbindungen (z. B. Hydroxylderivaten usw. sowie Kohlenwasserstoffen).

1. Glühen mit Magnesiumpulver nach LIDOW.

Das Verfahren beruht auf der Substitution des gebundenen Wasserstoffs durch Magnesium bei genügend hoher Temperatur.

Arbeitsvorschrift. 50 bis 100 mg Substanz werden in einem Röhrchen aus schwer schmelzbarem Glas mit Magnesiumpulver gemischt, das vorher im Wasserstoffstrom ausgeglüht worden ist. Die Mischung wird 2 bis 3 cm hoch mit entsprechend vorbehandeltem Magnesiumpulver bedeckt; darauf wird die Röhre luftdicht mit einer Gasbürette verbunden. Beim Erhitzen, das am oberen Ende der Mischung begonnen werden muß, erfolgt die Entbindung des Wasserstoffs, der schließlich gemessen und untersucht wird.

2. Verfahren von LAMBRIS zur Wasserstoffbestimmung u. a. in festen und flüssigen Brennstoffen.

Die Grundlage dieser Methode bildet die Verbrennung der Substanz mit komprimiertem Sauerstoff in einer kalorimetrischen Bombe, Aufnahme des Verbrennungswassers mit praktisch absolutem Alkohol und Ermittlung des Wassergehaltes nach dem Verfahren von DOLCH[1]. Die Vorzüge der originellen Nethode sind verhältnismäßige Schnelligkeit und erfreuliche Genauigkeit.

Arbeitsvorschrift. Von der Analysensubstanz bringt man, wie bei der Heizwertbestimmung, etwa 0,5 bis 1 g (feste Stoffe als Pastillen) genau gewogen in das Calorimeterschälchen und versieht sie mit Zünddraht sowie Zündfaden. Benötigt wird eine Bombe mit glatter Wandung und zwei Ventilen. Auf den Boden der Bombe gibt man 0,3 bis 0,4 g chemisch reines, feinst gepulvertes und getrocknetes Bariumcarbonat zur Neutralisation bei der Verbrennung etwa entstehender Salpeter- bzw. Schwefelsäure, außerdem etwa 10 Glasstäbchen. Nach dem Verschließen wird die Bombe mit Sauerstoff von 20 bis 25 Atmosphären gefüllt und in das Calorimetergefäß gesetzt. Nach Einfüllen der erforderlichen Menge Wasser und Einschalten des Rührers wird alsbald gezündet, worauf die Bombe nach etwa 10 Min. wieder aus dem Wasser herausgenommen werden kann. Bei der Entspannung läßt man die Gase binnen etwa 5 Min. durch ein an das Gasaustrittsventil angeschlossenes Glasrohr austreten, in das man zur Ablesung der Gastemperatur ein Thermometer eingeführt hat.

Durch Drehen der Bombe wird alsdann das Bariumcarbonat auf der gesamten inneren Oberfläche verteilt und dadurch die Neutralisation in wenigen Minuten vervollständigt.

Hierauf verbindet man einen mit etwa 50 cm^3 absolutem Alkohol beschickten Hahntrichter mit dem einen Ventilansatzrohr der Bombe und läßt nach Öffnen beider Ventile rund 30 cm^3 Alkohol einfließen. Mit diesem wird die wieder verschlossene und vom Trichter gelöste Bombe durch mehrmaliges Umschwenken benetzt. Nach Abnehmen des Bombenkopfes wird der Alkohol nebst Niederschlag durch einen Trichter, der zum Zurückhalten der Glasstäbchen eine kleine Drahtspirale enthält, in einen gewogenen verschließbaren Meßkolben gegeben. Mit dem Rest des Alkohols (etwa 20 cm^3) werden Bombentiegel und Bombenkopf einmal möglichst schnell nachgespült; diese Alkoholmenge einschließlich Bodensatz wird gleichfalls in den Meßkolben übergeführt. Dieser wird anschließend zurückgewogen und so das Gewicht des mit dem Verbrennungswasser beladenen Alkohols nebst Niederschlag festgestellt.

Der durch teilweisen Übergang des Bariumcarbonats in Bariumsulfat bzw. -nitrat bedingte Fehler ist ebenso wie der Verlust geringer Niederschlagsmengen, die beim Ausspülen der Bombe haften bleiben, zu vernachlässigen, da angesichts der großen Alkoholmenge selbst bei 10% Wasserstoff insgesamt nur 0,01% Abweichungen auftreten würden.

Der Alkohol wird nun durch einen Jenaer Glasfiltertrichter der Porenbezeichnung 11 G 4 in ein trockenes Saugreagensrohr, das durch einen Glashahn vom Pumpenraum getrennt ist, klar filtriert. Durch einmaliges Umdrehen des Hahnes wird die Vorlage genügend evakuiert, gleichzeitig aber dem Absaugen von Alkoholdampf vorgebeugt. Zum Schutz vor der Luftfeuchtigkeit wird der Trichter nach dem Aufgießen des Alkohols umgehend mit einem Uhrglas bedeckt.

[1] Vgl. auch RASSOW und RECKELER. Siehe auch Kapitel „Wasser“ in diesem Band S. 91 ff.

Schließlich werden von dem völlig klaren Alkohol genau 20 cm³ abgemessen und mit gleichfalls genau 20 cm³ Petroleum durchmischt. Alsdann wird nach DOLCH die Entmischungstemperatur ermittelt, mit deren Hilfe zuletzt an Hand einer Eichtabelle das gelöste Verbrennungswasser berechnet wird.

Im Rest des Alkoholfiltrats prüft man nach Verdünnen mit destilliertem Wasser durch Zusatz von Methylorange bzw. Methylrot, ob die Neutralisation vollständig verlaufen war.

Zu obigem Wasserwert kommt nun noch die Wassermenge hinzu, die bei der Entspannung der Calorimeterbombe dampfförmig entweicht. Sie berechnet sich nach folgender Gleichung:

$$d = g \cdot V_0 \cdot \ln \frac{p_1}{p_2} \text{ bzw. } d = g \cdot V_0 \cdot 2{,}3026 \cdot \log p_1,$$

worin d die verdampfte Wassermenge in mg, g das Dampfgewicht (mg/l) bei t°, der Temperatur, mit der die Gase bei der Entspannung aus der Bombe austreten, V_0 den Bombenraum in l, p_1 den Anfangsdruck und p_2 den Enddruck = Atmosphärendruck in Atmosphären bedeutet.

Die Berechnung des Gesamtwassers erfolgt nach der Formel

$$x = \frac{(A - n) \cdot (W - w)}{100 + W} + d$$

A bedeutet hierin das Gewicht von Alkohol + Wasser + Niederschlag, n die Einwaage an Bariumcarbonat, W die vom Alkohol aufgenommene Wassermenge, w Feuchtigkeit, die der Alkohol bei längerer Aufbewahrung aus der Luft aufnimmt und die bei Kontrollen gleichfalls nach der Entmischungsmethode bestimmt wurde.

Die Brauchbarkeit der Methode, die etwa 1½ Std. Zeit je Analyse erfordert, erhellt aus den Ergebnissen der Tabelle 16.

Tabelle 16.

Chem. reine Substanzen	Wasserstoff berechnet	Wasserstoff gefunden
Salicylsäure	4,38 %	4,30 bis 4,39 %
Benzoesäure	4,96 %	4,87 bis 4,93 %
Naphthalin	6,30 %	6,32 %
Rohrzucker	6,48 %	6,42 bis 6,49 %
Harnstoff	6,71 %	6,75 %
Xylol	9,50 %	9,44 %

Bemerkungen. Die Genauigkeit ist also ausgesprochen gut, denn die Abweichungen betragen nur einige Hundertstel Prozent. Der zu verwendende Alkohol braucht nicht völlig trocken zu sein, nur soll der Gehalt an Feuchtigkeit 0,5 bis 0,7% nicht übersteigen, da dann die Entmischungstemperatur über 10° C liegt. Sogar mit Petroleumbenzin vergällter Alkohol ist brauchbar und ermöglicht die Wasserstoffbestimmung bis auf 0,1 bzw. 0,2%, wenn man die niedrigsiedenden Anteile (bis 75°) vorher abdestilliert. Die Säureneutralisation ist nötig, da der Entmischungspunkt durch die Gegenwart der Säure stark beeinflußt wird. Wichtig ist, daß ein etwaiger Schwefelgehalt den Gehalt an Wasserstoff nicht übersteigt. Der Stickstoffgehalt spielt dagegen keine Rolle.

Bei Benutzung eines Zündfadens muß eine im Blindversuch ermittelte Wasserkorrektur (2 bis 3 mg) abgezogen werden.

Stoffe mit sehr niedrigem Wasserstoffgehalt (z. B. Koks) bedürfen ebenso wie die sehr schwefelreichen Substanzen der Mitverbrennung eines wasserstoffreichen Zusatzstoffes.

3. Elementaranalytische Verfahren.

Hier handelt es sich zumeist um die Bestimmung des gebundenen Wasserstoffs im Rahmen der organischen Elementaranalyse, bei der auch heute noch die Substanz nach dem klassischen Prinzip von LIEBIG im Luft- bzw. Sauerstoffstrom verbrannt wird. Als Sauerstoffüberträger dient nach wie vor in erster Linie das Kupferoxyd, daneben auch der Platinkontakt. Das Verbrennungswasser wird in einem Absorptionsrohr entweder mittels geeigneter Bindemittel festgehalten und durch Wägung ermittelt oder mit einem Säurechlorid unter Entbindung von titrierbarem Chlorwasserstoff umgesetzt und derart der Anteil des Wasserstoffs festgestellt.

Das Verfahren hat im Laufe der Zeit zahllose Abänderungen und Verbesserungen erfahren, von denen als die wichtigsten die Umformung auf Mikro- bzw. Halbmikromaßstab zu nennen sind. Diese haben die klassische Makroausführung wegen ihres bedeutenden Substanzverschleißes derart in den Hintergrund gedrängt, daß sie nur in besonderen Fällen und in zeitgemäßer Ausgestaltung zur Erzielung extrem hoher Genauigkeit verwendet wird.

I. Gewichtsanalytische Methode.

a) Mikro- bzw. Halbmikroverfahren.

Arbeitsvorschrift. Eine zeitgemäße Verbrennungsapparatur ist in Abb. 32 wiedergegeben. Gasometer beliebiger Art, die mit frischer Außenluft bzw. LINDE-Sauerstoff gefüllt werden, sind den in der Abbildung rechts befindlichen *Druckreglern* vorgeschaltet. Diese von PREGL eingeführten Regler sorgen für einen konstanten maximalen Luft- bzw. Sauerstoffdruck im Verbrennungsrohr, was für das

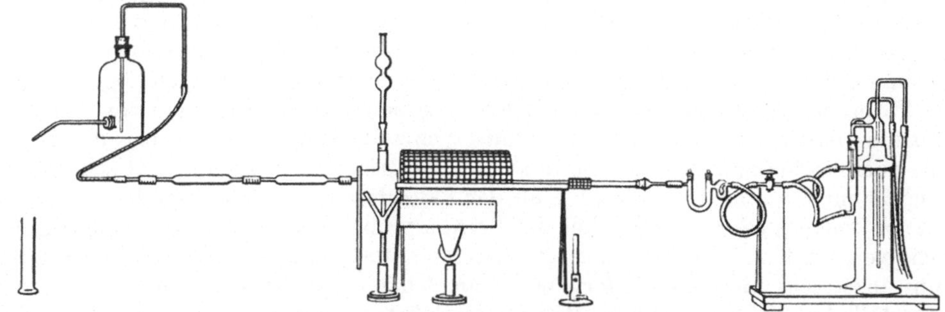

Abb. 32. Mikroanalytische Verbrennungsapparatur.

Gelingen der Verbrennung sehr wesentlich ist. Nach Vortrocknung über Calciumchlorid gelangen Luft bzw. Sauerstoff über einen Dreiweghahn in das eigentliche Trocken-U-Rohr, dem ein mit 50%iger Kalilauge gefüllter Blasenzähler vorgeschaltet ist. Der dem Gaseintritt zugewandte Schenkel des Trockenrohrs ist mit Natronasbest, der andere mit Calciumchlorid gefüllt. Es folgt nun das Verbrennungsrohr aus schwer schmelzbarem Glas, zweckmäßig Supremaxglas, das am Ausgang einen 3 cm langen Schnabel trägt, beim Zentigrammverfahren 55 cm lang ist und eine lichte Weite von 12 mm besitzt, während beim Mikroverfahren die Länge auf 50 cm und die Weite auf 8 mm reduziert werden. Die Füllung besteht, vom Schnabel aus gesehen, aus Silberwolle zur Bindung etwa vorhandenen Halogens, einem Asbestpfropfen zwecks Bremsung der Gasgeschwindigkeit, BleiIV-oxydasbest (4 cm) zum Festhalten gegebenenfalls entstehender nitroser Gase (bei Verbrennung stickstoffhaltiger Verbindungen), Asbest, nochmals Silberwolle (3 cm), Asbest, Bleichromat-Bimsstein (7 cm) für die Bindung von Schwefel und aus Kupferoxydbimsstein (7 cm). Nach einem Asbestpfropfen folgt schließlich nochmals Silber (3 cm). An den Schnabel des Verbrennungsrohrs ist das Wasserabsorptionsrohr angeschlossen, das seinerseits bei der meist gleichzeitigen Kohlenstoffbestimmung mit dem Absorptionsgefäß für Kohlendioxyd verbunden ist. An den Ausgang der Absorptionsröhren schließt sich eine MARIOTTEsche Flasche an, um den Überdruck auf Atmosphärendruck zu reduzieren und gleichzeitig das Volumen der durchgeschickten Gasmenge zu kontrollieren. Zu diesem Zweck wird das abtropfende Wasser in einem Meßglas aufgefangen.

Vor Beginn der Verbrennung wird die eigentliche Oxydationsstrecke (Bleichromat + Kupferoxydschicht) mit einem Langbrenner voll angeheizt und gleichzeitig auch das Bleioxyd mittels der von PREGL entwickelten Hohlgranate auf die Temperatur siedenden Cymols bzw. Dekalins gebracht[1].

Nach einer Blindbestimmung zur Überprüfung der Gesamtapparatur, wobei auch nach voller Beheizung des Verbrennungsrohres die Gewichtsänderung des Wasserabsorptionsrohres 50 γ nicht überschreiten soll, werden die Absorptionsröhren erneut durch ein konstantes Wischverfahren gesäubert und so mit einer definierten Feuchtigkeitshaut versehen, nach 15 Min. zur Wägung gebracht. Inzwischen werden 3 bis 5 mg Substanz (beim Zentigrammverfahren etwa 5mal soviel) in einem ausgeglühten Platinschiffchen auf 1 bzw. 5 γ genau abgewogen. Hierauf schaltet man die Absorptionsröhren an und führt das Platinschiffchen so in die Verbrennungsröhre unter entsprechenden Vorsichtsmaßnahmen ein, daß es 7 bis 8 cm vor der Silberschicht zu liegen kommt. Nach Verschließen des Verbrennungsrohrs schaltet man den Dreiweghahn wieder auf Sauerstoff um und stellt mit dem MARIOTTE-Heber ungefähr die erforderliche Blasenfrequenz ein. Alsdann heizt man mit dem Langbrenner auf helle Rotglut an und reguliert hierauf genau die Gasgeschwindigkeit ein, die 3 bis 4 cm³ je Min. bei 5 bis 7 cm Überdruck im Regler betragen soll. Gleichzeitig heizt man den Vorderteil des Rohres in etwa 3 cm Entfernung vom Schiffchen mit einem beweglichen Brenner vorsichtig an. Die hierdurch bedingte Drucksteigerung im Rohr verlangsamt vorübergehend das Blasentempo, in welcher Phase man einen durch die Hohlgranate miterwärmbaren und verschiebbaren Aluminiumbügel über die capillaren Verengungen des Calciumchloridröhrchens legt[2]. Hiernach beginnt man die Verbrennung, indem man die Flamme des beweglichen Brenners vorsichtig der Substanz nähert. Normalerweise sublimiert bzw. destilliert diese dabei, gegebenenfalls nach vorherigem Schmelzen, aus dem Platinschiffchen heraus und schlägt sich je nachdem als Ring bzw. Tropfen an der kältesten Stelle zwischen den beiden erhitzten Zonen nieder. Je schneller die Verdampfung bzw. Oxydation erfolgt, um so mehr verzögert sich die Blasengeschwindigkeit, und man setzt die Aufheizung der Substanzstrecke nicht weiter fort, bevor nicht das ursprüngliche Tempo sich wieder eingestellt hat. Wenn auf diese Weise alle Substanz mit der notwendigen Vorsicht verdampft ist, kann man den BUNSEN-Brenner schneller an den Langbrenner heranrücken. Dort angekommen, entfernt man ihn, zieht die mitverschobene kurze Drahtmanschette vorsichtig auf die Ausgangsstellung zurück, schaltet den Dreiweghahn auf Luft um (Regler etwa 2 cm tiefer als beim Sauerstoff), entfernt das bisher ausgeflossene MARIOTTE-Wasser (etwa 40 cm³) und läßt noch etwa 75 cm³ auslaufen. Dabei glüht man mit dem BUNSEN-Brenner den leeren Rohrteil nochmals kräftig, aber nur kurz durch, wobei man besonders auf kohlige Reste im Schiffchen achtet, die gegebenenfalls ein späteres Umschalten auf Luft bedingen. Sobald der Langbrenner wieder erreicht ist, entfernt man den beweglichen Brenner endgültig, stellt nach Ausfließen der 75 cm³ Wasser den Langbrenner klein, nimmt die Absorptionsröhren ab und wägt diese nach erneuter Reinigung unter Einhaltung der schon genannten Voraussetzungen.

Bemerkungen. Die richtige und einwandfreie Durchführung der Bestimmung erfordert eine Reihe besonders sorgfältiger Vorbereitungen und Beachtungen vor allem dann, wenn das Mikroverfahren angewendet wird. Bezüglich der Reagenzien bestehen jetzt erhebliche Erleichterungen, da Firmen wie SCHERING und MERCK sehr zuverlässig bereitete Präparate wie Natronasbest (Ascarit), Magnesiumperchlorat-Trihydrat (Dehydrit) usw. speziell für die Zwecke der Mikroanalyse liefern. Kupferoxyd und Bleichromat werden wegen der auch ihnen anhaftenden Unzulänglichkeit

---

[1] 175°, welche Temperatur wegen der thermischen Zersetzlichkeit des etwa entstehenden Bleinitrats nicht überschritten werden darf.

[2] Zur Verflüchtigung dort niedergeschlagenen Wassers.

möglichst nicht mehr kompakt, sondern auf Trägersubstanzen wie Bimsstein[1] benutzt. Die brauchbare Zubereitung dieser Kombinationen wie auch des Bleidioxydasbestes entnimmt man vorteilhaft einer entsprechenden Anleitung (vgl. z. B. WEYGAND). Dort findet man auch die nötigen Angaben über Gestalt und Vorbereitung der Absorptionsgefäße, ihre Reinigung und Aufbewahrung, über die Füllung des Verbrennungsrohres und über die Handhabung flüchtiger und hygroskopischer Substanzen. Auch die sehr wichtige Vorbehandlung der Verbindungsschläuche hat WEYGAND dort eingehend beschrieben, ebenso die Verbesserungsvorschläge, die von mancher Seite gemacht worden sind. Hier sei nur noch darauf hingewiesen, daß die Beheizung des Verbrennungsrohres mit großem Vorteil mittels elektrischer Öfen geschieht.

Die Genauigkeit der Wasserstoffbestimmung nach dieser Methode beträgt — 0,2 bis + 0,4%. Eine erhebliche Steigerung auf wenige hundertstel Prozent erzielten im Makroverfahren BAXTER und HALE einerseits, MIDGLEY *jr.* und *Mitarbeiter* andererseits, indem sie die erwähnten Verfeinerungen der Mikromethode ausnutzten, mit Schliffapparaturen arbeiteten (unter Verwendung von Apiezondichtung) und sehr langsam (bis 8 Std.) verbrannten. Die ersteren verwandten dabei Mengen von mehreren Gramm, während die anderen mit den üblichen Makromengen (0,1 bis 0,2 g) auskamen.

b) *Exakte Makromethode.*

Eine mehr den praktischen Zwecken angepaßte Form der exakten, von BAXTER und HALE für Atomgewichtsbestimmungen ausgearbeiteten Makromethode geben FIESER und JACOBSEN. Die Genauigkeit erreicht bei Verbrennung von etwa 1 g Substanz gleichfalls wenige Hundertstel Prozent des Wasserstoffgehalts.

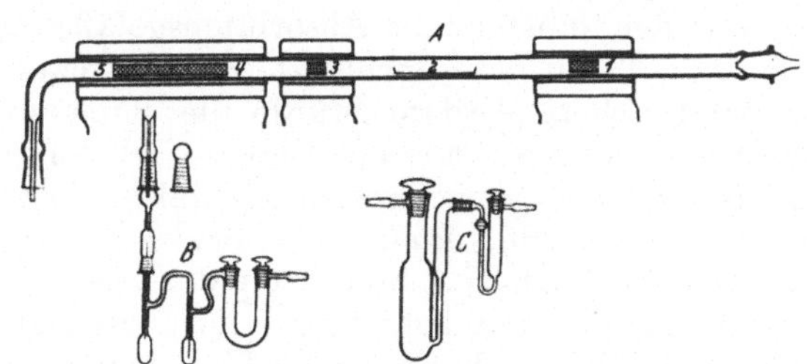

Abb. 33. Verbrennungsapparatur nach FIESER und JAKOBSEN.

Arbeitsvorschrift. Der Apparat (Abb. 33) besteht aus einem starken Quarzverbrennungsrohr A von 95 cm Länge im geraden Teil und 1,9 cm lichter Weite. Das nach unten gebogene Ende trägt einen guten Normalschliff, an den das mit dem zugehörigen Kernschliff versehene Wasserkondensationsgefäß angeschlossen wird. Wie ersichtlich, ragt aber das eigentliche Ende als Capillarrohr in das Kondensationsgefäß hinein. Das andere Ende des Verbrennungsrohres trägt zweckmäßig einen seinem Durchmesser entsprechenden Kernnormalschliff.

Die Füllung besteht bei (1) aus einem 3 cm langen Platinkörbchen, das mit platinierten Quarzstückchen gefüllt ist, dem Platinschiffchen (2) mit der Substanz, einer 1,5 cm langen Rolle aus Platingaze (3), die auf dunkle Rotglut (650°) erhitzt wird, einer 6 cm langen Rolle von perforiertem Platinblech (4) und einem 13,5 cm langen Platinkörbchen (5), das mit Kupferoxyd gefüllt ist. (4) und (5) werden auf etwa 800° erhitzt.

Der Anschluß an die Reinigungsaggregate des Sauerstoffs und der Luft erfolgte durch sehr sorgfältig gearbeitete Normalschliffe. Der aus flüssiger Luft gewonnene komprimierte Sauerstoff passierte nacheinander Kalilauge, glühendes Kupferoxyd, wiederum Kalilauge, festes Kaliumhydroxyd, glühendes Platin, amalgamierte Kupfergaze, nochmals festes Kaliumhydroxyd und schließlich Phosphorpentoxyd.

[1] Möglicherweise noch besser Quarzsand. Vgl. S. 13. Gute Ergebnisse wurden insbesondere auch bei Zumischung von Vanadinpentoxyd an Stelle von Chromat bzw. bei ausschließlicher Verwendung desselben erzielt (ROTH).

Die Luft wurde über glühendes Kupferoxyd, durch wäßrige Silbernitratlösung, Kalilauge, konzentrierte Schwefelsäure und über Phosphorpentoxyd geleitet. Das dreiteilige Wasserabsorptionsgefäß B besteht aus zwei zylindrischen Kondensationsgefäßen mit capillaren Einführungen und einem mit Phosphorpentoxyd gefülltem U-Rohr. Die Gesamthöhe war 18 cm, der Durchmesser des U-Rohres 1,7 cm. Die Kondensationsgefäße, in denen sich der Hauptteil des Wassers niederschlägt, werden mit Eis gekühlt. Am Ende der Verbrennung wird zur Austreibung des gelösten Kohlendioxyds ein Teil des Wassers durch den Sauerstoffstrom in die zweite Kondenstasche übergeführt. Gewogen wird das Absorptionsgefäß in einem Raum konstanter Temperatur unter Verwendung eines möglichst ähnlichen und gleichgroßen Gegengewichts aus Glas. Beim Wägen wird die Verschlußschliffkappe abgenommen und der innere Hahn des U-Rohres geöffnet, während unmittelbar vorher zur Einstellung des Atmosphärendruckes auch der äußere Hahn geöffnet wird. Berücksichtigt wurde nicht nur der Auftrieb, der durch das vom kondensierten Wasser verdrängte Luftvolumen verursacht wurde, sondern auch der Auftrieb, der der Luftverdrängung durch den Wasserdampf innerhalb der Kondensgefäße entsprach. Als negatives Korrektionsglied erschien die im Wasser gelöste Luft. Das in Abb. 33c dargestellte Aggregat dient zur CO_2-Absorption und hat mit der Wasserstoffbestimmung nichts zu tun.

Wenn möglich, wurde die Substanz vor der Analyse unter Stickstoff geschmolzen, um Spuren von Lösungsmitteln zu entfernen. Aus dem gleichen Grund wurde sie stets einige Stunden im ständig erneuerten Hochvakuum über Phosphorpentoxyd getrocknet. Immer wurde auch eine Dichtebestimmung durchgeführt, um die Vakuumkorrektur errechnen zu können. Das Wasserstoffatomgewicht wurde bei der Berechnung der Analysen mit dem Wert 1,0078 eingesetzt.

Zu Beginn der Verbrennung wurde das Quarzrohr ½ Std. lang mit Sauerstoff ausgespült, wobei die Kontakte (4) und (5) auf 800° erhitzt wurden. Hierauf wurden nach Einführung des Platinschiffchens mit der Substanz die Absorptionsgefäße angeschlossen und die Katalysatoren (1) und (3) auf 650° angeheizt. Zur Beheizung dienten drei elektrische Röhrenwiderstandsöfchen. Alsdann wurde die Substanzstrecke mittels einer auf das Quarzrohr gewickelten Spule aus Chrom-Nickeldraht allmählich so erwärmt, daß der vordere Teil des benachbarten Kontakts (3) zu glühen anfing, welcher Zustand aufrechterhalten wurde, bis alle Substanz verflüchtigt war. Im Schiffchen entstehende Teerkohle verschwand bei Steigerung der Temperatur auf Rotglut. Nach der Verbrennung wurde das heiß gehaltene Rohr 1 Std. lang mit Sauerstoff ausgespült und dann darin abkühlen gelassen. Schließlich wurde der Sauerstoff durch trockene Luft verdrängt.

Bei jeder Wägung wurde auch die Luftdichte kontrolliert. Die Verbrennung dauert bei einer Einwaage von etwa 1 g 8 bis 9 Std. Einige Beleganalysen sind in der Tabelle 17 zusammengestellt.

Tabelle 17.

Substanz	Einwaage g	Gefundenes Wasser g	Abweichungen vom berechneten H-Wert %
Benzoesäure	0,94968	0,41931	— 0,012
Benzoesäure	0,93110	0,41186	— 0,002
Triphenylbenzol	1,37886	0,72933	— 0,003
Dihydrocholesterol	0,90640	1,00729	— 0,014
Dihydrocholesterol	0,92558	1,02894	— 0,010
Chlorogenin	0,99942	0,91563	± 0,000
Chlorogenin	0,88244	0,80876	+ 0,004
Sarasapogenin	0,86195	0,82002	± 0,000
Sarasapogenin	1,03485	0,98427	— 0,003
Fichtelit	0,98579	1,15094	+ 0,006

II. Maßanalytische Methode.

Dieser Weg wurde von LINDNER mit großem Erfolg beschritten und derart ausgestaltet, daß auch sehr kleine Mengen von gebundenem Wasserstoff mit guter Genauigkeit ermittelt werden können. Wie schon gesagt, beruht das Verfahren darauf, daß das Verbrennungswasser nicht durch ein Bindemittel festgehalten wird; statt dessen bringt man es zur Umsetzung mit dem schwer flüchtigen Säurechlorid Naphthyloxychlorphosphin, fängt den gemäß den Gleichungen

$$1)\ C_{10}H_7POCl_2 + 2\,H_2O \rightarrow C_{10}H_7PO_3H_2 + 2\,HCl$$

und

$$2)\ C_{10}H_7PO_3H_2 + C_{10}H_7POCl_2 \rightarrow 2\,C_{10}H_7PO_2 + 2\,HCl$$

entbundenen Chlorwasserstoff in einer Wasservorlage auf und titriert ihn schließlich in bekannter Weise. LINDNER konnte als Ergebnis zahlreicher Versuche feststellen, daß das Naphthylphosphinsäureoxychlorid vor allem die notwendigen Voraussetzungen erfüllt.

Arbeitsvorschrift. In den Gang der Verbrennungsapparatur, die im wesentlichen mit der oben geschilderten übereinstimmt, werden an Stelle der Absorptionsröhrchen die in Abb. 34 abgebildeten Gefäße eingeschaltet. Die Verbindung mit dem Verbrennungsrohr und untereinander erfolgt nach LINDNER am besten durch Normalschliffe verkürzter Form, die mit RAMSAY-Fett[1] gedichtet und durch Klammern festgehalten werden. Dabei verwendet man für die warm werdenden Schliffe die Sorte „Extra zäh", während für die anderen Schliffe die weiche bis mittelzähe Qualität genügt[2].

Das unmittelbar an das Verbrennungsrohr angeschlossene Gefäß dient zur Aufnahme des Phosphins und ermöglicht eine innige Berührung eines großen Gasvolumens mit einer kleinen Phosphinmenge. Außer der besonderen Formung und Dimensionierung des Hahnes, nach dem das ganze Gefäß auch Phosphinhahn genannt wird, tragen hierzu gleichfalls die schrägen Spiralen des eigentlichen Absorptionsrohres weitgehend bei. Abb. 34 zeigt die Bauart des „Phosphinhahns" a, dessen Teile in allen Einzelheiten genau der Abbildung entsprechend gearbeitet sein sollen. Die starkwandige linke Ansatzröhre von 3 mm lichter Weite steht über einem abgekürzten Normalschliff mit dem Ausgang des Verbrennungsrohres in Verbindung; das etwas längere, gleich weite rechte Ansatzrohr führt zu dem V-Röhrchen d. Der Hohlraum des Hahnkükens soll nach oben nicht über den Hülsenschliffrand herausragen, ist in seinem unteren Teil capillar (nicht über 1 mm lichter Weite) verjüngt und endet in einer etwas erweiterten (2 mm), nach dem schräg aufsteigenden Teil des Rohres β zu gerichteten Öffnung, die unterhalb des Ansatzes von β an dem senkrecht absteigenden Teil α der Hahnhülsenverlängerung liegen muß. Das Rohrstück β muß

[1] Z. B. von E. LEYBOLDS *Nachf. A. G.* in Köln-Bayenthal erhältlich.

[2] Die hier wiedergegebene Ausführung bezieht sich allerdings auf die von LINDNER bevorzugte Verbrennung ohne Bleidioxyd, da dieses nicht nur stets Wasser enthält und daher immer eine sehr definierte Heiztemperatur erfordert, sondern auch das vorübergehend aufgenommene Verbrennungswasser nur sehr langsam wieder abgibt und zu Austreibungszeiten bis 3 Std. zwingt. Außerdem sollen dann möglichst Substanzmengen über 10 mg verwendet werden.

LINDNER benutzt an Stelle des Bleidioxyds zur Beseitigung etwa auftretender Stickoxyde Kupfer, das im hinteren (abgeschnürten) Teil des Verbrennungsrohres durch Reduktion des dort befindlichen Kupferoxyds (mit Ausnahme einer schmalen Endschicht) mittels Elektrolytwasserstoffs erzeugt wird. Bei dieser Füllung kann die Vorheizung naturgenäß nur im Stickstoffstrom vorgenommen werden, ebenso die Blindprobe auf Feuchtigkeit. Demgemäß wird auch erst 5 Min. vor Einbringen der Substanz in das Verbrennungsrohr auf Luft umgeschaltet. Von da ab bis zur vollständigen Verbrennung, einschließlich Nachglühen, sind im allgemeinen bei mittleren Substanzmengen (4 bis 5 mg) etwa 10 Min. erforderlich.

Nachdem so viel Luft das Verbrennungsrohr passiert hat, als schätzungsweise dem Sauerstoffbedarf nach zur Verbrennung benötigt wurde, wird wieder auf Stickstoff umgeschaltet. Man vermindert schließlich nach Beendigung der Verbrennung die Heizung so, daß nur noch die Unterseite des Rohres glüht, und leitet dabei noch etwa 200 cm³ Stickstoff in $^3/_4$ bis 1 Std. durch.

an α im spitzen Winkel angesetzt sein (nicht, wie Abb. 34c zeigt, angerundet!) und geht nach oben in das schräg ansteigende 3 mm weite Spiralrohr γ über, das am Anfang der unteren Erweiterung der verlängerten Hülse in diese einmündet. Abb. 34b zeigt den Spiralteil des Phosphinhahns von unten gesehen. Die Verbindung zum

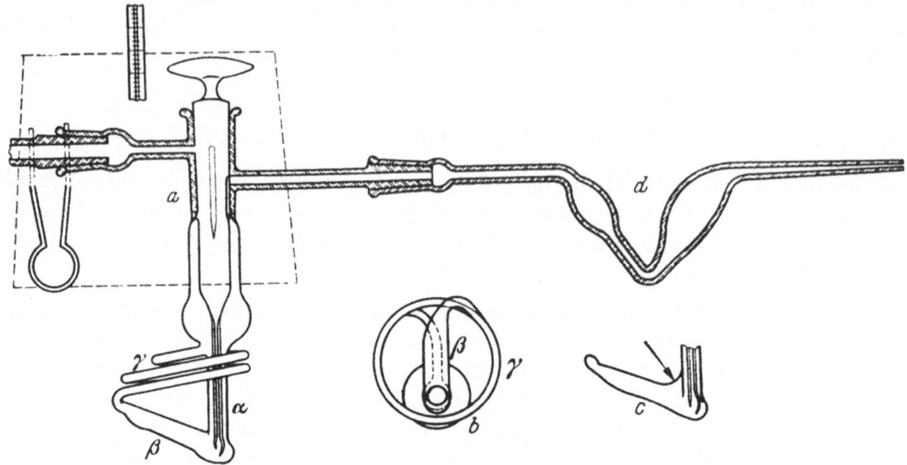

Abb. 34. Absorptionsgefäße nach LINDNER.

V-Röhrchen bewirkt eine senkrechte Rinne im Schliff des Hahnkükens. Bezüglich anderer Ausführungen des Phosphinhahns vergleiche das Original. Beim Mikroverfahren kommt man mit 2½ bis 3 g Phosphin, beim Zentigrammverfahren mit etwa 5 g aus. Zur Füllung wird das geschmolzene Phosphin aus dem auf 70 bis 80° erwärmten Vorratsgefäß mit einer Art Pipette aufgesaugt und direkt in den unteren Teil des trockenen[1] Hydrolysiergefäßes einfließen gelassen[2]. Die Beschickung kann bis zu einem Drittel erschöpft werden, ohne daß negative Abweichungen bei den Wasserstoffbestimmungen auftreten.

Während des Versuchs wird das Phosphingefäß etwa bis zur halben Höhe durch ein temperaturreguliertes Ölbad auf 110° erwärmt. Der aus dem Öl (farbloses, durchsichtiges Paraffinöl) herausragende Teil wird durch eine in Abb. 34 punktiert angedeutete Pappkartonhaube bis auf eine Temperatur von 65° gebracht.

Die Form des V-Röhrchens zum Auffangen des hydrolytisch entbundenen Chlorwasserstoffs mit Wasser ergibt sich aus der Abbildung (Abb. 34d). Zur Füllung genügen 0,5 bzw. 1 cm³ Wasser.

Beide Gefäße werden schon während der Vorbereitung des Verbrennungsrohrs, d. h. beim Ausglühen unter Durchgang von Luft bzw. Sauerstoff angesetzt, wobei das V-Röhrchen zunächst nur als Indikator für den Fortschritt der Entwässerung des Verbrennungsrohrs dient. In dem Maße, wie die Wasserabgabe nachläßt, geht auch die Menge des gebildeten und aufgefangenen Chlorwasserstoffs, die man nach ¼ bzw. ½ Std. mit 0,01n-Lauge ermittelt, zurück. Schließlich soll in der Stunde nicht mehr Chlorwasserstoff entwickelt werden, als 0,10 cm³ Lauge entspricht.

Nach diesen Vorbereitungen wird der Phosphinhahn geschlossen, alsdann die abgewogene Substanz in das Verbrennungsrohr gebracht und nach Erreichung eines hinreichenden Überdrucks der Phosphinhahn wieder geöffnet, worauf sofort ein regelmäßiger Gasstrom der richtigen Stärke (200 cm³/Std.) in den Vorlagen auftreten muß. Die Verbrennung wird nun in analoger Weise wie oben durchgeführt und über-

[1] Am besten im Luftstrom.

[2] Benetzung der oberen Glaswandung und insbesondere ein Phosphinbeschlag des Kükens erfordern völlige Neureinigung.

wacht. Nach Beendigung derselben, was gewöhnlich binnen 3/4 Std. der Fall ist, wird das Küken des Phosphinhahns 2- bis 3mal so gedreht, daß die Bohrung nach vorn gewendet ist und das Phosphin in den engen unteren Teil eintritt, worauf der Chlorwasserstoff weiter aufgefangen wird. Nach einer weiteren halben Stunde wird das V-Röhrchen abgenommen, in ein ERLENMEYER-Kölbchen entleert und mehrmals nachgespült. Alsdann wird die absorbierte Salzsäure nach Zusatz von Methylrot auf den Farbumschlag titriert. Erzielbare Genauigkeit 0,00 bis + 0,03% Abweichungen vom Werte des vorhandenen Wasserstoffs. Gesamtdauer 1½ bis 2 Std.

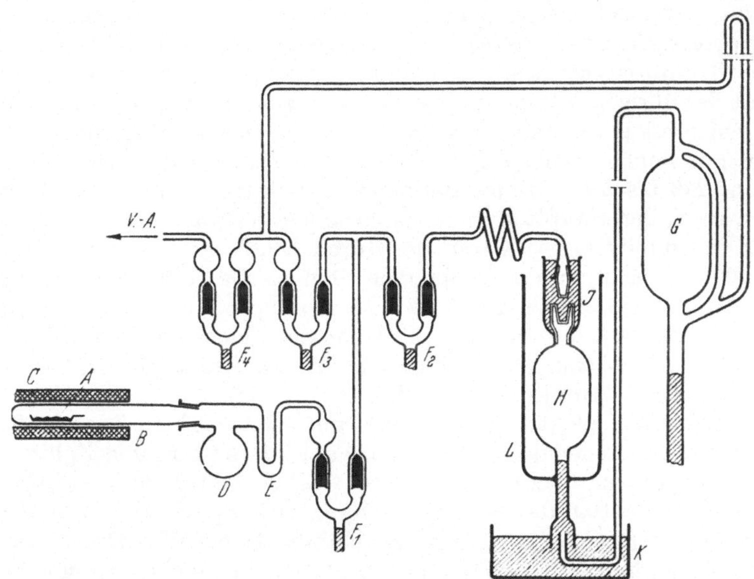

Abb. 35. Apparat zur Bestimmung kleiner H-Mengen neben Sauerstoff in Kohle nach STOCK, LUX und RAYNER.

Bemerkungen. LINDNER empfiehlt die Methode auch zur Bestimmung kleiner Wassermengen in organischen und anorganischen Substanzen, zur Ermittlung der Feuchtigkeit von Gasströmen und zur Kontrolle der Trockenwirkung verschiedener Materialien. Als Prüfungssubstanz eignet sich vorzüglich kristallisiertes Bariumchlorid ($BaCl_2 \cdot 2\,H_2O$) mit 14,743% Wassergehalt.

Ganz allgemein ist zu bemerken, daß die Handhabung sich wesentlich vereinfacht, falls man die fragliche Substanz nicht zu verbrennen braucht. Bei sinngemäßer Durchführung erreicht man die gleiche Genauigkeit vielfach in weit kürzerer Zeit.

III. Bestimmung kleiner Mengen Wasserstoff neben Sauerstoff in Kohle.

Ein besonderes Verbrennungsverfahren zur Bestimmung kleiner Mengen von Wasserstoff neben Sauerstoff in aktiver Kohle beschreiben STOCK, LUX und RAYNER. Da es genauer und zuverlässiger als die Elementaranalyse sein soll und die exakte Untersuchung von Adsorptionskohlen eine immer wichtigere Aufgabe wird, sei es hier angeführt.

Das Prinzip besteht darin, daß die entgaste Kohle mit überschüssigem Sauerstoff verbrannt und das dabei entstandene Wasser kondensiert und gewogen wird. Daraus ergibt sich wie üblich der Wasserstoffgehalt.

Arbeitsvorschrift. Die Verbrennung erfolgt in einem Apparat, dessen Schema beistehend abgebildet ist (Abb. 35).

Im Platinschiffchen A (4 cm lang) wird die vor Beginn der eigentlichen Verbrennung im Hochvakuum bei 950° entgaste Kohle abgewogen. Das Schiffchen wird in ein Rohr B (20 cm lang) aus durchsichtigem Quarzglas gebracht und dort nochmals im Vakuum auf 950° erhitzt. Das Quarzrohr ist mit Marineleim in das Glasgefäß D eingekittet, das sich in das U-Rohr E fortsetzt. (Gesamtvolumen von B, D und E etwa 120 cm³.) Während des Versuchs muß die Kittstelle übrigens gekühlt werden. F_1 bis F_4 sind die bekannten, von STOCK eingeführten Quecksilberschwimmerventile. An F_4 schließt sich das Hochvakuumpumpenaggregat an, während G eine selbsttätige Quecksilberpumpe[1] andeutet. Das Gasmeßgefäß H dient zur Bestimmung der Volumina des Sauerstoffs und der Verbrennungsgase. Es endet unten in der Schale K unter Quecksilber über dem Gasableitungsrohr der Quecksilberpumpe. Oben trägt es ein poröses, für Gase durchlässiges, für Quecksilber undurchlässiges Quecksilberkontaktventil J, durch das es mit der Pumpe einerseits, mit der Verbrennungsapparatur und mit der übrigen Vakuumapparatur andererseits verbunden werden kann.

Nach dem Evakuieren des gesamten Aggregats einschließlich des Meßgefäßes H wird dieses mit reinem Sauerstoff gefüllt, den man aus Kaliumpermanganat durch Erhitzen auf 220 bis 230° (Aluminiumblock) bereitet, wobei der zuerst entwickelte Anteil verworfen, der Hauptteil durch mehrmalige fraktionierte Destillation mittels Kühlbäder von flüssigem Stickstoff, der durch Einblasen von Wasserstoff auf ungefähr — 200° gebracht wurde, gereinigt worden ist. Das Einbringen des Sauerstoffs erfolgt aus dem Vorratskolben durch die Vakuumapparatur mittels der Quecksilberpumpe. Zur Volumbestimmung wird die Höhe des Quecksilbers in der Schale K so geregelt, daß sein Meniskus in H sich gerade mit der Nullmarke deckt. Ein Wassermantel L sorgt für konstante Temperatur.

Nach Anheizen des elektrischen Ofens C auf etwa 600° wird der größte Teil des Sauerstoffs nach Herstellen des Kontakts in Ventil J durch F_2 und F_1 hindurch in die Verbrennungsapparatur übergeleitet, indem das U-Rohr E auf — 200° abgekühlt wird. Nach Kondensation des Sauerstoffs in E wird F_1 geschlossen und darauf die Wiederverdampfung durch Entfernung des Kühlbades bewirkt (Druck etwa 0,9 Atm. im Verbrennungsrohr). Die Verbrennung setzt mit ziemlicher Geschwindigkeit ein und wird einmal durch allmähliche Temperatursteigerung auf 950° noch weiter beschleunigt, zum anderen dadurch, daß das entstandene Kohlendioxyd durch Kühlen des Kolbens D mit flüssiger Luft aus dem Reaktionsraum entfernt wird. Nach Beendigung der Verbrennung, die zur Vermeidung von Kohlenteilchenzerstäubung langsam vorgenommen werden muß (Dauer 1,5 Std.), wird der Kontakt bei J aufgehoben und das Ventil F_1 geöffnet; hierauf werden die Verbrennungsgase vorsichtig in die Quecksilberpumpe eingelassen. Schon einige Zeit vor Öffnung von F_1 wird E auf — 100° abgekühlt, um das gebildete Wasser darin zu kondensieren. Nach Abpumpen des Kohlendioxyds und des Restsauerstoffs durch K in das Meßgefäß H wird schließlich das in E gesammelte Wasser in ein mit einem gewöhnlichen Hahn versehenes Wägegläschen in gleicher Weise wie bisher überdestilliert und darin gewogen.

Bemerkungen. Die Untersuchung einer Aktivkohle aus Filterstoff, die von der *I. G. Farbenindustrie* geliefert worden war, ergab nach diesem Verfahren einen Gehalt von 0,3 bzw. 0,2% Wasserstoff, während die Glühbehandlung mit Chlor 0,2% Wasserstoff geliefert hatte. Dagegen hatte die in der üblichen Weise mit besonderer Erfahrung durchgeführte Mikroelementaranalyse der gleichen Kohle im Mittel 1,2% Wasserstoff ergeben. Dabei waren die Proben ebenfalls vor der Untersuchung bei 950° im Vakuum entgast und nach dem Erkalten im Vakuum möglichst schnell in einer Stickstoffatmosphäre in ein Wägegläschen mit Schliffstopfen gebracht worden. Die ungemein starke und rasche Adsorption vereitelte eben doch unter diesen Umständen die Erkennung des wahren Sachverhalts, obgleich die gefundenen Werte unter sich befriedigend übereinstimmten. (Vgl. auch RUFF.)

[1] Hierfür wird jetzt wohl mit Vorteil die von SAFFERT u. WUSTROW verbesserte Ausführung verwendet.

Literatur.

BAXTER, G. P. u. A. H. HALE: Am. Soc. **58**, 510 (1936); **59**, 506 (1937). — BOOTH, H. S.: Ind. eng. Chem. Anal. Edit. **2**, 182 (1930).

DOLCH, M.: Brennstoffchemie **11**, 429 (1930).

FIESER, L. F. u. R. P. JACOBSEN: Am. Soc. **58**, 943 (1936).

LAMBRIS, G.: Angew. Ch. **48**, 679 (1935). — LIDOW, A. P.: J. Russ. Ges. (chem.) **39**, 195 (1907). — LINDNER, J.: Mikromaßanalytische Bestimmung des Kohlenstoffes und Wasserstoffes mit grundlegender Behandlung der Fehlerquellen in der Elementaranalyse, Berlin 1935.

MIDGLEY JUN., Th. u. Mitarbeiter: Ind. eng. Chem. Analyt. Edit. **9**, 566 (1938). — MOERS, K.: Z. anorg. Ch. **113**, 188 (1920).

PREGL, F.: Die quantitative organische Mikroanalyse, 3. Aufl., Berlin 1930.

RASSOW, B. u. A. RECKELER, Angew. Ch. **45**, 266 (1932). — ROTH, H.: Angew. Ch. **50**, 593 (1937). — RUFF, O.: Kolloid-Z. **34**, 135 (1924).

SAFFERT, P. u. W. WUSTROW: Z. El. Ch. **40**, 231 (1934). — SIEVERTS, A.: Ph. Ch. **60**, 129 (1907). — STOCK, A. u. W. DOHT: B. **34**, 2339 (1901). — STOCK, A., H. LUX u. J. W. R. RAYNER: Z. anorg. Ch. **195**, 158 (1931). — STOCK, A. u. C. MASSENEZ: B. **45**, 3539 (1912).

WEYGAND, C.: Organisch-chemische Experimentierkunst, Leipzig 1948.

ZINTL, E.: Ph. Ch. B. **14**, 269 (1931).

§ 3. Sonderverfahren.

A. Bestimmung des „aktiven“ Wasserstoffs chemischer Verbindungen.

1. Nach Zerewitinoff-Flaschenträger-Roth[1].

Diese Methode beruht auf der Umsetzung der fraglichen „aktiven“ Wasserstoff enthaltenden Verbindung (Hydroxyl-, Amino- und Iminogruppen usw. enthaltend) mit einer Lösung von Methylmagnesiumjodid und der gasvolumetrischen Bestimmung des dabei z. B. gemäß der Gleichung

$$R \cdot OH + CH_3\,MgJ \rightarrow ROMgJ + CH_4$$

entwickelten Methans.

Arbeitsvorschrift. Der Apparat (vgl. Abb. 36) besteht aus einem zweischenkligen Zersetzungsgefäß, dem Verbindungsstück und der Gasbürette mit Niveaubirne. Das Meßrohr faßt bei einer lichten Weite von 3,5 mm rund 4 cm³ und ist in 1/100 cm³ geteilt. Zur Erzielung konstanter Temperatur ist es, wie üblich, in der abgebildeten Weise mit einem Wassermantel umgeben. Als Sperrflüssigkeit dient Quecksilber.

Zur Darstellung der Methylmagnesiumjodidlösung, die sehr sorgfältig geschehen muß, geht man von 5 g GRIGNARD-Magnesium, 15 cm³ Methyljodid und 65 cm³ Diisoamyläther aus, die man unter Zusatz von einem Körnchen Jod in der üblichen Weise am Rückflußkühler zur Reaktion bringt, ohne daß dabei merkliche Mengen von Jodmethyl abdestillieren. Wenn das Magnesium nahezu vollständig verschwunden ist, was nach 30 bis 60 Min. gewöhnlich der Fall ist (Abklingen der Reaktion), verschließt man den Kühler mit einem Phosphorpentoxydrohr und läßt über Nacht stehen. Alsdann erhitzt man noch vorsichtig 1 Std. lang auf dem Wasserbad, destilliert hierauf das überschüssige Methyljodid, zuletzt im Vakuum der Wasserstrahlpumpe, völlig ab. Die noch warme Lösung wird durch 1stündiges Zentrifugieren bei 3000 bis 4000 Touren geklärt und in eine braune Kappenflasche abgehebert. Zur Einstellung zerlegt man 2 cm³ der Lösung mit gemessener überschüssiger n-Salzsäure, titriert den Säureüberschuß zurück und fügt, nach Errechnung des Titers, zur Hauptlösung so viel Diisoamyläther hinzu, daß das Reagens annähernd 8/10 normal wird.

Das zur Lösung der zu untersuchenden Substanz erforderliche Pyridin muß rein und sehr trocken sein. Am besten verwendet man das von der Technik gelieferte,

[1] Es wird hier nur die Mikromethode besprochen, da in ihr alle wesentlichen Verbesserungen enthalten sind und eine entsprechende makrochemische Abwandlung bei angemessener Dimensionierung des Apparats ohne weiteres möglich ist.

über Zinkchlorid gereinigte Pyridin, das zur Trocknung längere Zeit über Bariumoxyd stehen muß, gleichfalls in einer Kappenflasche vorrätig gehalten und mittels Pipette entnommen wird[1].

Außerdem kommt auch über Natrium destilliertes und aufbewahrtes Anisol als Lösungsmittel zur Verwendung, von dem vor Beginn der Analyse je 20 g mit etwa 1 g Phosphorpentoxyd geschüttelt werden.

Zur Bestimmung trocknet man das Reaktionsgefäß, eine 1-cm^3- und eine 3-cm^3-Pipette bei 100°, setzt den Apparat zusammen und füllt mit Stickstoff, der nur bei 99,9%iger Reinheit keiner weiteren Vorbereitung bedarf (Strömungsgeschwindigkeit etwa 40 cm^3 je Min.). Die abgewogene Substanz wird in den längeren Schenkel des Zersetzungsgefäßes gebracht und dort mit 3 cm^3 Anisol, gegebenenfalls unter Erhitzen bis zum Sieden bzw. unter Zusatz einiger Tropfen Pyridin, in Lösung gebracht. In den kürzeren Schenkel füllt man 1 cm^3 GRIGNARD-Reagens, leitet hierauf 5 Min. lang Stickstoff ein und stellt nach Sicherung der mit Vaseline gedichteten Schliffe mittels Stahlfedern das Sperrquecksilber auf die 0-Marke. Nach Temperierung des Reaktionsgefäßes mittels Wasserbads auf Zimmertemperatur schließt man die Stickstoffzuleitung und verbindet Bürette und 2-Schenkel-Gefäß. Nach 3 Min. stellt man durch Lüften des Bürettenhahnes Atmosphärendruck her und kontrolliert nach weiteren 3 Min. die Konstanz der Einstellung.

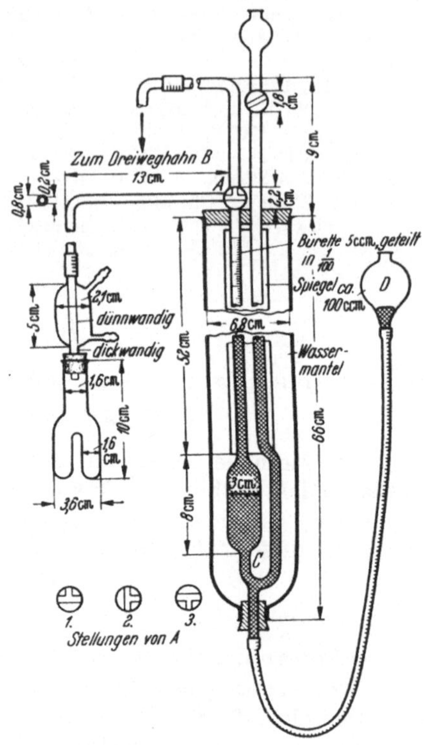

Abb. 36. Apparat zur mikroanalytischen Bestimmung des „aktiven“ Wasserstoffes nach ZEREWITINOFF-FLASCHENTRÄGER-ROTH.

Alsdann bewirkt man durch Vermischen der Lösungen unter Schütteln die Reaktion, wobei man fast auf 100° erhitzt und die Niveaubirne senkt. Nach 10 Min. entfernt man das Wasserbad, kühlt auf Zimmertemperatur und liest ab, wenn Volumkonstanz eingetreten ist. Genauigkeit etwa 3%.

Bemerkungen. Das entbundene Methanvolumen soll mindestens 1 cm^3 betragen, der Dampfdruck des Anisols braucht nicht berücksichtigt zu werden, ebenso ist eine Blindwertbestimmung bei dieser Ausführung nicht nötig. Die Genauigkeit ist indessen sehr von der Natur und Art der untersuchten Substanz abhängig.

2. Nach ZIEGLER und DERSCH.

ZIEGLER und DERSCH beschreiben als einen bequemen Ersatz der ZEREWITINOFF-Methode die fast momentane, wenn auch nach dem bis jetzt vorliegenden Versuchsmaterial nur bedingt mögliche Umsetzung von Wasser bzw. Hydroxylverbindungen mit den intensiv farbigen alkali-metallorganischen Verbindungen vom Typ des Triphenylmethannatriums bzw. des Phenylisopropylkaliums in Äther:

$$(C_6H_5)_3C \cdot Na + HO \cdot R \rightarrow (C_6H_5)_3CH + NaOR.$$

[1] Die Kappenschliffe dichtet man zweckmäßig mit Vaseline. Als vorzügliches Trockenmittel für das Pyridin hat sich auch verdünntes flüssiges Natriumamalgam bewährt, das im Gegensatz zum Natrium selbst nicht mit dem Pyridin reagiert (HEIN).

Die im Überschuß angewendete farbige Alkalimetallorganoverbindung wird mit einem gleichfalls überschüssigen aliphatischen Bromid, z. B. n-Butylbromid, in ebenso rasch verlaufender Reaktion beseitigt und das dabei in äquivalenter Menge entstehende Brom-Ion nach dem Ausschütteln mit Wasser nach VOLHARD titriert.

$$(C_6H_5)_3C \cdot Na + C_4H_9Br \rightarrow (C_6H_5)_3C \cdot C_4H_9 + Na^{\cdot} + Br'$$

Man nutzt dabei die Tatsache aus, daß nur das direkt an Kohlenstoff gebundene Alkalimetall sich augenblicklich mit dem Alkylbromid umsetzt.

Arbeitsvorschrift. Voraussetzung ist eine Apparatur, die es ermöglicht, unter Ausschluß der Atmosphäre in sorgfältig gereinigtem Stickstoff zu arbeiten. Die Titrierflüssigkeit, z. B. die ätherische Lösung des Phenylisopropylkaliums $C_6H_5(CH_3)_2C \cdot K$, wird in einer von ZIEGLER und SCHNELL verbesserten Bürette nach SCHLENK hergestellt, indem Phenylisopropyläther in völlig trockenem Äthyläther mit Kalium umgesetzt wird. Der Titer dieser Lösung wird in analoger Weise wie oben durch Umsetzung eines abgemessenen Volumens mit n-Butylbromid ermittelt. Die mit dem Bromid beschickte Titriervorlage muß dabei natürlich ebenfalls restlos trocken und luftfrei sowie mit reinstem Stickstoff gefüllt sein.

Die in kleinen Stickstoffröhrchen abgewogene Substanz wird am besten ohne Lösungsmittel in die Titriervorlage gebracht, in die man nach Füllung mit Stickstoff einen Überschuß der ätherischen Lösung der Alkalimetallorganoverbindung einlaufen läßt. Nach Vollzug der Reaktion, die durch Schütteln usw. zwecks Beschleunigung der Auflösung befördert wird, läßt man aus einem an die Vorlage angeschmolzenen Hahntrichter so lange scharf getrocknetes und hochreines n-Butylbromid zulaufen, bis Entfärbung der Lösung eingetreten ist. Hierauf kann man die Vorlage unbedenklich von der SCHLENK-Bürette abnehmen, den Inhalt mit Wasser ausschütteln und in der wäßrigen Schicht das gebildete Alkalibromid in der üblichen Weise titrieren.

In Tabelle 18 folgen einige analytische Belege zur Darlegung der Brauchbarkeit des Verfahrens:

Tabelle 18.

Substanz	abgew. Menge g	Verbrauch an RK*	OH berechnet	OH gefunden
Triphenylcarbinol	0,3246	21,6 cm³ 0,06 n**	6,55	6,60
	0,2586	16,8 cm³ 0,06 n**		6,65
Borneol	0,0908	9,8 cm³ 0,06	11,0	11,1
	0,0756	8,2 cm³ 0,06**		11,1
1,3-Diphenyl-2-methylindenol (3)	0,1261	7,2 cm³ 0,06**	5,7	5,8
			H berechnet	H gefunden
Diphenylamin	0,1076	11,7 cm³ 0,056 n**	0,6	0,62
	0,0927	9,4 cm³ 0,056		0,58

* RK = Phenylisopropylkalium.
** Direkt titriert, d. h. hier wurde ohne Zuhilfenahme des Alkylbromids die Substanz unmittelbar mit der alkaliorganischen Lösung bis zum Bestehenbleiben der Färbung titriert.

Bemerkungen. Das hier geschilderte indirekte Verfahren ist meistens etwas genauer, da es schneller arbeitet und weniger Gelegenheit zum Hineindiffundieren von Luft und Feuchtigkeit gegeben ist.

Im Hydrochinon setzt sich in der Kälte nur eines der beiden aktiven Wasserstoffatome um, wahrscheinlich wegen der Schwerlöslichkeit des sofort ausfallenden Monokaliumsalzes in Äther. Methylglucosid reagiert in der Kälte wegen zu geringer Löslichkeit überhaupt nicht.

3. Durch Austausch mit schwerem Wasser.

Dieses Verfahren geht letzten Endes zurück auf die zuerst von BONHOEFFER und Mitarbeitern gemachte Feststellung, daß der „aktive“ Wasserstoff bei Berührung mit Deuteriumoxyd umgehend gegen schweren Wasserstoff ausgetauscht wird. Aus der Dichteverminderung, die das schwere Wasser dabei erleidet, läßt sich dann die Anzahl der ausgetauschten Wasserstoffatome errechnen.

Eine analytisch brauchbare Methode wurde von HAMILL angegeben.

Arbeitsvorschrift. Das aus gutem Glas verfertigte Austauschgerät ist beistehend abgebildet (Abb. 37). Die Capillare A nimmt den Schwimmkörper auf, die Substanz (2 bis 5 mg) wird in B eingewogen, und das schwere Wasser (50 bis 100 mg) befindet sich, in einer Ampulle eingeschmolzen, in C. Nach Auspumpen auf 0,001 mm Quecksilberdruck wird das Gefäß bei b und c zugeschmolzen. Beim Kühlen von C mit Trockeneis sprengt das schwere Wasser durch Gefrieren die Ampulle, worauf es zur Dichtekontrolle nach A destilliert wird. Hiernach bringt man es nach B, nachdem in ähnlicher Weise die Zwischenwand s aufgebrochen worden ist. Nach Auflösung der Substanz wird das Wasser rasch wieder nach C übergeführt, wobei B nur Raumtemperatur annehmen soll. Zum Schluß erfolgt die Rückdestillation nach A und dort erneute Dichtebestimmung. Zur Vervollständigung von Auflösung und Austausch wird der ganze Vorgang wiederholt.

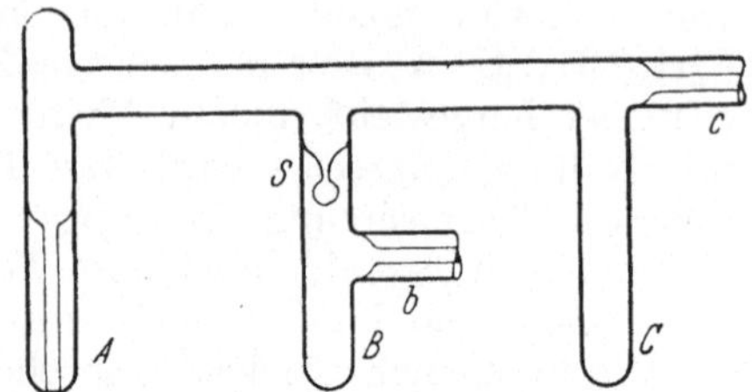

Abb. 37. H-D-Austauschgerät nach HAMILL.

Die Dichte des kleinen Quarzglasschwimmers, dessen Schwimmgleichgewicht durch Temperaturvariation bei konstantem Druck eingestellt wird, wurde mit einer Kaliumchloridlösung bestimmt, die ihrerseits bei der Gleichgewichtstemperatur pyknometrisch gemessen wurde. Genauigkeit 3%.

Die Zahl der ausgetauschten Wasserstoffatome wurde mittels folgender Gleichung berechnet:

$$n_1/n_2 = W_1M_1 \cdot \Delta t_1 \cdot S_2N_2 \,/\, W_2M_2 \cdot \Delta t_2 \cdot S_1N_1.$$

Dieser Formel liegt der Bezug auf eine Vergleichssubstanz, nämlich Harnstoff, zugrunde[1]. Es bedeutet n die Zahl der aktiven H-Atome, S das Substanzgewicht, M das Molekulargewicht, N den Molenbruch von D_2O nach dem Austausch, W das Gewicht des schweren Wassers und Δt die durch den Austausch bedingte Differenz der Schwimmtemperaturen.

Einige Ergebnisse nach 3 Min. langem Austausch enthält die Tabelle 19.

Tabelle 19. Bezugssubstanz = Harnstoff, n = 4.

Glycerin	n = 3,13,	Hydrochinon	n = 1,95,	Bernsteinsäure	n = 2,14; 2,06
Theorie	n = 3		n = 2		n = 2

Bemerkungen. Bei längerer Einwirkung und höherer Temperatur wurde auch der Austausch enolisierbaren Wasserstoffs gemessen.

Eine andere Art der Austauschmessung besteht darin, daß man nach der Umsetzung das Wasser sorgfältig abdestilliert und die Substanz nach dem Trocknen zurückwägt. Aus der Gewichtszunahme läßt sich nach WILLIAMS in entsprechender Weise die Zahl der austauschbaren H-Atome ermitteln. Die Methode ist nicht so genau und bietet mehr Schwierigkeiten bei hygroskopischen Substanzen.

[1] Zur Eliminierung der Fehler, die durch den Austausch mit dem Glas und den Temperaturkoeffizienten der D_2O-Dichte verursacht werden.

B. Bestimmung von Deuterium.

Hier handelt es sich wohl durchweg um die Ermittlung des Deuteriumgehalts von Wasserstoff bzw. Wasserstoffverbindungen. In Betracht kommen nur physikalische Methoden, von denen die „klassische“ wohl das Dichteverfahren ist, bei dem man meist den fraglichen freien bzw. gebundenen Wasserstoff in Wasser überführt und dann dessen Dichte und damit den Gehalt an Deuterium ermittelt.

Für den Fall, daß man *freien* Wasserstoff auf Deuterium zu untersuchen hat, steht ein weiteres Verfahren zur Verfügung, das sich auf die Messung der Wärmeleitfähigkeit stützt und zuerst behandelt werden soll (vgl. auch S. 35 ff.).

1. Durch Wärmeleitfähigkeitsmessung.

Das Prinzip dieser Methode ist bereits im § 1 C, Physikalische Verfahren unter 2, erläutert worden (siehe S. 35 ff.), so daß hier nur besondere Einzelheiten angeführt zu werden brauchen. Eine einfache und genau arbeitende Ausführung ist von SACHSSE und BRATZLER gegeben worden, die die Deuterium-Bestimmung in Gemischen von D_2, H_2 und DH bis auf 0,02% genau gestattet. Dabei werden nur 0,5 cm³ des Mischgases (unter Normalbedingungen gemessen) benötigt, was besonders vermerkt sei, da die Dichte- und auch die Refraktionsmethoden weit mehr Substanz beanspruchen.

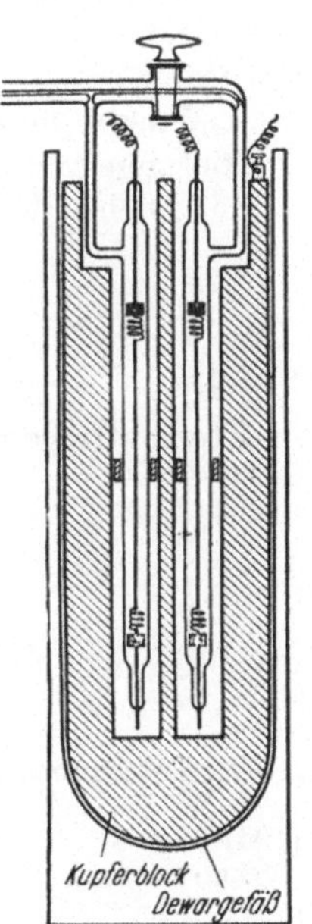

Abb. 38. Meßzelle zur Deuteriumbestimmung nach dem Wärmeleitfähigkeitsverfahren von SACHSSE und BRATZLER.

Die Meßzelle (vgl. Abb. 38) enthält eine Meß- und eine Vergleichskammer, arbeitet also nach dem Vergleichsverfahren, wodurch das System in erster Ordnung unabhängig von der hineingesteckten elektrischen Energie wird. Auch der zeitliche Gang der Erwärmung hebt sich heraus, da es bei dieser Anordnung ausschließlich auf das Widerstandsverhältnis ankommt und es nur nötig ist, die Differenz der Übertemperaturen beider Drähte konstant zu halten. Weitgehende Sicherungen sind gegen störende Temperaturschwankungen dadurch getroffen, daß die Kammern von Quecksilber umspült in einen Kupferblock eingelassen sind, der seinerseits sich in einem DEWAR-GEFÄSS befindet. Gemessen wurde bei einem optimalen Druck von 200 mm Quecksilber, der mittels Kontaktmanometers auf 0,1 mm konstant gehalten werden mußte. Die Einflüsse der Akkommodation und der Wärmekonvektion waren unter diesen Bedingungen belanglos. Die Überhitzung betrug etwa 16° über die als Grundtemperatur eingehaltene Raumtemperatur. Der höhere Druck ermöglichte auch die Verwendung eines dickeren Drahtes (0,04 mm) und damit größere mechanische Stabilität der gebrauchsfertig von SIEMENS & HALSKE zu beziehenden Meßzelle.

Die Auswertung der Messungen ist einfacher als sonst, da bei der verhältnismäßig kleinen Massendifferenz der Wasserstoffisotope die Gesamtwärmeleitfähigkeit des Gemisches sich additiv aus denen der Komponenten zusammensetzt und man so mit *einem* Eichpunkt auskommt. Gegebenenfalls muß das Mischgas vor der Untersuchung noch über einen glühenden Platindraht geleitet werden, damit sich das erforderliche Gleichgewicht zwischen D_2, H_2 und DH einstellt.

Fremdgase, vor allem Sauerstoff, stören schon bei 0,002%, weshalb die Apparatur vor dem Gebrauch sehr sorgfältig ausgepumpt werden muß.

Tabelle 20 liefert ein Bild der Brauchbarkeit der Methode.

Tabelle 20. Mischungen von reinem Wasserstoff und Mischgas mit 7,26% D.

dW = gemessene Widerstandsdifferenz	p = % D gemessen	p = % D berechnet
$0{,}70l_1$	3,94	3,92
$0{,}63l_2$	3,49	3,50

Der Prozentgehalt p wurde berechnet gemäß der Beziehung

$$\frac{\Delta W}{\Delta W + dW} = \frac{(1 - p)^2 \cdot 0{,}982/\sqrt{^m H_2} + (2\,p - 2\,p^2)/\sqrt{^m HD} + p^2/\sqrt{^m D_2}}{0{,}982/\sqrt{^m H_2}}$$

Ein Mikroverfahren mit gleichem Ziel von A. und L. Farkas kommt mit 0,002 cm^3 Gas von 760 mm Druck aus, ist aber viel umständlicher, da es einen Druck von 0,04 mm konstant halten muß und statt der Wärmeleitfähigkeit deren Temperaturkoeffizienten mißt. Die Genauigkeit beträgt dann aber auch nur 0,5%.

2. Durch Dichtemessung.

Dieses Verfahren wird sehr allgemein zur Ermittlung des Deuteriums angewendet, da die Dichteunterschiede zwischen gewöhnlichem Wasserstoff und Deuterium groß genug sind, um sogar sehr genaue Bestimmungen zu ermöglichen.

Handelt es sich um Mischungen, die ausschließlich Wasserstoff und Deuterium enthalten, so ist die Bestimmung einfach mittels einer der physikalischen Gasdichtemeßmethoden durchführbar, die auf S. 44 und 45 beschrieben wurden.

Bei komplizierteren Gemischen empfiehlt sich die Verbrennung zu Wasser und Ermittlung von dessen Dichte etwa in der Art und Weise, wie es auf S. 66 angegeben wurde. Der Gehalt an Deuterium wird dann aus der Abweichung von der Dichte des gewöhnlichen Wassers in der üblichen Weise berechnet.

C. Bestimmung des Wasserstoff-Ions (pH-Messung).

Hier ist nicht der Platz, auf die Ermittlung der Wasserstoff-Ionen-Konzentration näher einzugehen. Es sei aber die einschlägige Literatur angegeben:

Literatur.

Häbl, Fr.: Anleitung zur Maßanalyse. Leipzig u. Wien (1933).
Jander, G. u. F. Jahr: Maßanalyse, 3. Aufl. Berlin (1943).
Kolthoff, I. M.: Die Maßanalyse, Berlin (1930). — Kordatzki, W.: Taschenbuch der praktischen pH-Messung. München (1938).
Lux, H. :Praktikum der quantitativen anorganischen Analyse. Berlin (1941).
Michaelis, L.: Die Wasserstoffionenkonzentration, Berlin (1922). — Mislowitzer, E.: Die Bestimmung der Wasserstoffionenkonzentration von Flüssigkeiten. Berlin (1928).

Bonhoeffer, K. F. u. Mitarbeiter: Ph. Ch. B. **23**, 171 (1933); Naturwiss. **22**, 45 (1934).
Farkas, A. u. L. Farkas: Proc. chem. Soc. (A) **144**, 467 (1934). — Flaschenträger, B.: H. **146**, 219 (1925).
Gross, Ph.: Mikrochemie **17**, 45 (1935).
Hamill, W. H.: Am. Soc. **59**, 1152 (1937).
Roth, H.: Mikrochemie **11**, 140 (1932).
Sachsse, H. u. K. Bratzler: Ph. Ch. A. **171**, 331 (1934). — Schlenk, W.: A. **437**, 255 (1924).
Williams, R.: Am. Soc. **58**, 1819 (1936).
Zerewitinoff, Th.: Fr. **50**, 680 (1911). — Ziegler, K. u. F. Dersch: B. **62**, 1833 (1929). — Ziegler, K. u. B. Schnell: A. **437**, 255 (1924).

Die quantitative Bestimmung des Wassers.

Von **FR. HEIN**, Jena, und **G. BÄHR**, Jena.

Mit 31 Abbildungen.

Inhaltsübersicht.

Vorbemerkung:
Über den Wassergehalt und die verschiedenen Wasserbindungsarten[1].

Wasserbestimmungen gehören mit zu den häufigsten Aufgaben der analytischen Chemie, da zahllose Stoffe und zusammengesetzte Systeme Wasser bzw. Feuchtigkeit enthalten und in dieser Beziehung aus wissenschaftlichen bzw. praktischen Gründen untersucht werden müssen.

Die Methodik der Bestimmung richtet sich nun nicht nur nach der Beschaffenheit der fraglichen Substanzen, insbesondere ihrem Aggregatzustand, sondern auch nach der Bindungsart des Wassers, die hier daher zunächst etwas eingehender behandelt werden muß. In großen Zügen unterscheidet man drei Arten der Wasserbindung durch feste und flüssige Substanzen, nämlich 1. das *Netzwasser*, das ohne Kräfte besonderer Art im wesentlichen nur durch Adhäsion an der Substanz haftet, 2. das *Sorptionswasser*, dessen Bindung vorzugsweise durch Lösungskräfte bzw. Oberflächenkräfte bewirkt wird, und 3. das *Hydrat- bzw. Konstitutionswasser*, dessen Entfernung u. U. die Überwindung ausgesprochen chemischer Kräfte erfordert.

Zwischen diesen drei Kategorien gibt es nun aber vielfach keine scharfen Grenzen, sondern so offensichtliche Übergänge, daß die Abgrenzung z. T. ungemein erschwert wird und daher auch der analytischen Kennzeichnung große Schwierigkeiten bereitet werden. Man ist deswegen häufig auf konventionelle Abgrenzungen angewiesen, was namentlich dann zur Notwendigkeit wird, wenn die Beschaffenheit der Substanzen, insbesondere hohe Dispersität und damit verbundene Großflächigkeit bzw. starke Inhomogenität, die Übergangserscheinungen begünstigt.

Eine Übersicht (Tabelle 1) möge zugleich an Hand von Beispielen die Verhältnisse beleuchten. Wir benutzten hierbei die von GLEMSER in Anlehnung an BULL gegebene Zusammenstellung.

Tabelle 1: Wasserbindungsarten.

A. Kontinuierlich festgehaltenes Wasser.

beweglich in		ortsfest an			
Gerüstzwischenräumen	Gitterinnenräumen	Ionen, Moleküle in Lösung	Ionen von Kolloiden	Körperaußenflächen	im Inneren von Kolloiden
Capillarwasser .	α) zeolithisches bzw. osmotisches Wasser β) zusammen eindimensionales Quellungswasser	eigentliches Hydratationswasser	Schwarm-Ionenwasser	adsorbiertes Wasser	gebundenes Wasser
Kieselgel	α) Heulandit und Oxydhydrate β) Montmorillonit	Na (mOH_2) $J_2(nOH_2)$	Bentonit-Tone	alle Feststoffe	Kieselgel

[1] Bezüglich dieser allgemeinen Ausführungen vgl. auch die Darlegungen von ECKERT und WULFF.

B. Diskontinuierlich festgehaltenes Wasser.

ortsfest	
im Innern von Krystallen Hydratwasser	in Säuren und Hydroxyden als OH-Gruppen Konstitutionswasser
z. B. $CuSO_4 \cdot 5H_2O$	z. B. $Ca(OH)_2$, $B(OH)_3$

Die Begriffe kontinuierlich bzw. diskontinuierlich beziehen sich hierbei auf die Dampfdruckkurven, die z. B. bei isothermer Entziehung des Wassers erhalten werden und die man auch als Abbaukurven bezeichnet. Der stetige Verlauf (vgl. Abb. 1a) gibt dabei zu erkennen, daß die Bindungsstärke gleichförmig in dem Maße zunimmt, wie der Wassergehalt abnimmt, und umgekehrt. Grundsätzlich sollte man zu der gleichen Kurve gelangen, wenn man das getrocknete Präparat der Wiederbewässerung unterwirft. Dies trifft aber nur in Ausnahmefällen zu, und meist bleibt die Wasseraufnahme hinter den ursprünglichen Wassergehalten zurück. Die Ursachen dieser Hysteresiserscheinungen gehen auf sogenannte Alterungseffekte und Oberflächenänderungen zurück.

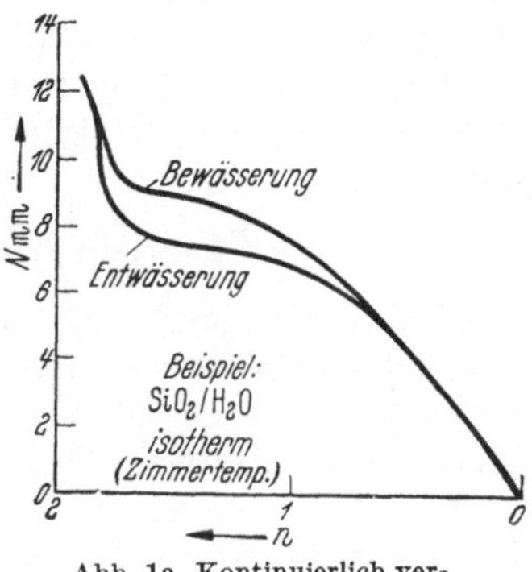

Abb. 1a. Kontinuierlich verlaufende Entwässerung.

Die unstetig verlaufenden Kurven haben im Extremfall ein treppenförmiges Aussehen, was besagt, daß der Übergang des Ausgangshydrates beim Wasserentzug in die niedrigen Hydratstufen sprunghaft erfolgt. (Vgl. Abb. 1b.)

Die Unterscheidung von beweglichem und ortsfest gebundenem Wasser war möglich durch Ermittlung des Verlaufs der Dielektrizitätskonstanten mit der Temperatur, wobei die Substanzen, in Paraffinöl eingebettet, von Zimmertemperatur abwärts bis zu -50^0 untersucht wurden. Bei Vorhandensein von beweglichem Wasser nimmt die Dielektrizitätskonstante mit sinkender Temperatur ab, während bei ortsfester Bindung der normale Kondensatorgang bestehen bleibt.

Grundsätzlich ist noch zu bemerken, daß kontinuierlicher Verlauf der Abbaukurven die Bindungsart nach B nicht unbedingt ausschließt. Diese Möglichkeit ist unter verschiedenen Gesichtspunkten zu betrachten; einmal kann ein Oxydhydrat aus einem Nebeneinander vieler Einzelphasen verschiedenen Energieinhaltes bestehen. Ebensogut kann das Oxydhydrat aber auch aus einer einzigen Phase gebildet sein, in welcher Molekülarten verschiedenen Energieinhaltes homogen gelöst sind. Und schließlich können bei beschränkter Mischbarkeit, falls das Mischungsgleichgewicht noch nicht erreicht ist, mehrere Einzelphasen mit verschiedenem Energieinhalt nebeneinander bestehen.

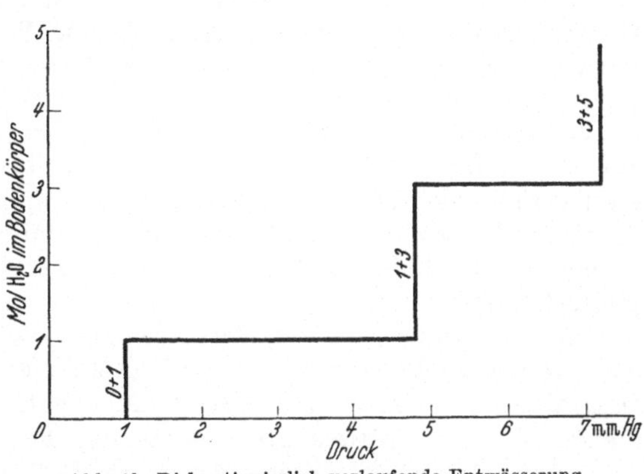

Abb. 1b. Diskontinuierlich verlaufende Entwässerung (schematisch).

Aus den gleichen Gründen bedeutet auch die Gültigkeit der osmotischen Gleichung $ln \frac{p_v}{p} = \frac{R}{n}$ von HÜTTIG[1] keinen Beweis für das Nichtvorhandensein von Bindungen nach B.

[1] p_v = Druck des H_2O, p des Hydrates.

Wie gesagt ist die Bindungsart oft von ausschlaggebender Bedeutung bei der Wahl der Analysenmethode. Normalerweise wird die Aufgabe am leichtesten zu lösen sein, wenn so einfache Fälle vorliegen, wie sie die Bindungsart B umfaßt. Hier können gewöhnlich nur dann Komplikationen auftreten, wenn die Bindungskräfte besonders stark sind. Weit schwieriger liegen die Verhältnisse, wenn gleichzeitig mehrere Bindungsarten nebeneinander vorliegen bzw. Übergangsbindungen mit hineinspielen. Wenn es hier notwendig ist, die verschieden gebundenen Wasseranteile getrennt zu ermitteln, muß man sich natürlich mehrerer Methoden bedienen und dabei eine derartige Reihenfolge einhalten, daß das am schwächsten gebundene Wasser zunächst für sich allein erfaßt wird und dann erst die fester sitzenden Anteile zur Bestimmung gelangen. Oft lassen sich die Grenzen in solchen Fällen nicht scharf ziehen und müssen willkürlich einem allgemeinen Übereinkommen gemäß festgelegt werden.

Übersicht über die Methoden der Wasserbestimmung.

Die überwiegende Zahl der Wasserbestimmungsverfahren geht von der Tatsache aus, daß das Wasser sich leicht verdampfen und sich ebenfalls leicht wieder kondensieren läßt, insbesondere dann, wenn wasserabsorbierende Mittel zur Anwendung gelangen. In all diesen Fällen läuft die Analyse auf die Ermittelung von Gewichtsabnahmen der eingewogenen Proben bzw. auf die Gewichtszunahme von Kondensations- bzw. Absorptionsgefäßen hinaus. Die Wasserabgabe wird hierbei im allgemeinen durch Erwärmen gefördert (thermische Verfahren), wobei man die Geschwindigkeit des Wasserabganges durch Transportgase bzw. durch Anwendung von Unterdruck steigert. In manchen Fällen ist das Wasser derart fest gebunden (z. B. Konstitutionswasser), daß selbst beim Glühen die Abgabe nicht quantitativ erfolgt. In solchen Fällen kann man durch chemisch wirkende Zusätze, wie Alkalidichromate, Bortrioxyd usw., zum Ziel gelangen. Im ganzen gesehen sind auch die sogenannten Destillationsverfahren thermischer Art, bei denen gewissermaßen in Gestalt einer umgekehrten Wasserdampfdestillation das Wasser mittels der Dämpfe verhältnismäßig leicht vergasbarer Flüssigkeiten aus der Analysensubstanz ausgetrieben wird. Hier erfolgt die Messung des ausgetriebenen Wassers entweder volumetrisch, was die Verwendung von mit Wasser nicht mischbaren Flüssigkeiten, wie z. B. Xylol, voraussetzt, oder unter Verwendung von Sondermethoden physikalischer Art.

Von diesen physikalischen Sonderverfahren sind in erster Linie bemerkenswert diejenigen, die sich der Entmischungs- bzw. Trübungserscheinungen bei Zusatz passender Flüssigkeiten oder der damit zusammenhängenden kritischen Lösungstemperaturen bedienen. Sehr in Aufnahme gekommen sind auch die dielektrischen Messungen, die den hohen dielektrischen Eigenwert des flüssigen Wassers zum Ausgangspunkt haben.

Eine andere Gruppe von Verfahren geht davon aus, das zu bestimmende Wasser mit geeigneten Lösungsmitteln, wie Alkoholen, Aceton, Dioxan usw., auszuziehen (Extraktionsverfahren) und dann die Menge des durch das Lösungsmittel aufgenommenen Wassers mittels Dichtemessung, Feststellung des optischen Brechungsvermögens, durch Leitfähigkeitsmessung, Bestimmung des Entmischungspunktes auf Zusatz von Petroleum, Ermittlung der Dielektrizitätskonstanten usw. zu erfassen.

Zu den chemischen Verfahren im allgemeinen gehören alle diejenigen, bei denen das Wasser im Verlauf der Analyse eine chemische Umsetzung eingeht. Hierher gehören aber auch die Hydratationsmethoden, bei denen das Wasser durch Trocknungsmittel, wie Phosphorpentoxyd, konzentrierte Schwefelsäure, Calciumchlorid, Magnesiumperchlorat usw., gebunden wird und der Gewichtsverlust der Analysensubstanz bzw. die Gewichtszunahme des Trocknungs- bzw. Absorptionsmittels zur Messung gelangt. Einer großen Reihe dieser chemischen Verfahren liegen Hydrolysenvorgänge zugrunde, so z. B. die Umsetzung mit Säureanhydriden, wie Essigsäureanhydrid, mit

Säurechloriden, wie Acetylchlorid oder Naphthyloxychlorphosphin, mit Aluminiumchlorid, Calciumcarbid und Calciumhydrid bzw. Magnesiumnitrid. Soweit hierbei Säuren entstehen, erfolgt deren Bestimmung und damit auch die des ursprünglich vorhandenen Wassers maßanalytisch bzw. durch Leitfähigkeitsmessung. In gleicher Weise läßt sich auch das aus Magnesiumnitrid entbundene Ammoniak ermitteln. Calciumcarbid und Calciumhydrid liefern dem Wasser äquivalente Acetylen- bzw. Wasserstoffmengen, die volumetrisch gemessen werden.

Auch die Umsetzung nach ZEREWITINOFF mit GRIGNARD-Reagens, speziell Methylmagnesiumjodid, gehört hierher. Das mit dem Wasser entwickelte Methan wird natürlich wieder gasvolumetrisch bestimmt.

Auf Hydrolyse beruht auch die Wasserbestimmung nach ADICKES, wobei eine Kombination von Natriumäthylat und Ameisensäureester verwendet und ein entsprechender Teil des Esters in wägbares Natriumformiat umgewandelt wird.

In gewissen Fällen läßt sich auch die Umsetzung mit Alkali- bzw. Erdalkalimetallen und deren Amalgamen unter volumetrischer Ermittlung des entwickelten Wasserstoffs zur Wasserbestimmung verwerten. Voraussetzung ist dabei selbstverständlich, daß nicht andere mit den genannten Metallen Wasserstoff liefernde Substanzen zugegen sind.

Zu erwähnen ist schließlich noch die Methode von KARL FISCHER, derzufolge sich Jod mit Schwefeldioxyd nur in dem Maße zu Schwefelsäure und Jodwasserstoff umsetzt, wie Wasser zugegen ist. Die Bestimmung des Wassers läuft hierbei auf eine jodometrische Titration hinaus, was nach allem eine besonders hohe Genauigkeit gewährleistet.

Die jeweils zu wählende Methode hängt natürlich von den Umständen ab, insbesondere von der Beschaffenheit, dem allgemeinen Verhalten der zu untersuchenden Substanz und der Bindungsart des Wassers. Wenn möglich, wird man bemüht sein, dem *Aggregatzustand* Rechnung zu tragen und insbesondere im Einzelfall solche Verfahren meiden, die Zersetzung der Substanz und damit Störungen bzw. Beeinträchtigungen des Analysenergebnisses zur Folge haben können. Im übrigen wird man möglichst immer das Verfahren anwenden, das unter Berücksichtigung der Sonderverhältnisse am schnellsten zum Ziele führt und dabei doch den geforderten Genauigkeitsansprüchen genügt.

Feste Substanzen: Für *feste* und temperaturbeständige Substanzen wird man sich daher normalerweise thermischer Verfahren bedienen. Probenahme, Art der Vorbehandlung und Verteilungsgrad sowie Schichthöhe spielen aber hierbei in bezug auf die Zuverlässigkeit und Reproduzierbarkeit der Ergebnisse eine ähnlich wichtige Rolle wie die Wahl der Temperatur, die Raumfeuchtigkeit, der Druck und die Strömungsgeschwindigkeit eines gegebenenfalls zur Verwendung gelangenden Transportgases. Häufig wird man dabei verschieden gebundene Wasseranteile zunächst nur in summa erfassen und erst durch Methodenspezialisierung eine Differenzierung erreichen. Gegenwart von Sorptionswasser verschiedener Bindung gebietet dabei vielfach das Einhalten genormter Trocknungszeiten und Trocknungstemperaturen. Zum Ziel führen hier auch oft mit gutem und schnellem Erfolge die bereits erwähnten Destillationsverfahren, bei denen das Wasser wie gesagt mittels einer Hilfsflüssigkeit in Dampfform abtransportiert und dann volumetrisch gemessen wird. Hier ist gute Zerkleinerung der Substanz für das Tempo und die Vollständigkeit der Entwässerung entscheidend. Von besonderem Vorteil ist bei diesen Methoden die praktisch gleiche und dabei verhältnismäßig niedrige Siedetemperatur der Hilfsflüssigkeit, die auch die Untersuchung tiefschmelzender Teststoffe gestattet. Einfache Normung ist hierbei ebenfalls möglich. Der Anwendungsbereich entspricht etwa dem viel Zeit beanspruchenden Vakuumofen-Verfahren.

Zu nennen ist hier ferner die Extraktion des Wassers mit geeigneten, die Substanz selbst nicht lösenden Mitteln und die Ermittlung des Wassers in dem Auszug nach verschiedenen physikalischen Verfahren, von denen die Messung der kritischen Entmischungstemperatur sowie der Dielektrizitätskonstanten schon genannt wurden. Im ersten Fall werden die kritischen Entmischungserscheinungen in den meist alkoholischen Extraktionen auf Zusatz von Petroleum (am häufigsten verwendet) beobachtet, während das dielektrische sogenannte Exluanverfahren vorzugsweise Dioxan zum Wasserentzug verwendet.

Für die *indirekte* Ermittlung des Wassergehaltes fester Substanzen werden oft auch die Verfahren angewendet, die bei der Feuchtigkeitsbestimmung in Gasen üblich sind.

Flüssigkeiten: Die Feuchtigkeit in *flüssigen* Stoffen kann unter Benutzung von chemischen Trocknungsmitteln erfolgen, bei deren Auswahl man natürlich darauf zu achten hat, daß sie nicht selber durch die fragliche Flüssigkeit gelöst werden. Auch ist zu bedenken, daß das Trocknungsmittel keine absolute Wasserbindung herbeiführt, da ja je nach der Bindungsstärke eine charakteristische Dampfspannung bestehen bleibt. Nach vollendeter Absorption wird das zuvor eingewogene Absorbens in geeigneter Weise gewaschen, von der benetzenden Flüssigkeit befreit und dann zurückgewogen.

Ein sehr einfaches Verfahren bietet sich in der Gefrierpunktserniedrigung, die die betreffende flüssige Substanz durch gelöstes Wasser erfährt, nur dürfen selbstredend keine anderen Stoffe in unbekannter Menge gelöst vorhanden sein.

Häufig ermöglicht auch eine optische Untersuchung auf refraktometrischem Wege eine rasche Bestimmung des Wassergehaltes, ebenso die Messung der Dielektrizitätskonstanten, wobei aber zu beachten ist, daß das dielektrische Verhalten derartiger Lösungen sich nicht nach einfachen Mischungsregeln aus den Konstanten der Komponenten errechnen läßt und daher empirische Eichungen notwendig sind.

Oft liefern auch die Destillationsverfahren bei der Wasserbestimmung in Flüssigkeiten verhältnismäßig schnell zuverlässige und genaue Werte, wobei man wie bei der Analyse von festen Körpern den Vorteil sehr milder Bedingungen (niedrig siedende Hilfsflüssigkeit) ausnutzen kann. Eine gewisse Willkür der Wahl der Bedingungen ist aus den oben angegebenen Gründen hier ebenfalls vorhanden, was dann wieder eine Normierung nach Übereinkommen erfordert. Liegen azeotropische Gemische vor, so läßt sich auch aus der dem Wassergehalt entsprechenden Erniedrigung des Kondensationspunktes eine Bestimmung ableiten.

Sowohl bei festen Körpern als auch bei Flüssigkeiten lassen sich unter sonst passenden Umständen auch mittels Leitfähigkeitsmessungen die Wasseranteile bestimmen, indessen bedarf es hierbei besonders kritischer Prüfung, ob die vorliegenden Verhältnisse die Verwendung dieser Verfahren zulassen.

Gase: Feuchtigkeitsmessungen in *Gasen* werden vielfach schnell und mit guter Genauigkeit hygrometrisch bzw. psychrometrisch durchgeführt. Daneben ist auch, infolge der Einfachheit ihrer Durchführung, die Methode der Taupunktsbestimmung sehr vorteilhaft, für die gleichfalls sehr brauchbare und handliche Apparate entwickelt worden sind.

Chemisch bedient man sich wiederum gern der Absorptionsmittel, bei deren Verwendung natürlich auch hier die Eigentension der entstehenden Hydrate usw. nicht vergessen werden darf. Unter den verschiedenen möglichen Trocknungsmitteln ist das Kieselgel vielleicht besonders erwähnenswert, da es leicht und ohne weiteres in seine Trockenform regeneriert werden kann. Von Nachteil ist aber, daß seine Adsorptionswirkung nicht spezifisch ist und außer Wasser daher auch andere flüchtige Substanzen davon aufgenommen werden können.

Erwähnenswert sind hier auch die Kieselgelpräparate, die mit einem Feuchtigkeitsindikator, wie KobaltII-chlorid, imprägniert sind, was gleichzeitig überleitet zu den *colorimetrischen* Wasserbestimmungen in Gasen, die vielfach rasch zu genügend genauen Ergebnissen führen.

Mit Vorteil verwendet man auch die Kondensationsmethode, insofern man die Feuchtigkeit durch Tiefkühlung (z. B. flüssige Luft) aus den Gasen ausfriert. Bedingung ist natürlich, daß nicht andere Bestandteile des Gases mitkondensiert werden. Wägung des Kondensationsgefäßes bzw. manometrische oder volumetrische Messungen nach Wiederverdampfung des Wassers beschließen dann die Bestimmung. Abschließend sei darauf hingewiesen, daß häufig die Verfahren der Feuchtigkeitsbestimmung in Gasen auch zur indirekten Wasseranalyse in festen Körpern verwendet werden können. Man trennt hierbei das Wasser nicht vollständig ab, begnügt sich statt dessen mit der Verdampfung und führt dann wie oben Druck- bzw. Volumenmessungen aus. Das Verfahren erinnert in seiner Ausführung zum Teil an die von VICTOR MEYER entwickelte Molekulargewichtsbestimmungsmethode und arbeitet rasch, indessen bestehen aber mehr Fehlermöglichkeiten, zumal bei größeren Wassergehalten. Anwendung des Differentialdruckmeßprinzips ist besonders vorteilhaft.

Außer dem Verfahren der Trocknung mit Absorptionsmitteln kommen auch die anderen chemischen Methoden für die Feuchtigkeitsbestimmung in Gasen in Betracht. Immer gilt natürlich die Voraussetzung, daß nicht andere Substanzen, die in analoger Weise wie das Wasser reagieren, zugegen sind. Diese chemischen Verfahren sind ganz allgemein dann von besonderem Vorteil, wenn die zu messenden Wassergehalte verhältnismäßig groß sind. Selbstverständlich sind die chemischen Methoden generell anwendbar, also auch bei festen und flüssigen Substanzen, allerdings vielfach nur unter der einen Vorbedingung, daß das zu ermittelnde Wasser in Lösung bzw. nach Verdampfung zur Umsetzung mit dem betreffenden Agens gelangt. Einige der chemischen Verfahren, so z. B. die Reaktion mit Calciumcarbid, gestatten es, auch sehr kleine Mengen von Wasser mit großer Schärfe zu bestimmen.

§ 1. Physikalische Verfahren.

A. Thermische Trocknungsmethoden.

1. Trocknung im Trockenschrank.

Diese für den Normalfall und bei festen Substanzen übliche Methode ist einfach durchzuführen und bedarf eigentlich nur in komplizierten Sonderfällen der spezielleren Ausgestaltung.

Arbeitsvorschrift. Das zu untersuchende Material wird zunächst genügend zerkleinert, d. h. meist in Pulverform übergeführt, und davon dann eine Probe – durchschnittlich 1 g – gewöhnlich lufttrocken zur Wägung gebracht. Hierauf wird das Wägegefäß (normalerweise Wägegläschen mit Schliffdeckel) geöffnet in den Trockenschrank gebracht und auf die erforderliche bzw. vereinbarte Temperatur erhitzt. In der Regel trocknet man so etwa 1 Std. lang, stellt sodann das Wägegläschen zum Abkühlen in einen Exsiccator, der zweckmäßig im Wägeraum abgestellt wird, und wägt schließlich nach $^3/_4$stündigem Temperaturausgleich. Nun wird die Trocknung unter den Anfangsbedingungen fortgesetzt, nach Ablauf der Trocknungszeit (am besten wieder 1 Std.) wiederum abgekühlt und gewogen und das Ganze so lange wiederholt, bis Gewichtskonstanz eingetreten ist. Der so ermittelte Gewichtsverlust in Prozenten der Einwaage stellt dann den gesuchten Feuchtigkeits- bzw. Wassergehalt dar.

Bemerkungen. Nach diesem Verfahren wird in vielen Fällen die Luftfeuchtigkeit, oft aber auch der Gehalt an chemisch gebundenem Wasser, z. B. von manchen Salzhydraten, ermittelt, indem man die Erhitzungstemperatur auf 105 bis 110^0 C festlegt. Dieses Übereinkommen entspricht der Erfahrung, daß bei der angegebenen Temperatur im üblichen quantitativen Sinne praktisch oft die gesamte Feuchtigkeit abgegeben wird.

Stückige bzw. aus gröberen Krystallen bestehende Substanz muß schon der Zeitersparnis wegen zerkleinert werden, da die Wasserabgabe einer heterogenen Reaktion entspricht und daher nur bei genügend großer Oberfläche mit der maximalen Geschwindigkeit verläuft, die die anderen Umstände zulassen. Auch ist zu bedenken, daß bei größeren Teilchen durch Verbackung der Oberfläche während der Entwässerung der Wasseraustritt aus dem Inneren erschwert bzw. sogar ganz gehemmt werden kann.

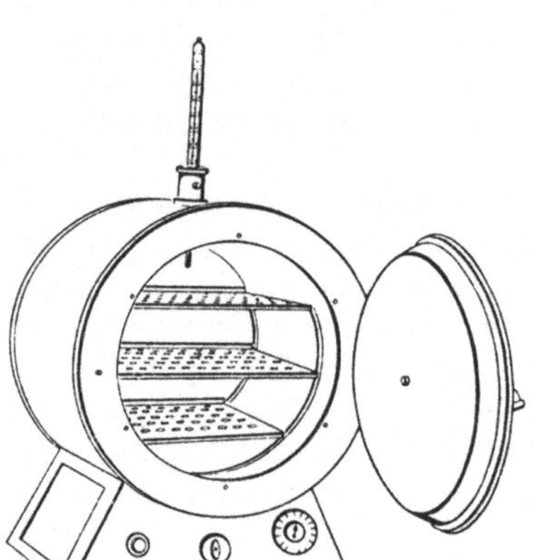
Abb. 1. Elektr. Trockenschrank von HERAEUS.

Aus den gleichen Gründen soll das gepulverte Material auch nicht zu hoch im Wägegefäß geschichtet werden. Gegebenenfalls sind daher breitere Gläser, die eine größere Oberfläche und damit eine geringere Schütthöhe einer gegebenen Menge der Substanz ermöglichen, anzuwenden.

Die für die Trocknung vorgeschriebenen Temperaturen stellen häufig nur Mindesttemperaturen dar und können daher auch um einen gewissen Betrag überschritten werden. Jedoch soll man da vorsichtig sein; im allgemeinen ist es doch empfehlenswert, die Temperaturspanne nicht zu weit zu wählen. Aus diesem Grunde gilt es auch darauf zu achten, daß die Substanz sich im Trockenschrank in der Region befindet, deren Temperatur gemessen wird, d. h. auf gleicher Höhe mit der Meßstelle, im allgemeinen also der Thermometerkugel. Die Übereinstimmung zwischen der abgelesenen und der wirklichen Temperatur bei der Trocknung hängt im übrigen sehr von der Konstruktion und der Beheizungsart des Trockenschrankes ab. Den Vorzug haben hier natürlich die elektrisch beheizten Geräte, die zumal in den zylindrischen Ausführungen (vgl. z. B. den elektrischen Trockenschrank von Heraeus, Abb. 1) eine weitgehend allseitige und damit gleichförmige Erhitzung gestatten und zudem in der Regel mit Thermoregulatoren versehen sind. Für die Dauer der Trocknung ist im übrigen auch maßgebend die Schnelligkeit, mit der der abgegebene Wasserdampf das Gefäß und den Trockenraum verlassen kann. Geeignete Luftzirkulation, unter Umständen mittels eingebauter Ventilatoren, ist dafür sehr günstig, und es ist nicht verwunderlich, daß beim Fehlen derselben das Ausmaß und das Tempo der Wasserabgabe sogar dann vom Standort im Trockenschrank abhängen können, wenn die Temperatur bei der Trocknung richtig gemessen wird.

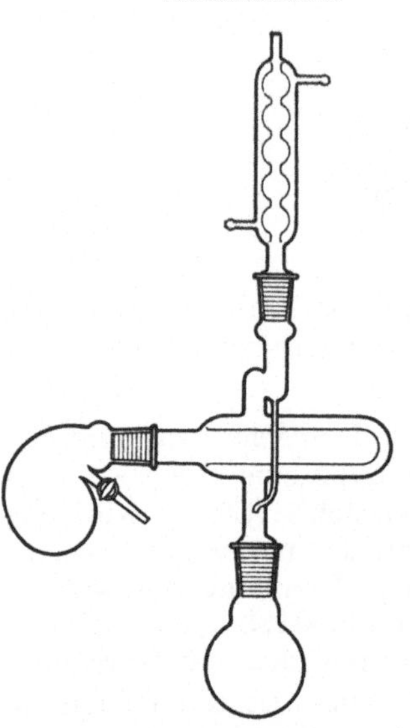
Abb. 2. Trockenpistole.

Sehr geeignet zur Erzielung konstanter Temperaturen bei der Trocknung sind auch die Trockenpistolen, die mit einem Dampfmantel umgeben sind, eine Anordnung, die z. B. dem zuerst von Brahm und Wetzel beschriebenen Trockenapparat (vgl. Abb. 2) zugrunde liegt. Selbstverständlich kann man auch hier die Temperaturen den Bedürfnissen anpassen, indem man Flüssigkeiten mit entsprechenden Siedetemperaturen zur Beschickung des Apparates wählt. Bei Verwendung derartiger

Vorrichtungen wird man sich zur Wägung der Untersuchungssubstanz zweckmäßig auch solcher Gefäße bedienen, die bequem in die Trockenpistole eingeführt werden können. Sogenannte Wägeschweinchen bzw. Glühschiffchen sind hier, gegebenenfalls kombiniert, besonders geeignet. Ihre Unterbringung beim Abkühlen erfolgt vorteilhaft nicht in Exsiccatoren der üblichen Form, sondern in zylindrischen Röhrenexsiccatoren, von denen beistehende Form (Abb. 3a) von den Verfassern seit mehr als einrm Dutzend Jahren mit großem Nutzen verwendet wurden. Ein Mikrogerät entsprechender Art ist in Abb. 3b dargestellt.

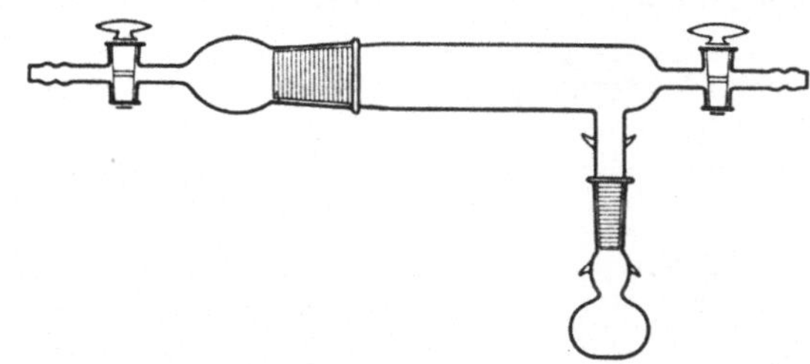

Abb. 3a. Röhrenexsiccator nach HEIN und PAULING.

Es ist wohl kaum nötig, darauf hinzuweisen, daß bei genauen Bestimmungen das leere Wägegefäß unter eben denselben Bedingungen, insbesondere der Temperatur zur Gewichtskonstanz gebracht werden muß, bei denen die Trocknung der Analysensubstanz vorgenommen wird.

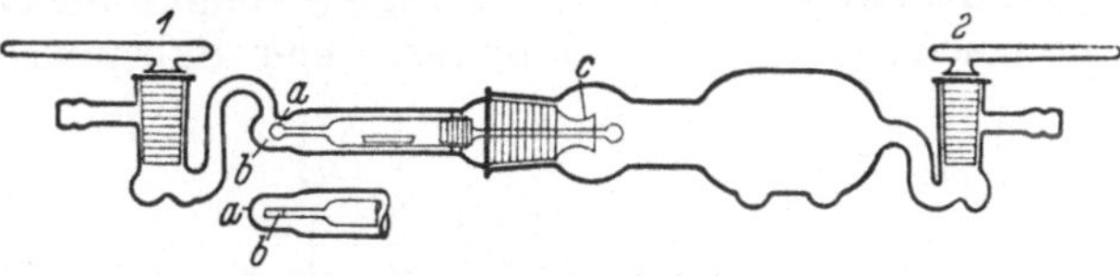

Abb. 3b. Mikro-Röhrenexsiccator nach RÖSCHEISEN und BRETTNER. a = Blättchen zum Fixieren des Wägeschweinchens in der flachen Stelle b des Exsiccatorrohres, c = Verjüngung zur Führung des Wägeschweinchens.

Hygroskopische Substanzen, wie beispielsweise Kaliumcarbonat, können naturgemäß nicht in lufttrokkenem Zustand zur Analyse gebracht werden. Hier muß die Probe gleich in der Beschaffenheit eingewogen werden, die bei der Isolierung erzielt bzw. die von der Art der Lagerung bzw. Aufbewahrung bedingt wird.

Substanzen, die bei der zur Entwässerung erforderlichen höheren Temperatur *hydrolytische* Zersetzungen erleiden, können nicht in der geschilderten Weise auf ihren Wassergehalt analysiert werden. Hier führt nur die *direkte* Bestimmung des ausgeschiedenen Wassers nach Absorption bzw. Kondensation zum Ziel, worüber Näheres in Kapitel C und D dieses Abschnittes angegeben wird.

2. Entwässerung bei erhöhter Temperatur unter Abführung des Wasserdampfes durch einen Gasstrom.

Dieses Verfahren stellt eine konsequente Fortentwicklung der oben geschilderten Methode dar, indem der Dampfdruck des abgegebenen Wassers über der Analysen substanz systematisch durch Abtransport verringert und schließlich auf Null bzw. den Feuchtigkeitsgrad des Transportgases reduziert wird. Es ist also eigentlich eine Idealmethode, die in größtem Umfang Anwendung verdient. Dies gilt insbesondere dann, wenn atmosphärische Empfindlichkeit der Probe – z. B. gegenüber Sauerstoff – Luftausschluß während der Trocknung erfordert.

Arbeitsvorschrift. Das mit der eingewogenen Probe beschickte Wägegefäß wird in den bei nicht zu hohen Trocknungstemperaturen schon angeheizten Trockenapparat gebracht und im einfachsten Fall unter Durchleiten bzw. Durchsaugen von sinngemäß entwässerter und filtrierter Luft zur Konstanz getrocknet.

Bei Luftempfindlichkeit verwendet man statt Luft als Transportgas, in der Regel entsprechend vorgetrocknet, Kohlendioxyd, Stickstoff oder auch Wasserstoff.

Als Trocknungsgerät ist in sehr vielen Fällen mit Vorteil ein Aluminium- bzw. Kupferblock zu verwenden. Man kann die Substanz dann in den gewohnten Wägegläschen einsetzen, schließt nach Aufsetzen des aus dem gleichen Metall bestehenden Ofendeckels den Gasometer, einen KIPPschen Apparat oder eine Gasbombe an, gegebenenfalls unter Zwischenschaltung eines Reinigungssatzes und Trocknungsaggregates, und bringt hiernach auf die gewünschte Temperatur (vgl. Abb. 4).

Soll die Substanz mit besonders großer Oberfläche zum Einsatz gelangen, so gibt man sie auch vielfach in ein Glühschiffchen (aus Glas, Porzellan, Quarz oder Platin) und schiebt dieses in ein Rohr aus meist schwer schmelzbarem Glas, das beiderseitig mit Stopfen bzw. Schliffkappen verschlossen ist, die mit Gaszu- und -ableitungen versehen sind. Unter Überleiten des Transportgases erwärmt man hiernach auf die erforderliche Temperatur, die zweckmäßig durch ein in der Längsachse des Rohres angebrachtes Thermometer bzw. Thermoelement gemessen wird. Die Thermometerkugel bzw. Lötstelle soll dabei über der Schiffchenmitte liegen (vgl. Abb. 5). Für die Beheizung haben naturgemäß die Vorrichtungen den Vorzug, die das Erhitzungsrohr mantelförmig umgeben, d. h. also alle Arten von Röhren- bzw. Mantelöfen.

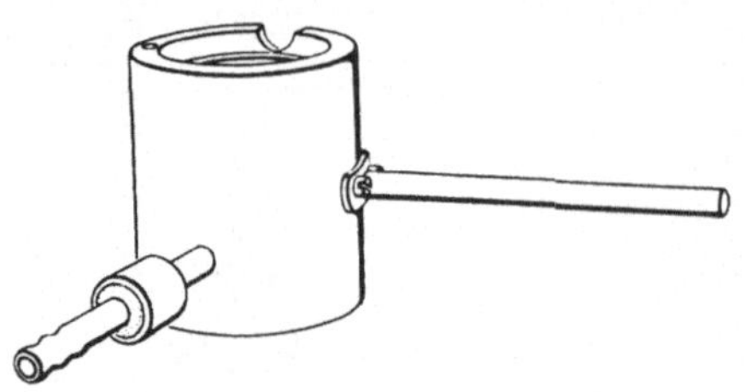
Abb. 4. Trocknungsblock.

Bemerkungen. Dieses Verfahren kommt auch in Betracht, wenn es sich um die Untersuchung zur Hydrolyse neigender Substanzen, wie z. B. Magnesiumchlorid, handelt. Als Transportgas verwendet man hierbei zunächst Chlorwasserstoffgas, das die Bildung basischer Salze während der Austreibung des Wassers verhindert und zum Schluß ohne Schaden durch trockene Luft ersetzt werden kann.

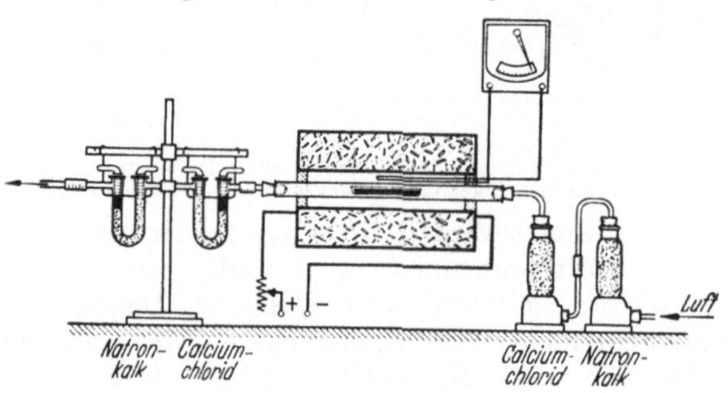

Abb. 5. Anordnung zur H_2O-Bestimmung mittels Transportgases (Luft).

Das Arbeiten mit Transportgas bietet selbstredend die naheliegende Gelegenheit, den Wassergehalt nicht nur aus dem Gewichtsverlust der eingewogenen Probe, sondern auch derart zu bestimmen, daß man das mit dem abgegebenen Wasser beladene Hilfsgas nach dem Verlassen des Heizraumes tarierte Absorptionsgefäße, z. B. Calciumchloridrohre bzw. tiefgekühlte Kondensationsgefäße, passieren läßt und so das absorbierte bzw. kondensierte Wasser unmittelbar der Wägung zuführt (vgl. Abb. 5).

Zur Notwendigkeit wird diese Art der direkten Wasserbestimmung in all den Fällen, wo unter den einzuhaltenden Bedingungen, also insbesondere der Temperatur, außer Wasser noch andere flüchtige Bestandteile abgegeben werden. Natürlich muß das Wasserabsorptionsmittel dann so gewählt sein, daß nicht diese anderen flüchtigen Anteile mit dem Wasser zusammen aufgenommen werden.

Die Versuchsanordnung gibt Abb. 6 im Prinzip wieder; man kommt in der Regel mit einem Heizrohr (A) von etwa 40 cm Länge und 1,5 cm lichter Weite aus. Um ein Zurückströmen des Wasserdampfes zu verhindern, wird nach dem Einschieben des Schiffchens am Einleitungsende noch ein sogenannter Diffusionskörper aus Glas (F) eingeführt. Das Transportgas passiert vor dem Eintritt in das Heizrohr die als Blasenzähler geschaltete Waschflasche (B) und das Vortrocknungsrohr (C). Bei gleichzeitiger Entwicklung saurer Dämpfe bringt man außerdem im hinteren Ende eine etwa 8 cm lange Schicht (A') einer säureabsorbierenden Substanz, meist ein Gemisch von 50 Teilen BleiII-oxyd und 50 Teilen BleiIV-oxyd, unter.

Zum Schutz vor Luftfeuchtigkeit wird das Austrittsende des Absorptionsgefäßes (D) noch mit einem weiteren untarierten Calciumchloridrohr (E) verbunden.

Die Untersuchung carbonathaltiger Substanzen erfordert zudem bei Verwendung von kalziniertem Calciumchlorid als Absorptionsmittel eine Vorbehandlung des damit beschickten Absorptionsrohres mit Kohlendioxyd, da die Kalzinierung stets

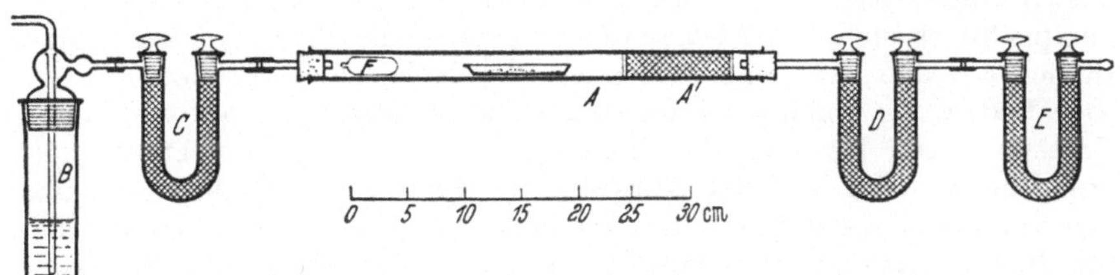

Abb. 6. Anordnung zur Wasserbestimmung mit Transportgas.

mit der Bildung von etwas basischem Calciumchlorid verbunden ist, das nicht nur das Wasser, sondern auch etwas Kohlendioxyd aufnehmen würde und daher vorher damit gesättigt sein muß.

Vor Beginn der Bestimmung muß selbstverständlich das Reaktionsrohr zur Entfernung adsorbierter Feuchtigkeit bei der gleichen Temperatur und unter Durchleiten eines Transportgases von gleicher Beschaffenheit und Geschwindigkeit wie beim eigentlichen Versuch ausgeheizt werden. Die Strömungsgeschwindigkeit entspricht unter normalen Verhältnissen etwa 2 Gasblasen je Sekunde, doch sind bei Analysen im Mikromaßstab andere Bedingungen einzuhalten, worüber schon an anderer Stelle berichtet wurde[1]. Nach dem Ausheizen, das gewöhnlich in ½ Std. beendet ist, läßt man, ohne den Gasstrom abzustellen, abkühlen und führt dann erst das Schiffchen mit der Substanz (gepulvert, durchschnittlich 1 g) ein. Hierauf folgt, wie gesagt, der Diffusionskörper, ein zylindrisches, beiderseitig geschlossenes Glasrohr von 4 bis 5 cm Länge und einem von der lichten Weite des Heizrohres nur wenig verschiedenen Durchmesser, das an einem Ende mit einer Öse versehen ist. Man stellt jetzt das Transportgas mit sehr langsamem Tempo ein und erhitzt gleichzeitig die Stelle, wo sich gegebenenfalls das Bleioxydgemisch befindet, sehr gelinde, am besten in der gleichen Weise, wie es von Pregl für die Mikroelementaranalyse angegeben worden ist. Vgl. z. B. die Bestimmung des gebundenen Wasserstoffs, dieses Handbuch, Teil III Band a d Kapitel Wasserstoff, S. 55 ff.

Alsdann wird der Rohrteil erhitzt, in dem sich das Schiffchen mit der Substanz befindet. Man geht dabei allmählich vor und steigert die Temperatur vorsichtig auf den erforderlichen Grad, bis alles Wasser ausgetrieben ist. Temperatur und Versuchsdauer richten sich natürlich sehr nach der jeweiligen Substanz und müssen unter Umständen erst in Vorversuchen ermittelt werden. Schließlich muß auch darauf geachtet werden, daß alles Wasser in das Absorptions- bzw. Kondensationsgefäß gelangt ist. Namentlich im hinteren Rohrende und am Stopfen können noch Feuchtigkeitsreste hartnäckig hängenbleiben, die sich erst bei weiterem Durchspülen mit Transportgas, gegebenenfalls unter gelindem Erwärmen, entfernen lassen, wobei der Stopfen nicht anschmoren bzw. das Dichtungsfett der Schliffkappe nicht wegschmelzen darf[1].

Schließlich läßt man unter weiterem Durchleiten von Transportgas erkalten und bringt alsdann die Absorptionsgefäße zur Wägung[2].

[1] Vgl. Kapitel Wasserstoff S. 55 ff.

[2] Bei Anwendung eines Transportgases muß man darauf achten, daß das Absorptionsgefäß, wie z. B. das Calciumchloridrohr, erst nach Füllung mit diesem Gas gewogen wird. Gleichzeitig muß man sich durch einen Leerversuch davon überzeugen, daß längeres Durchleiten eines Transportgases durch die Absorptionsgefäße deren Gewicht nicht ändert; andernfalls wäre eine entsprechende Korrektur anzubringen.

Die Handhabung der Absorptions- bzw. Kondensationsgefäße bedarf des besonderen Hinweises, daß wegen der verhältnismäßig großen Glasoberfläche und der damit merkbaren Luftfeuchtigkeitsadsorption vor jeder Wägung ein und dasselbe Verfahren des Abwischens nach Intensität, Dauer und Material (Leinen, Wildleder usw.) eingehalten werden muß, wenn man genaue Ergebnisse erzielen will. Auch empfiehlt es sich, zur Vermeidung von Auftriebfehlern als Tara Glasgefäße von ähnlicher Größe bzw. entsprechender Oberfläche zu verwenden.

Große Bedeutung kommt bei den gesamten Verfahren, die auf der Verwendung von Transportgasen beruhen, der Reinigung, insbesondere der Trocknung dieser Gase zu. Das Ausmaß und der Aufwand an Mühe hierfür richten sich natürlich nach der verlangten Genauigkeit der Wasserwerte. Nähere Angaben hierfür finden sich vor allem in Monographien von Moser bzw. Klemenc betr. die Reindarstellung von Gasen und in den Anleitungen zur Ausführung mikrochemischer Elementaranalysen (siehe z. B. Weygand).

3. Glühmethoden ohne und mit Zusätzen.

Diese energisch eingreifenden Verfahren sind notwendig in all den Fällen, wo die bisher geschilderten Methoden versagen bzw. nicht vollständig zum Ziele führen, da das Wasser zu fest gebunden ist oder gar nicht als solches vorliegt, sondern als sogenanntes Konstitutionswasser in Form seiner Komponenten (H und OH) zu den Bestandteilen der fraglichen Substanz gehört. Beispiele hierfür liefern u. a. saure Salze wie primäre Phosphate oder Hydroxyde, etwa Bariumhydroxyd.

Arbeitsvorschrift a. Im einfachsten Fall wird die lufttrockene bzw. die vorher bei 105 bis 110^0 vorgetrocknete Substanz in einen Tiegel aus Porzellan, Quarzglas oder Platin eingewogen und dann bis zur Gewichtskonstanz geglüht.

Meist genügt es, dabei auf Rotglut zu erhitzen, doch ist es in manchen Fällen, u. a. mit Rücksicht auf den hygroskopischen Charakter des Glührückstandes (vgl. etwa die α-Form des Aluminiumoxyds), nötig, die Glühtemperatur bis auf 1200^0 zu steigern.

In den Fällen, wo auch derartig extreme Temperaturen nicht ausreichen, hilft man sich mit geeigneten, die Wasserabspaltung erleichternden Zusätzen, wie Alkalidichromat, Alkaliwolframat, Bortrioxyd, Vanadinpentoxyd, ja sogar Alkalicarbonat, weiter.

Arbeitsvorschrift b. Die Substanz wird nach gleicher Vorbehandlung wie oben abgewogen im Glühtiegel mit einem ausreichenden Überschuß des jeweils erforderlichen Zusatzes innig vermischt und das Gemisch alsdann auf die notwendige Entwässerungstemperatur gebracht. Meist entsteht dabei eine Schmelze, die so lange schäumt und gast, bis das gesamte Wasser ausgetrieben ist. Nach dem Erkalten wird wie üblich zurückgewogen und die ermittelte Gewichtsabnahme als Wassergehalt gewertet.

Bemerkungen. In dieser einfachen Form ist das Glühverfahren nur anwendbar, wenn die Analysensubstanz während der Glühbehandlung außer Wasser keine anderen flüchtigen Bestandteile verlieren kann. Sobald letztere Möglichkeit besteht, muß man die Glühzersetzung wieder in einem geschlossenen Reaktionsraum (z. B. Verbrennungsrohr) vornehmen und das ausgetriebene Wasser mittels Transportgases einem Absorptions- bzw. Kondensationsgefäß zuleiten, in dem es schließlich unmittelbar zur Wägung gelangt.

Die Art des jeweiligen Zusatzes richtet sich nach der chemischen Beschaffenheit der zu untersuchenden Substanz. Basische Substrate, wie Alkali- und Erdalkalihydroxyde bzw. deren Salze mit amphoteren Metallhydroxyden, erfordern naturgemäß saure Zusätze, wie Bortrioxyd, Vanadinpentoxyd bzw. Alkalidichromat während saure Materialien basische Zuschläge, wie Alkalicarbonat bzw. Alkaliwolframat, benötigen. Das Alkalicarbonat kann dabei freilich nur in Verbindung mit der direkten Wasserbestimmung verwendet werden, da eine Umsetzung mit der sauren Analysenprobe nicht nur zur Entbindung und Verflüchtigung des gesuchten Wassers, sondern auch zur Austreibung von Kohlendioxyd führt.

Die gesamten bisher geschilderten Trocknungsverfahren lassen sich noch dadurch verbessern, daß man gleichzeitig *Unterdruck* anwendet. Es kann damit erheblich an Zeit gespart werden, da im Vakuum der Trocknungsvorgang mit weit größerer Geschwindigkeit stattfindet. Bedingt wird dies durch die Erhöhung der freien mittleren Weglänge der Moleküle in Gasen und Dämpfen bei Druckverminderung. Dementsprechend gelangen auch die beim Trocknen abgegebenen Wassermolekeln schneller aus dem Attraktionsbereich des Substrates. Man muß sich diesen Sachverhalt immer vergegenwärtigen, um die zu erzielende Wirkung richtig einzuschätzen. Eine Steigerung der Intensität der Trocknung wird durch die Unterdruckmethodik aber nicht bewirkt, da der endgültige Trocknungsgrad nur von der am Substrat herrschenden Temperatur abhängt.

Die Ausführungsarten sind sehr vielgestaltig, doch genügt hier der Hinweis, daß man im Prinzip stets von den Apparaturen ausgehen kann, die bei der Trocknung unter Anwendung von Transportgasen üblich sind.

Man verbindet zu diesem Zweck das Ausgangs- bzw. Absorptionsende des Heizrohres unter Zwischenschaltung von Leergefäßen mit einer Vakuumpumpe, setzt diese in Betrieb und läßt nach Erreichung des gewünschten Unterdruckes nur so viel Transportgas in das Trocknungsgerät einströmen, daß das Vakuum praktisch nicht verringert wird. Beistehende Apparatur läßt eine derartige Ergänzung ohne weiteres zu (Abb. 6).

B. Destillationsverfahren.

1. Destillation mit flüssigen Kohlenwasserstoffen (Xylol, Toluol, Terpentinöl, Heptan usw.).

Prinzip. Wie eingangs schon erwähnt, wird bei den Destillationsmethoden die zu untersuchende Substanz in einer mit Wasser nicht mischbaren Flüssigkeit ausgekocht, wobei das Wasser zusammen mit den Dämpfen der Kochflüssigkeit abdestilliert und im Kondensat meist volumetrisch bestimmt wird. Die theoretische Grundlage dieser Verfahren bildet die Erkenntnis, daß das nicht mischbare Flüssigkeitspaar Wasser-Kochflüssigkeit ins Sieden gerät, sobald die Summe der voneinander unabhängigen Partialdrucke den herrschenden Barometerstand überschreitet, wobei das Mengenverhältnis keine Rolle spielt. Aus diesem Sachverhalt folgt auch, daß der Siedepunkt der Hilfsflüssigkeit nicht höher als der des Wassers zu sein braucht, was bei der Untersuchung von thermisch leicht zersetzlichen Substanzen von besonderer Bedeutung ist.

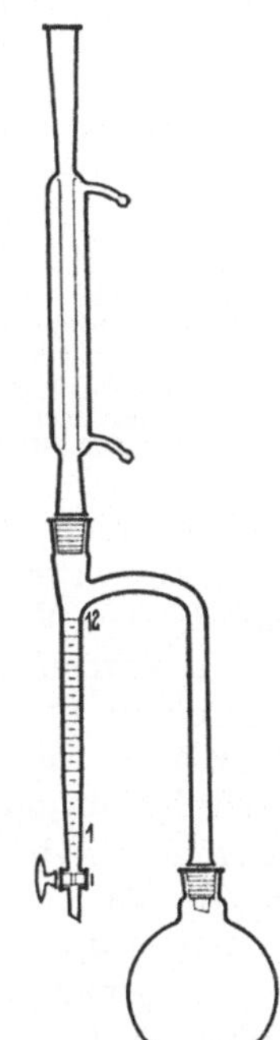

Abb. 7. Apparat zur Wasserbestimmung nach der Xylolmethode.

Arbeitsvorschrift. Bei den genannten Hilfsflüssigkeiten, die alle leichter als Wasser sind, wird die Bestimmung in einer Apparatur beistehender Art durchgeführt (Abb. 7).

Die Substanz wird mit z. B. 50 cm³ Xylol (Sdp. etwa 140°, Dichte 0,86) in den 100 bis 200 cm³ fassenden Kolben gebracht, worauf zum Sieden erhitzt wird. Die Dämpfe werden im Kühler kondensiert und sammeln sich in dem unteren, zu einer Art Bürette ausgestalteten Teil des Kühlrohrs. Die Menge des nach unten gehenden Wassers kann darin in Kubikzentimetern abgelesen werden. Im Verlauf der Destillation erreicht das Xylol den Überlauf und fließt durch diesen schließlich in den Kolben zurück, wo es erneut zur Verdampfung gelangt und so immer mehr die Feuchtigkeit der Substanz austreibt. Normalerweise ist die derart bewirkte Entwässerung nach 30 bis 50 Min. beendet. Die Einwaage soll so hoch bemessen sein, daß 1 bis 2 cm³ Wasser in der Meßbürette erhalten werden.

Bemerkungen. Die Wasserbestimmung mittels Xylols, die zuerst von Marcusson eingeführt wurde, gehört zu den einfachsten und zuverlässigsten Methoden zur Untersuchung von öligen, teerigen, speziell dickflüssigen Substanzen, die das Wasser hartnäckig zurückhalten. Das Verfahren ist aber gleichfalls gut anwendbar auf feste, z. B. keramische Stoffe (Tone usw.), die hierbei in der Regel einer ausreichenden Zerkleinerung bedürfen (vgl. aber Schläpfer). Sogar in Salzhydraten läßt sich der Wassergehalt nach dieser Methode ermitteln.

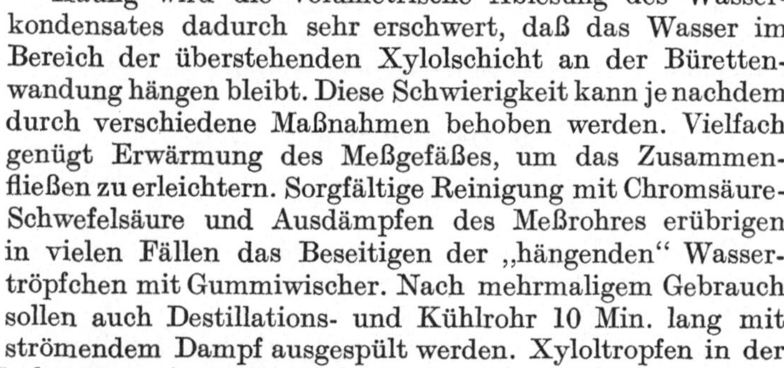
Abb. 8. Wasserbestimmungsapparat nach Prjanischnikoff.

Statt der Mischung der festen Analysensubstanz im Destillationskolben mit der Kochflüssigkeit kann man nach Prjanischnikoff vorteilhaft auch so vorgehen, daß man das Substrat in einen Jenaer Glasfiltertiegel einwägt und diesen in den passend erweiterten Hals des schräg abgebogenen Kolbens einsetzt (vgl. Abb. 8). Die einzelnen Teile des Apparates (Kolben, Destillationsaufsatz mit Bürette, Rückflußkühler) werden zweckmäßig mittels Normalschliffen verbunden, die mit der Kochflüssigkeit gedichtet werden.

Häufig wird die volumetrische Ablesung des Wasserkondensates dadurch sehr erschwert, daß das Wasser im Bereich der überstehenden Xylolschicht an der Bürettenwandung hängen bleibt. Diese Schwierigkeit kann je nachdem durch verschiedene Maßnahmen behoben werden. Vielfach genügt Erwärmung des Meßgefäßes, um das Zusammenfließen zu erleichtern. Sorgfältige Reinigung mit Chromsäure-Schwefelsäure und Ausdämpfen des Meßrohres erübrigen in vielen Fällen das Beseitigen der „hängenden" Wassertröpfchen mit Gummiwischer. Nach mehrmaligem Gebrauch sollen auch Destillations- und Kühlrohr 10 Min. lang mit strömendem Dampf ausgespült werden. Xyloltropfen in der Wasserschicht, deren Hochsteigen oft durch die Enge des unteren Teiles der Meßbürette erschwert wird, lassen sich mittels einer unten zugeschmolzenen Glascapillare heraufholen. Vorherige Sättigung des Xylols mit Wasser ist unnötig.

Zur Vermeidung individueller Korrekturen muß die Kalibrierung des Meßrohres nach einem der Versuchsausführung angepaßten Verfahren geeicht sein (vgl. z. B. Erdmann). Nach Schläpfer beträgt die Meniscuskorrektur, die infolge Zusammendrückens der Wasseroberfläche durch das überstehende Xylol bedingt wird, für Meßrohre von 6 bzw. 12 mm Durchmesser + 0,02 bzw. 0,09 cm³ je cm³. Die Korrektur für Destillationsverluste bis zu 0,5 cm³ Wasser beträgt + 0,1 cm³, für 0,5 bis 2,0 cm³ Wasser + 0,15 cm³ und für mehr als 2,0 cm³ Wasser konstant + 0,2 cm³.

Die Genauigkeit des Verfahrens läßt sich selbst bei kleinen Wassergehalten dadurch auf der gewünschten Höhe halten, daß man weitgehenden Spielraum in der Einwaage hat und daher auch große Proben zum Einsatz bringen kann, was naturgemäß auch bessere Durchschnittswerte ermöglicht.

Das lästige, durch Siedeverzug bedingte Stoßen des Xylols läßt sich dadurch herabmindern, daß man in den Boden des Destillationskolbens einen Platindraht einschmilzt oder einfach einige Platinschnitzel[1] in den Kolben gibt.

Sehr beachtlich erscheint der Ersatz des gewöhnlichen Rückflußkühlers durch

[1] Am besten in Form der bekannten, von Beckmann empfohlenen Platintetraeder.

einen sogenannten *Durchflußkühler* (vgl. Abb. 9). Es wird dadurch vermieden, daß das leichter als das Xylol siedende Wasser sich oberhalb der Kondensationsgrenze des Xylols zum Teil im Kühler festsetzt und so der Messung verlorengeht. Beim Durchflußkühler werden dauernd alle Kühlflächen mit Xylolkondensat abgespült, so daß stets alles Wasser in die Meßbürette gelangt.

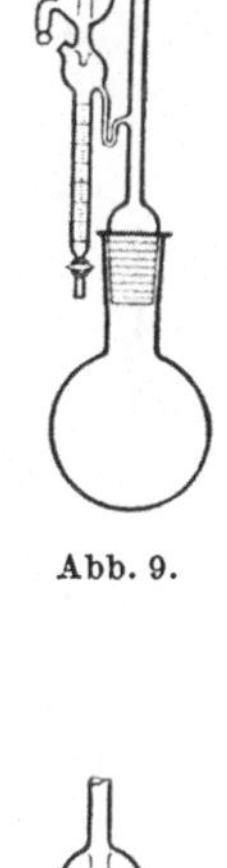

Abb. 9.

Von den zahlreichen Vorschlägen apparativer Ausgestaltung und methodischer Abwandlung sei noch der von AUFHÄUSER genannt, bei dem das Meßrohr so in eine Art *Soxhlet*-Aufsatz eingebaut ist, daß es dauernd durch die Dämpfe des siedenden Xylols erwärmt wird. Dadurch wird erreicht, daß das Xylol sich rasch vom Wasser scheidet und vollkommen klar bleibt. Vgl. Abb. 10[1]. Der einfache Aufbau mit senkrechter Gliederung ermöglicht zudem die Verwendung in Reihenanordnung. Außerdem arbeitet der Apparat rasch und benötigt je Bestimmung nur 10 bis 15 Min. in kontinuierlicher und selbsttätiger Arbeitsweise. Der Xylolverbrauch ist konstant und gering. Der Meßraum ist bei 10 cm^3 Fassungsvermögen in 0,1, bei 5 cm^3 in 0,05 cm^3 eingeteilt.

Für die Entwicklung der Methode bedeutsam waren die 1914 von SCHLÄPFER gemachten Ausführungen, in denen bereits die Fehlerquellen eingehend diskutiert wurden.

Sehr wichtig waren weiterhin die Feststellungen von DOLCH, PÖCHMÜLLER und DAVID, wonach die Xylolmethode ebenso wie das Trockenschrankverfahren mit der Arbeitstemperatur von 108° nicht auf Stoffe angewendet werden darf, die wie Schwelkoks das Wasser adsorptiv festhalten. Bei dieser Art von Wasserbindung werden bis zu 50% des Wassergehaltes nicht erfaßt, weshalb für alle derartigen Fälle das kryohydratische Verfahren empfohlen wird. Zu ähnlichen Ergebnissen gelangten auch HÄRTIG und FRITZSCHE, die im übrigen den sogenannten Apparatfehler durch entsprechend größere Einwaagen (etwa 50 g auf rund 250 ccm Xylol) ausschalten und so auf Genauigkeiten von $\pm$ 0,37% kommen.

Wie schon gesagt, kann das Xylol mit Vorteil auch durch Schwerbenzin bzw. Leuchtpetroleum ersetzt werden (THÖRNER).

Die Methode ist auch bei der Kraftstoffuntersuchung anwendbar, wobei im allgemeinen 100 cm^3 der Probe mit Xylol ausgekocht werden. Sicher erfaßt wird hierbei wohl nur suspendiertes Wasser, während die gelösten Anteile sich nach allem weitgehend der Bestimmung entziehen werden.

2. Destillation mit flüssigen Halogenkohlenwasserstoffen (Tetrachloräthan, Tetrachlorkohlenstoff, Tetrachloräthylen, Trichloräthylen und Methylenchlorid).

Die Verwendung mehrfach halogenierter Kohlenwasserstoffe hat verschiedene Vorteile: Bei gleicher Versuchsdauer wie beim Xylolverfahren soll die Trennung vom Wasser besser erfolgen, auch sollen kleinere Wassergehalte mit größerer Sicherheit erfaßt werden, und schließlich haben die genannten Hilfsflüssigkeiten den praktisch nicht zu unterschätzenden Vorteil, im Gegensatz zum Xylol usw. nicht brennbar zu sein. Da die verwendeten Halogenkohlenwasserstoffe alle spezifisch schwerer als Wasser sind, mußte die Apparatur entsprechend geändert werden (vgl. Abb. 11a).

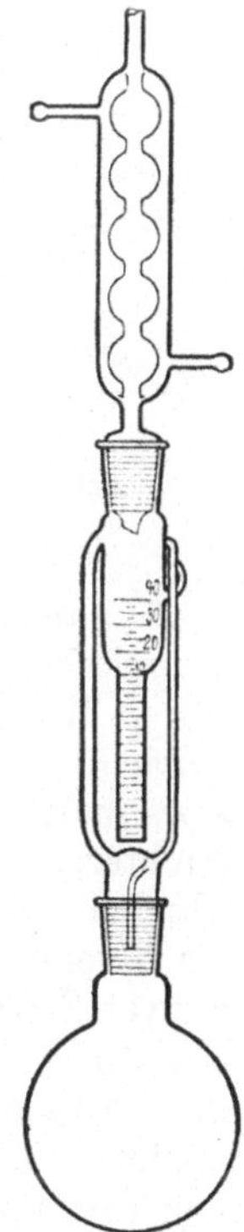

Abb. 10. Apparat nach AUFHÄUSER.

Arbeitsvorschrift. Der von TAUSZ und RUMM beschriebene und von der Firma E. GUNDELACH, Gehlberg i. Thür., zu beziehende Apparat umfaßt drei Teile.

[1] Lieferbar durch die Firma E. DITTMAR u. VIERTH, Hamburg.

Erstens den 300 cm³ fassenden Destillationskolben, zweitens das sogenannte Destillationsrohr und drittens die Auffangvorrichtung, zu der noch verschiedene Meßaufsätze gehören. Alle Teile sind mit Normalschliffen versehen und lassen sich daher leicht und bequem miteinander verbinden und austauschen.

Der aufsteigende Ast des Destillationsrohres ist durch drei kugelförmige, zu einem Drittel mit Glasperlen oder Raschig-Ringen angefüllte Erweiterungen unterbrochen, in denen das vor dem Tetrachloräthan absiedende Wasser festgehalten und so verhindert wird, daß es wieder in den Destillationskolben zurückfließt. Der absteigende Teil des Destillationsrohres endigt nach Austritt aus dem Kühler in einen etwa 7 cm langen Capillaransatz, durch den das Wasser und das Tetrachloräthan während der Destillation getrennt und schichtweise abtropfen. Die Auffangvorrichtung besteht aus dem Auffangrohr, dem mit einem Ablaßhahn versehenen Niveaurohr und den schon erwähnten Meßaufsätzen. Die unteren Enden des Auffang- und des Niveaurohres sind, wie üblich, durch einen längeren Schlauch miteinander verbunden, der, in der Regel durch einen Schraubenquetschhahn verschlossen, im Bedarfsfall dadurch sehr vorsichtig geöffnet werden kann. Für die meisten Zwecke genügen zwei verschiedene Meßaufsätze. Der eine ist für die Messung geringer Wassermengen vorgesehen und umfaßt 2 cm³ (jede kugelförmige Erweiterung 0,5 cm³); er ist eingeteilt in 0,01 mm, so daß Ablesungen auf 0,002 cm³ möglich werden. Der zweite Meßaufsatz ist für die Ermittlung größerer Wassermengen bestimmt und faßt 10 cm³.

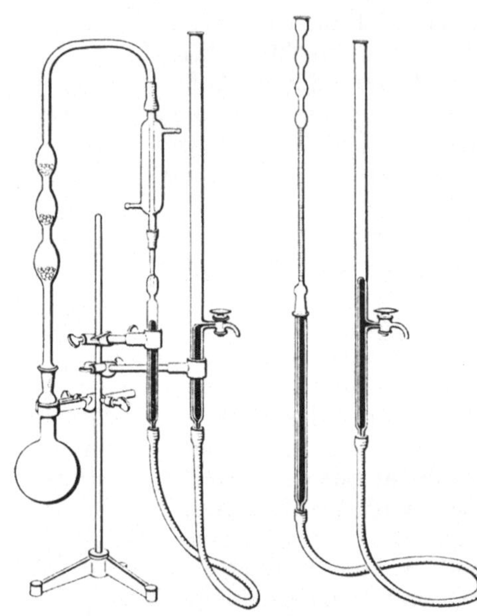

Abb. 11. Zur Wasserbestimmungsmethode nach TAUSZ und RUMM.

Je nach dem mutmaßlichen Wassergehalt werden 10 bis 50 g Substanz (z. B. Braunkohle 10 g; Steinkohle würde vergleichsweise eine Einwaage von 50 g erfordern) in den Kolben eingewogen. Alsdann gibt man rund 150 cm³ Tetrachloräthan und einige Siedesteinchen hinzu. Nach dem Umschwenken zwecks völliger Benetzung setzt man das Destillationsrohr auf und erhitzt hierauf den Kolben im Babo-Trichter, so daß der Inhalt ins Sieden gerät. Inzwischen werden Auffang- und Niveaurohr bei geschlossenem Ablaufhahn und offenem Quetschhahn durch Eingießen in das Niveaurohr so hoch mit Tetrachloräthan gefüllt, daß sich der Flüssigkeitsspiegel in zwei Drittel der Höhe des Auffangrohres und in Hahnhöhe des Niveaurohres befindet. Durch mehrmaliges Senken des Auffangrohres soll seine Innenwandung völlig mit Tetrachloräthan benetzt werden, wodurch das Hängenbleiben von Wassertröpfchen beim späteren Hochdrücken des Wassers in das Meßrohr verhindert wird. Nun wird das capillare Ende des Destillationsrohres ungefähr 5 cm tief in das Auffangrohr eingeführt und ein Meßzylinder zur Aufnahme überschüssig anfallenden Tetrachloräthans unter den Ablaßhahn gestellt.

Bei der hiernach in Gang gebrachten Destillation kondensiert sich das abgegebene Wasser, wie gesagt, zuerst in den kugelförmigen Erweiterungen des Destillationsrohres. Erst nachdem sich dort die Hauptmenge in dieser Art gesammelt hat, wird das Wasser nach entsprechend gesteigerter Erwärmung durch die Tetrachloräthandämpfe in die Auffangvorrichtung getrieben. Zur Erzielung einer gleichmäßigen Destillation wird der aufsteigende Ast des Destillationsrohres am besten mit einem

Wärmeschutz umgeben. Das Wasser und die Hilfsflüssigkeit tropfen, wie erwähnt, bereits am capillaren Ende des Destillationsrohres jedes für sich schichtweise ab. Hierbei sammelt sich das Wasser im Auffangrohr naturgemäß über dem Tetrachloräthan, während dieses durch die Wasserschicht hindurchtropft. Die letzten übergehenden Wasserspuren trüben für eine kurze Zeit das Tetrachloräthan, worauf dieses wieder völlig klar abläuft. Dauer des Versuches 15 bis 20 Min. Es genügt, 20, höchstens 40 cm³ Tetrachloräthan überzudestillieren.

Nun schließt man Ablaufhahn und Quetschhahn und zieht das Auffangrohr von der Capillare ab. Alsdann befeuchtet man den Schliff des in Frage kommenden Meßrohraufsatzes mit der Hilfsflüssigkeit, steckt den Aufsatz danach sofort auf den korrespondierenden Schliff des Auffangrohres und füllt hierauf das Niveaurohr völlig mit Tetrachloräthan. Schließlich öffnet man den Schraubenquetschhahn vorsichtig nur so viel, daß das Wasser bei wiederholtem Zusammendrücken des Verbindungsschlauches *langsam* und ruckweise in den Meßaufsatz hinaufgehoben wird, was bei dieser Durchführung quantitativ erfolgt. Die Ablesung kann sofort vorgenommen werden.

Beim anschließenden Auseinandernehmen des Gerätes zur Vorbereitung weiterer Analysen muß man darauf achten, daß kein Wasser in das Auffangrohr zurücktropft. Frisches Tetrachloräthan wird mit Nutzen auf die gleiche Weise von etwa vorhandenem Wasser befreit.

Bemerkungen. Die Methode wurde zunächst ausgearbeitet und angewendet zur Untersuchung von Brennstoffen, wie Kohlen, Holzsägemehl, Schiefertorf und Roherdöl, ist aber nach Angaben von anderer Seite auch auf die Wasserbestimmung in anderen Materialien, z. B. in keramischen Rohstoffen usw., anwendbar. Die Werte sollen durchweg höher liegen als die, die bei 2stündiger Trocknung bei 110° erhalten werden. – Eine moderne Form des Gerätes hat FRIEDRICHS entwickelt (vgl. Abb. 11a).

Trotz der Vorzüge in einzelnen speziellen Fällen gilt auch für das Tetrachloräthan-Verfahren und die Verwendung anderer Flüssigkeiten, die schwerer als Wasser sind, das gleiche, was schon bei der Diskussion der Xylolmethode betont wurde. Das Verfahren ist ebenso wie jene Methode in bezug auf die Umschreibung des Begriffes „Wassergehalt“ mit einer gewissen Willkür behaftet und daher mit Einschränkungen zu bewerten. Dies ist dadurch bedingt, daß auch hier das Ausmaß der Wasserabgabe von der Siedetemperatur der verwendeten Hilfsflüssigkeit bestimmt wird. Man muß sich daher ebenso wie bei den Trockenschrankverfahren auf bestimmte Normen einigen und hat dann allerdings eine Reihe von Vorteilen, die gegebenenfalls sehr bedeutsam sind und der Methode dann vor anderen Verfahren den Vorzug geben.

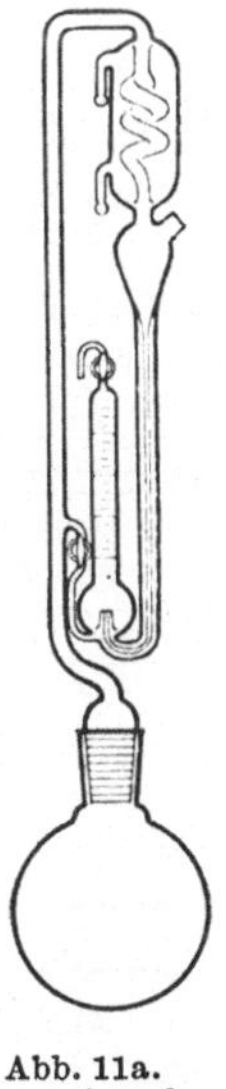

Abb. 11a. Apparat nach FRIEDRICHS.

Einige Einzelhinweise scheinen noch nützlich. So macht LEPPER darauf aufmerksam, daß Tetrachloräthan mit einer gewissen Vorsicht zu verwenden ist, da es, zumal in feuchtem Zustand, Metalle angreift, alkaliempfindlich ist und unter Umständen auch Chlorwasserstoff abspaltet.

Von anderer Seite wird seine Giftigkeit hervorgehoben und daher als Ersatz das ungiftige *Tetrachloräthylen* empfohlen (SCHIMON). Für die Wasserbestimmung in Dynamit wird als Hilfsflüssigkeit Tetrachlorkohlenstoff vorgeschlagen (ALEXANDER).

Die Verwendung von Trichloräthylen bei der Untersuchung von fettreichen Stoffen (z. B. Leinsaaten) empfiehlt HEIDUSCHKA.

3. Destillation mit Äthern, z. B. Dioxan.

Dioxan wurde statt des üblichen Xylols von MITRA und VENKATARAMAN als Hilfsflüssigkeit für die Destillationsmethode vorgeschlagen. Es muß nur gründlich gereinigt sein und bildet dann mit 20% Wasser ein azeotropisches Gemisch vom Siedepunkt 86,8°.

Wegen der Mischbarkeit des Dioxans mit Wasser kann die Bestimmung des letzteren nicht volumetrisch erfolgen. Es wird daher ein Hydrolyseverfahren angeschlossen, das eine titrimetrische Erfassung ermöglicht. Zu diesem Zweck wird das wasserhaltige Destillat in ein eingestelltes Gemisch von Essigsäureanhydrid und Pyridin (1:3) eingeleitet. Nach Beendigung der Hydrolyse wird in angemessener Weise verdünnt und darauf die dem Wasser äquivalente Essigsäure alkalimetrisch titriert.

4. Destillation mit Alkoholen (Amylalkohol) bzw. Mischungen derselben mit anderen Hilfsflüssigkeiten.

Es handelt sich wiederum um den Ersatz des Xylols als Destillierflüssigkeit, der von Kubierschky zur Feuchtigkeitsbestimmung in Braunkohle vorgeschlagen wurde und ein besonders schnelles Arbeiten bei gleichbleibender Genauigkeit ermöglichen soll. An speziellen Vorzügen werden noch genannt die Beseitigung von Siedeverzügen und die Vermeidung der intermediären Abscheidung des Wassers an den Kolben- und Kühlerwandungen. Der Destillationsapparat wurde etwas geändert, wie Abb. 12 erkennen läßt. Der starkwandige, mit flachem Boden versehene Kolben (a) besteht aus Duraxglas, das Dephlegmationsrohr ist aufgeschliffen, und das Meßgefäß wird durch einen unten verengten Meßzylinder (c) gebildet. Wegen der günstigen Abtreibverhältnisse, zugleich wegen des hohen Preises des Amylalkohols und auch mit Rücksicht auf seine gesundheitsschädigenden Wirkungen werden fast nur Gemische desselben mit schwersiedenden Kohlenwasserstoffen, wie Paraffinöl, Vaselinöl, Schwerpetroleum usw., verwendet.

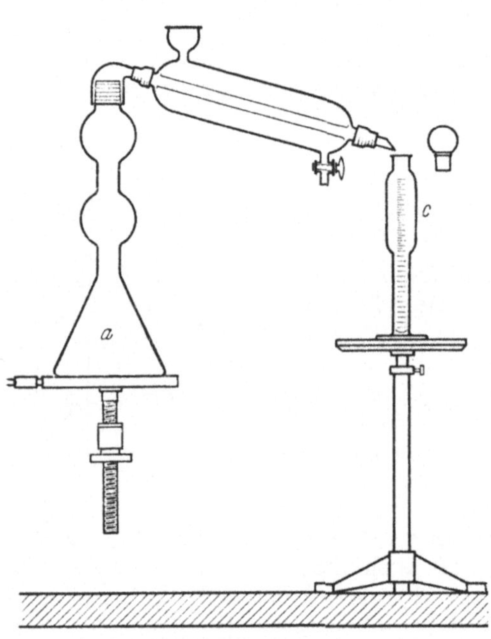

Abb. 12. Apparat zur Wasserbestimmung mit Hilfe von Alkoholen.

Arbeitsvorschrift. In den Kolben kommt ein Gemisch von 30 cm³ Amylalkohol und 30 cm³ Öl und wird zunächst vorgewärmt. Dann werden je nach dem Wassergehalt 10, 20 oder 40 g Kohle hinzugefügt. Man heizt nun sofort scharf an, füllt den Kühler durch den Trichter und destilliert im ganzen so lange, bis in der Vorlage (Meßgefäß) die Menge des Gesamtdestillates einem bestimmten Volumenverhältnis der unteren wäßrigen, amylalkoholhaltigen und der oberen, wasserhaltigen Amylalkoholschicht entspricht. Besteht die untere wäßrige Schicht aus u cm³, so muß das Gesamtvolumen des Destillates (3 u + 3) cm³ betragen. Die Destillationsdauer kann bis auf 5 Min. heruntergedrückt werden. Nach Beendigung des Übertreibens wird das Destillat leicht umgeschüttelt und dann sofort zur Ablesung gebracht.

Bei Verwendung einer Probe von 20 g errechnet sich der Wassergehalt nach der Formel $p = o \cdot 0{,}42 + u \cdot 44$, worin o die cm³-Anzahl beim oberen und u diejenige beim unteren Meniskus bedeutet. Dieses Verfahren soll auch für die Untersuchung von Generatorteer, von Butter, Mehl, Schlammproben usw. verwendbar sein.

Bei der Untersuchung von Tomatenkonserven wurde von SALMOIRAGHI eine gleichteilige Mischung von absolutem *Äthylalkohol* und wasserfreiem *Benzol* als Hilfsflüssigkeit benutzt. Zur Bestimmung des Wassers wurde alsdann das Destillat mit Magnesiumnitrid behandelt, das entbundene Ammoniak acidimetrisch titriert und auf Wasser gemäß der Gleichung $Mg_3N_2 + 6\,H_2O \rightarrow 3\,Mg\,(OH)_2 + 2\,NH_3$ umgerechnet. (Vgl. auch die Hydrolysemethoden im Kapitel § 3, B dieses Abschnittes.)

C. Ebulliometrische Verfahren.

Azeotropische Gemische von zwei Flüssigkeiten erleiden durch Wasserzugabe eine Siedepunktserniedrigung (ECKERT und WULFF). Diese Erscheinung erklärt sich dadurch, daß die Dämpfe dieser Gemische in erster Linie Wasser aufnehmen und so ihr Existenzgebiet auf Kosten der flüssigen Phasen vergrößern. Der Grad der Erniedrigung hängt von der Natur des azeotropischen Gemisches und von der Konstruktion des Apparates ab. Sie beträgt beispielsweise je Milligramm Wasser für eine gegebene Menge Alkohol-Benzol, deren konstant siedendes Gemisch einen Siedepunkt von 67,93° besitzt, 0,010°, für n-Propanol-Toluol sogar 0,080° (WOJCIECHOWSKI).

SWIETOSLAWSKI und Mitarbeiter haben ein Ebulliometer bzw. für besonders genaue Zwecke ein Differential-Ebullioskop entwickelt, das es ermöglicht, auf Grund des geschilderten Sachverhaltes den Wassergehalt einer zu einem azeotropischen Gemisch hinzugefügten Substanz aus der auftretenden Erniedrigung der Kondensationstemperatur zu ermitteln. Die Eichung muß empirisch vorgenommen werden, weswegen auch allgemeine Genauigkeitsangaben nicht gemacht werden können.

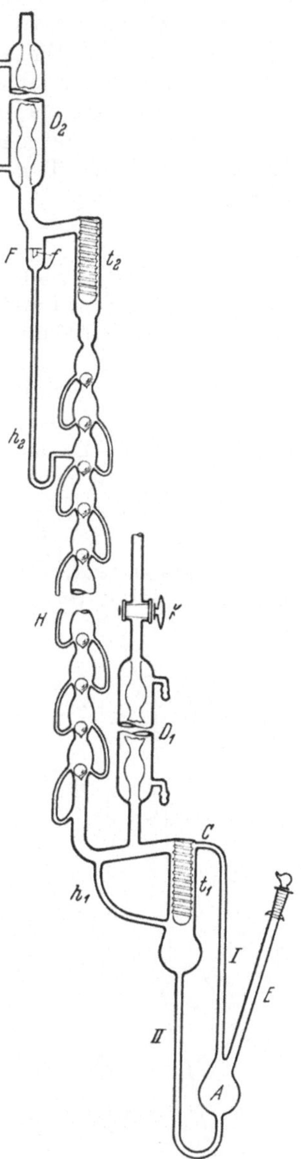

Abb. 13. Differential-Ebullioskop nach SWIETOSLAWSKI

Ein Differential-Ebullioskop zeigt Abb. 13. Aus dem mit Einfüllstutzen E versehenen, eigentlichen Siedegefäß A gelangen die siedende Flüssigkeit und ihr Dampf durch das Rohr I nach oben, wo sie infolge der bei c verjüngten Rohröffnung mit großer Kraft den Stutzen des Thermometers treffen, mit dem die Siedetemperatur t_1 gemessen wird. Der Dampf passiert sodann die Rektifizierkolonne H, an deren oberem Ausgang sich der Thermometerstutzen für die Messung der Kondensationstemperatur t_2 befindet. Beide Thermometerstutzen sind zur besseren Wärmeübertragung mit Quecksilber gefüllt und, wie in Abb. 13 angedeutet, zwecks rascheren Abflusses des Kondensates mit Glasfaden spiralig umwunden. Die letzten Dampfreste werden im obersten Rückflußkühler D_2 kondensiert und gelangen durch den mit Tropfenzähler f versehenen Rohransatz F über die Verbindungen h_2 und h_1 in das unterhalb des ersten Thermometerstutzens befindliche Rohr II, das wieder zum Siedegefäß A zurückführt. Der nahe beim ersten Thermometerstutzen befindliche Rückflußkühler D_1 hat den Zweck, bei geöffnetem Hahn K die Siedetemperatur der Flüssigkeit unter Atmosphärendruck messen zu lassen.

Arbeitsvorschrift. Bei der Analyse braucht man nur die abgewogene Probe der Substanz in das siedende azeotropische Gemisch, z. B. Alkohol + Benzol, dessen Kondensationstemperatur zuvor mit der erforderlichen Genauigkeit bestimmt wurde, hineinzubringen und darauf die konstante Einstellung der neuen Kondensationstemperatur abzulesen. Die ermittelte Differenz dieser Temperaturen vor und nach dem Substanzeinwurf ist die gesuchte Temperaturerniedrigung, aus deren Größe sich an Hand der Eichtabelle bzw. -kurve der gesuchte Wassergehalt errechnen läßt.

Bemerkungen. Bei Feuchtigkeitsbestimmungen in Substanzen, die selbst in dem azeotropischen Flüssigkeitsgemisch löslich sind, muß man natürlich darauf Rücksicht nehmen, daß der gelöste Stoff seinerseits die Siedetemperatur des Gemisches verändert. Diese Temperaturänderung muß in Vorversuchen mit der entsprechenden Trockensubstanz festgestellt werden.

Im übrigen darf das Analysengut in Berührung mit dem azeotropischen Gemisch nur Wasserdampf und keine in gleicher Weise wirkenden anderen Stoffe entwickeln. Außerdem soll natürlich auch keine Umsetzung damit, z. B. unter Wasserbildung, erfolgen.

D. Kondensationsverfahren.

Diese Methode findet vorzugsweise ihre Anwendung bei der Feuchtigkeitsbestimmung in Gasen und beruht darauf, daß der in einem gemessenen Volumen des zu untersuchenden Gases vorhandene Wasserdampf durch Tiefkühlung kondensiert und so abgetrennt wird. Die Bestimmung kann dann entweder durch Rückwägung des vorher gewogenen Kondensationsgefäßes erfolgen, wobei die Gewichtszunahme unmittelbar den Wassergehalt angibt, oder am besten durch Messung der Volum- und Druckwerte, die das Wasser nach der Wiederverdampfung, am besten in einem luftleeren Apparat bei gegebener Temperatur, aufweist.

Eine Ausführungsform, die auch sehr kleine Wassergehalte zu messen gestattet, wurde von KAHLE beschrieben und kann als Standardmethode angesehen werden.

Arbeitsvorschrift. Die Apparatur (vgl. Abb. 14) enthält als maßgeblichen Teil das Ausfriergefäß, das aus einer Reihe etwa 15 mm weiter Glasröhren besteht, die durch Capillaren miteinander verbunden sind. Die capillaren Ein- und Austrittsrohre sind durch einen Stopfen geführt, der mit einem Dampfableitungsrohr versehen ist und auf das unten abgebildete Siedegefäß aufgesetzt werden kann. Die capillaren Ein- und Auslaßhähne 1 und 2 befinden sich außerhalb des Temperaturbades. Das Ausfriergefäß kann über Hahn 2 entweder mit der Meßbürette 5 oder über ein Puffergefäß und einen Strömungsmesser mit der Gasuhr verbunden werden. Meßrohr 5 und Niveaurohr 6, das über Hahn 8 mit der Atmosphäre in Verbindung steht, kommunizieren miteinander und sind beide vom Wassermantel 7 umgeben. Normalerweise muß vor jeder Messung zur Feststellung des Eichwertes die Volumzunahme des trockenen Luftinhaltes des Ausfriergefäßes bestimmt werden, die beim Erwärmen von Zimmertemperatur auf die Temperatur des siedenden Wassers auftritt. Diese

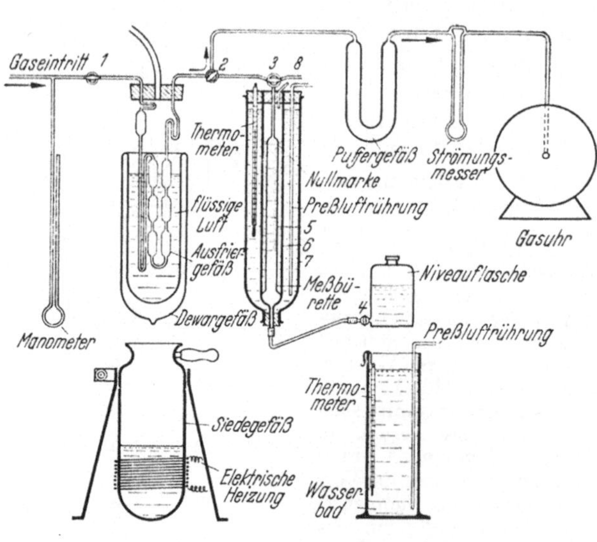

Abb. 14. Kondensationsverfahren nach KAHLE.

Eichung gilt übrigens nur für den verwendeten Apparat und darf bei späteren Messungen lediglich dann benutzt werden, wenn Luftdruck und Badtemperatur die gleichen Werte wie bei der Eichung aufweisen.

Zur Eichung wird das durch trockene Luft sorgfältig von Feuchtigkeit befreite Ausfriergefäß, das sich zunächst in einem Wasserbad von Zimmertemperatur befindet, über Hahn 2 mit der Meßbürette verbunden. Alsdann werden die Menisken der Sperrflüssigkeit in Meßrohr 5 und Niveaurohr 6 auf die Nullmarke eingestellt und hierauf das Ausfriergefäß in das Siedebad gebracht. Nach einigen Minuten mißt man die Volumzunahme, wobei durch Öffnen des Hahnes 4 der tiefgestellten Niveauflasche die Menisken in den Rohren 5 und 6 zur Deckung gebracht werden.

Die Messung wird damit begonnen, daß man zunächst bei geschlossenem Hahn 1 das Ausfriergefäß durch Eintauchen in flüssige Luft (Eintauchtiefe vgl. Abb. 14) tief kühlt. Hiernach wird Hahn 1 wieder geöffnet und dann das zu untersuchende Gas mit einer Geschwindigkeit von etwa 50 l/h durch das Ausfriergefäß in Richtung Gasuhr geschickt. In der etwa 1 mm weiten Capillare hinter der ersten Erweiterung friert die Feuchtigkeit aus und beginnt nach dem Ausscheiden einer gewissen, für eine Bestimmung ausreichenden Menge den Rohrquerschnitt merklich zu verringern, was eine Zunahme des Staudruckes vor dem Apparat bewirkt.

Zur Ausführung der eigentlichen Wasserbestimmung schließt man den Eingangshahn, stellt über die Hähne 2 und 3 die Verbindung mit der Atmosphäre her und erwärmt dann das Ausfriergefäß durch das Wasserbad auf Raumtemperatur. Dabei schmilzt das gefrorene Kondensat und bildet bei genügender Menge in der Capillare einen Wasserfaden. Nach Eintritt des Temperaturausgleichs verbindet man das Ausfriergefäß mit der Meßbürette und erhitzt nach Einstellung auf die Nullmarke im Wasserdampfbad. Das verdampfende Kondensat verdrängt wie bei dem von Victor Meyer zur Bestimmung der Dampfdichte entwickelten Apparat eine äquivalente Luftmenge in der Gasbürette, in der zunächst ein kleiner Unterdruck bleiben soll. Nach etwa 2 Min. ist die Meniscuseinstellung im Meßrohr konstant. Man stellt Atmosphärendruck her und liest das verdrängte Luftvolumen ab. Nach Abzug des Eichwertes von diesem Volumen ergibt sich das durch den entwickelten Wasserdampf verdrängte Gasvolumen, gemessen bei Zimmertemperatur und dem jeweiligen Luftdruck. Der Quotient dieses Volumens durch das gesamte an der Gasuhr abgelesene Gasvolumen ergibt unmittelbar den Feuchtigkeitsgehalt in Vol.-%, falls das Trägergas unter gleichen Bedingungen, d. h. feucht bei der gleichen Temperatur und bei gleichem Druck gemessen wurde. Wegen der Identität des ermittelten Volumenverhältnisses mit dem der Partialdrucke kann der Wassergehalt nach einfacher Umrechnung auch in mm Quecksilber angegeben werden.

Bemerkungen. Es seien zunächst einige Beleganalysen angeführt, aus denen hervorgeht, wie genau und reproduzierbar sowie in welchen Bereichen die Methode arbeitet.

Tabelle 2. Bestimmung der Feuchtigkeit in Gasen.

1	2	3	4	5	6	7
196	1,25	0,638	707	4,570	4,579	— 0,2%
600	3,55	0,592	760	4,565	4,579	— 0,3%
2200	1,95	0,0887	733	0,659	0,690	— 4,5%
2550	2,50	0,0982	704	0,699	0,690	+ 1,3%
8660	0,50	0,00578	753	0,0441	0,046	— 4,1%
14200	0,84	0,00592	753	0,0451	0,046	— 2,0%

Reihe 1 enthält die Menge des Trägergases in Kubikzentimetern, feucht und bei Zimmertemperatur gemessen, 2 das durch das verdampfte Wasser verdrängte Gasvolumen in cm³, 3 den Wasserdampfgehalt in Vol.-% des Trägergases, 4 den Gesamtdruck in mm Quecksilber, bei dem die Sättigung mit Wasser erfolgte, 5 den in mm Quecksilber und auf das ideale Volumen und den Druck 0 umgerechneten Wasserdampfgehalt, 6 den erzielten Wasserdampfsättigungsdruck bei der Sättigungstemperatur in mm Quecksilber, 7 die Fehler in % des gefundenen Wertes.

Der Meßbereich erstreckt sich über einen Partialdruck des Wassers von 1×10^{-4} bis zu 15 mm Quecksilber, ist also sehr groß. Zur Erzielung hoher Genauigkeit braucht man nur entsprechend größere Gasmengen einzusetzen. Im übrigen soll das zur Messung gelangende Wasserdampfvolumen höchstens an 25% des Apparatvolumens betragen. Flüssige Luft als Kältebad (–192°) bietet deswegen den größten Vorteil, weil auch die kleinsten Wasserdampfmengen praktisch restlos abgeschieden werden. Die Tension des Eises beträgt bei dieser Temperatur nämlich weniger als 1×10^{-6} mm Quecksilber. Bei höheren Wassergehalten können aber ebenso andere Kältebäder verwendet werden, nur müssen die verbleibenden Resttensionen dann den gefundenen Wasserwerten zugezählt werden.

Auf ähnlicher Grundlage, nur indirekt, arbeitet auch ein von Schuftan angegebenes Verfahren, zu dessen Ausführung die Firma Riedel & Co., Essen, einen geeigneten Apparat liefert. Es wird die bei der Kondensation der Feuchtigkeit eintretende Druck- und Volumenänderung mit Hilfe eines schrägliegenden Capillarmanometers rasch und bequem auf $\pm 3 \cdot 10^{-3}$ Vol.-% genau gemessen.

E. Entmischungsverfahren.

1. Trübungsmessung in partiell mischbaren Flüssigkeitspaaren.

Prinzip. Die Methode geht von der Tatsache aus, daß viele Flüssigkeitspaare nicht völlig, sondern nur teilweise mischbar sind und demnach eine sogenannte Mischungslücke aufweisen. Die Grenzen der Mischbarkeit sind nun nicht nur von der Temperatur, sondern auch von der Gegenwart von Fremdstoffen abhängig, die häufig eine erhebliche Verschiebung des gerade noch möglichen Mischungsbereiches verursachen. Wasser gehört zu diesen wirksamen Fremdsubstanzen, und seine Anwesenheit in einem der Flüssigkeitspartner ruft daher beim Zusatz desselben zum zweiten Partner häufig viel eher eine Entmischung und damit eine Trübung hervor, als es bei der wasserfreien Flüssigkeit der Fall wäre. Diese theoretisch bis jetzt nicht übersehbare Beeinflussung läßt sich auf Grund empirischer Eichung zur Ermittlung des jeweiligen Wassergehaltes heranziehen. Bogin benutzte wohl als erster diese Methode, indem er den Wassergehalt in organischen Flüssigkeiten durch Titration mit Benzol bis zur bleibenden Trübung bestimmte.

Arbeitsvorschrift. Zunächst stellt man sich für die in Frage stehende Flüssigkeit Eichtabellen her, indem man Proben derselben mit steigendem Wassergehalt unter möglichst konstanten Temperaturbedingungen (Thermostat!), z. B. bei 25°, mit einem passenden, d. h. nur unvollständig darin löslichen Partner, z. B. trockenem Benzol, von gleicher Temperatur unter dauerndem Umschütteln bis zum Auftreten der bleibenden Trübung titriert. Alsdann wird die Analysenprobe unter gleichen Bedingungen ebenso behandelt. Dem an der Bürette abgelesenen Benzolverbrauch entspricht dann ein bestimmter Wassergehalt, der sich ohne weiteres mittels der Eichtabelle errechnen läßt.

Bemerkungen. Wichtig erscheint bei Anwendung des Verfahrens vor allem die Einhaltung konstanter Arbeitstemperaturen. Natürlich müssen sich auch die eingesetzten Flüssigkeitsmengen im Ausmaß an die Quantitäten halten, die bei der Eichung verwendet wurden.

Botset führte die Trübungsmessung in etwas anderer Weise durch. Zur Wasserbestimmung in Alkohol verwendete er die Aufhebung der völligen Mischbarkeit des Alkohols mit Tetrachlorkohlenstoff bei genügendem Wasserzusatz. Er titrierte zunächst eine Mischung von 10 cm³ *absolutem* Alkohol und 10 cm³ Tetrachlorkohlenstoff mit reinem Wasser bei 25° bis zur ersten Trübung. (Verbrauch 2,03 cm³ Wasser.) In gleicher Weise wurden hierauf 10 cm³ des wasserhaltigen Alkohols nach Zumischung von 10 cm³ Tetrachlorkohlenstoff mit Wasser titriert. Es trat ein Minderverbrauch an Wasser ein, dessen Differenz zum ursprünglichen Verbrauch den gesuchten Wassergehalt ergibt. Die Genauigkeit beträgt allerdings nur $\pm$ 2%.

In ähnlicher Weise ermittelte LAZZARI das Wasser in Butylalkohol. Hierzu wurden 20 cm³ des zu untersuchenden Butylalkohols nach Zusatz von 2 cm³ einer Benzol-Aceton-Mischung (2:1) in einer 50-cm³-Stöpselflasche unter dauerndem Umschütteln mit destilliertem Wasser bis zur bleibenden Trübung titriert. Bei Temperaturen von wenig über oder unter 16° berechnete sich dann der Wassergehalt in Vol.-% zu $x\% = -4{,}27\,n + 15{,}8 + 0{,}07\,(t-16)$, wenn n die verbrauchte Anzahl cm³ Wasser und t die Versuchstemperatur bezeichnet.

2. Messung der kritischen Löslichkeitstemperatur von Flüssigkeitsgemischen.

Dieses Verfahren macht sich den Umstand zunutze, daß die kritische Lösungstemperatur von Flüssigkeitsgemischen in ihrer Lage häufig stark von geringen Mengen fremder Substanzen, wie Wasser, beeinflußt wird, was bei empirischer Eichung die quantitative Bestimmung dieser Beimengungen aus dem Grad der Temperaturverschiebung ermöglicht. CRISMER benutzte wohl als erster dies Verfahren zu Alkoholuntersuchungen, indem er gleichbleibende Alkoholmengen mit ein und derselben Menge Petroleum versetzte und die Entmischungstemperatur ermittelte. PETERS bestimmte in der gleichen Weise mit gutem Erfolg (bis zu $\pm$ 0,05% Genauigkeit) in schneller und sicherer Weise den Wassergehalt benzolhaltigen Alkohols. Zu einer allgemeinen Wasserbestimmungsmethode arbeiteten indessen erst DOLCH und Mitarbeiter sowie RASSOW und RECKELER die Temperaturabhängigkeit der Lösungsentmischung aus, welches Verfahren wohl am besten in der Ausführung von LAMBRIS praktisch angewendet wird.

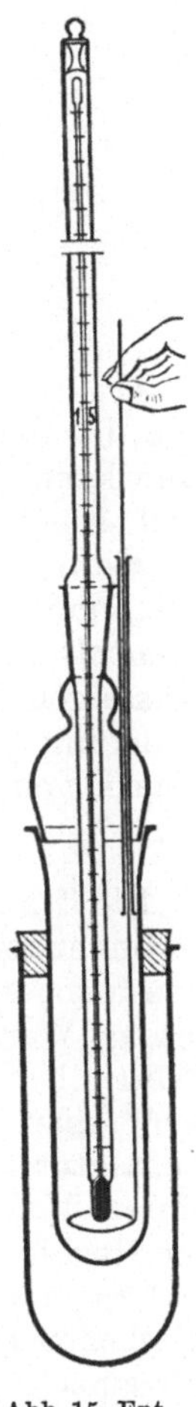
Abb. 15. Entmischungsverfahren nach LAMBRIS.

Arbeitsvorschrift. Das Untersuchungsgefäß (vgl. Abb. 15) zur Bestimmung des Entmischungspunktes besteht aus einem etwa 150 mm langen Reagensrohr von etwa 30 mm Durchmesser, in das mittels Normalschliffes ein Verschluß eingesetzt ist, der einmal ein mit Schliff versehenes Thermometer mit Zehntelgrad-Teilung und einer Skala von—10° bis + 50° trägt und daneben eine kurze Führung für einen aus Nickeldraht gefertigten Rührer enthält. Zwecks besseren Wärmeschutzes ist das Reaktionsgefäß noch von einem weiteren Glasgefäß mit Korkverschluß umgeben.

Vor der eigentlichen Messung erfolgt die Aufnahme der Eichkurve, wozu man sich eine größere Menge absoluten Alkohols und Petroleums vorrätig hält. Hierzu werden je 20 cm³ des Alkohols, den man vorher mit genau bekannten Mengen Wasser versetzt hat, zusammen mit 20 cm³ Petroleum in das Rührgefäß von DOLCH gegeben und bis zur Homogenisierung gelinde erwärmt; nach Einsetzen in den Wärmeschutzmantel wird der Entmischungspunkt durch Ablesen des Thermometers ermittelt. Die derart für steigende Wassergehalte bestimmten Entmischungspunkte faßt man vorteilhaft in einem Kurvenbild zusammen, indem man die Wassermengen als Abszissen, die zugehörigen Entmischungstemperaturen als Ordinaten aufträgt.

Zur Wasserbestimmung selbst werden etwa 15 g der genügend zerkleinerten Analysensubstanz (Korngröße nicht über 3 mm!) auf einer Hornwaage abgewogen und in einen 300 cm³ fassenden ERLENMEYER-Kolben mit Normalschliff gebracht, auf den ein 120 cm langer Luftkühler aufgesetzt werden kann. Man mißt aus einer Bürette 127,7 cm³ = 100 g Alkohol hinzu und erhitzt damit einige Minuten zum gelinden Sieden. Nach dem Erkalten filtriert man, falls sich die extrahierte Substanz nicht schnell genug klar absetzt, rasch durch ein trockenes Faltenfilter und bringt darauf 25 cm³ des Filtrates, mit dem gleichen Volumen Petroleum gemischt, in den Apparat zur Feuchtigkeitsbestimmung. Auf Grund der abgelesenen Entmischungstemperatur läßt sich aus der Eichkurve der gesuchte Wassergehalt entnehmen.

Tabelle 3 gibt einen Vergleich mit dem Xylolverfahren und mit der Trocknungsmethode (im Vakuum bei 75°).

Tabelle 3. Wassergehalt.

Substanz	Xylolmethode	Trocknungs-methode	Verfahren von DOLCH
Edelzellstoff	7,2%	7,0%	7,5%
Holzzellstoff	9,4%	9,2%	9,7%
Baumwolle	—	6,2%	6,5%
Strohzellstoff	—	7,8%	8,4%
Braunkohle	13,2%	13,3%	13,8%
Steinkohle	—	10,2%	10,5%

Die Werte nach Dolch liegen durchweg etwas höher, was damit erklärt wird, daß die anderen Verfahren das Wasser eben doch nicht vollständig erfaßt haben. Man kann sich vorstellen, daß die Alkoholextraktion schon deswegen wirksam ist, weil es sich bereits um eine chemische Wechselwirkung handelt[1].

Bemerkungen. Man soll bei der Homogenisierung der Extrakt-Petroleummischung möglichst nicht über 45° hinausgehen, da sonst Ungenauigkeiten infolge Alkoholverdampfung auftreten. Im übrigen bewirkt schon eine Erhöhung des Wassergehaltes um 1% ein Ansteigen der Entmischungstemperatur um 15°, einer Änderung von 0,1° entsprechen also etwa 0,005% Wasser im Alkohol, was einen Begriff von der großen Empfindlichkeit der Methode gibt.

F. Dielektrische Verfahren.

Die Ermittelung von dielektrischen Meßzahlen ist deswegen für die Feuchtigkeitsbestimmung insbesondere in flüssigen Stoffen so geeignet, weil das flüssige Wasser eine besonders hohe Dielektrizitätskonstante (DK = 83,2) besitzt. Verhältnismäßig geringe Wasserbeimengungen machen sich daher schon durch große Änderungen der elektrischen Kapazität eines mit der fraglichen Substanz gefüllten Kondensators bemerkbar. Außerdem lassen sich die Messungen in den heute fertig gelieferten Apparaturen rasch und mit großer Genauigkeit (Fehlergrenze etwa 0,1%) durchführen. Von den verschiedenen Meßmethoden, die dank der eminenten Entwicklung der Hochfrequenztechnik sehr vervollkommnet sind, arbeitet wohl am bequemsten und zuverlässigsten das sogenannte Überlagerungsprinzip; bei diesem ist ein elektrischer Sender, dessen Schwingungen auf konstanter Frequenz gehalten werden, mit einem zweiten derart gekoppelt, daß die Schwingungen beider Sender sich in einem dritten Kreis überlagern und durch eine Audionanordnung in einem Telephon hörbar gemacht werden[2]. Wenn die Wellenlänge des zweiten Senders mittels Drehkondensators derjenigen des ersten Senders gleichgemacht wird, verschwindet der Überlagerungston. Zur Messung der gesuchten Kapazität wird nun der die Prüfsubstanz enthaltende Kondensator in den Abstimmkreis des zweiten Senders eingeschaltet und darauf der Drehkondensator so weit zurückgedreht, daß wieder das Tonminimum erreicht ist. Die hierzu erforderliche Veränderung der Kapazität des Drehkondensators stellt die gesuchte Größe dar.

Das Dielkometer der Firma Haardt & Co., Düsseldorf, arbeitet nach diesem Prinzip (vgl. Abb. 16 und die Arbeit von Ebert).

Einfach und glatt auch in bezug auf die Auswertung lassen sich die Bestimmungen an Flüssigkeiten durchführen, vor allem, wenn sie homogen sind. Man muß nur

[1] Es ist jedoch darauf hinzuweisen, daß durch Verdunsten von Alkohol während der Operationen (Filtrieren!) eine höhere Wasserkonzentration vorgetäuscht werden kann.

[2] Statt des Telephons kann natürlich auch unter Zwischenschaltung eines Gleichrichters ein hochempfindliches Zeigerinstrument verwendet werden.

vorher wieder eine Eichkurve für verschiedene Wassergehalte im gleichen Medium aufnehmen, da die Dielektrizitätskonstanten von Mischungen, wie schon eingangs erwähnt, sich nicht in einfacher Weise aus denen der Komponenten zusammensetzen.

Arbeitsvorschrift. Man füllt die zu untersuchende Substanz in eines der den speziellen Zwecken angepaßten Kondensatorgefäße, schließt dieses an das Meßgerät an, schaltet zunächst auf Grobeinstellung und dann nach Bedarf auf den empfindlicheren Meßbereich und führt die Messung durch.

Bemerkungen. Nach diesem Verfahren lassen sich beispielsweise bequem die Feuchtigkeitsgrade von Estern und Äthern ermitteln. Niedermolekulare Alkohole aber bieten häufig Schwierigkeiten wegen merklicher Eigenleitfähigkeit. Feste Stoffe in körniger bzw. pulveriger Beschaffenheit erschweren oft die Messungen wegen der schlechten Reproduzierbarkeit der Schüttungen zwischen den Kondensatorenplatten.

Von großem Einfluß ist auch die Art der Wasserbindung. BIELENBERG und ZDRALEK stellten z. B. fest, daß die ersten Anteile gebundenen Wassers in Braunkohle sich dielektrisch wesentlich anders als die späteren verhalten.

Der dielektrischen Untersuchung bedient sich auch das mit Dioxan arbeitende Exluanverfahren von EBERT, das S. 96 beschrieben wird.

Die bekannte merkwürdige Tatsache, daß Eis eine viel kleinere Dielektrizitätskonstante besitzt (DK $= 4$) als das Wasser mit dem hohen Wert 83,2, legte den Gedanken nahe, diesen Unterschied zur Messung des Eis-Wasser-Verhältnisses in den verschiedenen Systemen zu benutzen, die Temperaturen unter 0^0 ausgesetzt sind. Je mehr von dem vorhandenen Wasser in Eis übergegangen ist, um so stärker muß die Dielektrizitätskonstante der fraglichen Kondensatorfüllung sich verändert, d. h. abgenommen haben.

ALEXANDER und SHAW[1] führten derartige Untersuchungen an wasserhaltigen Substanzen bei Temperaturen zwischen -2 und $+2^0$ nach der Resonanzmethode bei einer Frequenz von 1800 KHz durch und demonstrierten die Nutzanwendung u. a. an Dielektrikums-Temperatur-Diagrammen für destilliertes Wasser und für 0,5 n Rohrzuckerlösung. Die Bedeutung derartiger Untersuchungen für das Studium z. B. der Frosteinwirkungen auf biologisches Material ist einleuchtend. Zur Wasserbestimmung in Ölkuchenmehl mittels Dielkometers nach dem Immersionsverfahren (KNOKE) vgl. CLEVER (Genauigkeit $\pm 0{,}1\%$ H_2O).

G. Hinweise auf sonstige physikalische Verfahren.

Hier müssen vor allem diejenigen physikalischen Verfahren genannt werden, die speziell für die Feuchtigkeitsermittlung in Gasen üblich sind und sogar eine laufende Überwachung ermöglichen. Es sind das die Methoden der Psychrometrie bzw. der Taupunktsbestimmung und der Hygrometrie. Eine entsprechende Behandlung dieser Verfahren, die in jüngster Zeit noch kritisch von LIENEWEG (a) beleuchtet und unter Entwicklung von Näherungsformeln zur Bestimmung der absoluten Feuchtigkeit einfachen elektrischen Messungen zugänglich gemacht wurden, findet sich bei EUCKEN und JACOB, und zwar in der Bearbeitung von GRÜSS. Hier kann unter besonderem Hinweis auf jene Ausführungen auf ein weiteres Eingehen verzichtet werden. Erwähnt sei nur, daß die Feuchtigkeitsmessung in Gasen insofern eine Sonderstellung einnimmt, als das wichtigste der Gase, die Luft, stets Wasserdampf enthält, dessen Konzentration zudem sich schnell verändern kann und damit Einfluß auf das hygroskopische Verhalten aller Substanzen, die der Luft ausgesetzt sind, gewinnt[2]. Auch alle Folgeerscheinungen, wie das Zusammenbacken von hygroskopischen Salzen, die Korrosion von Metallen und sonstigen Werkstoffen, das Verhalten von Isoliermaterialien usw., hängen somit mittelbar von dem Feuchtigkeitsgehalt

[1] Vgl. hierzu auch die Bemerkungen von LIENEWEG (b).

[2] Hier sei darauf aufmerksam gemacht, daß der maximale Wassergehalt der Luft bei 20^0 und 760 mm Druck nur 2,5 Vol.-% beträgt.

der Luft ab und erfordern daher dessen Kenntnis bzw. messende Beobachtung. Die Taupunktsmethode bzw. die Verfahren, die sich auf die Messung der Verdampfungswärme gründen, verdienen dabei ebenso wie die Psychro- und Hygrometrie den Vorzug, weil sie bei geringen absoluten Feuchtigkeitsgraden allen unspezifischen Verfahren, wie Dichte-, Druck-, Wärmeleitfähigkeitsmessungen, Ermittelung der inneren Reibung, der elektrischen Susceptibilität, der Refraktion und der spezifischen Wärme weit überlegen sind[1]. Die letzteren versagen schon, wenn die Änderungen der relativen Feuchtigkeit bei Zimmertemperatur sich um 5% bewegen. Die Taupunktstemperatur dagegen ändert sich beispielsweise unter den gleichen Verhältnissen (Steigerung der relativen Feuchtigkeit von 50 auf 55%) von 9,25° auf 10,7°. Dabei ist die Taupunktsbestimmung mit dem modernen Gerät der Firma LAMBRECHT, Göttingen, so bequem und einfach durchzuführen, daß es, mit ECKERT und WULFF gesprochen, angesichts der erreichbaren Genauigkeit einer viel häufigeren Verwendung empfohlen werden kann.

Unter den sonstigen Verfahren sei noch die Wasserbestimmung durch Gefrierpunktserniedrigung genannt, die in erster Linie Anwendung findet bei der Untersuchung von Flüssigkeiten, die außer Wasser keine sonstigen kryoskopisch wirksamen Bestandteile enthalten, bzw. in denen die Konzentration dieser anderen Bestandteile hinreichend konstant ist. Sogar so wasserreiche Systeme, wie Milch u. ä., lassen sich in dieser einfachen und daher sehr vorteilhaften Weise bezüglich ihres Wassergehaltes überprüfen. Die Genauigkeit derartiger Messungen hängt naturgemäß von dem Wert der Gefrierkonstanten E der jeweiligen Flüssigkeit ab, die ja in der bekannten Berechnungsformel $\Delta t = E \cdot m/M$ enthalten ist und je nach der Flüssigkeit sehr verschiedene Werte haben kann, was sehr eindrucksvoll die Gegenüberstellung von Benzol ($E = 5{,}07$) und Cyclohexanol ($E = 20{,}2$) dartut.

Auf die Möglichkeit, den Feuchtigkeitsgehalt auch colorimetrisch zu ermitteln, wurde schon eingangs hingewiesen. Es handelt sich dabei um die Ausnutzung der Tatsache, daß Salze, wie KobaltII-chlorid, bei der Hydratation einem charakteristischen Farbwechsel unterliegen. Die bequem zu handhabende Methode ist natürlich unmittelbar nur auf Gase anwendbar, läßt sich aber indirekt auch für feste und flüssige Stoffe verwerten. Die Messung setzt eine Eichskala voraus, in die man durch den üblichen Farbvergleich die sich im Endzustand ergebende Mischfarbe einordnet.

Zum Nachweis geringster Mengen Wasser wird von E. SAUTER eine spektroskopische Methode angegeben. Mit Hilfe des bei H_2O-Anregung auftretenden Zerfallsspektrums der OH-Gruppe können Wasserbeimengungen bis zu 1 : 180000 in einer Glimmentladung nachgewiesen werden. Die bekannte OH-Bande bei $\lambda = 3064$ A läßt sich mit einem Aufwand geringster Energie (9,1 eV) in einer besonders konstruierten Glimmentladungsröhre leicht erzeugen; hiermit können Wassermengen bis 0,3 mg herab in Flüssigkeiten, wie z. B. CF_2Cl_2, noch nachgewiesen werden, indem das Wasser bei 60-70° in den Entladungsraum der Röhre verdampft wird. Diese Hinweise mögen genügen.

Literatur.

ADICKES, F.: B. **63**, 2753 (1930). — ALEXANDER, H. B.: Ind. eng. Chem. Anal. Edit. **8**, 314 (1936). — ALEXANDER, L. T. u. TH. M. SHAW: J. physic. Chem. **41**, 955 (1937); durch C. **109**, I 542 (1938); Nature (London) **139**, 1109 (1937); durch C. **108**, II, 1648 (1937). — AUFHÄUSER, D.: Ch. Z. **46**, 1149 (1922).

BECKMANN, E.: Ph. Ch. **21**, 248 (1896). — BIELENBERG, W. u. O. ZDRALEK: Braunkohle **38**, 699 (1939). — BOGIN, CH. D.: Ind. eng. Chem. **16**, 380 (1924). — BOTSET, H. G.: Ind. eng. Chem. Anal. Edit. **10**, 517 (1918). — BRAHM u. WETZEL: E. ABDERHALDEN, Handb. d. biochem. Arbeitsmeth., 2. Aufl., Bd. I, S. 433 (1921). — BULL, R.: Angew. Ch. **49**, 145 (1936).

CRISMER, L.: Bl. Soc. chim. Belg.; durch C. **75**, I, 1479 (1904).

DOLCH, M. und Mitarbeiter: Braunkohle **28**, 429 (1929); Chem. Apparatur **16**, 137 (1929); Brennstoffchemie **11**, 429 (1930). Z. Oberschles. Berg- u. Hüttenmänn. Verb. **68**, 349 (1929).

[1] Vgl. hierzu auch die Bemerkungen von LIENEWEG (b).

EBERT, L.: Angew. Ch. **47**, 305 (1934). — ECKERT, E. u. P. WULFF: Angew. Ch. Beiheft Nr. 39, S. 5 (1940). — ERDMANN, E.: Jahrb. d. Halleschen Verbandes f. d. Erforschg. mitteldeutsch. Bodenschätze **1924**, S. 380.; Gas- und Wasserfach **68**, 10 (1925). — EUCKEN, A. u. M. JAKOB: Der Chemie-Ingenieur II, 3, S. 125 (1933).

FISCHER, K.: Angew. Ch. **48**, 394 (1935). — FRITSCHE, W.: Brennstoffchemie **2**, 121 (1921).

GELLERT, E. u. P. WULFF: Beihefte Nr. 39 der Angew. Ch. (1940). — GLEMSER, O.: Z. El. Ch. **45**, 820 (1939). — GRÜSS, H.: Vgl. EUCKEN, A. u. M. JAKOB: Der Chemie-Ingenieur II, 3, S. 125 (1933).

HÄRTIG u. FRITZSCHE: Braunkohle **28**, S. 933 (1929). — HEIDUSCHKA, A.: Ch. Z. **54**, 271 (1930). — HÜTTIG, G. F.: Fortschr. Chem., Phys. u. phys. Chem. **18** (1924) u. Kolloid-Z. **58**, 44 (1932).

KAHLE, H.: Ch. Fabr. **7**, 364 (1934). — KLEMENC, A: Die Behandlung und Reindarstellung von Gasen, Leipzig 1938. — KUBIERSCHKY, K: Vgl. HIRZ, H., Braunkohle **28**, 101 (1929).

LAMBRIS, G.: Angew. Ch. **48**, 679 (1935). — LAZZARI, G.: Chim. e Ind. (Milano) **21**, 68 (1939); durch C. **110**, I, 3775 (1939). — LEPPER, W.: Z. Unters. Lebensm. **59**, 79 (1930). — LIENEWEG, F.: a) Wiss. Veröffentl. SIEMENS-Konzern **14**, II, 20 (1935); b) Angew. Ch. **45**, 547 (1932).

MARCUSSON, J.: Mitteilungen Materialprüfungsamt **22**, 48 (1904); **23**, 58 (1905). — MEYER, V.: B. **11**, 1867, 2253 (1878). — MITRA, N. C. u. K. VENKATARAMAN: Current Sci. **5**, 199 (1936); durch C. **108**, I, 3523 (1937). — MOSER, L.: Z. anorg. Ch. **110**, 125 (1920); Die Reindarstellung von Gasen, Stuttgart (1920).

PETERS, D.: Angew. Ch. **40**, 1011 (1927). — PREGL, F.: E. ABDERHALDEN, Handbuch d. biochem. Arbeitsmeth. Bd. 5, S. 1307 bis 1356 (1912). — PRJANISCHNIKOW, N. D. u. S. M. TELNOW: Fr. **76**, 161 (1929).

RASSOW, B. u. A. RECKELER: Angew. Ch. **45**, 266 (1932). — RÖSCHEISEN, P. u. P. BRETTNER: Mikrochemie **22**, 254 (1937).

SALMOIRAGHI, E.: G. Biol. appl. Ind. chim. **3**, 173 (1935); durch C. **106**, I, 3865 (1935). — SAUTER, E.: Z. Naturforschg. **3a**, 392 (1948). — SCHIMON, O.: Ch. Z. **55**, 982 (1931). — SCHLÄPFER, P.: Angew. Ch. **27**, 52 (1914). — SCHUFTAN, P.: Ch. Fabr. **6**, 513 (1933). — SWIETOSLAWSKI, W.: Bl. [4] **49**, 1578 (1931).

TAUSZ, J. u. H. RUMM: Gas- und Wasserfach **71**, 417 (1928); Angew. Ch. **39**, 155 (1926); vgl. auch VAN DER WERTH: Ch. Z. **52**, 23 (1928). — THÖRNER, W.: Angew. Ch. **21**, 148 (1908).

WEYGAND, C.: Quantitative analytische Mikromethoden der organischen Chemie, Leipzig 1931. — WOJCIECHOWSKI, M.: Nature **137**, 707 (1936).

ZEREWITINOFF, TH.: Fr. **50**, 680 (1911).

§ 2. Physikalisch-chemische Verfahren.

Auslaugeverfahren.

Grundsätzlich wird hierbei so vorgegangen, daß man die auf ihren Wassergehalt zu untersuchende Substanz mit einer geeigneten Flüssigkeit behandelt und dabei das Wasser extrahiert, das dann in verschiedener Weise in dem Auszug ermittelt werden kann. Von dieser Methode wurde schon Gebrauch gemacht bei der Wasserbestimmung nach DOLCH, wo als Extraktionsmittel absoluter Äthylalkohol verwendet wurde.

Anstatt des Äthylalkohols lassen sich naturgemäß noch andere, z. T. viel wirksamere Wasserentziehungsmittel benutzen, die das Wasser einfach deshalb so weitgehend auslaugen können, weil sie schon ausgesprochen chemisch damit reagieren. Hiermit sind aber auch die Grenzen des Verfahrens angedeutet; man erkennt nämlich, daß die Vollständigkeit des Vorganges wiederum von der Intensität der Wasserbindung bestimmt wird und daß daher die chemische Konkurrenz des Extraktionsmittels und des Substrates um das Wasser eine entscheidende Rolle spielt.

1. Extraktion mit Methanol; Dichtemessung nach MANNHEIMER.

Arbeitsvorschrift. Man schüttelt eine abgewogene Menge der feingepulverten Probe (60-Maschen-Sieb), die sich keinesfalls lösen noch außer Wasser andere lösliche Stoffe abgeben darf, mindestens $\frac{1}{2}$ Min. lang mit einem entsprechend genau bemessenen Quantum absoluten Methylalkohols und filtriert den durch das aufgenommene Wasser verdünnten Extrakt in einen mit Schwimmer versehenen passenden Glaszylinder, der sich in einem Wasserbad befindet. Alsdann wird die Temperatur des Bades vorsichtig so weit erhöht, daß der Schwimmkörper eben schwebt. Die hierzu erforderliche Temperaturerhöhung wird abgelesen und darauf an Hand einer Eichtabelle der Wassergehalt berechnet.

Bemerkungen. Auch hier liegen die gefundenen Werte höher als diejenigen, die die Xylolmethode ergibt, ein Zeichen dafür, daß der Methylalkohol schon rein chemisch wirksam ist.

Statt der Dichteänderung des Methanols durch die Wasseraufnahme können natürlich auch andere damit veränderliche physikalische Eigenschaften zur Messung herangezogen werden. Hingewiesen sei z. B. auf die refraktometrische Untersuchung des Extraktes (vgl. S. 100).

An Stelle des Methanols kann selbstredend auch absoluter Äthylalkohol zur Wasserentziehung verwendet und dann ebenso auf die Dichteänderung hin untersucht werden. Häufig wird allerdings die Mitherauslösung anderer Begleitsubstanzen die Dichtemessung beeinträchtigen bzw. völlig untauglich machen, in welchen Fällen dann andere Bestimmungsverfahren, wie z. B. die Messung der kritischen Entmischungstemperaturen auf Zusatz von Petroleum usw., den Vorzug verdienen.

In ähnlicher Weise wie Methyl- und Äthylalkohol konnte auch Glycerin zur Wasserauslaugung benutzt werden, wie sich aus einer unter 5. angeführten Abhandlung von v. WALTHER und BIELENBERG ergibt.

2. Extraktion mit Dioxan (Exluanverfahren); Messung des Dielektrikums.

Dioxan wurde von EBERT als Extraktionsmittel vorgeschlagen, da es sich nicht nur mit Wasser in allen Verhältnissen zu mischen vermag, sondern gleichzeitig wie ein typisches organisches Medium praktisch kein Dipolmoment und damit eine nur kleine Dielektrizitätskonstante ($E_{20}{}^0 = 2{,}22$) besitzt. Die wasserhaltigen Extrakte können daher besonders bequem auf dielektrischem Wege gemessen werden. Allerdings muß das Dioxan weitgehend gereinigt und insbesondere frei von Aldehyd sein. Erst ein Präparat, dessen Schmelzpunkt sich dem Höchstwert $11{,}83 \pm 0{,}05^0$ nähert und das von der Firma HAARDT & Co., Düsseldorf, geliefert werden kann, entspricht den Anforderungen. Von Vorteil ist dabei, daß das Dioxan nicht ausgesprochen hygroskopisch ist. Außerdem kann man nach EBERT die Hygroskopizität nach Belieben durch Zusätze von Paraffinen vermindern. Wenn umgekehrt das Wasserentziehungsvermögen des Dioxans nicht ausreicht, läßt es sich durch Zusatz stärker hygroskopischer Stoffe wunschgemäß steigern. Alkohole, z. B. Amyl- oder Hexylalkohol, in anderen Fällen sogar Säuren, wie Eisessig oder Propionsäure, sind hierfür geeignet, wobei sich indessen gewisse Erhöhungen der Dielektrizitätskonstanten nicht ganz vermeiden lassen. Die Gesamtheit der den verschiedenen Zwecken angepaßten, auf der Dioxanbasis aufgebauten Extraktionsmittel bezeichnet EBERT als „Exluane“. Die Dielektrizitätskonstante von reinem Dioxan wird bei Aufnahme von 1% Wasser um rund 12% gesteigert, was die analytischen Möglichkeiten zur Genüge beleuchtet, zugleich aber auch dartut, weshalb man unbedingt von reinem Dioxan ausgehen muß. Aus verschiedenen Gründen wird empfohlen, bei der Wasserbestimmung auch nur solche Extrakte zu verwenden, deren Feuchtigkeitsgehalt 1% nicht übersteigt. Die Feinskala des Dielkometers, das mit seinem großen Meßbereich von DK = 2-100 das gegebene Meßinstrument für die Untersuchung der Dioxanauszüge ist, kann dann unmittelbar auf Prozente des Wassergehaltes geeicht werden.

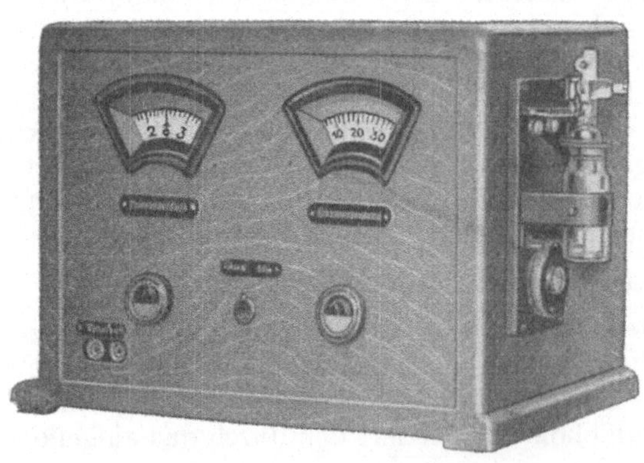

Abb. 16. Dielkometer. Ansicht des Gerätes.

Arbeitsvorschrift. Vor der eigentlichen Messung, die mit dem bereits S. 92 beschriebenen Dielkometer (Abb. 17) durchgeführt wird, muß man einen Vorversuch anstellen, um zu prüfen, ob die auf Wasser zu untersuchende Substanz auch nicht in Dioxan löslich ist. Hierzu wird die über Phosphorpentoxyd im Vakuum möglichst bei 40 bis 50° entwässerte Substanz mit trokkenem Dioxan übergossen. Dabei darf innerhalb 15 bis 30 Min. keine an der Feineinstellung bemerkbare Änderung der Dielektrizitätskonstanten erfolgen. In gleicher Weise darf auch bei der Behandlung mit feuchtem Dioxan dieses keine dielektrische Veränderung erfahren[1].

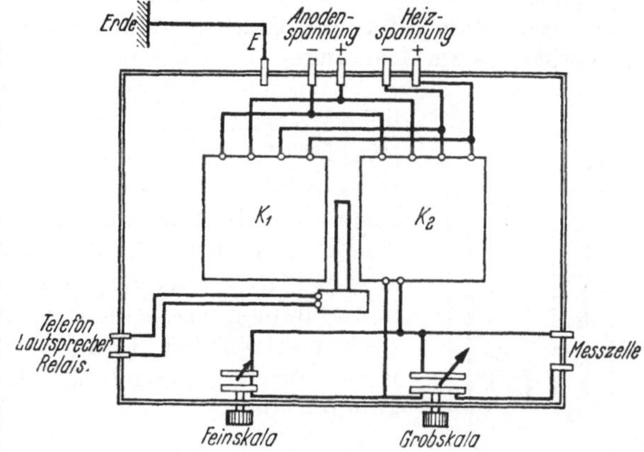

Abb. 17. Dielkometer (Schaltschema).

Nun erst versetzt man eine abgewogene Probe der genügend zerkleinerten Analysensubstanz mit einer abgemessenen Menge reinen und trockenen Dioxans, wobei man sich zweckmäßig einer passend dimensionierten Schliffstöpselflasche bedient. Man läßt alsdann unter gelegentlichem Umschütteln etwa 10 Min. lang die Entwässerung vor sich gehen, wobei man u. U. zur Beschleunigung auch bis zum Sieden des Dioxans erhitzen kann, und füllt hierauf mittels Pipette das feucht gewordene Dioxan in die verschließbare Meßzelle (vgl. Abb. 18) ab. Hierzu genügen bei normaler Größe der Zelle etwa 20 cm³. Schließlich wird nach dem Abkühlen auf Raumtemperatur die dielektrische Messung vorgenommen, was nur wenig Zeit beansprucht.

Bemerkungen. Man kann bei diesen Messungen auch mit recht kleinen Substanzmengen auskommen, da Meßzellen geliefert werden, die nur 1 cm³ fassen. Natürlich hängt das auch von der Empfindlichkeit ab, und es gibt Fälle, wo mehr als 20 cm³ Füllung benötigt werden. Zur laufenden Untersuchung z. B. von Destillaten auf ihren Feuchtigkeitsgehalt sind auch spezielle Durchflußzellen entwickelt worden.

Der Vorteil der Methode besteht darin, daß die Wasserentziehung in äußerst milder Weise und dabei doch rasch vor sich geht, so daß man sowohl die Nachteile der häufig zu aggressiven Trockenschrankverfahren als auch den übergroßen Zeitbedarf der Exsiccatortrocknung vermeidet.

Gut stimmende quantitative Wasserbestimmungen wurden an recht verschiedenartigem Material erzielt, was aus Tabelle 4 ersehen werden kann:

Tabelle 4. Wasserabgabe von feinpulvrigen Stoffen an Dioxan.

Menge g	Material	Anfänglicher H_2O-Gehalt %	Zugesetztes Wasser mg	Im Dioxan gefundenes Wasser mg	Fehler der dielektrischen Messung %
3,361	Kreide	0,1	202	208	+ 0,05
5,296	Kaolin I	0,04	202	206	+ 0,03
1,804	Kaolin II	0,3	202	206	— 0,1
3,779	Zinkoxyd	0,1	200	204	0
3,121	Schwefel	0,2	200	209	+ 0,1
1,905	Ruß		200	197	— 0,2

Auch Aktivkohle, feinzerteilter Zellstoff, Salze, Zement, Traß usw. wurden erfolgreich gemessen. Wegen der geringen Wasserbindungstendenz des Dioxans kann

[1] Diese Vorversuche brauchen natürlich bei Reihenuntersuchungen an Substanzen gleicher Art nur einmal durchgeführt zu werden.

man bei Salzhydraten oft bequem das sogenannte Oberflächenwasser extrahieren und bestimmen, während das eigentliche Hydratwasser nicht herausgelöst wird. Nur Hydrate von hohem Dampfdruck geben auch das chemisch gebundene Wasser wenigstens teilweise an das Dioxan ab und ermöglichen so seine unmittelbare Messung, wenn man öfters mit erneuten Dioxanzusätzen arbeitet bzw. von vornherein im Verhältnis zur Dioxanmenge genügend kleine Hydrateinwaagen wählt.

Nach Büll läßt sich so einerseits sehr schön die diskontinuierliche Wasserbindung der verschiedenen Hydratstufen eines Salzes (Kupfervitriol) nachweisen. Eine glatte Scheidung zwischen Konstitutionswasser und Adhäsionswasser war andererseits beim gelöschten Kalk möglich.

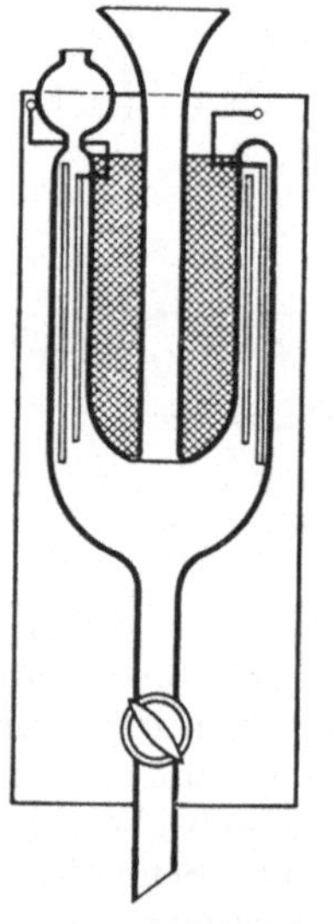

Abb. 18. Meßzelle des Dielkometers.

Die Geschwindigkeit der Wasserabgabe an das Dioxan ist im allgemeinen nicht so ausgesprochen von der Oberflächenbeschaffenheit abhängig wie beim Trocknen an der Luft. Indessen wurden auch merkwürdige Hemmungen beobachtet, die interessanterweise durch Verwendung feuchten Dioxans behoben werden konnten (Büll).

3. Extraktion mit Aceton und Äther bzw. Petroläther.

Das Verfahren der Entwässerung mit Aceton wurde erstmalig systematisch von Willstätter und seinen Mitarbeitern Kraut und Erbacher angewendet, um labile Oxydhydrate frei vom Netz- und Capillarwasser erhalten zu können. Der Vorzug der Methode liegt darin, daß man rascher und schonender als bei den üblichen Trocknungsverfahren zum Ziel gelangt und dabei weniger Gefahr läuft, neben dem Benetzungswasser auch gleichzeitig chemisch gebundenes Wasser anzugreifen. Die Einhaltung niedriger Temperaturen und das Alter der zu untersuchenden Präparate spielen dabei natürlich auch eine wichtige Rolle.

Es liegt nahe, das Verfahren auch zur Bestimmung von besonders lose festgehaltenem Wasser zu verwenden, indessen wurde eine unmittelbare Auswertung in dieser Richtung nicht vorgenommen. Sieht man sich die von den genannten Autoren gegebenen Trocknungsvorschriften daraufhin an, so erkennt man ohne weiteres die Möglichkeit, bei erschöpfender Acetonbehandlung abgewogener Proben und nach Entfernung des letzten anhaftenden Acetons z. B. mit Petroläther, der seinerseits im Hochvakuum beseitigt wird, durch Rückwägung die Menge des extrahierten Wassers zu ermitteln. Ein anderer Weg besteht darin, die abgewogene Substanz mit einer gemessenen Acetonmenge zu behandeln und dann die von diesem aufgenommene Wassermenge in geeigneter Weise z. B. refraktometrisch zu bestimmen. Eine dementsprechende Arbeitsvorschrift haben v. Walther und Bielenberg gegeben, auf die noch in anderem Zusammenhang eingegangen wird (vgl. S. 100).

Eine auf ein Gemisch von Aceton und Äther (1 : 1) spezialisierte Ausgestaltung für die gleichzeitige Bestimmung von Wasser und Phosphorsäure in Superphosphaten haben Meppen und Scheel beschrieben.

Arbeitsvorschrift. 2 g Superphosphat werden auf ein mit Aceton-Äther gewaschenes, bei 60° getrocknetes und gewogenes Filter gebracht und dreimal durch Aufspritzen des Aceton-Äther-Gemisches ausgewaschen. Der Rückstand wird mit dem gleichen Gemisch in eine Reibschale gespritzt und kräftig verrieben. Es sollen dabei keine merklichen Umsetzungen mit freier Phosphorsäure auftreten, da deren Hauptteil bereits beim Auswaschen entfernt wurde. Der Rückstand wird auf das gleiche Filter zurückgebracht und noch dreimal mit Aceton-Äther-Gemisch ausgewaschen. Das Filtrat soll insgesamt 100 bis 120 cm^3 betragen. Das Filter mit dem

Rückstand wird hierauf $\frac{1}{2}$ Std. bei 60° getrocknet und alsdann gewogen. Der Gewichtsverlust umfaßt das freie Wasser einschließlich der freien Phosphorsäure.

Zur Ermittlung der Phosphorsäure wird nun das Filtrat mit 10 cm³ verdünnter Schwefelsäure (2n) versetzt und die Hauptmenge des organischen Extraktionsmittels abdestilliert. Der Destillationsrückstand wird quantitativ in ein Becherglas gespült, mit 10 cm³ Citratlösung und 10 cm³ verdünntem Ammoniak versetzt und hierauf mit 10 cm³ Magnesiamixtur in der üblichen Weise gefällt. Das ausgewogene Magnesiumpyrophosphat wird schließlich auf H_3PO_4 umgerechnet und dieser Wert von dem ursprünglichen Gewichtsverlust abgezogen. Die derart gefundene Differenz entspricht dem freien Wasser.

Bemerkungen. Die Phosphorsäure könnte zweifellos auch acidimetrisch und damit rascher ermittelt werden. Die gefundenen Wasserwerte decken sich z. T. gut mit denjenigen, die nach LEHRECKE mit Cyclohexanol erhalten wurden. MEPPEN und SCHEEL benutzten wegen der Schwierigkeit, das sehr fein in Superphosphat ausgeschiedene Calciumsulfat mit Glasfiltertiegeln zurückzuhalten, Papierfilter. Da dies aus berechtigten Gründen nicht jedermanns Geschmack ist, sei darauf hingewiesen, daß sich die Glasfritten häufig durch Aufgießen von wäßrigen Suspensionen von Asbest für quantitative Zwecke hervorragend nachdichten lassen. Die weitere Behandlung entspricht dann der früheren GOOCH-Tiegel-Bereitung.

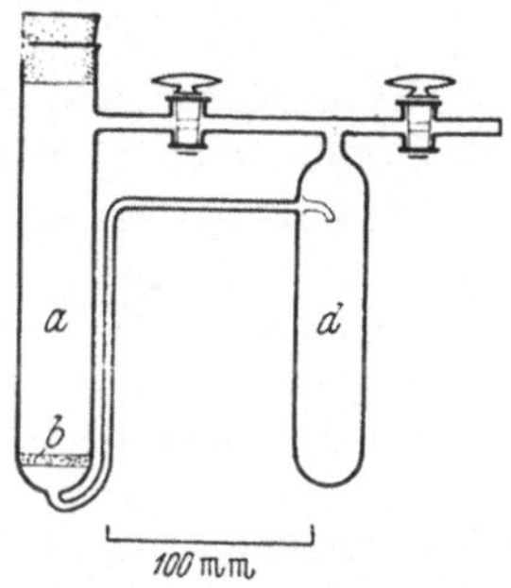

Abb. 19. Extraktionsgefäß nach BILTZ und RAHLFS.

4. Extraktion mit flüssigem Ammoniak.

Es ist angebracht, hier noch auf eine andere, besonders schonende und doch sehr wirksame Art von Auslaugung aufmerksam zu machen, obgleich sie anscheinend noch keine unmittelbare analytische Verwertung gefunden hat. Es handelt sich um die von BILTZ und RAHLFS beschriebene Entwässerung mit flüssigem Ammoniak, die für die hier gebräuchliche Kühlung – Kohlensäureschnee – Anwendung tiefer Temperaturen von – 33° (Siedepunkt des Ammoniaks) bis – 80° ermöglicht und angesichts der erheblichen Wasserraffinität des Extraktionsmittels und seiner chemischen Analogie zum Wasser vielfach von besonderem Vorteil erscheint.

Arbeitsvorschrift. Die Extraktion wird in dem in Abb. 19 abgebildeten Gerät vorgenommen.

Im Schenkel a wird das auf dem Glasfrittenboden b liegende Substrat (2–6 g) unter Kühlung mit Trockeneis + Alkohol mit flüssigem Ammoniak überlagert. Alsdann entfernt man die Kühlung und kühlt statt a den Schenkel d, wobei der Druck des in a verdampfenden Ammoniaks den Extrakt durch die Fritte b hindurch nach d drückt. Wenn nun wieder a, unter gleichzeitigem Erwärmen von d, gekühlt wird, destilliert das Ammoniak durch den inzwischen geöffneten Verbindungshahn nach a. Durch mehrfache Wiederholung dieses Verfahrens erzielt man schließlich die vollständige Extraktion des abgebbaren Wassers, wobei es zweckmäßig ist, das in d angesammelte Wasser schon zwischendurch gelegentlich zu entfernen und das Ammoniak zeitweilig zu erneuern. Zum Schluß soll dieses sogar scharf über Natrium getrocknet sein. Das Ende der Wasserentziehung läßt sich leicht daran erkennen, daß das trockene Ammoniak bei der Temperatur des Kohlensäureschnees erstarrt, was selbst bei geringem Feuchtigkeitsgehalt nicht eintritt.

Bemerkungen. Die Ermittlung des Wasserverlustes bei diesem Verfahren durch einfache Rückwägung wird nach allem oft dadurch beeinträchtigt, daß das Ammoniak das Wasser nicht einfach im Wege des sogenannten Vakuumeffektes weglöst, sondern gleichzeitig im Verlauf einer Verdrängung substituiert. Man könnte sich dann aber dadurch helfen, daß man im Extraktionsrückstand das aufgenommene Ammoniak nach einem der bekannten Verfahren, z. B. nach der KJELDAHL-Destillation, ermittelt und den gefundenen Wert noch vom Rückstandsgewicht abzieht. Die Rückwägungen lassen sich überdies dadurch sehr erleichtern, daß man die Substanz nicht unmittelbar auf den Frittenboden b, sondern in einen Glasfiltertiegel bringt, den man dann auf den Boden b setzt. Die Verdunstung adhärierten Ammoniaks erfolgt ja infolge des niedrigen Siedepunktes bei gewöhnlicher Temperatur sehr rasch und kann leicht, z. B. durch kurzes Durchsaugen von trockener Luft, vervollständigt werden.

Das Verfahren wurde mit großem Erfolg zur Charakterisierung so komplizierter Systeme wie der Kiesel- und Tonerdehydrate verwendet (BILTZ und LEHRER).

5. Extraktion mit Säuren und Salzlösungen.

Messung der Refraktion.

Es handelt sich um ein Schnellverfahren, das speziell für die Wasserbestimmungen in Braunkohlen v. WALTHER und BIELENBERG entwickelt haben.

Arbeitsvorschrift. Man schüttelt je 5 g der zerkleinerten Kohle (Korngröße 0 bis 1 mm) mit 20 cm³ einer mit Wasser in jedem Verhältnis mischbaren Flüssigkeit in einer Glasstöpselflasche von 50 cm³ Inhalt genau 3 Min., filtriert alsdann durch einen trockenen Jenaer Glasfiltertiegel und ermittelt den Brechungsindex des Filtrates. Der dem gemessenen Wert entsprechende Wassergehalt wird einer Eichkurve entnommen, die für jede verwendete Flüssigkeit durch Feststellung einer Reihe von Refraktionswerten bei bekanntem Wassergehalt aufgestellt werden muß. Die verwendeten Flüssigkeiten waren etwa 30%ige Schwefelsäure, etwa 20%ige Salzsäure, etwa 50%ige Essigsäure, eine Calciumchloridlösung von etwa 40%, eine gemischte Calciumchlorid-Essigsäurelösung (etwa 40% $CaCl_2$ und etwa 10% Essigsäure), Pyridin, Aceton und Glycerin.

Bemerkungen. Die Eichkurven stellen nahezu bzw. völlig gerade Linien dar. Eine beachtliche Methode zur Bestimmung des Wassergehaltes fester Stoffe, speziell von Braunkohle, mit Hilfe von Essigsäure haben auch FISCHBECK und EINECKE angegeben. Das Wasser wird dabei in praktisch gleichem Ausmaß wie bei der Xylolmethode von der Essigsäure aufgenommen und kann darin durch die *Leitfähigkeitserhöhung* gemessen werden. Adsorptionsschwierigkeiten machen sich dabei nicht bemerkbar. Der schädliche Einfluß etwa mitgelöster Salze und anderer Elektrolyte wurde dadurch beseitigt, daß der Extrakt vor der Messung einer Totaldestillation unterworfen wurde. Bei einem Einsatz von etwa 20 g Substanz, die je nach dem Wassergehalt mit 20 bis 40 cm³ Eisessig 2 bis 3 Min. lang geschüttelt werden, soll die Gesamtoperation einschließlich Saugfiltration von etwa 20 cm³ Extrakt durch Glasfritte und Destillation sowie Leitfähigkeitsmessung nur 5 bis 10 Min. dauern. Um die umständliche Darstellung von 100%igem Eisessig und ebenso die lästige Wasserbestimmung in dem handelsüblichen 95- bis 96%igen Präparat zu umgehen, verschafft man sich zuvor eine Eichkurve, indem man die Leitfähigkeitswerte einer Reihe von Mischungen der vorhandenen Essigsäure mit bekannten Wasserzusätzen im Konzentrationsbereich von 50 bis 90%, der bei den gewählten Mengenverhältnissen und den üblichen Wassergehalten der Braunkohlen nur in Frage kommt, ermittelt. Bei praktisch homogener, steinfreier Braunkohle soll eine Genauigkeit von 0,2 bis 0,3% erreicht werden.

Auch MÜLLER extrahiert mit Essigsäure, deren Konzentration aber jetzt genau bekannt sein muß, und ermittelt dann im Filtrat durch *Titration* der Säure den Grad der Verdünnung und damit die Menge des aus der Kohle aufgenommenen Wassers. Die Genauigkeit der Messung, die in 6 Min. durchführbar sein soll, wird mit ± 0,5% angegeben.

Verwendet man Pyridin als Extraktionsmittel, was angesichts der totalen Mischbarkeit mit Wasser sehr nahe liegt, so kann man im Filtrat die aufgenommene Feuchtigkeit auch nach der Methode von ZEREWITINOFF ermitteln, indem man einfach ein abgemessenes Volumen des Pyridinauszuges mit Methylmagnesiumjodid zur Umsetzung bringt. Aus dem entwickelten Methanvolumen berechnet sich dann der Wassergehalt auf Grund der Gleichung

$$H_2O + 2CH_3MgJ \rightarrow Mg_2OJ_2 + 2CH_4 .$$

Dieses Verfahren hat nur zur Voraussetzung, daß nicht andere sogenannten aktiven Wasserstoff enthaltende Stoffe aus dem Substrat durch das Pyridin herausgelöst werden und daß der Feuchtigkeitsgehalt des Pyridins vorher durch einen Blindversuch ermittelt wird. Die experimentellen Einzelheiten der ZEREWITINOFF-Methode sind im Kapitel „Wasserstoff" S. 63 beschrieben.

Literatur.

BILTZ, W. u. G. A. LEHRER: Z. anorg. Ch. **172**, 273 u. 292 (1928).—BILTZ, W. u. E. RAHLFS: Z. anorg. Ch. **166**, 358 (1927). — BÜLL, R.: Angew. Ch. **49**, 145 (1936).

CLEVER, H.: Fette und Seifen **46**, 676 (1939).

DOLCH, M. u. Mitarbeiter: Z. Oberschl. Berg- u. Hüttenmänn. Verb. **68**, 349 (1929); Brennstoffchemie **11**, 429 (1930).

EBERT, L.: Angew. Ch. **47**, 309 (1934); vgl. auch L. EBERT u. E. WALDSCHMIDT, Ch. Fabr. **7**, 180 (1934).

FISCHBECK, K. u. E. EINECKE: Z. El. Ch. **35**, 765 (1929).

KNOKE: Z. Elektrochem. **43**, 749 (1937).

LEHRECKE, H.: Angew. Ch. **49**, 620 (1936).

MANNHEIMER, M.: Ind. eng. Chem. Anal. Edit. **1**, 154 (1929). — MEPPEN, B. u. K. C. SCHEEL: Angew. Ch. **50**, 811 (1937). — MÜLLER: Mühle **67**, 412 (1930); durch C. **101**,I, 3257 (1930).

v. WALTHER, R. u. W. BIELENBERG: Braunkohlenarchiv **1929**, Nr. 25, S. 17. — WILLSTÄTTER, R. u. H. KRAUT: B. **57**, 1082 (1924). — WILLSTÄTTER, R., H. KRAUT u. O. ERBACHER: B. **58**, 2448 (1925).

ZEREWITINOFF, TH.: Fr. **50**, 680 (1911).

§ 3. Chemische Verfahren.

A. Hydratationsverfahren.

Hierunter werden alle Verfahren verstanden, bei denen das zu bestimmende Wasser auf chemischem Wege durch Trocknungsmittel der zu untersuchenden Substanz entzogen wird. Am übersichtlichsten liegen hier die Verhältnisse, wenn es sich um die Untersuchung von feuchten Gasen und nassen Flüssigkeiten handelt. Die Entfernung des Wassers aus festen Substanzen ist bei diesen Verfahren im allgemeinen nur dadurch möglich, daß es entweder zuerst als Dampf an das umgebende Gas bzw. Vakuum abgegeben oder von einer Hilfsflüssigkeit gelöst wird, woraus die Trocknungsmittel es dann anschließend absorbieren. Nur wenn man mit unmittelbar wasserbindenden Flüssigkeiten, wie z. B. Essigsäureanhydrid, arbeitet, braucht man diesen Umweg nicht zu beschreiten.

1. Die Trocknungsmittel.

Wie schon eingangs erwähnt, muß man bei der Verwendung typischer Trocknungsmittel stets bedenken, daß die Wirkung der Trocknung keine absolute ist, da ja die entstehenden Hydrate eine gewisse Wasserdampftension besitzen, die je nach den Verhältnissen mehr oder weniger in Rechnung gesetzt werden muß. Die Wirksamkeit der verschiedenen Wasserabsorptionsmittel richtet sich gerade nach diesen charakteristischen Eigentensionen der entstehenden Hydrate, die damit auch die jeweilige Auswahl bestimmen. Dementsprechend ist auch die übliche Reihenfolge der bekannten Trocknungsmittel ein qualitatives Maß der zugehörigen Dampftensionen.

Die Tabelle 5 enthält eine Zusammenstellung der wichtigsten und gebräuchlichsten Trocknungsmittel mit Angaben über Dampftensionen bzw. Wassergehalt im überstehenden Raum, die nach Einstellung der Trocknungsgleichgewichte gemessen wurden.

Tabelle 5. Die wichtigsten Trocknungs- bzw. Absorptionsmittel für Feuchtigkeit.

Trocknungsmittel	Restwasser im getrockneten Gas (25°) mg/l	mm Hg-Druck	relative Feuchtigkeit %
P_2O_5	$< 2 \cdot 10^{-5}$	$2 \cdot 10^{-4}$	
$Mg(ClO_4)_2$	$< 5 \cdot 10^{-4}$		
$Mg(ClO_4)_2 \cdot 3\,H_2O$	$< 2 \cdot 10^{-3}$		
KOH geschmolzen	$2 \cdot 10^{-3}$		
Al_2O_3	$3 \cdot 10^{-3}$		
MgO	$8 \cdot 10^{-3}$		
NaOH geschmolzen	0,16		
CaO	0,2	0,8	3,4
$CaCl_2$ granuliert	0,14–0,25	0,44 (20°)	2,5
$CaBr_2$	0,2		
$CaCl_2$ geschmolzen	0,36		
$ZnCl_2$	0,8		
$ZnBr_2$	1,1		
$CuSO_4$	1,4		
$CuSO_4 \cdot 1\,H_2O$		0,8	3,4
Na_2SO_4		19–20	
$K_2CO_3 \cdot 1{,}5\,H_2O$		1,1	4,6
H_2SO_4 98,5%	$3 \cdot 10^{-3}$		
H_2SO_4 95,1%	0,3		
		bei 20°	
H_2SO_4 95%		$4 \cdot 10^{-4}$	0,002
H_2SO_4 90%		$5 \cdot 10^{-3}$	0,03
H_2SO_4 85%		$2{,}6 \cdot 10^{-2}$	0,15
H_2SO_4 80%		$8{,}4 \cdot 10^{-2}$	0,48
H_2SO_4 75%		$2{,}84 \cdot 10^{-1}$	1,62
H_2SO_4 70%		$7{,}23 \cdot 10^{-1}$	4,1

Zum Vergleich sei erwähnt, daß mit flüssiger Luft auf – 194° gekühlte Gase nur noch $1{,}6 \cdot 10^{-23}$ mg Feuchtigkeit je Liter enthalten, so daß also, wie schon erwähnt, die Tiefkühlung alle bisher genannten Trocknungsmittel an Wirksamkeit übertrifft. Weiter kommt man wohl nur, indem man entweder in die tiefgekühlten Kondensationsgefäße noch sehr aktive Adsorbentien wie Aktivkohle bringt oder solche chemische Wasserfänger verwendet, die die Feuchtigkeit nicht nur binden, sondern gleichzeitig zersetzen. Hierher gehören beispielsweise die Alkali- und Erdalkalimetalle, die zur Erhöhung und Aufrechterhaltung ihrer Wirkung zweckmäßig in flüssiger Form, d. h. geschmolzen oder als flüssige Legierungen, z. B. Amalgame, verwendet werden. Eine schon bei – 12° schmelzende Legierung aus Natrium (32%) und Kalium (67%), die allerdings ungemein reaktionsfähig ist und auch stürmisch Quecksilber bindet, dürfte hier besonders zu nennen sein, da sie eben bei gewöhnlicher Temperatur flüssig ist. Natürlich muß man beachten, daß bei Benutzung derartiger Stoffe die Gewichtszunahme nur der Bindung einer OH-Gruppe entspricht, da das Wasser gemäß der Gleichung

$$\mathrm{Me} + \mathrm{HOH} \rightarrow \mathrm{MeOH} + \mathrm{H_2}/2$$

zerlegt wird. Auch Sauerstoff und andere mit den genannten Metallen reagierende flüchtige Stoffe dürfen selbstverständlich nicht zugegen sein, wenn die Bestimmung auf Gewichtszunahme gegründet wird.

Diese Berücksichtigung des chemischen Verhaltens der Trocknungsmittel gegenüber der zu trocknenden Substanz, soweit unmittelbare Berührung in Frage kommt, gilt natürlich allgemein. Demgemäß kann man z. B. Ammoniak und ähnliche Stoffe nicht mit ammoniakbindenden Trocknungsmitteln wie konzentrierter Schwefelsäure, Phosphorpentoxyd und Salzen vom Typ des Calciumchlorids bzw. Kupfersulfats entwässern. Hier sind vielmehr Trockner gleichen chemischen Charakters, also basische Substanzen, wie Natriumhydroxyd, Kaliumhydroxyd, gebrannter Kalk oder

Bariumoxyd, am Platze. Saure Dämpfe dagegen bedürfen nichtbasischer Trocknungsmittel, jedoch muß man auch hier von Fall zu Fall sich vorher die Möglichkeit genau überlegen. Halogenwasserstoffe, z. B. Chlorwasserstoff, können mit dem Säureanhydrid Phosphorpentoxyd nicht getrocknet werden, da sie selbst mit diesem reagieren und absorbiert werden.

Auch die Reinheit des Trocknungsmittels muß so sein, daß keine schädlichen Nebenwirkungen auftreten. Phosphorpentoxyd z.B. ist oft noch infolge unvollständiger Verbrennung des Phosphors bei der Herstellung mit Phosphortrioxyd (P_4O_6) oder gar Phosphor selbst verunreinigt und muß daher in einem entsprechend vorgetrockneten Sauerstoffstrom, am besten in Gegenwart von Ozon, umsublimiert werden. Das Phosphortrioxyd würde nämlich mit der Feuchtigkeit u. a. unter Entbindung von Phosphorwasserstoff reagieren und daher natürlich an Gewicht verlieren. Wegen der leichten Verklebung der Oberfläche des Phosphorpentoxyds durch die bei der Wasseraufnahme entstehende sirupöse Metaphosphorsäure empfiehlt es sich außerdem, zur Vergrößerung der Oberfläche Asbest oder Bimsstein (Grieß bzw. Pulver) beizumischen[1].

Die Schwierigkeiten, die Calciumchlorid als Feuchtigkeitsabsorptionsmittel bieten kann, wurden schon behandelt. Es besteht die Gefahr, daß auch saure Gasbestandteile durch das beim Calcinieren entstehende basische Salz absorbiert werden, weshalb eine entsprechende Vorbehandlung, z. B. bei Trocknung kohlensäurehaltiger Gase mit Kohlendioxyd, erforderlich ist. Viel besser, aber kostspieliger als das Chlorcalcium erscheint das neuerdings als Trocknungsmittel eingeführte Magnesiumperchlorat bzw. sein Trihydrat zu sein. Das letztere ist bequemer zu erhalten und auch leichter im passenden Verteilungsgrad darzustellen, im übrigen wirkt es schärfer trocknend als das wasserfreie Calciumchlorid, als besonders wirksam wurde mit $Mg(ClO_4)_2$ imprägnierter Bimsstein empfohlen. Schließlich sei hier noch auf die außerordentlich trocknende Wirkung des Bariumoxyds hingewiesen, dessen Dampfdruck bei 20° nach HÜTTIG weniger als 10^{-16} mm Quecksilber betragen soll. Es würde danach alle anderen Trocknungsmittel an Wirksamkeit übertreffen und darin nur noch von der Tiefkühlung mit flüssiger Luft überboten werden.

Bei der Darstellung des wasserfreien Magnesiumperchlorats ist übrigens zu bemerken, daß es beim Austreiben des Wassers durch Erhitzen auf 250° zu einer pastosen Masse zusammenfließt, die sich schlecht in einen körnigen Zustand bringen läßt. Man gelangt aber zu einem sehr günstigen Präparat, wenn man im Vakuum von etwa 0,1 mm Quecksilber arbeitet und dann nicht über den Schmelzpunkt erhitzt. Bessere Erfahrungen liegen in bezug auf die Verwendung von Trihydrat, auch Dehydrit genannt, vor. Das von MERCK gelieferte Produkt reagiert neutral, während das wasserfreie Salz (Anhydron genannt) wie das calcinierte Calciumchlorid basische Anteile enthält und daher dementsprechend vorbehandelt werden muß. Die Geschwindigkeit der Wasserabsorption durch das Trihydrat ist gut, und die Kapazität entspricht der einer im Schüttvolumen gleichen Natronasbestfüllung.

Auch Bariumperchlorat (Desicchlora) wurde als Trocknungsmittel empfohlen, da es Wasser mit erheblicher Festigkeit in Form eines Mono- bzw. Trihydrats zu binden vermag. Besonders wirksam aber sollen Mischungen mit 2 bis 5 bzw. 25% Magnesiumperchlorat sein (G. F. SMITH).

Bei Verwendung von konzentrierter Schwefelsäure als Trocknungsmittel darf man nicht vergessen, daß diese eine gewisse Eigentension besitzt, die für Zimmertemperatur und einer Dichte $d_4^{18} = 1{,}838$ immerhin 0,0021 mm Quecksilber entspricht. Bei empfindlichen Substanzen, zumal solchen, die säurekatalytischen Zusetzungen unterliegen können, vermag das Schädigungen zu verursachen. Hiermit ist natürlich erst recht zu rechnen, wenn die Wasserentziehung bei noch höherer Temperatur

[1] Vgl. z. B. die von der I. G. Farbenindustrie A.-G. mitgeteilte Zubereitungsvorschrift für Phosphorpentoxyd-Bimsstein (BERL-LUNGE, 8. Aufl. Bd. I, 678).

vorgenommen wird. Zur Erkennung des Erschöpfungsgrades der Schwefelsäure wurde der beachtenswerte Vorschlag gemacht, vor Gebrauch 1% Bariumsulfat darin aufzulösen. Dies fällt mit zunehmender Verdünnung zunächst in Form des nadelförmig kristallisierenden Adduktes $BaSO_4 \cdot 2H_2SO_4 \cdot H_2O$ aus, das aber erst beim Absinken der Säurekonzentration auf 84% in einen reichlichen Bodensatz von pulvriger Beschaffenheit übergeht. Der beim Transport der Trocknungsgefäße sich oft lästig auswirkende flüssige Zustand der Schwefelsäure kann durch Zusatz von Bimssteinpulver bzw. Infusorienerde beseitigt werden. Mischungen der Kieselgur mit der drei- bis vierfachen Schwefelsäuremenge stellen ein völlig trockenes Pulver von ausgezeichneter Wirkung als Trocknungsmittel dar.

Über die mit KobaltII-chlorid angefärbte Kieselgur, das sogenannte „Blaugel", hat SCHOORL eingehendere Angaben gemacht. Dieses, wie schon erwähnt, unspezifische und daher nicht nur Wasser adsorbierende Erzeugnis muß mit Vorsicht angewendet werden. Es enthält nach SCHOORL 10,5% Wasser, von dem es bei stundenlangem Erhitzen auf 150° 5½% abgibt, während Trocknen über Schwefelsäure bzw. Phosphorpentoxyd bei gewöhnlicher Temperatur nur eine Verminderung auf 9% bewirkt, ohne daß das Adsorptionsvermögen für Wasser zurückgeht. Erst beim Glühen geht die Fähigkeit zur Wasserbindung größtenteils verloren. Bei der Verwendung der schonend entwässerten Präparate als Trocknungsmittel steigt schon nach Adsorption von etwa 5% Wasser der Dampfdruck kontinuierlich derart an, daß ein regelrechter Vergleich mit Phosphorpentoxyd bzw. Calciumchlorid eigentlich nicht möglich ist, da bei diesen die Wassertension während des ganzen Trocknungsprozesses praktisch konstant und damit verschwindend klein bleibt. Die Gesamtwasseraufnahme bis zum Farbumschlag nach Hellviolett, dem Punkt des merklichen Dampfdruckanstieges, ist verhältnismäßig klein. Der Vorteil des Produktes besteht eben, wie gesagt, in der bequem durchzuführenden und kontrollierbaren Regeneration.

Abschließend sei noch darauf hingewiesen, daß auch Borsäureanhydrid und entwässerte Zeolithe (REINER) als Trocknungsmittel vorgeschlagen wurden. Auch vorsichtig entwässertes Calciumsulfat (Drierit) wurde für Trocknungszwecke empfohlen.

Die Art der Verwendung all der genannten Trocknungsmittel richtet sich naturgemäß nach den jeweiligen Gegebenheiten. Der einfachste Fall liegt vor, wenn die zu prüfende Substanz fest ist. Man arbeitet dann nach dem sogenannten Exsiccatorverfahren.

Arbeitsvorschrift. Ein Exsiccator passender Größe und Form wird mit dem geeigneten Trocknungsmittel beschickt; die abgewogene Probe wird alsdann ins offene Wägegefäß hineingestellt[1]. Wenn nicht besondere Gründe dagegen sprechen, ist es immer empfehlenswert, nach dem Verschließen zu evakuieren und auf diese Weise den Übergang der Feuchtigkeit von der Probe auf das Trocknungsmittel zu beschleunigen. Nach genügend langer Zeit, die zwischen Stunden und Tagen schwanken kann, ermittelt man die Gewichtsabnahme und setzt hierauf die Entwässerung bis zur Gewichtskonstanz fort.

Bemerkungen. Dieses indirekte Verfahren der Wasserbestimmung erinnert in mancher Beziehung an die sogenannten Trockenschrankmethoden. Besonders deutlich wird das, wenn man mit Exsiccatoren arbeitet, die mit elektrischen Heiz- und Ventilationsvorrichtungen versehen sind. Die methodischen Einzelheiten decken sich daher auch in vielen Punkten weitgehend, weshalb eine weitere spezialisierte Schilderung hier überflüssig ist.

Wenn es sich darum handelt, in einer Substanz verschieden gebundenes Wasser zu ermitteln bzw. die Möglichkeit dieser Tatsache an sich festzustellen, ist es zweckmäßig, mit den mildesten Trocknungsmitteln zu beginnen und nach jeweils erreichter Konstanz schrittweise erst die intensiver wirkenden heranzuziehen. Es ist dann

[1] Natürlich in genügend zerkleinerter Form!

allerdings praktisch, die Trocknungsmittel nicht unmittelbar in den Exsiccator einzufüllen, sondern in Einsatzgefäße, die man rasch und bequem auswechseln kann. Diese Maßnahme erübrigt sich natürlich, falls man über eine entsprechende Zahl von Exsiccatoren verfügt.

Für den Fall, daß keine Evakuierungsmöglichkeiten bestehen und daher die Trocknung bei Atmosphärendruck durchgeführt werden muß, sei besonders die Verwendung des Exsiccators von HEMPEL angeraten (vgl. Abb. 20). Dieser gehört zu den wenigen prinzipiell richtig konstruierten Trocknungsgeräten, die der Tatsache Rechnung tragen, daß die feuchte Luft leichter als die trockene ist und daher nach oben steigt. Dementsprechend wird von HEMPEL das zu untersuchende bzw. zu entwässernde Substrat unten hineingesetzt und das Trocknungsmittel in den Ringwulst der Aufsatzglocke gebracht. Der Trocknungsvorgang soll alsdann dreimal so schnell wie sonst verlaufen.

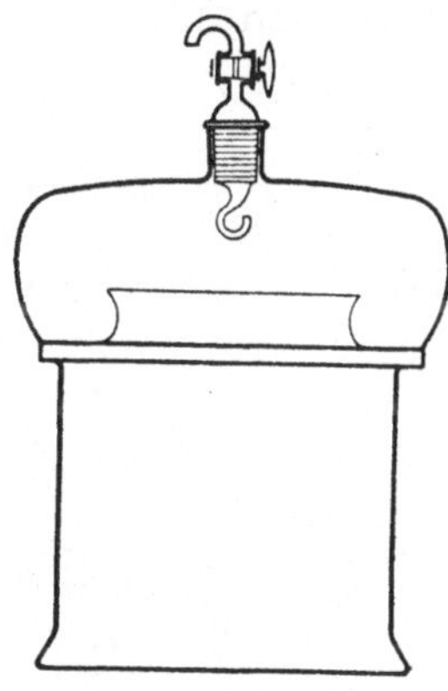

Abb. 20. Exsiccator nach HEMPEL.

2. Direkte Trocknung mit den unter 1. angeführten Trocknungsmitteln.

a) Bestimmung der Gewichtszunahme des Trocknungsmittels.

Soweit es sich hier darum handelt, den Wassergehalt unmittelbar aus der Gewichtszunahme eines mit dem gewählten Trocknungsmittel beschickten Absorptionsgefäßes zu entnehmen, kann auf die Methodik der Entwässerung bei erhöhter Temperatur unter Abführung des Wassers durch einen Gasstrom (S. 77 dieses Abschnittes) hingewiesen werden. Nur in den seltensten Fällen wird man darauf verzichten, die Abgabe des Wassers durch Erwärmen zu beschleunigen, was dort ja methodisch entscheidend war. Im Gegenteil stellt man fast immer, zumal bei exakten Untersuchungen, fest, daß die letzten Spuren von Feuchtigkeit aus den festen Substanzen nur dann völlig verschwinden, wenn sie erst einmal geschmolzen bzw. umsublimiert worden sind. Und dazu gehört eben Erwärmung.

Zur Notwendigkeit wird die direkte Erfassung des Wassers bei der Untersuchung von Flüssigkeiten, z. B. von Ölen. Hier genügt es nicht, die Analysenprobe nur neben das Trocknungsmittel in den Exsiccator zu stellen oder bloß ein trockenes Transportgas darüber zu leiten. Das würde trotz der Bewegungsvorgänge in der Flüssigkeit viel zuviel Zeit beanspruchen. Am besten kommt man zum Ziel, wenn man das Hilfsgas hindurchpreßt bzw. bei vermindertem Druck durchsaugt und dann, gegebenenfalls nach Filtration, die Absorptionsgefäße passieren läßt.

Am einfachsten gestaltet sich die direkte Trocknung mit wasserbindenden Mitteln bei Gasen, weil man hierbei nicht genötigt ist, erst die Abgabe seitens der zu untersuchenden Substanz durch Verdampfen zu bewerkstelligen. Man leitet nur ein gemessenes Volumen des fraglichen feuchten Gases mit angemessener Geschwindigkeit über eine ausreichend lange Schicht des verwendbaren Trocknungsmittels in gewogenen Absorptionsröhren und mißt dann durch die Gewichtszunahme den Wassergehalt. Temperaturerhöhung an der Absorptionsstelle ist hierbei kaum anzuraten, da ja damit eine Erhöhung des Wasserdampfpartialdruckes über dem Trocknungsmittel verbunden ist. Bei der Verwertung der Ergebnisse muß man natürlich, wenn entsprechende Genauigkeit verlangt wird, die je nach der Art des benutzten Absorptionsmittels verschieden große Restfeuchtigkeit mit in Rechnung stellen, was ja bei Kenntnis des angewendeten Gasvolumens und der Wasserdampftension des Trocknungsmittels (bei der herrschenden Temperatur) ohne weiteres möglich ist.

Auf einige komplizierter liegende Fälle sei hier noch kurz eingegangen. Im ersten Fall handelt es sich um die Feuchtigkeitsbestimmung in flüssigem Schwefeldioxyd, die für die Kältetechnik Bedeutung hat. Es hat sich gezeigt, daß hier physikalische Methoden, wie Messungen der elektrischen bzw. thermischen Leitfähigkeit, unbefriedigend arbeiten und daß das sicherste Verfahren in der Absorption durch

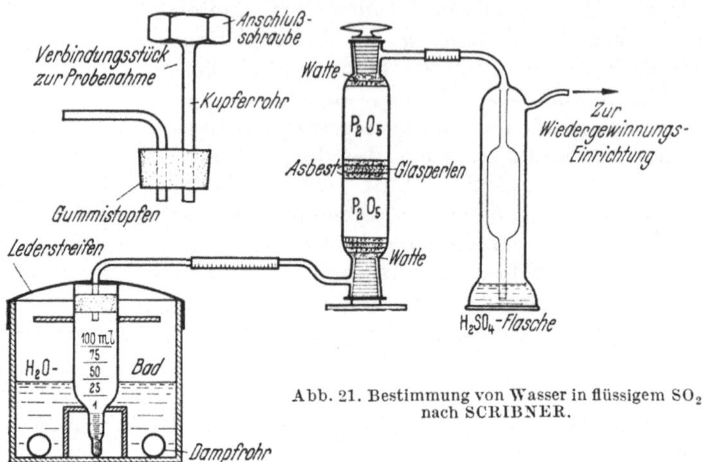

Abb. 21. Bestimmung von Wasser in flüssigem SO_2 nach SCRIBNER.

Phosphorpentoxyd besteht. Man arbeitet nach den ausführlichen Angaben von SCRIBNER (Abb. 21) so, daß man das unter Luftabschluß in graduierte Meßröhren abgefüllte flüssige Schwefeldioxyd durch Einstellen in ein mit Dampf heizbares Wasserbad vergast und das Gas dabei durch tarierte, mit SO_2-Gas vorbehandelte Absorptionsröhren, die mit einem Phosphorpentoxyd-Asbest-Präparat gefüllt sind, streichen läßt. Die Gewichtszunahme der Absorptionsröhren am Ende der Vergasung gibt dann den Wassergehalt an. Vor den Wägungen müssen wegen der hohen Gasdichte des SO_2-Gases Druck und Temperatur gemessen werden, damit etwaige Änderungen des Schwefeldioxydgehaltes der Absorptionsröhren mit in Rechnung gesetzt werden können. Die Gesamtdauer einer Analyse beträgt etwa $1\frac{1}{2}$ Stunden, weshalb man vorteilhaft gleichzeitig mehrere in Serie ansetzt.

Auch die Wasserbestimmung in Brom, das durchschnittlich 0,05% Feuchtigkeit enthält, erfolgt am besten mit Phosphorpentoxyd. Hierbei (vgl. Abb. 22) wird die Probe, deren Abmessung bei Einwaagen von etwa 100 g (in Gefäß 4) nicht nennenswert durch die Verdampfung des Broms beeinträchtigt wird, unter Erwärmen auf 60°

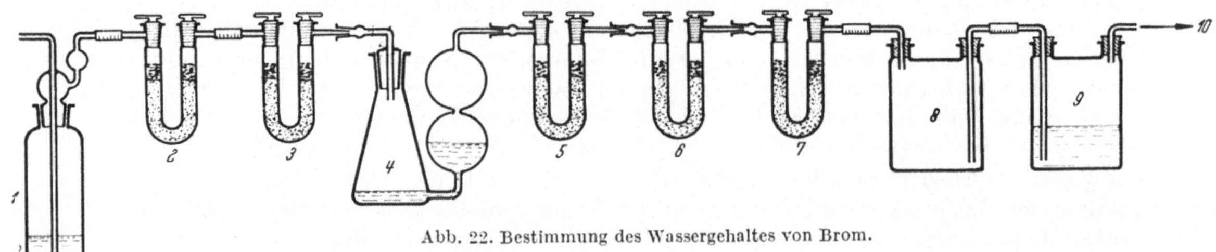

Abb. 22. Bestimmung des Wassergehaltes von Brom.

mit trockener Luft (über konzentrierter Schwefelsäure (1) vor-, mit Chlorcalcium (2) und Phosphorpentoxyd (3) nachgetrocknet) durch die U-Absorptionsgefäße (5) und (6) getrieben. Diese sind zur Hälfte mit reinem Phosphorpentoxyd gefüllt und hängen bis zu den Glaswollpfropfen in Bechergläsern mit Wasser von 90–100°. Dadurch wird das Festhalten des Broms vermieden. Zur Sicherung gegen Rückdiffusion von Feuchtigkeit ist noch ein Chlorcalciumrohr (7) nachgeschaltet, dem nach einer Leerflasche (8) noch ein Gefäß mit Natronlauge (9) zur Absorption des Broms folgt. Die Gewichtszunahme der Phosphorpentoxydabsorptionsröhren ergibt den Wasserwert.

b) Exothermische Verfahren (Messung der Hydratationswärme des Trocknungsmittels bzw. der dadurch bedingten Temperatursteigerung).

Bei Verwendung von konzentrierter Schwefelsäure als Absorptionsmittel läßt sich an Stelle der Gewichtszunahme eine andere Eigenschaft für die Ermittelung der aufgenommenen Wassermenge verwenden, nämlich die Hydratationswärme der Säure. Die einfachste Ausführung dieser Bestimmungsform hat wohl das Verfahren Nr. 6 zum Gegenstand, das auf Grund eines Preisausschreibens des Deutschen Braunkohlenindustrievereins entwickelt wurde (DOLINSKI).

Arbeitsvorschrift. Man vermischt zweckmäßig in einem WEINHOLD- bzw. DEWAR-Gefäß etwa 25 g der feingepulverten Substanz mit einem gemessenen konstanten Volumen konzentrierter Schwefelsäure unter innigem Verrühren und mißt nach etwa 3 bis 5 Min. die eingetretene Temperaturerhöhung. An Hand einer Eichtabelle kann man dann ohne weiteres den Wassergehalt mit befriedigender Genauigkeit ermitteln. Fehler $\pm$ 0,5%.

Bemerkungen. Das Verfahren hat selbstverständlich zur Voraussetzung, daß die zu untersuchende Substanz keine anderen Stoffe enthält, die mit Schwefelsäure unter Erzeugung eines Temperatureffektes reagieren. Für Braunkohle trifft dies nach dem Autor zu, ebenso für eine Reihe von Eisen- und Manganerzen sowie für Braunkohlenkoks (HIRZ). Der Vorteil des Verfahrens beruht vor allem auf dem geringen Zeitbedarf.

Auch der Feuchtigkeitsgehalt von Gasen läßt sich in analoger Weise feststellen. Man braucht hierzu nur ein gemessenes Volumen des zu untersuchenden Gases durch eine bestimmte Menge Schwefelsäure (z. B. 80%ige) hindurchzuleiten und deren Temperaturänderung abzulesen. Der entsprechende Wasserwert wird schließlich wiederum einer Eichkurve entnommen. (IMPERIAL CHEMICAL INDUSTRIES LTD., LONDON, F. W. HAYWOOD, C. H. BOUSANGMET UND J. L. PEARSON.)

Es ist klar, daß sich auch die Hydratationswärme von Salzen zu entsprechenden Messungen des Wassergehaltes verwenden läßt. Von den einschlägigen Verfahren sei hier dasjenige von OERTEL in der von PFLUG verbesserten Ausführung genannt, das speziell zur Wasserbestimmung in Ölen ausgearbeitet wurde und sich im wesentlichen des wasserfreien Magnesiumsulfates bedient. Dieses geht dabei unter Entbindung von 13,7 Kcal in das Heptahydrat $MgSO_4 \cdot 7H_2O$ über. REINER empfiehlt an Stelle von wasserfreiem Magnesiumsulfat entwässerte Zeolithe als Absorptionsmittel.

Arbeitsvorschrift nach OERTEL-PFLUG. In einem Porzellanbecher von 8 cm Durchmesser und etwa 13 cm Höhe steht, durch einen Korkstopfen gehalten, ein Probeglas mit Strichmarke (25 cm^3), das in Kieselgur eingebettet ist. Dazu gehört ein Thermometer mit 0,1^0-Teilung, dessen Quecksilberkuppe in geeigneter Weise vor Zertrümmerung geschützt wird.

Zur Messung wird das zu prüfende Öl, dessen Temperatur um höchstens $\pm$ 3^0 von der Raumtemperatur abweichen darf, bis zur Marke in das Versuchsgefäß eingefüllt, das höchstens 3 bis 4 cm aus dem Stopfen des Porzellanbechers herausragen darf. Alsdann wird das Gefäß mit einem passenden Blatt Papier bedeckt und durch dieses das Thermometer eingeführt. Unter öfterem Rühren wartet man nun die Einstellung konstanter Temperatur ab, was nach etwa 10 Min. einzutreten pflegt und mindestens 3 Min. vorhalten soll. Hierauf gibt man in einem Zuge das in einem kleinen Meßzylinder zu 15 cm^3 abgemessene Salzgemisch (2 Teile wasserfreies Magnesiumsulfat + 1 Teil Quarzpulver) zum Öl und rührt es mit diesem mittels des

Thermometers tüchtig zusammen, ohne die Bedeckung zu entfernen. Unter zeitweiliger Temperaturbeobachtung wird diese Vermischung so lange fortgesetzt, bis die neue Temperatur wieder etwa 3 Min. konstant bleibt. Die Dauer der neuen Temperatureinstellung beträgt wieder etwa 10 Min. Man liest die Maximaltemperatur ab und kann nun aus dem Temperaturanstieg mittels eines empirisch ermittelten Faktors den Wassergehalt berechnen.

Bemerkungen. Die Methode gibt die Wassergehalte im allgemeinen im gleichen Ausmaß und mit derselben Genauigkeit an wie das Xylolverfahren, wobei allerdings zu beachten ist, daß das Magnesiumsulfat unter Umständen wegen seiner chemischen Wasserbindung auch Wasser anzeigt, das mit Xylol usw. nicht ausgetrieben werden kann. Die Anwendung erstreckt sich auf alle Öle, die keine mit dem Magnesiumsulfat reagierenden Bestandteile enthalten. Es scheiden daher Produkte aus, die von der Reinigung her mit Alkalilaugeresten vermengt sind bzw. mittels der Alkalisalze schwacher Säuren, z. B. mit Seife, auf Emulsionen verarbeitet wurden. Säuren oder Stickstoffbasen stören dagegen nicht.

Der Magnesiumsulfatzusatz soll nicht kleiner sein, im übrigen bezweckt die Beimischung des Quarzpulvers, das Zusammenbacken bei der Wasserbindung zu verhindern und eine bessere Verteilung des Magnesiumsulfates im Öl zu bewirken[1].

Für die von den Vereinigten Lausitzer Glaswerken A. G. Berlin gelieferten Geräte hat der oben genannte empirische Faktor den Wert 0,6, sofern die spezifische Wärme der untersuchten Öle 0,5 beträgt bzw. sich nicht wesentlich hiervon unterscheidet.

Das Ausmaß der Temperatursteigerung ist recht erheblich; bei 2% Wasser z. B. steigt die Temperatur um mehr als 3°, bei 6% um 10° an. Werden bei einem Versuch mehr als 13° gemessen, so wird Wiederholung angeraten, nachdem die Ölprobe mit trockenem Öl (Trocknungsmittel am besten wasserfreies Magnesiumsulfat) im Verhältnis 1 : 3 verdünnt wurde. Der gefundene Wert ist dann natürlich mit dem Faktor 4 zu vervielfältigen.

c) Messung der durch die Wasserbindung verursachten Druck- bzw. Volumenabnahme.

Von den verschiedenen Ausführungsvorschriften ist wohl diejenige von Carpenter am meisten der derzeitigen Experimentaltechnik angepaßt, sie sei daher hier angeführt. Grundsätzlich arbeitet man so, daß ein gemessenes Volumen des zu untersuchenden Gases mit einem der oben genannten Trocknungsmittel in Berührung gebracht wird; nach der Wasserabsorption werden erneut Volumen und Druck ermittelt. Die Differenz, die sich nach Reduktion auf Normalbedingungen ergibt, entspricht dann dem Wassergehalt.

Arbeitsvorschrift. Die Messung erfolgt in dem in Abb. 23 abgebildeten Apparat. Man sieht, wie die mit einem Druck- und Volumenausgleichgefäß B kombinierte Gasbürette A über ein Absorptionsrohr D mit einer Gaspipette E–R verbunden ist. Die Bürette ist zusammen mit dem Niveaugefäß F mit Quecksilber als Sperrflüssigkeit gefüllt, die Pipette E–R mit konzentrierter Schwefelsäure. Als eigentliches Absorptionsmittel wurde von Carpenter das Trihydrat des Magnesiumperchlorats, sogenanntes Dehydrit, in D verwendet. Die 50 cm³ fassende Bürette ist im zylindrischen verjüngten Teil in 0,01 cm³ geteilt und befindet sich zusammen mit dem Reduktionsgefäß, das etwas Phosphorpentoxyd enthält, zwecks Temperaturausgleichs in einem Wassermantel. Zur Füllung des Manometers C dient nichtflüchtiges Paraffinöl. Über dem Verschlußstopfen L der Pipette E–R befindet sich als Schutz gegen die Schwefelsäure etwas Quecksilber. Alle Gummiverbindungen bis auf den

[1] Quarz, geglüht und gepulvert, von Schering-Kahlbaum, Berlin.

Nitrometerschlauch P zwischen Bürette und Niveaugefäß sind mit einem wasserdichten Überzug versehen.

Nach der Füllung und üblichen Vorbereitung des Gerätes wird zunächst zur Entfernung von Feuchtigkeitsresten die in der Bürette befindliche Luft 10- bis 15mal in die Pipette hinübergedrückt. Man stellt alsdann die Schwefelsäure in E–R auf die Marke ein und sorgt für Druckausgleich in A und E mit der Atmosphäre. Ebenso wird Druckgleichheit mit B über das Manometer C hergestellt. Nach Ablesung der Bürette wird nun bei Verbindung zwischen A und D das Niveaugefäß F 5mal gehoben und gesenkt zur Feststellung, ob alle Feuchtigkeit entfernt und ob der Apparat dicht ist. Die Ablesungen müssen auf 0,002 cm^3 genau übereinstimmen, erst dann kann die eigentliche Analyse beginnen.

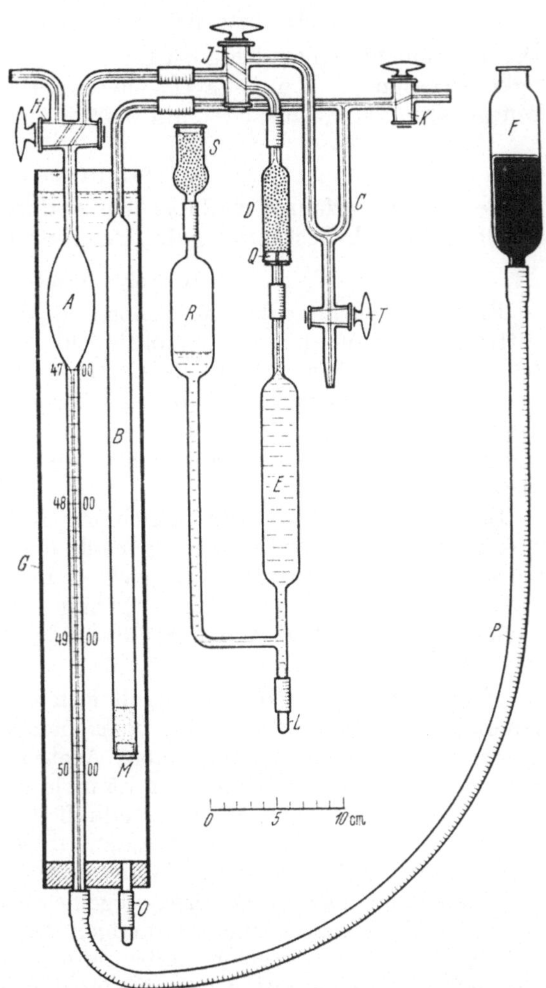

Abb. 23. Zur Wasserbestimmung nach CARPENTER.

Man saugt jetzt die zu untersuchende Gasprobe über H in die Bürette ein, die vorteilhaft 3mal mit dem zu untersuchenden Gas durchgespült wird. Alsdann sorgt man wieder für Druckausgleich mit der Atmosphäre bzw. dem Ausgleichgefäß B über das Ölmanometer C und macht hierauf die Volumablesung. Nun läßt man das Gas 15mal durch das Absorptionsrohr D, d. h. also über das Trocknungsmittel, nach E–R passieren und liest erneut den Volumenstand in A ab. Man wiederholt das Überleiten noch 5mal bzw. so lange, bis die Ablesungen um weniger als 0,002 cm^3 differieren. Der Unterschied zwischen der letzten und der ersten Ablesung, beide korrigiert in bezug auf die Bürettenkorrektion, entspricht dem gesuchten Wasserwert, den man nach Division durch das Ausgangsvolumen gleich in Volumenprozenten Wasserdampf angeben kann.

Bemerkungen. Sehr wesentlich ist, daß die Temperatur des Wassermantels mindestens 1° höher als die Zimmertemperatur ist, bei der die Gasprobe abgemessen wurde. Es besteht sonst die Gefahr, daß sich die Feuchtigkeit z. T. in der Bürette kondensiert. Unbedingt nötig ist, daß der Apparat vor den Messungen gut getrocknet wird und daß die Gummischlauchverbindungen bei der Anbringung nicht angefeuchtet werden. Der Einsatz von etwa 10 g Magnesiumperchlorattrihydrat genügt für etwa 100 Analysen. Die Schwefelsäure in der Pipette E–R, die zweckmäßig noch durch ein aufgesetztes Calciumchloridrohr S vor der Luftfeuchtigkeit geschützt wird, scheint ebenso lange vorzuhalten.

Zur Prüfung des vom Autor „chemisches Hygrometer“ genannten Gerätes wurden verschiedene Feuchtigkeitsbestimmungen in Luft durchgeführt; gleichzeitig wurde dieselbe Luft gravimetrisch untersucht, indem gemessene Volumina durch mit konzentrierter Schwefelsäure gefüllte und gewogene Absorptionsgefäße geleitet wurden. Es folgen die Ergebnisse:

Bestimmung der Luftfeuchtigkeit

a) mit chemischem Hygrometer	b) durch Wägung
0,917 bzw. 0,922%	0,921%.

Das Instrument eignet sich auch für die Eichung anderer Vorrichtungen zur Feuchtigkeitsmessung, z. B. von Psychrometern. Die Anwendbarkeit wurde für Feuchtigkeitsgehalte von 0,3 bis 2,2% auf 0,02% genau dargetan.

B. Hydrolyseverfahren.

Bei diesem Verfahren wird das Wasser durch hydrolytische Vorgänge quantitativ erfaßt und durch Bestimmung der Reaktionsprodukte ermittelt.

1. Hydrolyse von Säurechloriden.

Eine sehr wichtige hierher gehörende Methode ist die Umsetzung des zu ermittelnden Wassers mit dem Naphthylchloroxyphosphin von LINDNER, wobei eine dem gesuchten Wasser äquivalente Menge Chlorwasserstoff entwickelt und nach Absorption in einer nachgeschalteten Wasservorlage acidimetrisch erfaßt wird. Über dieses Verfahren ist bereits eingehend im Wasserstoffkapitel bei der Bestimmung von gebundenem Wasserstoff berichtet worden (S. 59), weshalb hier nur darauf verwiesen sei.

Eine andere Methode bedient sich der Umsetzung des Wassers mit Acetylchlorid in Gegenwart von Pyridin. Diese schnelle und quantitative Reaktion ermöglicht die Bestimmung von Wasser, vorzugsweise in organischen Flüssigkeiten, wiederum mittels anschließender Titration der gebildeten Säuren. Wir geben hier die Vorschrift wieder, die dem eingehenden Studium der Reaktion durch SMITH und BRYANT entstammt.

Arbeitsvorschrift. Man stellt sich zunächst eine Lösung von 1,5 Mol (annähernd 118 cm³) Acetylchlorid in trockenem Toluol zu 1 Liter her. Benötigt werden außerdem trockenes Pyridin, reines Aceton und n-Propanol vom Siedeintervall 97,2 bis 97,5°. Es werden 10 cm³ der 1,5 molaren Acetylchloridlösung in einen 250-cm³-Kolben pipettiert, wobei man vorteilhaft eine automatische Pipette benutzt und etwa 1 Min. lang mit Eis kühlt. Alsdann gibt man unter Rühren und Schütteln 2 cm³ Pyridin hinzu, wobei ein dünner Brei von Acetylpyridiniumchlorid entsteht. Hierauf fügt man eine abgewogene bzw. abgemessene Menge der auf Wasser zu untersuchenden Substanz in einem derartigen Ausmaß hinzu, daß für jedes umgesetzte Mol ein Überschuß von einem halben Mol Acetylchlorid übrigbleibt. Die Mischung wird heftig durchgeschüttelt, um eine möglichst innige Berührung von Substanz und Reagens zu erzielen. Nach mindestens 2 Min. langer Einwirkung bei Zimmertemperatur, in welcher Zeit alles vorhandene Wasser reagiert haben muß, beseitigt man den Überschuß des Acetylchlorids mit absolutem Äthylalkohol, der in zwei Anteilen zugesetzt werden soll[1]. Der erste Kubikzentimeter des absoluten Alkohols wird mittels Pipette unter energischem Schütteln zugegeben, wobei die Hauptmenge des Reagenses zersetzt wird. Erst nach mindestens 5 Min. versetzt man mit weiteren 25 cm³ Alkohol, wodurch das Säurechlorid-Pyridinat quantitativ beseitigt und die Lösung homogenisiert und damit titrationsfähig gemacht wird. Die Titration erfolgt nach weiterem 10 Min. langen Stehen bei Zimmertemperatur mit 0,5-n-Natronlauge unter Verwendung von Phenolphthalein als Indikator. Zum Schluß wird noch eine Blindtitration mit den gleichen Reagenzien und bei gleichen Bedingungen durchgeführt.

---

[1] Methylalkohol ist nicht so gut geeignet, da der mit dem überschüssigen Acetylchlorid gebildete Methylessigester bei der nachfolgenden Titration schon merklich hydrolysiert wird.

Der Überschuß der im Reaktionsprodukt der zu untersuchenden Substanz gefundenen Säure über die in der Blindprobe titrierte gibt ein unmittelbares Maß für das gesuchte Wasser, indem je Mol Wasser gerade 1 Mol Überschußsäure gebildet wird. Die Genauigkeit beläuft sich auf $\pm 1\%$ bei Anwesenheit von mindestens 50 mg Wasser.

Bemerkungen. Das Verfahren erscheint insofern sehr vorteilhaft, als es infolge der prompten Umsetzung des Wassers mit dem Reagens die Bestimmung in Gegenwart von Alkoholen (ausgenommen Methanol) und Aminen zuläßt, die bei mäßigem Überschuß infolge ihrer geringen Reaktionsgeschwindigkeit nicht stören. Schon so kleine Wassermengen wie 2 mg können derart mit Sicherheit erfaßt werden, wenn man nur gleichzeitig entsprechende Kontrollversuche anstellt. Selbst Phenole und Fettsäuren können zugegen sein, ohne die Bestimmung des Wassers nennenswert zu beeinträchtigen, natürlich kann die Genauigkeit dann nicht so groß sein.

Abschließend sei betont, daß das Verfahren geradezu als spezifisch anzusprechen ist, da z. B. das α-Naphthyloxychlorphosphin von LINDNER mit Alkoholen usw. ähnlich glatt wie mit Wasser reagiert, seine Verwendung zur Wasserbestimmung daher in Gegenwart der genannten Substanzen nicht möglich ist. Im übrigen arbeitet die Acetylchlorid-Pyridin-Methode wesentlich schneller als die Bestimmung unter Verwendung von Benzoesäureanhydrid (ROSS).

Der Wassergehalt der zu untersuchenden Flüssigkeiten kann sich außerdem in weiten Grenzen bewegen. Leicht hydrolysierbare Verbindungen, auch Ameisensäure, Aldehyde und Trimethylamin dürfen allerdings nicht anwesend sein.

Nach KAUFFMANN ist die Methode auch anwendbar für die Wasserbestimmung in Fetten, fetten Ölen, Butter und Margarine, selbst wenn sie stark sauer sind. Als Lösungsmittel für das Acetylchlorid wird bei Fetten statt Toluol Tetrachlorkohlenstoff vorgeschlagen, zur Bindung des überschüssigen Säurechlorids Anilin, während bei Lebertranen wie oben absoluter Äthylalkohol besser sein soll. Die Säurezahl der Fette muß natürlich berücksichtigt werden.

Es liegt nahe, daß bei entsprechender Berücksichtigung seines individuellen Verhaltens auch Benzoylchlorid an Stelle von Acetylchlorid für die Reaktion von SMITH und BRYANT verwendet werden kann.

2. Hydrolyse von Säureanhydriden.

Die auf Grund der Säureanhydrid-Wasser-Umsetzung entwickelten Verfahren basieren gleichfalls auf der Messung der hierbei entstehenden Säure, die entweder acidimetrisch titriert oder auch durch Leitfähigkeitsmessungen bestimmt werden kann. Verwendet wurden bisher Essigsäure- und Benzoesäureanhydrid, deren Umsetzung mit Wasser an sich langsam verläuft, was insbesondere für organische Lösungsmittel gilt. Um die Reaktion für praktische analytische Zwecke verwertbar zu gestalten, war daher das Aufspüren geeigneter Katalysatoren erforderlich. Ein solcher wurde in dem 2,4-Dinitro-benzolsulfonsäuredihydrat gefunden, das auch in Konzentrationen von 10^{-3} Mol/Liter so stark beschleunigend wirkt, daß die Umsetzung selbst in den indifferenten organischen Lösungsmitteln unter Umständen in wenigen Stunden beendet werden konnte. (TOENNIES und ELLIOT.) Natürlich wird die benötigte Zeit auch sehr durch die spezifische chemische Beschaffenheit des Lösungsmittels bestimmt.

Arbeitsvorschrift. Unmittelbar vor der eigentlichen Wasserbestimmung wird ein Blindversuch angesetzt. Hierzu werden in sorgfältig getrocknete ERLENMEYER-Kolben mit Schliffstopfen 0,045 Millimol der Katalysatorsäure mit 1,25 Millimol Essigsäureanhydrid in 4 cm^3 Acetonitril gemischt; die Mischung wird darauf so lange stehengelassen, bis die Umsetzung vollendet ist. Alsdann titriert man die gegebenenfalls infolge Anwesenheit von Wasserspuren gebildete Essigsäure mit einer 0,1 n-Natriummethylat-Lösung in Methylalkohol unter Verwendung von Thymolblau als

Indikator[1] bis zum Farbumschlag nach Blau. Für den Hauptversuch verwendet man die gleiche Mischung, nur vom Acetonitril werden 5 statt 4 cm^3 benötigt. Nach dem Zusatz der abgemessenen Substanzprobe läßt man wiederum genügend lange – häufig genügen 4 Std. – stehen und titriert schließlich wieder in der oben angegebenen Weise. Gemäß der Gleichung $CH_3CO \cdot O \cdot OCCH_3 + H_2O \rightarrow 2CH_3COOH$ entspricht dann 1 Mol titrierter Säure $\frac{1}{2}$ Mol Wasser.

Bemerkungen. Der Vorteil der 2,4-Dinitrobenzolsulfonsäure besteht darin, daß sie einerseits in bezug auf die Stärke an die Perchlorsäure herankommt, andererseits aber als feste, gut kristallisierte Substanz zumal in Gestalt ihres nicht hygroskopischen Dihydrates viel bequemer zu handhaben ist. Wichtig ist ferner die Feststellung, daß zwar auch die Alkoholyse des Essigsäureanhydrids in ähnlichem Ausmaß wie die Hydrolyse beschleunigt wird, daß aber die Veresterung der entstehenden Säure durch etwa vorhandenen Alkohol kaum katalysiert wird. Beachtet man überdies die Tatsache, daß gemäß den Gleichungen $(CH_3CO)_2O + CH_3ONa \rightarrow CH_3CO_2Na + CH_3CO_2CH_3$ und $(CH_3CO)_2O + R \cdot OH \rightarrow CH_3CO_2H + CH_3CO_2R$ das Säureanhydrid die gleiche Menge Base verbraucht, gleichgültig ob es vorher mit Alkohol reagiert hat oder nicht, so ergibt sich, daß die Wasserbestimmung auch in Gegenwart von Alkoholen möglich ist. Methodisch ist es günstig, wenn die Anfangskonzentration des Essigsäureanhydrides bei einige Stunden dauernden Reaktionen nicht höher als 0,2 molar, bei tagelanger Umsetzung höchstens 0,04 molar ist. Am Ende der Reaktion sollen mindestens noch 0,01 Mol je Liter zugegen sein.

Die Menge des Acetonitrils hängt von der Löslichkeit der Katalysatorsäure in dem jeweiligen Medium ab. Bei Äther genügen 5%, für Benzol sind 10% erforderlich, um die Ausscheidung des Katalysators zu verhindern. Bemerkenswert ist in diesem Zusammenhang die Tatsache, daß in Äther die Umsetzung etwa 10mal langsamer als in Acetonitril bzw. Mischungen derselben mit Benzol verläuft.

Der maximale Fehler des Verfahrens beträgt auf 50 cm^3 der zu prüfenden Flüsssigkeit 0,010 Millimol Wasser, das sind 0,0004 Volumprozent[2]. Die Anwendung beschränkt sich naturgemäß auf solche Lösungsmittel, die unempfindlich gegen Säureanhydride und niedrige Konzentrationen starker Säuren sind sowie keine ausgesprochen sauren bzw. basischen Eigenschaften haben. Substanzen, die, wie z. B. Aceton, unter dem Einfluß von Säuren zur Wasserabspaltung etwa durch Selbstkondensation neigen, bedürfen einer besonderen Beachtung oder müssen von vornherein ausgeschlossen werden.

Somiya bestimmte gleichfalls mit Hilfe von Essigsäureanhydrid Wasser in Eisessig, indem er eine abgemessene Menge desselben in einem hermetisch verschlossenen Druckapparat mit 3,1 n-Essigsäureanhydrid in trockenem Eisessig eine halbe Stunde lang auf 135° erhitzte. Das Wasser ist dann quantitativ in Essigsäure umgesetzt. Durch Ermittelung des unverbrauchten Säureanhydrids mit überschüssiger 3,1 n-Anilinlösung in Acetylentetrachlorid bei Rücktitration des Anilins mit Essigsäureanhydrid auf thermometrischem Wege im Dewar-Gefäß wurde dann das ursprünglich vorhandene Wasser gefunden.

Auch auf eine andere, von Ross vorgeschlagene Methode, bei der Benzoesäureanhydrid verwendet wurde, kann nur kurz hingewiesen werden, da sie viel Zeit beansprucht und daher nur in besonderen Fällen benutzt werden dürfte. (S. auch Thorpe und Whiteley.) Man erhitzt die fragliche Probe mit überschüssigem Benzoesäureanhydrid 24 Stunden lang (!) auf 110° und titriert dann die gebildete Benzoesäure in Gegenwart des unverbrauchten Anhydrids. Auch dieses Verfahren konnte so ausgestaltet werden, daß die Wasserbestimmung in Gegenwart sowohl von

[1] 0,125%ige Lösung in Methanol, die mit Natriummethylat neutralisiert wurde. 10 Tropfen auf etwa 20 cm^3 Endvolumen!

[2] Die Genauigkeit erreicht bei etwa 1%igen Lösungen Beträge von weniger als $\pm$ 1%.

Alkoholen als auch von Aldehyden und Acetaten ermöglicht wurde bei einer Genauigkeit von etwa 0,5%.

3. Hydrolyse von Aluminiumchlorid bei 450°.

Diese bemerkenswerte Methode wurde von FISCHBECK und ECKERT entwickelt, um bei chemischen Prozessen entstehendes Wasser sofort nach der Bildung quantitativ messen zu können. Es wird dabei der Umstand ausgenutzt, daß das Aluminiumchlorid sich bei genügend hohen Temperaturen mit Wasserdampf quantitativ zu Aluminiumoxyd und Chlorwasserstoff gemäß der Gleichung

$$2\,AlCl_3 + 3\,H_2O \rightarrow 6\,HCl + Al_2O_3$$

umsetzt. Es entstehen demnach je Mol Wasser genau 2 Mol Chlorwasserstoff, dessen Titration die Berechnung der jeweiligen Wassermenge ermöglicht. Der besondere Vorteil bei der Verwendung des Aluminiumchlorids besteht nun darin, daß der Überschuß nach dem Durchgang durch die erhitzte Reaktionszone beim Abkühlen sich sofort in fester Form niederschlägt und so den entbundenen Chlorwasserstoff nicht weiter festhält. Dieser kann daher umgehend titriert werden, was bei dem Naphthyloxychlorphosphin (LINDNER) z. B. nicht möglich ist, da es als Flüssigkeit wesentliche Teile des Chlorwasserstoffs löst, somit seine Austreibung erfordert und damit die Messung zeitlich verzögert.

Arbeitsvorschrift. Die benötigte Apparatur nebst Einzelteilen ist aus den Abbildungen 24a, b und 25 zu ersehen. Danach passiert der als Transportgas benutzte Wasserstoff aus der Bombe B zunächst einen auf 500° erhitzten Kupferasbestkontakt O_1 zwecks Beseitigung von Sauerstoffspuren und teilt sich dann in

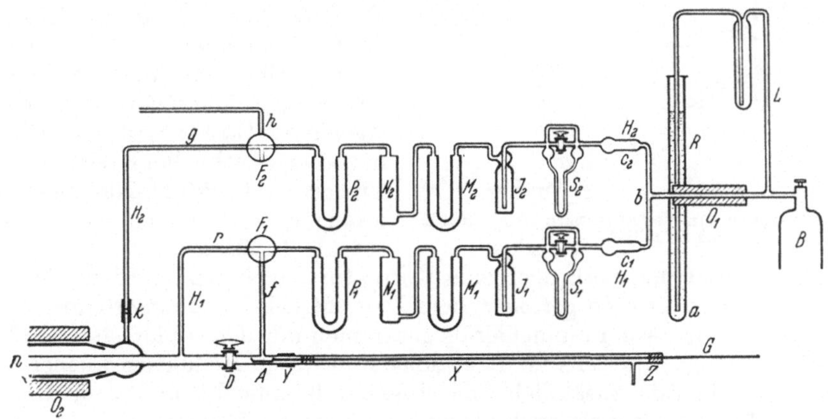

Abb. 24a. Verfahren nach FISCHBECK und ECKERT.

zwei Ströme, H_1 und H_2, von denen jeder für sich der Messung und Trocknung zugeführt wird. Nach Vortrocknung über Calciumchlorid (C_1 bzw. C_2) werden die Strömungsmesser S_1 und S_2 durchlaufen, denen Trockengefäße mit konzentrierter Schwefelsäure (J_1 und J_2), mit Calciumchlorid (M_1 und M_2), Natriumhydroxyd (N_1 und N_2) und zuletzt mit Phosphorpentoxyd auf Tonscherben (P_1 und P_2) folgen. Schließlich geht er über die Feinregulierdreiweghähne F_1 bzw. F_2 in den eigentlichen Reaktionsraum.

Die zur Erzielung definierter Leerlaufzeiten notwendige Strömungskonstanz wird durch eine Abzweigung L bewirkt, die in ein unten offenes Rohr führt, das etwa 80 cm tief in ein Wasserrohr R eintaucht. Das Reduzierventil wird so eingestellt, daß bei a langsam Gasblasen austreten, wodurch das Druckgefälle festgelegt ist. Über g tritt der Wasserstoffstrom H_2 in ein 3 cm weites, durch den elektrischen Ofen O_2 auf 145° geheiztes Rohr, in dem sich festes Aluminiumchlorid befindet, und gelangt mit dessen Dampf beladen in die Reaktionszone U, die durch den Ofen O_3 auf 450° gehalten wird. (Abb. 24b.) Gleichzeitig tritt der Strom H_1 entweder mit bekannter oder der gesuchten Wassermenge beladen nach Vorwärmung im Rohr p ebenfalls in den Reaktionsraum ein, wo sich das Wasser mit dem Aluminiumchlorid umsetzt

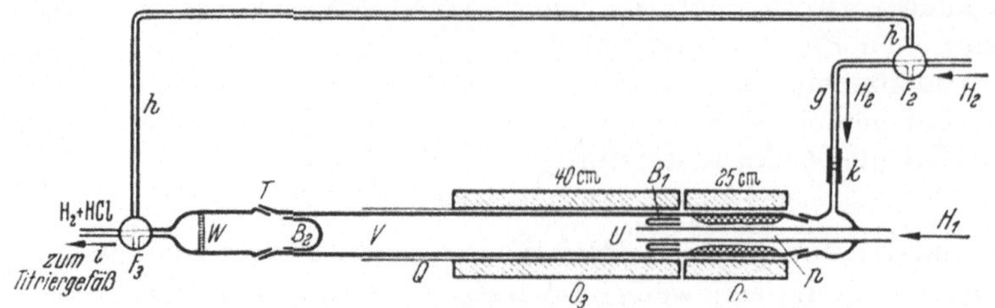

Abb. 24b. Verfahren nach FISCHBECK und ECKERT.

und das dabei entstehende Aluminiumoxyd sich an den Wänden niederschlägt. Der Füllkörper B, am Ende von p, verhindert den konvektiven Zutritt von Wasser zum festen Aluminiumchlorid und damit die Bildung entsprechender Hydrate. Zur Vermeidung der Verstopfung durch das Sublimat des überschüssigen Aluminiumchlorids ist der Ofen O_3 mit einer Metallrohrverlängerung Q versehen, die das Sublimat auf eine längere Strecke verteilt. Schwebeteilchen werden im 60 cm langen Ansatzrohr W niedergeschlagen, das am Ende eine Glasfrittenplatte als Filter trägt. Glaswolle ist wegen Adsorption des Chlorwasserstoffs ungeeignet. Der Chlorwasserstoff wird anschließend durch die vereinigten Wasserstoffströme in das Titriergefäß (Abb. 25) übergeführt. Dieses ist so gebaut, daß beim Einleiten des Gasstromes ein dauernder, durch das Aufsteigen der Gasblasen aus der Glasspitze m bedingter schneller Kreislauf entsteht. Titriert wird mit 0,1 n-Natriumcarbonatlösung unter Verwendung von Methylrot als Indikator.

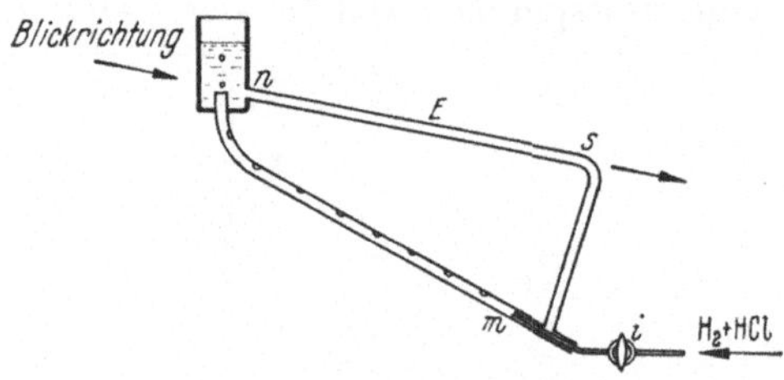

Abb. 25. Titriergefäß zum Verfahren nach FISCHBECK und ECKERT.

Bei der Auswertung muß noch eine Korrektur angebracht werden, die dadurch bedingt ist, daß erstens ein geringer, dem Dampfdruck bei Zimmertemperatur entsprechender Teil des Aluminiumchlorids zusammen mit dem Chlorwasserstoff in das Titriergefäß gelangt, zweitens im Reaktionsraum durch Reduktion kleiner Mengen des Aluminiumchlorids zusätzlich Chlorwasserstoff entsteht und zum dritten der verwendete Wasserstoff nicht völlig trocken ist. Zwecks Erfassung dieser zusätzlich gebildeten Chlorwasserstoffmenge muß bei konstanten Temperaturen und konstanten Strömungsgeschwindigkeiten gearbeitet werden. Der Fehlerbetrag je Zeiteinheit ist dann auch konstant und kann vor der Analyse bestimmt werden, indem man mit der Stoppuhr die Zeit mißt, in der gerade 1 cm^3 der 0,1 n-Sodalösung durch den Gasstrom neutralisiert wird. Diese sogenannte Leerlaufzeit beträgt durchschnittlich 40 bis 50 Min. Man kann mit Hilfe dieser Größe ohne weiteres den Betrag der während der gemessenen Versuchsdauer entwickelten zusätzlichen Salzsäure berechnen und erhält durch Abzug dieses Wertes von der insgesamt titrierten Salzsäure die dem gesuchten Wasser äquivalente Chlorwasserstoffmenge.

Bezüglich der Einfüllung und Reinigung des Aluminiumchlorids durch Umsublimieren muß auf die Originalarbeit verwiesen werden.

Zur Prüfung der gesamten Anordnung werden dem Wasserstoffstrom H_1 bekannte Mengen Wasser, z. B. in Form abgewogener Kupfersulfatproben, zugeführt. Diese Proben werden ebenso wie die eigentliche Analysensubstanz durch die Schleuse

A vom Luftsauerstoff befreit. Nach der Entlüftung durch Wasserstoff, der von H_1 über X abgezweigt wird und über Y durch die Capillare Z entweicht, schiebt man das mit der Substanz beschickte Platinschiffchen durch den jetzt erst geöffneten Hahn D mit Hilfe des Stabes G allmählich in die warme Zone des Rohres p ein, derart, daß die Wasserabgabe langsam und stetig erfolgt. Das Ende der Entwässerung kann schließlich daran erkannt werden, daß sich die anfängliche Leerlaufzeit wieder einstellt. Die Zeitspanne zwischen der ersten Einstellung der Leerlaufzeit und der zweiten nach der Messung ergibt zugleich die für die Korrektur benötigte Versuchsdauer.

Es erübrigt sich fast der Hinweis, daß die Bedingungen so gewählt sein müssen, daß das Aluminiumchlorid dem Wasser gegenüber nach dem stöchiometrischen Umsatzverhältnis immer im Überschuß vorhanden ist.

Bemerkungen. Wie schon gesagt, eignet sich das Verfahren vorzugsweise zur Bestimmung von Reaktionswasser und daher sogar für die Ermittlung der Reaktionsgeschwindigkeit von Umsetzungen reduktiver Art mit Wasserstoff. Auch ist bemerkenswert die Möglichkeit, sehr kleine Wassermengen zu messen. Unbrauchbar wird die Methode aber in Gegenwart organischer Hydroxylverbindungen, da auch diese mit Aluminiumchlorid Chlorwasserstoff entwickeln.

4. Hydrolyse von Calciumcarbid.

Das Verfahren gründet sich auf die quantitative Umsetzung von Wasser mit überschüssigem Calciumcarbid nach der bekannten Gleichung

$$CaC_2 + 2\,HOH \rightarrow Ca(OH)_2 + C_2H_2.$$

Das entbundene Acetylen wird teils volumetrisch, teils manometrisch gemessen bzw. in Acetylenkupfer oder Acetylensilber übergeführt, deren Mengen entweder gravimetrisch oder schneller maßanalytisch erfaßt werden. Die Methode ist am sichersten auf Gase bzw. Flüssigkeiten anwendbar, bei festen Substanzen muß für innigste Durchmischung mit dem Carbidpulver gesorgt werden, sofern man nicht vorzieht, das Wasser vorher in geeigneter Weise auszutreiben bzw. mit indifferenten Lösungsmitteln zu extrahieren und dann erst mit dem Calciumcarbid zur Umsetzung zu bringen.

Hier sei zunächst die allgemeiner anwendbare Ausführungsform von Boller beschrieben, die an sich speziell für die Untersuchung von Isolierölen entwickelt wurde und die Bestimmung sehr geringer Wassermengen ermöglicht.

Prinzip. Durch die gewogene Substanzprobe wird ein Strom von getrocknetem, indifferentem Gas geleitet, wobei dieses sich mit der Feuchtigkeit belädt und dann ein mit Calciumcarbid gefülltes Rohr passiert. Dabei vollzieht sich die Entbindung der äquivalenten Acetylenmenge, die in einem angeschlossenen Absorptionsgefäß als Acetylenkupfer niedergeschlagen und so der Bestimmung zugänglich gemacht wird.

Arbeitsvorschrift. Zur Durchführung dient der in Abb. 26 wiedergegebene Apparat. Als indifferente Gase kommen Stickstoff bzw. Wasserstoff nach entsprechender Reinigung und Trocknung in Frage, Kohlendioxyd kann man wegen der ammoniakalischen Absorptionsflüssigkeit nicht verwenden[1]. Das Carbidrohr hat eine lichte Weite von etwa 10 mm und eine Gesamtlänge von 50 cm. Es kann nach dreimaliger Biegung um 180° in einem Eisenrohr von 20 cm Länge und 5 bis 6 cm Durchmesser untergebracht werden, das seinerseits in einen Ofen aus Eisenblech mit Asbestauskleidung eingebaut ist.

---

[1] Aus dem Kippschen Apparat entnommener Wasserstoff wurde mit einer konzentrierten Natriumpermanganatlösung gewaschen und anschließend mit Calciumchlorid und konzentrierter Schwefelsäure getrocknet.

Die Füllung besteht aus technischem Calciumcarbid, das auf eine Korngröße von 3 bis 4 mm Durchmesser gebracht und durch Absieben vom Staub befreit wurde[1]. Zur Entfernung anhaftender Feuchtigkeit muß die Füllung unter Durchleiten eines trockenen Luftstroms langsam auf 250 bis 260° erwärmt werden. Erst wenn die abziehende Luft acetylenfrei ist (Prüfung mit dem Reagens nach ILOSVAY!), läßt man im Luftstrom erkalten. Dauer: einige Stunden.

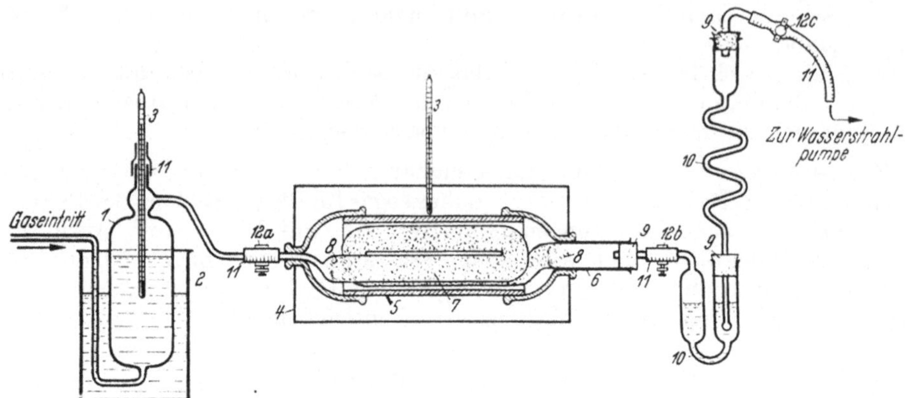

Abb. 26. Anordnung zur Wasserbestimmung in Isolierölen nach BOLLER.

Das Absorptionsgefäß ist so konstruiert, daß das durchstreichende Gas lange mit der Lösung in Berührung bleibt und das Gerät sich trotzdem leicht ausspülen läßt (s. Abb. 26).

Zur Analyse bringt man 100 g der Substanz (z. B. Öl) in das Glasgefäß 1, das 150 cm³ faßt; gleichzeitig werden 20 bis 30 cm³ des klar filtrierten ILOSVAY-Reagenses in das Absorptionsgefäß gefüllt[2]. Hierauf saugt man einen langsamen Wasserstoffstrom durch den Apparat, wobei der Quetschhahn 12b so eingestellt ist, daß in 10 sec. 10 bis 15 Blasen durch die Vorlage gehen. Inzwischen erwärmt man die Substanzprobe durch ein Ölbad auf 130 bis 140°, welche Temperatur während des ganzen, etwa 2½ Std. dauernden Versuches beibehalten werden soll. Im Absorptionsgefäß erfolgt alsbald Rötung, und nach 1 Std. ist das Wasser größtenteils aus der Ölprobe ausgetrieben. Erst jetzt heizt man den Carbidrohrofen an und hält ihn während 1 Std. auf 180 bis 200°. Nur dadurch wird das Acetylen, das hartnäckig vom Calciumcarbid festgehalten wird, quantitativ zur Absorption gebracht. Hiernach stellt man die Heizung ab und schließt die Quetschhähne 12b und 12c. 12a bleibt offen, um Unterdruck im Carbidrohr und damit Ansaugen von feuchter Luft zu vermeiden.

Das ausgeschiedene Acetylenkupfer wird nach öfterem Umschütteln in einen Glasfiltertiegel abfiltriert und sorgfältig, aber vorsichtig ausgewaschen, damit alles anhaftende Hydroxylamin entfernt und Oxydation durch den Luftsauerstoff vermieden wird. Der Niederschlag darf dabei keinesfalls trocken gesaugt werden, sonst wird das Auswaschen sehr langwierig infolge Übergang der Fällung in eine zähe Haut, die sich anschließend auch nur langsam löst. Wenn das Waschwasser durch einen Tropfen 0,1 n-Permanganatlösung bleibend gerötet wird, löst man den

[1] Es erscheint besonders beachtlich, daß die üblichen Verunreinigungen, die sonst bei der Verwendung des Carbides lästig sind, hier nicht stören.

[2] Herstellung des ILOSVAY-Reagenses: 1 g Kupfer(II)nitrat $Cu(NO_3)_2 \cdot 3H_2O$ wird in einem 50-ccm-Kölbchen in wenig Wasser gelöst, dann 4 ccm 20 bis 21%ige Ammoniaklösung zugetröpfelt und 3 g Hydroxylaminchlorhydrat zugegeben. Man schüttelt durch und füllt sofort mit Wasser auf 50 cm³ auf. Die Lösung ist nach wenigen Augenblicken entfärbt.

Niederschlag mit einem überschüssigen, aber abgemessenen Volumen saurer Ferrisulfatlösung, die auf 1 Liter 100 g EisenIII-sulfat und 200 g konzentrierte Schwefelsäure enthält und deren Titer genau ermittelt wird, vom Filter und titriert das grüne Filtrat mit 0,1 n-Permanganatlösung. 1 cm^3 Kaliumpermanganatlösung entspricht dabei 0,0018 g Wasser (vgl. auch WILLSTÄTTER).

Bemerkungen. Neben dieser ziemlich allgemein verwendbaren Vorschrift findet sich eine Reihe mehr oder weniger den speziellen Zwecken angepaßten Angaben, von denen die von SCHÜTZ und KLAUDITZ im besonderen der Wasserbestimmung in Äthylalkohol dient und daher gerade für die Untersuchung des Treibstoffalkohols ein erhöhtes Interesse verdient. Hier wird das Carbid direkt mit dem zu untersuchenden Alkohol zusammengebracht.

Arbeitsvorschrift. Die Apparatur wird durch die Abbildung (vgl. Abb. 27) genügend erläutert. Die Größe des Reaktionskolbens wird der Menge des zu untersuchenden Alkohols, die bei 99- bis 100%igem Sprit etwa 10 bis 100 g beträgt, angepaßt. Das Verbindungsrohr zwischen Kühler und Absorptionsgefäß wird mit feinstückigem Marmorkalk gefüllt, um während der Reaktionszeit den Alkohol vor Zutritt von Feuchtigkeit zu schützen. Bis auf das Absorptionsgefäß werden alle am besten mit Normalschliffen versehenen Teile vor dem Versuch sorgfältig im Trockenschrank von Feuchtigkeit befreit. Der darauf im Exsiccator ausgekühlte Kolben wird nach Verschluß mit einem passenden Stopfen (zweckmäßig Schliffstöpsel) tariert, rasch mit der Alkoholprobe beschickt und damit wieder gewogen, wobei eine Genauigkeit bis zur ersten Dezimale meist genügt. Nun gibt man 10 bis 15% der eingewogenen Menge technisches Calciumcarbid zu, das nach Absieben des Staubanteils rasch im Stahlmörser möglichst fein gepulvert wurde. Nach Aufsetzen des Kühlers und Anschließen des Schutzrohres wird das mit 30 bis 40 cm^3 Aceton beschickte Absorptionsgefäß angesetzt und der Alkohol $1\frac{1}{2}$ bis 2 Std. am Rückflußkühler zum Sieden erhitzt. Um das gesamte entbundene Acetylen in die Vorlage zu bringen, läßt man zum Schluß das Kühlwasser ablaufen und destilliert noch einige Kubikzentimeter Alkohol über. Die Acetonlösung wird darauf in 50 cm^3 der nach ILOSVAY bereiteten ammoniakalischen KupferI-salzlösung gegossen, die vorher mit etwas destilliertem Wasser verdünnt wurde. Das ausgeschiedene KupferI-acetylid wird unter öfterem Umschütten 5 Min. stehengelassen und dann wie oben weiterverarbeitet.

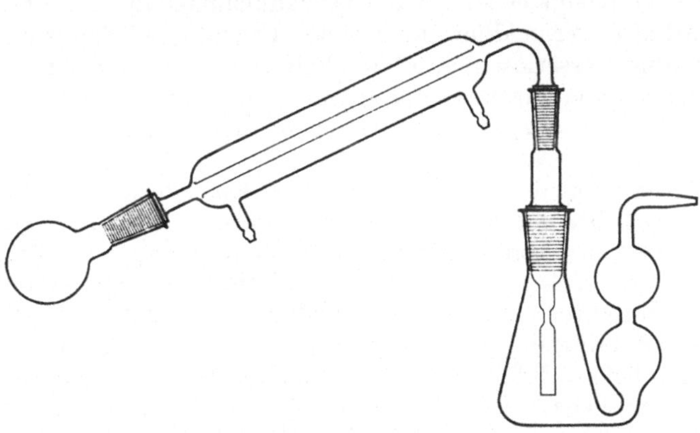

Abb. 27. Carbidverfahren zur Wasserbestimmung in Äthanol nach SCHÜTZ und KLAUDITZ.

Folgende Analysen von Alkoholen mit bekanntem Wassergehalt erwiesen die Brauchbarkeit des Verfahrens. Angeführt sind in Tabelle 6 die Alkoholwerte in Prozenten.

Tabelle 6.

berechnet	99,657	99,831	99,645	99,717	99,847	99,934
gefunden	99,652	99,837	99,651	99,726	99,863	99,938
			99,654	99,731	99,863	

Verdünntere Alkohole mit Wasserwerten über 1% lassen sich in der Weise bestimmen, daß man sie zuvor mit gewogenen Mengen von hochprozentigem Alkohol von bekanntem Wassergehalt bzw. mit trockenen Kohlenwasserstoffen, wie Benzol, versetzt.

Bemerkungen. Borellini verbessert das Verfahren noch dadurch, daß er das entwickelte Acetylen mit einem trockenen und kohlendioxydfreien Stickstoffstrom in die Vorlage spülen läßt. Als Vorlage dient ihm eine Peligot-Röhre mit fünf bis sechs Kugeln, die schon von vornherein mit der KupferI-amminlösung gefüllt ist. Er vermeidet also die Zwischenschaltung des Acetons als Auffangmittel und damit gewisse Schwierigkeiten bezüglich der Vollständigkeit der Fällung. Die Genauigkeit soll dann 1% der vorhandenen Feuchtigkeit erreichen. – Contardi und Ciocca bemerken, daß Methylalkohol stört, da er mit dem Calciumcarbid unter gleichzeitiger Bildung von Calciummethylat auch Acetylen entwickelt. Dies ist bei der Anwendung der Methode zur Wasserbestimmung in technischem Alkohol zu berücksichtigen.

Nach Eckert und Wulff empfiehlt es sich, zur Unschädlichmachung der dem feinpulverisierten Calciumcarbid unvermeidbar anhaftenden Feuchtigkeit dieses zunächst in einer indifferenten, aber wasserlösenden Flüssigkeit, z. B. absolutem Äthylalkohol, so lange zu erhitzen, bis keine Gasentwicklung mehr erfolgt, und dann erst die auf Wasser zu untersuchende Substanz, hier also die abgemessene Menge feuchten Alkohols, hinzuzugeben.

Die gasvolumetrische Bestimmung des entwickelten Acetylens wurde u. a. für die Feuchtigkeitsbestimmung in Braunkohlen durch v. Walther und Benthin vorgeschlagen. Diese verbesserten das von Piatschek wohl zuerst angegebene Verfahren, indem sie die zerkleinerte Kohle nicht nur anteilweise mit dem gepulverten Carbid im Zersetzungskolben mischten und so zur Umsetzung brachten, sondern gleichzeitig schon auf 40–150° erhitzten und die abziehenden Gase noch eine Calciumcarbidschicht passieren ließen. Erhitzung und nachfolgende Abkühlung auf Raumtemperatur konnten so kurz gehalten werden, daß nicht nur die Ablesung des in einer Gasbürette aufgefangenen Gasvolumens befriedigend erfolgte, sondern auch der Charakter der Schnellmethode gewahrt wurde. Der Zeitaufwand betrug nämlich nicht mehr als 13 Min. Bei dieser volumetrischen Ausführung soll das Acetylen wegen seiner verhältnismäßig guten Löslichkeit nicht über Wasser, sondern über gesättigter Kochsalzlösung als Sperrflüssigkeit aufgefangen werden.

Iolsson übertrug diese Methode auch auf sulfidische Erze, Konzentrate und Flotationsabgänge, nachdem er festgestellt hatte, daß die Ergebnisse mit der Trocknung bei 70° im Kohlendioxydstrom übereinstimmen.

Auch in Kalisalzen, z. B. Carnallit, und in Zementmischungen läßt sich der Wassergehalt mittels Calciumcarbidpulvers rasch und mit genügender Genauigkeit volumetrisch ermitteln.

Die Drucksteigerung im geschlossenen Apparat bei konstanter Temperatur als Maß des entwickelten Acetylens und damit des vorhandenen Wassers nutzte u. a. Sheleskow bei der Untersuchung von Bodenproben, z. B. Lehm und Ton, sowie von Konserven aus. Wichtig ist innigste Durchmischung, die durch intensives Schütteln des gleichzeitig mit trockenem Sand und Metallkugeln beschickten stählernen Zersetzungsapparates erreicht wurde. Nach 10 Min. war Druckkonstanz erreicht.

Wie schon betont, läßt sich bei all den Vorschriften, die die Untersuchung fester wasserhaltiger Substanzen zum Gegenstand haben, der Einwand mangelnden Durchreagierens machen, wenn die Umsetzung nur durch mechanische Vermischung mit dem gepulverten Calciumcarbid herbeigeführt wird. Grundsätzlich sollte auch dann, falls man ganz sicher gehen will und nicht nur die Schnelligkeit der Methode im Auge hat, in Gegenwart einer indifferenten Flüssigkeit gearbeitet werden, die das Wasser zunächst völlig aus der zu untersuchenden Substanz herauslöst und so mit dem

Carbid wirklich in innigste Wechselwirkung bringt. Oder man erhitzt das Reaktionsgemisch nach v. WALTHER und BENTHIN so, daß alles Wasser verdampft wird und somit als Gas auch die Voraussetzungen innigster Berührung mit dem Calciumcarbid bietet. Man hat dann gleichzeitig die Gewähr, daß auch die adsorptive Fixierung schon chemisch entbundenen Acetylens durch das Calciumcarbid usw. aufgehoben wird.

5. Hydrolyse von Magnesiumnitrid.

Dieses Verfahren wurde erstmalig von DIETRICH und CONRAD für die Wasserbestimmung in Alkoholtreibstoffen angewendet; es nutzt die Tatsache aus, daß gerade das Magnesiumnitrid sich schnell und vollständig mit Wasser nach der Gleichung

$$Mg_3N_2 + 6\,H_2O \rightarrow 3\,Mg(OH)_2 + 2\,NH_3$$

umsetzt, gegen Alkohole, mit Ausnahme des reinen bzw. hochprozentigen Methylalkohols, aber resistent ist (BRIEGLEB und GEUTHER, SZARVASY). Es soll noch einfacher in der Handhabung sein als das Calciumcarbidverfahren, u. a. deswegen, weil das dem Acetylen entsprechende Hydrolysenprodukt, das Ammoniak, unmittelbar titriert werden kann.

Arbeitsvorschrift. Zur Umsetzung dient der bekannte Apparat zur Stickstoffbestimmung nach KJELDAHL, nur wird zweckmäßig der Destillationsaufsatz zur Hälfte mit RASCHIG-Ringen gefüllt.

In den gut getrockneten Kolben wird eine Menge Magnesiumnitrid gegeben, die etwa das Doppelte, jedoch in jedem Fall mindestens 5 g, der mutmaßlichen Wassermenge beträgt. Nach dem Aufsetzen des Destillationsaufsatzes, der vorteilhaft mit einem für den Kolben passenden Normalschliff versehen und dann gleich mit dem Scheidetrichter verbunden ist, und dem Anschließen des Normalschliffkühlers wird ein ERLENMEYER-Kolben, in der üblichen Weise mit überschüssiger gemessener 0,1 n- bzw. 0,2-n- oder 0,5-n-Schwefelsäure beschickt, vorgelegt. Alsdann läßt man aus dem Scheidetrichter 50 g des auf Wasser zu untersuchenden Alkoholkraftstoffes langsam zulaufen, wobei die letzten, den Trichter benetzenden Anteile mit wasserfreiem, über Calciumchlorid getrocknetem Benzin nachgespült werden. Die Reaktion setzt alsbald, je nach dem Wassergehalt stärker oder schwächer, ein und wird durch Erhitzen auf dem Wasserbad bzw. in geeigneter anderer Weise so lange fortgesetzt, bis alles Wasser umgesetzt und das entstehende Ammoniak quantitativ in die Vorlage übergetrieben ist. Man hat dies Ziel erreicht, wenn etwa drei Viertel des eingesetzten Kraftstoffes mit überdestilliert sind. Schließlich wird der in der Vorlage gebliebene Säureüberschuß in der bekannten Weise zurücktitriert.

Nachstehende Zusammenstellung gibt einen Begriff von der Brauchbarkeit der Methode, selbst wenn es sich um sehr kleine Wassermengen handelt. Angeführt sind in Tabelle 7 die Wasserwerte von Äthylalkohol in Prozenten.

Tabelle 7.

ber.	9,90	5,80	4,00	3,00	2,00	1,00	0,80	0,60	0,40	0,20	0,10
gef.	9,86[1]	5,78	3,99	3,02	1,98	1,01	0,84	0,60	0,40	0,19	0,097

Diese Zahlen beweisen gleichzeitig die völlige Indifferenz des Äthylalkohols gegen Magnesiumnitrid.

Bemerkungen. Das benötigte Magnesiumnitrid läßt sich, falls es im Handel nicht erhältlich ist, bequem in der bekannten Weise herstellen, indem man trockenen Stickstoff durch eine mit Magnesiumpulver beschickte, schwer schmelzbare Glasröhre leitet und diese in einem Röhrenofen auf Rotglut erhitzt. Natürlich muß das Vorratspräparat gut vor Feuchtigkeit geschützt aufbewahrt werden.

[1] Nur bei diesem hohen Wassergehalt wurden 10 g Magnesiumnitrid verwendet, sonst immer entsprechend der Vorschrift 5 g.

Die Autoren überprüften auch andere Nitride in bezug auf ihre Anwendbarkeit und stellten dabei fest, daß Aluminiumnitrid zu träge reagiert, während Calciumnitrid umgekehrt zu heftig wirkt und anscheinend sich schon bei den eingehaltenen Temperaturen auch mit dem Äthylalkohol umsetzt.

Angesichts der steigenden Verwendung von Methylalkohol als Gemischbestandteil von Motortreibstoffen war die Feststellung der Autoren sehr wichtig, bis zu welcher Konzentration der Methylalkohol die Wasserbestimmung nicht stört. Es ergab sich, daß selbst so hochprozentige Gemische, die bis 60% Methylalkohol enthalten, mit Magnesiumnitrid unter den angegebenen Bedingungen nicht reagieren. Erst bei höheren Gehalten ist eine zusätzliche Entbindung von Ammoniak, vermischt mit Trimethylamin, zu bemerken. Da die üblichen Methanolbeimischungen in Spritkraftstoffen selten über 10% hinausgehen, ist die Wasseranalyse also ohne weiteres durchführbar. Im übrigen kann man sich gegebenenfalls sehr einfach dadurch helfen, daß man an Methylalkohol reichere Mischungen mit dem gleichen Volumen wasserfreien Äthylalkohols verdünnt.

In feuchtem Benzin, Motorenbenzol, Äthyläther und Aceton ließ sich das Wasser ebenfalls glatt und befriedigend mit Magnesiumnitrid ermitteln.

Boisselet und Rachkani schlagen noch vor, das Magnesiumnitrid im Reaktionskolben zuerst mit 100 cm³ wasserfreiem Benzol zu erhitzen und 75 cm³ davon abzudestillieren. Erst hierauf und nach Zugabe von weiteren 100 cm³ trockenen Benzols wird die mit Säure beschickte Vorlage angeschaltet und so viel Treibstoff zugegeben, wie etwa 0,5 g Wasser entspricht. Man destilliert dann praktisch das ganze Benzol ab.

Salmoiraghi benutzt die Methode auch zur Wasserbestimmung in Tomatenkonserven.

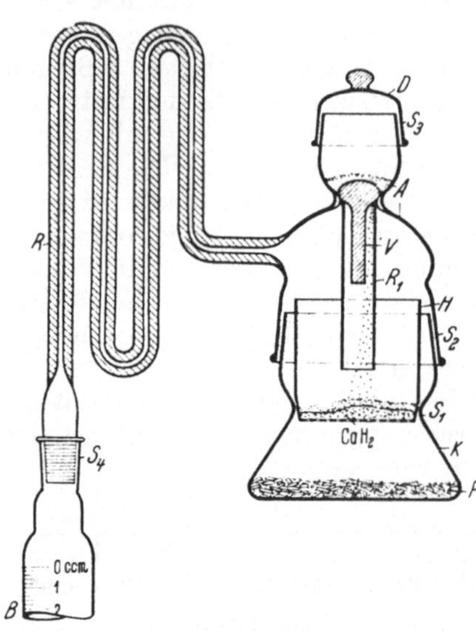

Abb. 28. Calciumhydridverfahren nach NOTEVARP.

6. Hydrolyse von Calciumhydrid.

Wasser setzt sich mit Calciumhydrid rasch und vollständig nach der Gleichung

$$CaH_2 + 2\,H_2O \rightarrow Ca(OH)_2 + 2\,H_2$$

um und entwickelt sonach je Mol gerade 1 Molvolumen Wasserstoff, dessen gasvolumetrische Messung die Bestimmung des gesuchten Wassers ermöglicht.

Die Reaktion wurde eingehend von Notevarp auf ihre Brauchbarkeit untersucht und speziell zur Analyse von Substanzen benutzt, die außer Wasser noch andere flüchtige Substanzen enthalten bzw. selbst merklich flüchtig sind. Für die Brauchbarkeit spricht u. a. auch die im Vergleich zum Acetylen sehr geringe Löslichkeit des Wasserstoffgases in Wasser und anderen als Sperrflüssigkeit verwendeten Substanzen. An Reaktionsfähigkeit steht das Calciumhydrid dem Carbid sicher nicht nach.

Arbeitsvorschrift. Das Reaktionsgefäß erinnert in seiner Gestalt, abgesehen von der Größe, etwas an die normale Exsiccatorausführung (vgl. Abb. 28) und ist so eingerichtet, daß die auf den Boden gebrachte Substanz P eine möglichst große Oberfläche einnehmen kann. Der Autor legt Wert darauf, daß das gut gekörnte Calciumhydrid sich dicht über der Substanz befindet und diese so von den übrigen Apparatteilen trennt, selber aber auch nicht mit ihr in Berührung gelangt. Dies wird durch eine Einsatzhülse H mit capillarfeinem Siebboden erreicht, der das Trocknungsmittel zurückhält, den aus der Probe verdunstenden und aufsteigenden Wasserdampf aber leicht passieren läßt. Das Reaktionsgefäß trägt einen Schliffaufsatz A, der mit der Gasbürette durch das mehrfach gewundene Capillarrohr R verbunden ist. Der obere trichterartige Teil des Aufsatzes ist durch das lose Glasventil V von dem übrigen Apparat getrennt und dient zur Absperrung des Calciumhydrids während des Abwägens, der Zusammensetzung und Temperierung des Gerätes. Es ermöglicht außerdem bei geschlossenem Apparat die Überführung des Trocknungsmittels durch das Rohr R_1 auf den Hülsensiebboden. Die einzelnen Teile der Apparatur sind durch die Schliffe S_1, S_2, S_3, S_4 miteinander verbunden. Bei leichtem Klopfen auf den Schliffdeckel D hebt sich nämlich das Ventil ein wenig von seinem Sitz und läßt das Calciumhydrid durchrieseln[1].

Als Sperrflüssigkeit für die Gasbürette usw. wurde wasserfreies Glykol gewählt, da es eine passende Dichte hat, ohne Einfluß auf Kautschuk ist und wegen seiner Hygroskopizität kleine Verunreinigungen durch Wasser in ihrer schädlichen Wirkung praktisch ausschaltet. Es wurde aus technischem Glykol durch Wegsieden des vorhandenen Wassers bis zur Erreichung des konstanten Siedepunktes von 192 bis 194^0 bereitet. Um unnötige Verwässerung zu verhindern, wird die Niveaukugel zweckmäßig mit einem mit Capillarrohr versehenen Stopfen verschlossen. Das Glykol hält sich dann jahrelang praktisch unverändert, insbesondere wenn man es in der Niveaukugel noch mit etwa 10 bis 20 g Paraffinum liquidum überschichtet. Die Flüssigkeit des Glykols selbst ist im übrigen so gering, daß nur eine unbedeutende Diffusion durch die Capillare in das Reaktionsgefäß während der Umsetzung stattfindet.

Das verwendete technische Calciumhydrid enthält immer als Verunreinigung etwas Nitrid, was zur Folge hat, daß nicht nur Wasserstoff, sondern auch etwas Ammoniak durch das zu messende Wasser entbunden wird. Dies bedingt einen empirischen Umrechnungsfaktor, der für gute technische Produkte mit knapp 2% Nitrid durchschnittlich 0,760 mg Wasser statt theoretisch 0,749 je cm^3 entwickeltes Gas von 20^0 und 760 mm beträgt.

Bei der Ausführung der Bestimmung füllt man zuerst über das Ventil V im Aufsatz A 0,5 bis 0,8 g Calciumhydrid ein und verschließt dann mit dem Deckel D (vgl. Abb. 28). Dieser wird ebenso wie die übrigen Schliffe vorher mit einem wasserfreien und zähen Fett gedichtet[2]. Hierauf wägt man eine passende Menge der zu prüfenden Substanz, meist 1 bis 5 g, auf der Handwaage schnell in das tarierte Reaktionsgefäß K ein, setzt die Hülse ein und verbindet darauf K schnell mit dem Aufsatz A.

Nun läßt man etwa 10 Min. zwecks Temperaturausgleichs stehen, was nur bei sehr feuchten Substanzen auf die kurze Zeit beschränkt werden soll, die nötig ist, um die Tendenz der Volumänderung zu erkennen. Hier besteht nämlich bereits die Möglichkeit einer Überkompensation durch die Wasserstoffentwicklung, die der alsbald merklich entweichende Wasserdampf in Gang bringt. Nach Ablesung des Anfangsvolumens im temperierten Gerät läßt man das Calciumhydrid in der beschriebenen Weise auf den Hülsensiebboden rieseln, und zwar derart, daß das Hydrid gleichmäßig den ganzen Boden bedeckt. Man erreicht das durch seitliches Klopfen bzw. Klopfen auf den Deckel, während man gleichzeitig das Reaktionsgefäß in seinen Schliff passend dreht. Alsdann senkt man das Niveaugefäß so weit, daß während der Reaktion kein nennenswerter Druck entsteht. Die Trocknung verläuft dann ganz selbständig, und man braucht nur nach einer angemessenen Zeit das Endvolumen abzulesen, um den Wassergehalt in der üblichen Weise berechnen zu können. Bei unbekannten Substanzen ist es natürlich vorteilhaft, den Trocknungs-

[1] Die Apparatur ist zu beziehen von E. GUNDELACH, Gehlberg i. Thür.
[2] Nur die Schliffe der Glashülse H bleiben fettfrei.

vorgang zu Anfang mit mehreren Ablesungen zu verfolgen, um die notwendige Übersicht zu gewinnen.

Bemerkungen. Die Reaktion verläuft kontinuierlich, ohne irgendwelche Unterbrechung und unabhängig von den Ablesungen. Die Volumzuwachs-Zeitkurven, die sogenannten Reaktionskurven, können daher für jede Substanz gut und charakteristisch reproduziert werden, wenn die Schwankungen der Zimmertemperatur $\pm$ 2 bzw. 3° nicht übersteigen.

Bei normalen Genauigkeitsansprüchen und nicht zu kleinen Wassergehalten, die Wasserstoffvolumina von 20 bis 50 cm^3 bedingen, sind die gefundenen Werte ohne weitere Korrektur verwendbar. Kommt es aber auf größere Genauigkeit an und sind die Wasserwerte sehr klein, muß man den Volumzuwachs abziehen, den der leere Apparat im Blindversuch nach 1 bis 3 Tagen aufweist. Diese Korrektur beträgt meist 0,4 bis 0,5 cm^3, ziemlich unabhängig von den Veränderungen der Luftfeuchtigkeit, und wird wahrscheinlich verursacht durch die Wasserhaut, die an den Glaswandungen und der Hülsenfritte adsorbiert ist.

Man muß außerdem sich darüber im klaren sein, daß ein völlig konstanter Endwert nie erreicht wird. Das sichere Ende der Entwässerung einer Probe kündet sich vielmehr dadurch an, daß eine konstante Volumenzunahme von 0,03 bis 0,05 cm^3 je Tag stattfindet. Dieser für die Bestimmung bedeutungslose Effekt ist augenscheinlich durch die schwache Diffusion des spurenhaften Glykoldampfes aus der Gasbürette bedingt. – Der maximale Fehler der üblichen Bestimmung kommt alles in allem auf etwa $\pm$ 0,4 cm^3.

Der Versuch dauert bei schwach hygroskopischen Substanzen meist nicht länger als 24 Stunden, stark wasseranziehende Stoffe benötigen aber 2 bis 4 bzw. noch mehr Tage. Hier kann man sich aber, wenn man erst einmal den Gang der Dinge kennt, bei den Wiederholungen mit den Werten nach 4 bis 24 Std. begnügen und daraus den Wassergehalt dann genauer interpolieren, als er sich bei den meisten der üblichen Methoden bestimmen läßt.

Die Methode ist dort von besonderem Vorteil, wo man mit anderen Verfahren nicht recht weiter kommt, so z. B. bei der Untersuchung von Sprengstoffen, wie Nitroglykol und Nitrobenzol. Schwierigkeiten entstehen bei Stoffen mit zu hohen Eigentensionen. Alkohole scheiden aus, da sie selbst mit Calciumhydrid Wasserstoff entwickeln. Fette, also Stoffe, die emulgiertes Wasser enthalten, sind für sich oft schwer zu analysieren. Man kann sich aber dadurch helfen, daß man eine schwer flüchtige, aber sehr bewegliche Flüssigkeit von hoher Dichte, z. B. Tetrachloräthan, zusammen mit wasserfreiem Öl (1 : 1) als Lösungsmittel zusetzt. Die hierfür erforderliche zusätzliche Volumkorrektur beträgt etwa 1,2 cm^3 nach 2 Tagen.

Erhöhung der Trocknungsgeschwindigkeit durch Erwärmung der Substanz soll das Verfahren mehr komplizieren als vereinfachen.

Erwähnenswert ist hier vielleicht noch, daß HACKSPILL und D'HUART das Calciumhydrid in der organischen Elementaranalyse verwenden. Das Wasser wird zunächst bei – 80° aus den Verbrennungsgasen ausgefroren und dann nach der Wiederverdampfung mit Calciumhydrid umgesetzt. Die volumetrische Messung des entwickelten Wasserstoffs soll bei Substanzmengen von 10 bis 20 mg gute Resultate ergeben.

Nach WIRTH soll die Wasserbestimmung mittels Calciumhydrids auch in Äthylalkohol möglich sein, wenn man die Umsetzung unter Kohlendioxyd vornimmt.

7. Hydrolyse von Methylmagnesiumjodid.

Dieses von ZEREWITINOFF angegebene Verfahren, bei dem sich das Wasser mit dem GRIGNARD-Reagens unter Abgabe von zwei äquivalenten Raumteilen Methan gemäß der Gleichung $2\ CH_3MgJ + H_2O \rightarrow 2\ CH_4 + J_2Mg_2O$ umsetzt, wurde schon bei der Bestimmung des aktiven Wasserstoffs beschrieben (s. auch LARSEN). Es genügt hier also der Hinweis auf jenen Abschnitt (s. Wasserstoff, S. 63).

Bei dieser Methode kommt sehr gut zustatten, daß Pyridin als Reaktionsmedium benutzt wird und dieses Wasser besonders begierig aufnimmt und löst. Da die Umsetzung mit dem GRIGNARD-Reagens unbedingt an eine vorhergehende Auflösung gebunden ist, kann man auf diesem Wege das Wasser auch in Substanzen ermitteln, die an sich aktiven Wasserstoff, z. B. in Form von Hydroxylgruppen, enthalten, aber infolge Unlöslichkeit im Pyridin nicht zur Reaktion gelangen. Dies wurde beispielsweise an Stärke beobachtet. Auch für Steinkohle war die Übereinstimmung der Ergebnisse mit denen der üblichen Trocknungsmethode sehr erfreulich. Bei Vorhandensein des erforderlichen Mikrogerätes kann man sogar sehr geringe Wassermengen bis hinunter zu etwa 0,1 mg erfassen.

8. Ameisensäureester-Natriumformiat-Verfahren von ADICKES.

Das Verfahren basiert auf der Beobachtung, daß Ameisensäureester schon durch Spuren von Wasser in alkoholischer Natriumäthylatlösung selbst in der Kälte fast momentan verseift wird. Das in Alkohol sehr schwer lösliche Natriumformiat, das hierbei gemäß der Gleichung

$$HCOOC_2H_5 + NaOC_2H_5 + H_2O \rightarrow 2\,C_2H_5OH + HCOONa$$

gebildet wird, fällt alsbald aus und kann quantitativ bestimmt werden, womit dann auch die Ermittelung des Wassers entsprechend der obigen Beziehung gegeben ist. Die Methode ist bisher nur für die Wasserbestimmung in Äthylalkohol bzw. in hochprozentigen Gemischen desselben angewendet worden.

Arbeitsvorschrift. Am einfachsten gestaltet sich die Analyse bei mehr als 3% Wasser, da man dann den geringen gelösten Anteil des Natriumformiats nicht zu berücksichtigen braucht. Bei 20° werden nämlich von 100 cm³ einer alkoholischen Natriumäthylatlösung nur 0,105 g, bei 0° nur 0,041 g gelöst, was etwa 0,041 bzw. 0,018 g Wasser entspricht. Man löst dann einfach genügend überschüssiges gereinigtes Natrium (etwa 6 bis 20 g je 100 cm³ Alkohol, je nach dem Wassergehalt) in der abgemessenen Alkoholprobe auf, gibt die in bezug auf die Natriumquantität dreifache Menge des frisch destillierten reinen Esters hinzu und läßt dann 2 Std. stehen. Hierauf filtriert man durch einen Glasfiltertiegel an der Saugpumpe, wäscht mit ganz wenig absolutem Alkohol und absolutem Äther nach und titriert nach Auflösen in verdünnter Schwefelsäure die Ameisensäure in bekannter Weise oxydimetrisch.

Bei Wassergehalten über 4 bis 5% verdünnt man vor der Fällung mit einer etwa gleich großen Menge absoluten Alkohols, dessen Wasserwert natürlich bekannt sein muß.

Wenn weniger als 2,5% Wasser zu erwarten sind, gestaltet sich die Ausführung der Analyse umständlicher. Man gibt den Alkohol (100 g) in einen gut getrockneten CLAISEN-Kolben, dessen Abflußrohr so hoch angesetzt ist, daß eine 10 cm lange anschließende Glasbandspirale unter dem Thermometer Platz hat. Alsdann wird das unter Benzol geschnittene Natrium direkt benzolnaß eingetragen und anschließend der sorgfältig gereinigte, frisch destillierte Ameisensäureester hinzugefügt[1].

Man erhitzt nun und destilliert den überschüssigen Ester nebst Alkohol vollständig ab, wobei man zum Schluß im Vakuum arbeitet. Hierauf wird der Rückstand (Natriumäthylat + Natriumformiat) in destilliertem Wasser gelöst und nochmals zur endgültigen Entfernung des Alkohols auf dem Wasserbad zur Trockne eingedampft. Im Rückstand wird die Ameisensäure nach dem Neutralisieren wie oben bestimmt.

[1] Der Ester wird tagelang über Pottasche, Calciumchlorid und zuletzt Phosphorpentoxyd getrocknet, bevor man ihn destilliert.

Bei sehr kleinen Wassergehalten (etwa von 0,1% an abwärts) muß die geringe, aber darum nicht zu vernachlässigende Restfeuchtigkeit des Esters in 2 Parallelbestimmungen mit verschiedenen Estermengen ermittelt werden.

Man kann natürlich auch gravimetrisch arbeiten und z. B. die Kalomelmenge ermitteln, die die entbundene Ameisensäure aus Sublimat fällt. Dieses Verfahren ist sehr einfach und hat den Vorteil, daß der Umrechnungsfaktor auf Wasser sehr klein ist. Vorher muß aber auch hier der Alkohol völlig entfernt werden.

Schließlich ist auch eine gasvolumetrische Bestimmung möglich, wenn man die Reaktionslösung zu einer siedenden Natriumäthylatlösung gibt. Dabei wird der überschüssige Ester unter Entwicklung von Kohlenmonoxyd zersetzt, das man auffangen und wie üblich gasanalytisch messen kann.

Archangelski, der den abgesaugten Natriumformiat-Niederschlag mit über Natrium getrocknetem Benzol wäscht, fand, daß das Verfahren auch auf Spritkraftstoffe anwendbar ist, die außer Äthylalkohol noch Benzol, Benzin bzw. von der azeotropischen Entwässerung her Trichloräthylen enthalten. Die Abweichungen betragen weniger als 0,1%. In Gegenwart größerer Mengen Essigester soll die Methode allerdings unbrauchbar sein.

C. Sonstige chemische Verfahren.

1. Umsetzung mit Schwefeldioxyd und Jod (Karl Fischer).

Diese chemisch interessante Reaktion wurde ursprünglich nur für die Wasserbestimmung in flüssigem Schwefeldioxyd und dessen Mischungen mit organischen Lösungsmitteln entwickelt und geht auf die Beobachtung zurück, daß Schwefeldioxyd mit Jod nur in Gegenwart und unter Mitbeteiligung von Wasser reagiert, gemäß der Gleichung

$$2\,H_2O + SO_2 + J_2 \rightleftarrows H_2SO_4 + 2\,HJ.$$

Es zeigte sich, daß die Umsetzung erst in Gegenwart organischer Basen, vor allem von Pyridin, quantitativ verläuft und dann mit sehr gutem Erfolg zur titrimetrischen Bestimmung des Wassers auch in anderen Substanzen verwendet werden kann. Das Pyridin verändert aber auch die Gesamtbilanz, und zwar so, daß schon auf 1 Mol Wasser 1 Mol Jod verbraucht wird:

$$H_2O + J_2 + SO_2 + 3\,C_5H_5N \rightarrow 2\,C_5H_5N \cdot HJ + C_5H_5N \cdot SO_3$$

(Smith, Bryant und Mitchell jr.).

Arbeitsvorschrift. Als Lösungsmittel für die Titrierlösung wird Methylalkohol benutzt, den man einige Zeit mit entwässertem Kupfersulfat geschüttelt und dann destilliert hat. Das benötigte Pyridin entwässert man einige Stunden mit gepulvertem Calciumhydrid, bevor man es destilliert. Trocknung mit gebranntem Kalk am Rückflußkühler ist auch zulässig. Man löst dann 254 g Jod auf 5 Liter Methylalkohol, setzt 790 g Pyridin hinzu und schüttelt um. Erst dann läßt man vorsichtig 192 g flüssiges Schwefeldioxyd einfließen, wobei unnötige Berührung der wasserfreien Flüssigkeiten mit der Luft vermieden und gut getrocknete Gefäße verwendet werden sollen.

Flüssiges Schwefeldioxyd ist dem Einleiten von gasförmigem Schwefeldioxyd vorzuziehen, da die Wärmeentwicklung so schon groß ist und durch die Kondensationswärme nur unnötig vermehrt würde.

Der Titer wird unter Zuhilfenahme von möglichst weitgehend entwässertem Methylalkohol bestimmt. Man titriert je 10 cm³ bis zum deutlichen Farbumschlag von Gelb nach Braun. Dann löst man in diesem Methylalkohol z. B. auf ½ Liter eine genau gemessene Menge Wasser, z. B. 5 g, und führt wiederum mehrere Titrationen mit je 10 cm³ durch. Die Differenz der vor und nach dem Wasserzusatz erhaltenen Werte entspricht der eingemessenen Wassermenge, und man kann daraus berechnen, wieviel mg Wasser 1 cm³ der Jodlösung entspricht. Auf die gleiche Weise muß auch gelegentlich der Titer der Jodlösung nachkontrolliert werden.

Die eigentlichen Titrationen führt man in möglichst kleinen Gefäßen (100 cm³-ERLENMEYER-Kolben[1]) durch, da die durch die Titration völlig wasserfrei werdenden Flüssigkeiten begierig Wasser anziehen und daher keine unnötige Luftberührung haben sollen. Aus den gleichen Gründen soll auch rasch titriert werden.

In Tabelle 8 folgen einige Beispiele für die Brauchbarkeit der Methode, wobei zum Vergleich entweder die berechneten Werte oder Parallelanalysen mit Calciumhydrid dienen.

Tabelle 8. Wassergehalt verschiedener Flüssigkeiten jodometrisch ermittelt.

Flüssigkeit	jodometrisch bestimmt Vol.-%	mit CaH_2 bestimmt Vol.-%	berechnet Vol.-%
Benzol, feucht	0,043	0,046	
Schwefeldioxyd, flüssig	0,012	0,012	
C_6H_6/SO_2 3 : 1	0,031	0,030	0,033
C_6H_6/SO_2 1 : 1	0,023	0,020	0,027
C_6H_6/SO_2 1 : 3	0,017	0,015	0,020
Methylalkohol + gemessenem Wasser	1,05		1,05
50 cm³ C_6H_6+50 cm³ SO_2+10 cm³ CH_3OH	0,115		0,118
Aceton + gemessenem Wasser	0,250		0,249
Crackbenzin + Benzol (1 : 1)	0,035	0,027	0,030

Bemerkungen. Man sieht, daß die Methode in recht verschiedenen Lösungsmitteln zum Erfolg führt. Es hat sich gezeigt, daß damit der Anwendungsbereich aber noch nicht erschöpft ist. Vielmehr ist es möglich, sogar in festen Stoffen, wie Krystallwasser enthaltenden Salzen, Bleicherde und Stärke, den Wassergehalt in dieser Art jodometrisch zu ermitteln. Man wägt dazu 0,1 bis 0,5 g der fein gepulverten Substanz in einen trockenen kleinen ERLENMEYER-Kolben ein, schwemmt mit 5 bis 10 cm³ möglichst trockenem Methylalkohol auf, titriert dann auf deutliche Braunfärbung und zieht schließlich von dem gefundenen Wert den Wasserwert des verwendeten Methylalkohols ab. Die Beleganalysen stimmen bemerkenswert gut mit denen überein, die im Trockenschrank bei 120° erhalten wurden (Tabelle 9).

Tabelle 9.
Wassergehalt fester Substanzen, jodometrisch gemessen.

Fester Stoff	jodometrisch bestimmt Gew.-%	durch Trocknen bei 120° bestimmt Gew.-%	berechnet Gew.-%
Terrana — Bleicherde	15,6	15,5	
Terrana + Wasser	22,4	22,6	
Terrana, getrocknet	1,6	0	
$CuSO_4 \cdot 5\,H_2O$	28,6	28,6	28,9[2]
$CaCO_3$	0,23	0,24	

Die Ergebnisse bei Kupfersulfat zeigen, daß die Methode nur das verhältnismäßig locker gebundene Wasser erfaßt und somit sogar die Unterscheidung verschiedener Hydratstufen ermöglicht.

Der Methylalkohol ist deswegen als Lösungsmittel besonders angebracht, weil er auch die Pyridiniumsalze der entstehenden Säuren (H_2SO_4; HJ) ebenso wie die Solvate

$$C_5H_5N \cdot SO_2;\; C_5H_5N \cdot SO_3$$

in Lösung hält, deren Abscheidung z. B. in Benzol die Endpunktserkennung erschwert. Schichtenbildung, wie sie u. a. bei der Untersuchung von Mineralölen und

[1] Am besten mit Schliffstopfen!
[2] Für den Verlust von 4 H_2O.

Benzinen auftritt, stört dagegen nicht, nur müssen die genannten Substanzen möglichst farblos sein.

Im übrigen ist die Reaktion so empfindlich, daß eine austitrierte deutlich braune Probe bei leichtem Anhauchen des Kolbeninhaltes sofort wieder nach Gelb umschlägt. Aufbewahrung der Jodlösung in gut verschlossenen Flaschen ist daher angebracht. Trotzdem verringert sich der Titer im Laufe von Wochen langsam, weshalb, wie gesagt, von Zeit zu Zeit eine Titerkontrolle notwendig ist.

Smith, Bryant und Mitchell jr. bestätigen die Angaben von Karl Fischer und stellten fest, daß seine Methode auch die Wasserbestimmung in Carbonsäuren (mit Ausnahme von Ameisensäure) und in Estern gestattet. Bei Aldehyden und Ketonen soll die Acetalbildung stören, doch gelingt die Wasseranalyse in Gegenwart von Ketonen, wenn man den Methanolgehalt der Titrierflüssigkeit verringert, dafür aber mehr Pyridin hinzufügt. Die genannten Autoren konnten außerdem auch die überraschende Beobachtung Fischers bestätigen, daß die jodometrische Wassertitration sogar in Gegenwart ungesättigter Äthylenabkömmlinge, z. B. in den Straight-Run-Benzinen, möglich ist, da diese durch das Pyridin-Jod-Addukt J_2-C_5H_5N nach allem nicht jodiert werden.

2. Umsetzung mit Alkalimetallen, Erdalkalimetallen oder Alkalimetallegierungen.

Alle genannten Metalle und Kombinationen derselben reagieren mit Wasser unter Entwicklung von Wasserstoffgas, das anschließend gasvolumetrisch ermittelt wird. Angesichts der großen Reaktionsfähigkeit der Alkali- und Erdalkalimetalle ist ihr Verwendungsbereich beschränkt und die vorliegenden Angaben beziehen sich eigentlich immer nur auf die Feuchtigkeitsbestimmungen in indifferentem Material, wie es die Paraffine darstellen.

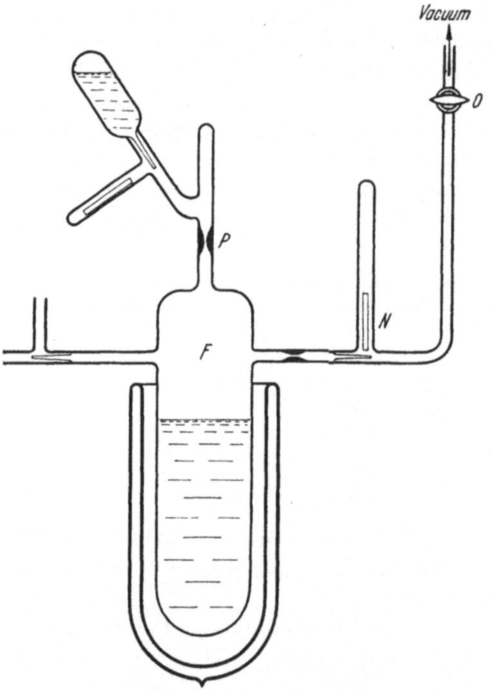

Abb. 29. Bestimmung des Wassergehaltes von Benzin mit flüssigem K-Na nach ALDRICH.

Wohl die sorgfältigste Untersuchung dieser Art ist die Arbeit von Aldrich, die mit Hilfe der flüssigen K-Na-Legierungen die Löslichkeit von Wasser in Fliegerbenzinen bestimmte. Die Bedingungen, unter denen diese Bestimmungen aber durchgeführt werden mußten – u. a. mußte die Legierung völlig oxydfrei sein –, sind derart zeitraubend und kompliziert, daß nach Ansicht der Autorin selbst das Verfahren, das allerdings sehr kleine Wassermengen zu ermitteln gestattet, nicht zur allgemeinen Anwendung gelangen dürfte. Es sei daher auch hier der Gang der Dinge nur in großen Zügen geschildert.

Arbeitsvorschrift. Es lassen sich drei Arbeitsphasen unterscheiden. In der ersten Phase wird das auf Feuchtigkeit zu untersuchende Benzin (Gasolin) von den Bestandteilen befreit, die einen nicht zu vernachlässigenden Dampfdruck bei der Temperatur der flüssigen Luft besitzen. In der zweiten Phase erfolgt die Einführung der flüssigen K-Na-Legierung nebst anschließender Wasserstoffentwicklung. In der dritten Phase wird der Wasserstoff von dem mit flüssiger Luft ausgefrorenen Benzin getrennt und schließlich gasvolumetrisch gemessen.

Zu 1. Abtrennung der Gasanteile des Benzins[1]. Man benötigt die in den Abb. 29 u. 30 wiedergegebene Apparatur. Das Vorratsgefäß F ist durch den Magnetverschluß N an die Hochvakuumleitung angeschlossen. Nachdem der Raum zwischen N und dem Hahn O ausgepumpt und gleichzeitig das Benzin in F mit flüssiger Luft abgekühlt worden ist, wird die zugeschmolzene Glasrohrspitze bei N durch magnetisches Anheben und nachfolgendes Fallenlassen des darüberstehenden Eisenstäbchens abgebrochen. Man pumpt dann die über dem Benzin in F befindliche Luft und die sonstigen Gasanteile ab, erwärmt hierauf bei geschlossenem Hahn O die Benzinprobe auf Zimmertemperatur, wobei ein weiterer Teil der gelösten Gase abgegeben wird, und kühlt dann wieder mit flüssiger Luft. Nach erneutem Abpumpen wiederholt man diese Behandlung so lange, bis der Restdruck über dem gefrorenen Benzin nicht mehr als 0,002 mm beträgt. Das Gefäß F wird dann von der Vakuumleitung abgeschmolzen.

Zu 2. Zugabe der K-Na-Legierung. Die Zubereitung der reinen flüssigen Legierung ist eine Sonderaufgabe, deren Einzelheiten hier nicht wiedergegeben werden können. (Näheres s. ALDRICH, S. 351.) Wie aus Abb. 29 ersichtlich, befindet sich die Ampulle mit der Legierung über F, an dessen Hals sie in passender Stellung angeschmolzen ist. Man zertrümmert jetzt wieder magnetisch die eingeschmolzene Verschlußspitze, worauf die Legierung auf das gefrorene Benzin in F herabfließt. Alsdann schmelzt man bei P ab und erwärmt das Benzin auf Zimmertemperatur, wobei man ab und zu heftig schüttelt. Dabei setzt sich das im Benzin befindliche Wasser mit der K-Na-Legierung um, was in der Regel 4 bis 5 Std. dauert.

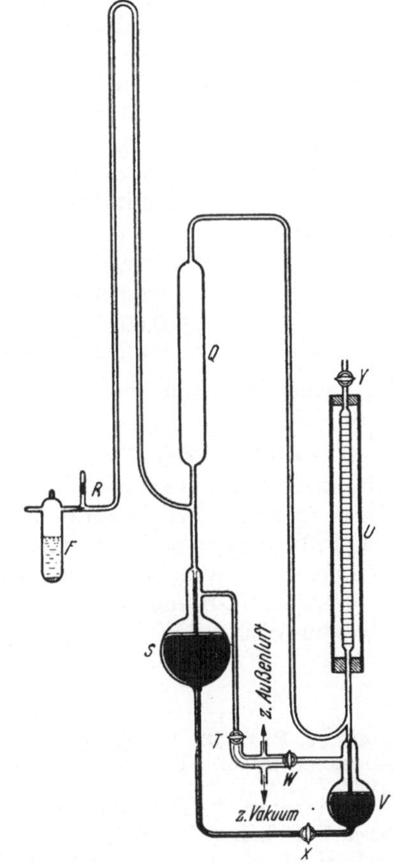

Abb. 30. Zum Verfahren nach ALDRICH.

Zu 3. Trennung und Messung des Wasserstoffes. Das Reaktionsgefäß F ist hierfür wieder mittels Magnetverschlusses über ein langes umgekehrtes U-Rohr mit einer Quecksilberverdrängungspumpe von 200 cm^3 Fassungsvermögen verbunden. Die Pumpe ist am unteren Ende mit dem Quecksilbervorratsgefäß S verbunden, das durch den Zweiweghahn T entweder auf Druck oder Vakuum gestellt werden kann. Das obere Ende der Pumpe ist durch ein Capillarrohr mit der Gasbürette U verbunden, die ihrerseits von einem Wassermantel umgeben ist und unten mit dem Quecksilbervorratsgefäß V in Verbindung steht. Dieses kann durch den Hahn W gleichfalls auf Druck oder Vakuum geschaltet werden. Der Hahn X ermöglicht außerdem die Überführung von Quecksilber nach S und umgekehrt, je nachdem wie man die Druckverhältnisse gestaltet. Im übrigen muß die Kehre des U-Rohres mehr als 760 mm über dem Quecksilberspiegel in S liegen, damit bei Luftdruckschaltung auf S kein Quecksilber in das Reaktionsgemisch in F übertritt. Bürette und Pumpe werden durch den Hahn Y evakuiert. Unterdessen stellt man den Druck in S so ein, daß das Quecksilber nicht die Einmündung des inversen U-Rohres in das Pumprohr Q sperrt. Entsprechend wird der Druck in V bemessen, so daß der Zugang

[1] Dies ist nötig, da sonst am Ende Mitmessung als Wasserstoff erfolgt.

der Capillare zur Bürette offen bleibt. Nach dem Auspumpen schließt man den Hahn Y und läßt gleichzeitig das Quecksilber in V so hoch steigen, daß nun die Capillare gesperrt ist. Alsdann kühlt man das Reaktionsgemisch in F wieder mit flüssiger Luft und öffnet darauf den Magnetverschluß R, wonach der entwickelte Wasserstoff sich nach Q verteilt. Man drückt diesen nun durch Druckschaltung auf S, wobei das Quecksilber in Q hochsteigt, in die Gasbürette. Sowie das Quecksilber durch die Capillare überläuft, zieht man es durch Vakuumschaltung bei T aus Q nach S zurück, wonach erneut der in F verbliebene Wasserstoff nach Q strömt. Man bringt diesen wiederum in die Bürette und wiederholt das Ganze so lange, bis aller über dem gefrorenen Benzin befindliche Wasserstoff in die Bürette übergeführt ist. Hiernach läßt man das Quecksilber aus S fast bis an das obere Ende von Q steigen und erwärmt darauf das Benzin in F wieder auf Zimmertemperatur. Natürlich darf der Dampfdruck dabei nicht so groß werden, daß der Dampf durch das Quecksilber in Q hindurchtritt. Beim Auftauen des Benzins wird noch gelöster Wasserstoff an den Gasraum abgegeben, den man nach erneutem Ausfrieren des Benzins wieder wie vorher nach Q hinüberbringt. Durch mehrfache Wiederholung werden so in gleicher Weise auch die letzten Reste des gelösten Wasserstoffes in die Bürette gebracht. Man läßt schließlich den Wasserstoff die Temperatur des Wassermantels von U annehmen und stellt über den Hahn W die Verbindung mit der Atmosphäre her. Der Unterschied zwischen dem herrschenden Außendruck und dem Quecksilberstand in U, gemessen über V, gibt den Wasserstoffdruck in U an. Aus diesen Daten und dem in U abgelesenen Volumen läßt sich schließlich in bekannter Weise der Wassergehalt der Benzinprobe berechnen.

Es folgen einige Analysen, die an Benzinproben durchgeführt wurden, die nach restloser Trocknung mit der K-Na-Legierung mit abgewogenen Wassermengen versetzt wurden.

Eingewogenes Wasser	Gefundenes Wasser
0,0025 g	0,0029 g
0,0019 g	0,0025 g
0,0024 g	0,0022 g

Man erkennt daraus, daß die Methode die Bestimmung sehr kleiner Wassermengen gestattet.

Bemerkungen. Wie groß das Interesse daran ist, in manchen Fällen das Wasser mit Alkalimetallen zu bestimmen, läßt ein Patent der Siemens-Schuckert G.m.b.H. (D. R. P. 442946 Kl. 23c) erkennen. Dieses bezieht sich auf die Feuchtigkeitsermittlung in Isolierölen und mißt auch den durch Alkalimetalle entbundenen Wasserstoff.

Losana verwendet bei der Untersuchung von Mineralölen auf ihren Feuchtigkeitsgehalt Natriumamalgam oder metallisches Calcium. Auch hier wird der entwickelte Wasserstoff gemessen.

Literatur.

Adickes, F: B. **63,** 2753 (1930). — Aldrich, E.W.: Ind. eng. Chem. Anal. Edit. **3,** 348 (1931). — Archangelski, B.: Branntwein-Ind. (russ.) **14,** Nr. 4, S. 14 (1937); durch C. **108,II,** 3681 (1937).

Boisselet, L., u. M. Rachhani: Am. Office nat. Combustibles liquides **10,** 449 (1935); durch C. **106,II,** 3877 (1935). — Boller, W.: Ch. Z. **50,** 537 (1926). — Borellini, L.: Atti Mem. R. Accad. Sci. Letter Arti Padova Mem. Classe Sci. fisic.-mat. [N. S.] **52,** 175 (1936); Ind. saccarif. ital. **29,** 438 (1936); durch C. **108,II,** 2042 (1937). — Briegleb, Fr., u. A. Geuther: A. **123,** 228 (1862).

Carpenter, Th. M.: J. Biol. Chem. **112,** 123 (1935/36). — Contardi, A., u. B. Ciocca: R. Ist. lombardo Sci. Lettere, Rend. [2] **68,** 126 (1935); durch C. **106,II,** 3085 (1935).

Dietrich, K. R., u. C. Conrad: Angew. Ch. **44,** 532 (1931). — Dolinski, P. I.: Koks u. Chem. (russ.) **7,** Nr. 3, 26 (1937); durch C. **109,II,** 4286 (1938).

Eckert, E., u. P. Wulff: Die Bestimmung des Wassergehaltes. Berlin (1940).

FISCHBECK, K., u. E. ECKERT: Fr. **112**, 305 (1938). — FISCHER, K.: Angew. Ch. **48**, 394 (1935).
HACKSPILL, L., u. G. D'HUART: A. Ch. [10] **5**, 95 (1926); durch C. **97,I**, 3258 (1926). — HEMPEL, W.: B. **23**, 3566 (1890); Angew. Ch. **6**, 200 (1891). — HIRZ, H.: Braunkohle **28**, 101 (1929). —HÜTTIG, G. F.: Kolloidchem. Beih. **31**, 348 (1930).
I. G. FARBENINDUSTRIE A.-G.: Berl-Lunge I, 678. — ILOSVAY VON NAGY L., u. ILOSVA: B. **32**, 2698 (1899). — IMPERIAL CHEMICAL INDUSTRIES Ltd. London, F. W. HAYWOOD, C. H. BOUSANQUET u. J. L. PEARSON: E. P. 491154; durch C. **109,II**, 4286 (1938). — IOLSSON, L. M. u. E. DUBOWITZKAJA: Betriebs-Lab. (russ.) **4**, 654 (1935); durch C. **107,I**, 2779 (1936).
KAUFFMANN, H. P.: Fette und Seifen **44**, 386 (1937).
LARSEN, R. G.: Ind. eng. Chem. Anal. Edit. **10**, 195 (1938). — LINDNER, J.: Mikromaßanalytische Bestimmung des Kohlenstoffes und Wasserstoffes mit grundlegender Behandlung der Fehlerquellen in der Elementaranalyse. Berlin (1935). — LOSANA, L.: Giorn. chim. ind. ed appl. **4**, 570 (1923); durch C. **94,II**, 495 (1923).
NOTEVARP, O.: Fr. **80**, 21 (1930).
OERTEL, H.: Ch. Z. **44**, 854 (1920); **45**, 64 (1921). Ch. Z. **52**, 92 (1928).
PFLUG, H.: Ch. Z. **51**, 717 (1927). Ch. Z. **52**, 93 (1928).— PIATSCHEK, H.: Braunkohle **27**, 49 (1928).
REINER, St.: Ch. Z. **52**, 93 (1928). — ROSS, J.: J. Soc. chem. Ind. **51**, Transact. 121 (1932); durch C. **103,I**, 3091 (1932).
SALMOIRAGHI, E.: G. Biol. appl. Ind. chim. **3**, 173 (1935); durch C. **106,I**, 3865 (1935). — SCHOORL, N.: Pharm. Weekbl. **76**, 576 (1939); durch C. **110,II**, 1927 (1939). — SCHÜTZ, F., u. KLAUDITZ, W.: Angew. Ch. **44**, 42 (1931). — SCRIBNER, A. K.: Ind. eng. Chem. Analyt. Edit. **3**, 255 (1931). — SHELESKOW, P. S.: Chemisat. socialist. Agr. (russ.) **5**, Nr. 10, 101 (1936); durch C. **108,I**, 2414 (1937). — SMITH, D. M., u. W. M. D. BRYANT: Am. Soc. **57**, 841 (1935). — SMITH, D. M., W. M. D. BRYANT u. J. MITCHELL jr.: Am. Soc. **61**, 2407 (1939). — SMITH, G. F.: Ind. eng. Chem. Anal. Edit. **19**, 411 (1927). Chemist-Analyst **17** No **4**, 21-23 (1928); **18** No 2, 18-2 (1929). — SOMIYA, T.: J. Soc. chem. Ind. Japan (Suppl.) **34**, 281 B (1931); durch C. **103,I**, 423 (1923). — SZARWASY, E.: B. **30**, 305 (1897).
THORPE, J. F., u. M. A. WHITELEY: Organic Chemical Analysis; London 1925, S. 150. — TOENNIES, G., u. M. ELLIOT: Am. Soc. **57**, 2136 (1935).
ÜBLER, B.: Mitt. Kali-Forsch. Anst. **1928**, 62.
v. WALTHER, R. u. G. BENTHIN: Braunkohlenarch. **1929** Nr. 23, 110; durch C. **100,I**, 2260 (1929). — WILLSTÄTTER, R.: B. **53**, 939 (1920). — WIRTH, TH.: Z. Deutsch. Öl- u. Fettind. **41**, 145 (1921); durch **92,II**, 978 (1921).
ZEREWITINOFF, TH.: Fr. **50**, 680 (1911).

§ 4. Besonderheiten.

Bestimmung von Deuteriumoxyd.

Es handelt sich hier um die Ermittlung von Deuteriumoxyd in Wasser, also um eine Aufgabe, die bereits im Kapitel „Wasserstoff" S. 67 erörtert wurde. Die wichtigste Methode ist nach wie vor die Dichtebestimmung, sofern nicht Gegenwart anderer Substanzen diese Art von Messungen kompliziert bzw. unmöglich macht. Besonderes Interesse finden dabei die Verfahren, die die Erfassung sehr kleiner Dichteunterschiede gestatten, da das schwere Wasser immer mehr als Indicator in verdünnten Lösungen angewendet wird. Eine Anordnung, die einen Dichteunterschied von $1 : 10^6$ in bequemer und verhältnismäßig kurzer Zeit genau festzustellen gestattet, ist von HOFER beschrieben worden. Auf diese Meßart sei hier kurz eingegangen.

Prinzip. Benutzt wurde wieder ein Schwimmer, diesmal aber ein solcher mit elastischer Glasmembran, der durch Wechsel des Außendruckes deformiert und dadurch in seinem spezifischen Gewicht geändert werden konnte. Da außerdem die Möglichkeit der thermischen Abwandlung der Dichte der zu messenden Flüssigkeit besteht, hat man die Möglichkeit der doppelten Beeinflussung, was die genannte Empfindlichkeitssteigerung bewirkt.

Apparat. (Vgl. Abb. 31.) B ist ein zylindrisches, dickwandiges Glasgefäß, das oben und unten durch starke Gummiplatten G_1 und G_2 verschlossen ist. Das Badwasser wird durch R_1 und R_2 geleitet. M ist das Meßgerät, das sich ganz innerhalb des Bades befindet. Der zylindrische Steigraum für den Schwimmer ist nach oben durch den durchbohrten Schliffstopfen St so verschlossen, daß sich möglichst wenig Luft über der Probe befindet, deren Absaugen den erforderlichen Unterdruck erzeugt. Der Steigraum ist in Verbindung mit dem Thermometerraum, der nach unten durch den Schliff K verschlossen ist. T ist ein BECKMANN-Thermometer mit 0,01°-Teilung und kann infolge zweimal rechtwinkliger Biegung von unten in das Meßgefäß eingeführt werden.

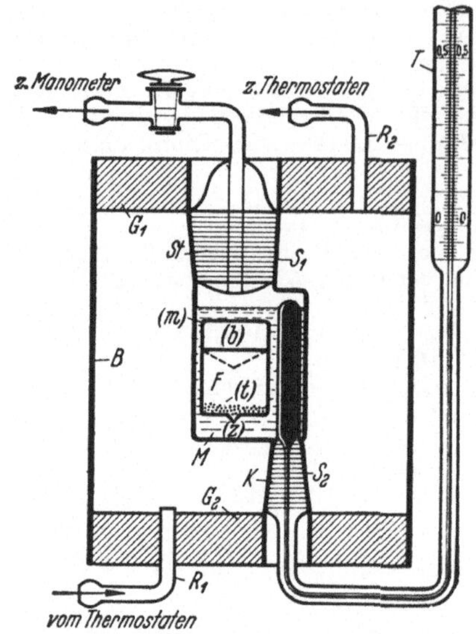

Abb. 31. Bestimmung von Deuteriumoxyd nach HOFER.

Der Schwimmer F mit 11 cm³ Inhalt ist zweiteilig. Oben ist die elastische Glasblase b mit Membran m; das andere zur Spitze ausgezogene Ende ist in ein gleichweites Zylinderrohr eingeschmolzen, das Tarierschrot enthält und nach dem Einbringen der letzten zum Auswägen notwendigen Schrotkörner an dem kurzen Zäpfchen z zugeschmolzen wird.

Das Badwasser wird einem HÖPPLER-Thermostaten in dauerndem Strom entnommen und kann dank der Feinregulierung auf 0,002° konstant eingestellt werden.

Messung. Man benötigt bei einem Schwimmerinhalt von 11 cm³ normalerweise etwas über 10 cm³ der Probe. Nach dem Einbringen derselben gleicht man durch Temperaturänderung die Dichte des zu untersuchenden Wassers dem des Schwimmers roh an. Alsdann wird der Schwimmer durch Veränderung des Außendrucks so weit deformiert, daß die beiden spezifischen Gewichte in engsten Grenzen zur Übereinstimmung kommen. Dies ist dann der Fall, wenn der Schwimmer ruhig im Schwebegleichgewicht verharrt.

Vor den Messungen muß der Schwimmer natürlich geeicht werden, was am einfachsten mit gewöhnlichem reinen Wasser geschieht. Der einer bestimmten Temperaturdifferenz entsprechende Dichteunterschied läßt sich dann einer Dichtetabelle entnehmen. Den Eichfaktor für die Druckempfindlichkeit gewinnt man durch die Feststellung, welche Drucke nötig sind, um den Schwimmer in ein und derselben Probe bei verschiedenen Temperaturen in Schwebestellung zu bringen. Der obige Schwimmer hatte eine Empfindlichkeit von 7 cm Wasserdruck je Dichteeinheit der 6. Dezimale (Temperatur etwa 20,4°).

Bei der Temperaturmessung mußten auch die Länge des herausragenden Fadens, die Zimmertemperatur und die elastische Verformbarkeit des Quecksilberbehälters des BECKMANN-Thermometers durch den Unterdruck berücksichtigt werden; (Tabelle 10).

Bemerkungen. Bei geschicktem Arbeiten kommt man mit einer halben bis 1½ Stunde je Messung aus. Der Vorteil der Methode kommt auch darin zum Ausdruck, daß man nicht genau jene Temperatur ermitteln muß, bei der der Schwimmer seine Lage nicht mehr verändert, sondern nur den Temperaturbereich aufzusuchen braucht, in dem der Schwimmer bei Druckverminderung zu steigen beginnt. Das Schwebegleichgewicht kann dann leicht durch Druckänderung getroffen werden.

Wegen Änderung der elastischen Eigenschaften der Glasmembran im Laufe der Zeit muß der Schwimmer ab und zu nachgeeicht werden.

Tabelle 10.

	Reinstes Leitungswasser		Versuchswasser	
	I	II	I	II
Barometerstand	748,4	748,4	742,3	745,9
Abgelesener Unterdruck (Wassermanometer)	— 66,5	— 61,5	— 124,0	— 29,0
Höhe des Wasserspiegels über der Schwimmermarke	+ 3,9	+ 4,5	+ 4,2	+ 4,5
Korrektion für die Veränderung des Barometerstandes	—	—	— 8,2	— 3,4
Tatsächlicher Unterdruck	62,6	57,0	— 128,0	— 27,9
Druckdifferenz gegenüber der ersten Probe	—	+ 5,6	— 65,4	+ 34,7
Dichtedifferenz (+7cm H_2O $=1\cdot10^{-6}$ g/cm³)	—	$+ 0{,}8\cdot10^{-6}$	$— 9{,}3\cdot10^{-6}$	$+ 5{,}0\cdot10^{-6}$
Zimmertemperatur	20,1	19,8	20,7	21,7
Abgelesene Temperatur der Probe (BECKMANN-Thermometer)[1]	1,012° (= 20,455° C)	1,006°	1,421°	1,376°
Korrektion für den herausragenden *Hg*-Faden	+ 0,0004°	+ 0,0007°	+ 0,0002°	— 0,0009°
Korrektion für die Deformation des *Hg*-Behälters[2] durch den Unterdruck	+ 0,006°	+ 0,006°	+ 0,013°	+ 0,003°
Tatsächliche Temperatur	1,018°	1,013	1,434°	1,378°
Temperaturdifferenz gegenüber der ersten Probe	—	— 0,05°	+ 0,416°	+ 0,360°
Dichtedifferenz (+0,001° = $0{,}21\cdot10^{-6}$ g/cm³)	—	$— 1{,}1\cdot10^{-6}$	$+ 89{,}1\cdot10^{-6}$	$+ 75{,}0\cdot10^{-6}$
Dichteunterschied (Summe)	—	$— 0{,}3\cdot10^{-6}$	$+ 79{,}8\cdot10^{-6}$	$+ 80{,}0\cdot10^{-6}$

Literatur.

HOFER, E.: Ph. Ch. B. **27**, 467 (1934).

[1]) Bei verwendetem BECKMANN-Thermometer 0,001° für 1° Temperaturunterschied.
[2]) Bei verwendetem BECKMANN-Thermometer 0,001° für 10 cm Wassersäule.

Fluor.

Von **Robert Klement**, München.

F, Atomgewicht 19,000, Ordnungszahl 9.

Mit 17 Abbildungen.

Inhaltsübersicht.

Seite

Bestimmungsmöglichkeiten für das Fluor-Ion.

I. Für die **gewichtsanalytische Bestimmung** kommen folgende Abscheidungsformen in Betracht:

1. Calciumfluorid § 1, S. 147.
2. Bleichlorofluorid § 2, S. 155.

Von untergeordneter Bedeutung ist die Bestimmung als

3. Wismutfluorid § 9, S. 230.

II. Die **maßanalytische Bestimmung** ist nach folgendem Verfahren möglich:

Alkalimetrisch. Titration der durch Destillation von Fluoriden mit Schwefelsäure bei Gegenwart von Kieselsäure erhaltenen Silicofluorwasserstoffsäure § 4, S. 168.

Oxydimetrisch. 1. *Manganometrische* Bestimmung des Calciums, das bei der Fällung von Calciumfluorid im Überschuß angewendet wurde, als Oxalat § 1, S. 153.

2. *Jodometrische* Bestimmung eines EisenIII-überschusses bei der Reaktion $Fe^{\cdots} + 6F' = FeF_6'''$, § 6, S. 211.

Argentometrisch. Bestimmung des Chlors bzw. Broms in gefälltem Bleichlorofluorid bzw. Bleibromofluorid § 2, S. 158 u. 162.

Besondere Methoden. 1. Titration unter Verwendung der Verfärbung von Zirkon- oder Thorium-Alizarin-Lack durch Fluor § 5, S. 190.

2. Titration mit einer EisenIII-salzlösung § 6, S. 210.
3. *Potentiometrische* Bestimmung
   a) mit EisenIII-chlorid § 6, S. 214.
   b) mit CerIII-salz § 8, S. 228.
   c) mit UranIV-salz § 9, S. 231.
4. *Konduktometrische* Bestimmung mit Aluminiumchlorid § 8, S. 226.
5. Titration mit Aluminiumchlorid § 8, S. 222.

III. Für die **colorimetrische Bestimmung** kommen hauptsächlich folgende Verfahren in Betracht:

1. Die Verfärbung von Zirkon- oder Thorium-Alizarin-Lack durch Fluor § 5, S. 190.
2. Die Entfärbung einer EisenIII-chloridlösung durch Fluor § 6, S. 212.
3. Die Entfärbung einer Eisen III-salicylatlösung durch Fluor § 6, S. 217.
4. Die Entfärbung einer Lösung von Peroxotitanylsulfat durch Fluor § 7, S. 218.

IV. Als **nephelometrische Bestimmung** kommt die Messung einer Calciumfluorid-Trübung in Betracht § 1, S. 152.

V. Die **polarographische Bestimmung** ist möglich mit Hilfe von Bleichlorofluorid § 2, S. 161, und von Thoriumnitrat § 9, S. 232.

VI. Spektrographische Bestimmung § 9, S. 233.

VII. Als **gasvolumetrisches Verfahren** kommt nur die Bestimmung als Siliciumfluorid zur Anwendung § 4, S. 189.

Bestimmungsmöglichkeiten für Silicofluorwasserstoffsäure.

Die quantitative Bestimmung von Silicofluorwasserstoffsäure und ihren Salzen ist eng mit den Verfahren zur Fluorbestimmung verknüpft und daher wird sie in diesem Kapitel ohne besondere Trennung von den Fluorbestimmungsverfahren behandelt. Die direkte analytische Bestimmung von Silicofluorid-Ionen hat nur wenig Interesse. Je nachdem, ob in einer fluoridhaltigen Lösung Kieselsäure im Überschuß oder im Unterschuß vorhanden ist, enthält die Lösung im neutralen bis sauren Gebiet $[SiF_6]'' + SiO_2.aq$ oder $[SiF_6]'' + F'$. Zur Kennzeichnung einer solchen Lösung wird am besten ihr Gehalt an SiO_2, F′ und H˙ (ihre Acidität) angegeben (Treadwell).

Will man aus einer Silicofluoridlösung die Kieselsäure abscheiden, so schüttelt man die schwach alkalisch gemachte Lösung mit frisch gefälltem Cadmiumoxyd. Dadurch wird die gesamte Kieselsäure gefällt und von der Suspension adsorbiert. Im Filtrat befindet sich Alkalifluorid, das auf gewöhnliche Weise bestimmt werden kann. Nicht ganz so wirksam ist Hexamminzinkhydroxyd, das in einer gegen Phenolphthalein neutralen Lösung angewendet wird (W. D. Treadwell).

I. Als **gewichtsanalytische Bestimmung** von Silicofluorid ist nur die Fällung als Kaliumsilicofluorid $K_2[SiF_6]$ zu nennen, die in diesem Handbuche Teil III, Band I a, Kapitel Kalium nachgelesen werden kann (siehe auch § 3, S. 163).

II. Die **maßanalytische Bestimmung** kann auf alkalimetrischem Wege erfolgen. Obwohl die Silicofluorwasserstoffsäure als starke Säure anzusprechen ist, reagieren die Lösungen ihrer Alkalisalze nicht neutral, weil sie durch Wasser hydrolytisch gespalten werden:

$$[SiF_6]'' + 2\,H_2O \rightleftharpoons SiO_2 + 4\,H^{\cdot} + 6\,F',$$

ferner herrscht das Gleichgewicht

$$H^{\cdot} + F' \rightleftharpoons HF.$$

p_H-Messungen an 0,05 bis 0,0025 m Silicofluoridlösungen zeigen ziemlich konstant den Wert 3,5 (Kolthoff). Daher kann Silicofluorwasserstoffsäure gegen Dimethylgelb als Indicator mit Lauge titriert werden, jedoch ist der Umschlag sehr unscharf und das Ergebnis ungenau (Kolthoff). Viel besser ist es, mit Phenolphthalein in der Hitze bis zur vollständigen Zersetzung des Silicofluorides zu titrieren. Siehe hierzu § 3, S. 163, § 4, S. 188 und § 9, S. 235.

III. Die **colorimetrische Bestimmung** ist möglich durch die Umwandlung des Silicofluorides in gelbe Molybdokieselsäure nach Cade § 9, S. 233.

Ferner sind hier zu nennen die colorimetrischen Fluorbestimmungsverfahren, die sich an die Destillation von Silicofluorid mit Perchlorsäure oder mit Schwefelsäure anschließen, und die darauf beruhen, daß Silicofluorwasserstoffsäure durch Schwefelsäure und andere Säuren unter Verflüchtigung von Siliciumfluorid zersetzt wird. Siehe hierzu die umfangreichen Ausführungen in § 4, S. 167. Allerdings geben diese Verfahren nur Werte für den Fluorgehalt der Untersuchungslösung und nicht solche für den Siliciumgehalt, da die Destillation in Glasgefäßen bzw. unter Zusatz von Siliciumdioxyd erfolgt.

Eignung der wichtigsten Verfahren.

Für **Makrobestimmungen** eignet sich eine Reihe von Verfahren, z. B. die Fällung als *Calciumfluorid* oder als *Bleichlorofluorid*. Ferner kommen vor allem die Verfahren in Frage, die auf der Überführung des Fluors in *Silicofluorwasserstoffsäure* (vgl. § 4) und deren maßanalytischer Bestimmung beruhen. Als gutes maßanalytisches Verfahren ist die argentometrische Titration des Bleichlorofluorids anzuführen. Im allgemeinen sind die maßanalytischen Verfahren den gravimetrischen vorzuziehen.

Zahlreich sind **Halbmikro-** und **Mikroverfahren**. Hier sind vor allem *colorimetrische* Methoden erwähnenswert, wie die Um- bzw. Entfärbung von Zirkon- oder Thorium-Alizarin-Lack bzw. von EisenIII-salz oder von Peroxotitanylsulfat. Auch *konduktometrisch* lassen sich Mikromengen von Fluor mit Aluminiumsalz bestimmen.

Als bestes Verfahren zur Fluorbestimmung kann zur Zeit das von WILLARD und WINTER (§§ 4 und 5) bezeichnet werden, das durch eine Reihe von Verbesserungsvorschlägen eine hohe Genauigkeit erreicht hat. Es eignet sich am besten zur Bestimmung kleiner Fluormengen von etwa 1 mg. Bei entsprechend kleiner Einwaage ist die Methode auch ohne weiteres anwendbar, wenn die Probe viel Fluor enthält.

Vorbereitung des Untersuchungsmaterials.

Für manche Bestimmungsverfahren des Fluors, insbesondere solche gewichtsanalytischer Art in Form von Calciumfluorid oder Bleichlorofluorid, sowie auch solche colorimetrischer Art, wie sie in den Paragraphen 6 und 7 beschrieben sind, ist ein Aufschluß des Untersuchungsmaterials nötig. Dieser Aufschluß ist vor allem anzuwenden bei fluorhaltigen Mineralien, wie *Flußspat*, *Kryolith* und *Silicaten* (*Topas*, *Lepidolith*, *Glimmer* u. a.), ferner bei künstlich hergestellten Stoffen, wie *synthetischem Kryolith*, *Schlacken*, *Gläsern*, *Emails* usw. (BERZELIUS).

1. Aufschluß von Flußspat und Kryolith.

a) Methode von F. P. TREADWELL bzw. von RUFF.

Arbeitsvorschrift. Das fein gepulverte Mineral wird mit der 2½fachen Menge reinen gepulverten Quarzes und mit der 6fachen Menge Natriumkaliumcarbonats gemischt und in einem bedeckten Platintiegel geschmolzen. Das Erhitzen der Mischung muß sehr langsam geschehen, da die Masse sonst wegen der starken CO_2-Entwicklung leicht überschäumt. Die zuerst dünnflüssige Schmelze wird während des Erhitzens zähflüssig, unter Umständen auch teigig fest. Ein zu starkes Erhitzen, das etwa die Wiederverflüssigung der Masse bezwecken soll (was nicht nötig ist), ist zu vermeiden, da leicht durch Verflüchtigung von Alkalifluorid Verluste eintreten können. Der Aufschluß ist beendet, wenn die CO_2-Entwicklung aufhört. Nach dem Erkalten behandelt man die Masse mit Wasser, filtriert und wäscht den unlöslichen Rückstand gründlich aus. Das alkalische Filtrat, welches das gesamte Fluor und die gesamte Kieselsäure enthält, wird mit einigen Tropfen Methylorange und dann langsam mit so viel Salzsäure versetzt, daß die Lösung eben noch alkalisch bleibt. Man fügt 4 g festes Ammoniumcarbonat hinzu und erwärmt die Lösung 1 bis 2 Std. auf dem Wasserbad auf 40°. Nach dem Stehen über Nacht wird von der ausgeschiedenen Kieselsäure abfiltriert und der Rückstand mit ammoniumcarbonathaltigem Wasser gewaschen. Das Filtrat, das nun nur noch sehr geringe Mengen Kieselsäure enthält, dampft man auf dem Wasserbad bis fast zur Trockene ein, verdünnt etwas mit Wasser, fügt einige Tropfen Phenolphthalein hinzu, wobei die Lösung sich rot färbt, und hierauf Salzsäure, bis die Lösung eben farblos erscheint. Nun erhitzt man zum Sieden, wobei die Lösung sich wieder rot färbt; nach dem Erkalten entfärbt man sie wieder durch sorgfältigen Zusatz von Salzsäure. Man wiederholt diese Behandlung so lange, bis auf Zusatz von 1 bis 2 cm³ 2 n Salzsäure die rote Lösung eben wieder entfärbt wird.

Die Lösung wird nun mit 2 cm³ ammoniakalischer Zinkoxydlösung (0,5 g ZnO in 9 cm³ 10%iger Ammoniumcarbonatlösung und 3 cm³ 20%igem Ammoniak) versetzt und bis zur vollständigen Vertreibung des Ammoniaks gekocht. Der entstehende Niederschlag wird abfiltriert, ausgewaschen und das Filtrat nunmehr zur Bestimmung des Fluors nach einem der weiter unten angegebenen Verfahren verwendet.

b) Methode von Tananaeff. Bei diesem Verfahren handelt es sich um die Anwendung des in § 2 beschriebenen Verfahrens der Bestimmung des Fluors als Bleichlorofluorid auf die Analyse von Flußspat.

Arbeitsvorschrift. Eine Einwaage von 0,5 g fein gepulvertem Flußspat wird im Platintiegel mit 2,5 bis 3 g Natriumkaliumcarbonat vermischt und bis zur Bildung einer vollkommen klaren Schmelze erhitzt (5 bis 8 Min.). Dann wird der Tiegel durch Eintauchen in kaltes Wasser abgekühlt. Die Schmelze läßt sich leicht aus dem Tiegel herausnehmen, wenn man in diesen 5 cm³ Wasser gibt und den Boden etwas erwärmt. Die Schmelze löst sich dann von den Wänden des Tiegels und läßt sich mit einem Spatel leicht in kleine Stücke zerdrücken. Diese werden alsdann in einen 500-cm³-Erlenmeyer-Kolben übertragen. Man setzt 300 cm³ Wasser, einen Überschuß an Salpetersäure (8 bis 10 cm³) und schließlich 10 cm³ einer alkalischen Lösung von Natriumsilicat (Na_2SiO_3) hinzu, die 10 g SiO_2/l entspricht. Nach kurzem Erwärmen erhält man eine vollkommen klare Lösung, die zur Bestimmung des Fluors nach § 2, S. 160, dient.

c) Methode von Specht und Hornig zum Aufschluß von Aluminiumfluorid.

Arbeitsvorschrift. Man mischt 0,5 g der durch ein 4900-Maschensieb (DIN 70) gegebenen Probe Aluminiumfluorid, 2 g geglühtes Quarzpulver und 8 g Natrium-Kaliumcarbonat in einem Platintiegel innig. Bei bedecktem Tiegel schmilzt man derart ein, daß man den Tiegel zunächst von der Seite her an einer Stelle mit einer kleinen Bunsenflamme bis zum eben beginnenden Fluß erhitzt. Mit einer kleinen Flamme setzt man das langsame Einschmelzen weiter fort. Während des gesamten Einschmelzens muß man ein Überschäumen der Schmelze durch zeitweiliges Lüften des Deckels vermeiden. Nach etwa 30 Min. ist die Schmelze schließlich nach starker Kohlendioxydentwicklung zusammengefallen. Man verstärkt nun die Erhitzung, um das Kohlendioxyd vollständig auszutreiben. Obwohl die Schmelze noch trüb ist, ist der Schmelzvorgang als beendet anzusehen. Bei zu starker Erhitzung und zu langer Dauer tritt Fluorverlust ein infolge Bildung von Aluminat, das in Lösung geht und nach der Gleichung

$$6\,NaF + NaAlO_2 + 2\,H_2O = Na_3AlF_6 + 4\,NaOH$$

Kryolith bildet. Man schreckt den Tiegel in kaltem Wasser ab und läßt den Schmelzkuchen in 200 cm³ Wasser auf dem Wasserbade in etwa 2 Std. zerfallen. Eine längere Dauer ist zu vermeiden, da die Aluminatbildung mit der Zersetzungsdauer zunimmt. Lösung und Löserückstand spült man in einen 500-cm³-Meßkolben, füllt zur Marke auf und filtriert durch ein trockenes Faltenfilter. Die Lösung kann nach dem Bleichlorofluoridverfahren (siehe § 2) analysiert werden.

d) Methode von Richter. Nach der Methode von Richter wird die Substanz mit einer Mischung aus Salzsäure und Borax aufgeschlossen.

Reagenzien. 1. Borax, gebrannt, p. a. — 2. Salzsäure. Man mißt 5 l konz. Salzsäure (D 1,19) und 5 l destilliertes Wasser im Meßkolben ab und mischt sie in einer 10-l-Vorratsflasche. Dann setzt man noch weiterhin genau 250 cm³ der konzentrierten Salzsäure hinzu und mischt wieder gut durch. Von der kalten Säure, die jetzt insgesamt 10,25 l beträgt, entnimmt man 250 cm³ und titriert davon 10 cm³ in Gegenwart von Phenolphthalein mit n Natronlauge. Aus der gemessenen Menge Natronlauge berechnet man dann den HCl-Gehalt der Säure. Daraus wieder berechnet man die Menge Wasser, mit der die restliche Säure von 10 Litern zu verdünnen ist, um eine Konzentration von 220 g HCl/l zu erhalten. – 3. Natronlauge, 13%ig. (Es empfiehlt sich, die Konzentration durch Titration zu kontrollieren.)

Arbeitsvorschrift. Die Menge der Einwaage richtet sich nach dem Fluorgehalt bzw. dem Meßbereich der Eichkurve. Meist wird man etwa 200 mg anwenden unter Berücksichtigung der später angegebenen Verdünnung (s. S. 195). Die Einwaage gibt man in einen 500-cm³-Meßkolben von der in Abb. 1 gezeigten Form. Dazu wägt man möglichst genau (Apothekerwaage) 3 g Borax. In den Kolben gibt man darauf mittels Pipette 75 cm³ Salzsäure (2) und verschließt ihn mit dem in Abb. 1 gezeigten Siedeaufsatz. Nachdem man den Aufsatz bis zur Hälfte mit destilliertem Wasser gefüllt hat, stellt man den Kolben auf eine Kochplatte. Durch Unterlegen einer Asbestplatte erhitzt man etwa 10 bis 15 Min. lang bis zum gelinden Sieden, jedoch nicht so lange, daß das Wasser im Siedeaufsatz heiß wird. Dieses Wasser soll nicht über 40° erwärmt werden. Nach beendetem Aufschluß stellt man den Kolben auf eine kalte Fliese. Das sich bildende Vakuum saugt das Wasser aus dem Siedeaufsatz heftig in den Kolben. Man füllt den Aufsatz wieder mit Wasser, das wieder in den Kolben gesaugt wird, und setzt das Verfahren so lange fort, bis kein Wasser mehr nachgesaugt wird. Von dem so auf 50 bis 60° abgekühlten Kolben kann der Aufsatz entfernt werden, ohne daß ein Entweichen von Salzsäure eintritt. Mittels Pipette gibt man dann genau 100 cm³ Natronlauge (3) hinzu und kühlt weiter ab. Zum Schluß füllt man die Lösung bei Raumtemperatur auf 500 cm³ auf. Weiterverarbeitung siehe § 5, S. 194.

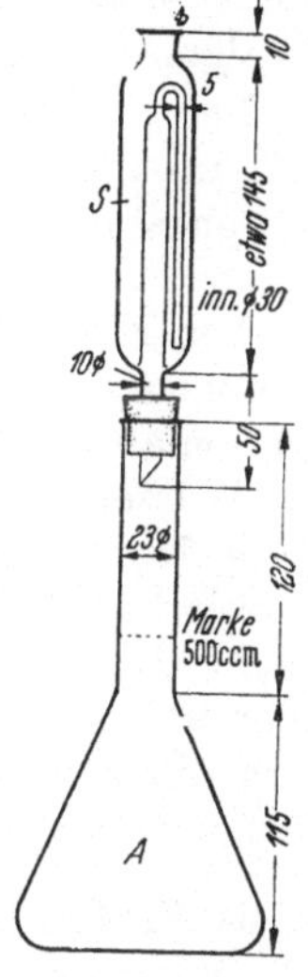

Abb. 1. Kolben zum Aufschluß nach Richter.

2. Aufschluß bei Gegenwart von Phosphaten und Sulfiden.

Hoffmann und Lundell, die das Verfahren von Berzelius durch Anwendung von Salpetersäure an Stelle von Salzsäure abänderten, fanden, daß es bei Gegenwart von Phosphaten ungeeignet ist (s. dazu S. 178). Untersuchungen von Hawley zeigten, daß z. B. die Anwesenheit von Pyrit einen Mindergehalt an Fluor vortäuschen kann. Diese Fehlerquelle kann beseitigt werden, wenn Sulfid durch Zusatz von Natriumperoxyd zur Aufschlußschmelze oxydiert wird. Reynolds und Jacob fanden jedoch bei sulfidhaltigen Phosphatmineralien einen derartigen Einfluß der Sulfide nicht. Sie entwickelten ein neues Schmelzverfahren, das besonders gute Ergebnisse bei der Untersuchung phosphathaltiger Schlacken liefert.

a) Verfahren von Reynolds und Jacob.

Arbeitsvorschrift. 1 g fein gemahlenes Phosphat (bzw. Schlacke) wird in einem Platintiegel mit 2 g Soda und 0,5 g fein gemahlenem Quarz bzw. mit 5 g Soda bei einer Temperatur von 900 bis 950° 1 Std. lang geschmolzen. Die Schmelze wird in einem Becherglas über Nacht auf dem Wasserbad mit 50 bis 75 cm³ Wasser behandelt und die Lösung auf ein Filter abdekantiert. Der Rückstand, der nötigenfalls mit einem Glasstab zerkleinert wird, wird mit 50 cm³ einer 1 bis 2%igen Sodalösung auf dem Wasserbad 15 Min. lang unter häufigem Umrühren behandelt. Der hierbei verbleibende Rückstand wird mit heißem Wasser gewaschen; die vereinigten Filtrate werden auf 50 bis 75 cm³ eingedampft. Diese Lösung A, die den größten Teil des Fluors enthält, wird für die weitere Behandlung aufbewahrt.

Den Rückstand spült man vom Filter mittels 50 cm³ warmen Wassers in das Becherglas zurück, fügt 3 cm³ konzentrierte Salpetersäure zu und läßt unter Umrühren ½ bis 1 Std. stehen. Zu der filtrierten Lösung setzt man 50 cm³ 5%ige Oxalsäurelösung und dann 10%ige Sodalösung bis zum Umschlag von Methylorange zu. Die Mischung wird aufgekocht und der Niederschlag aus Calciumoxalat und Calciumcarbonat nach dem Abkühlen abfiltriert und ausgewaschen. Das Filtrat macht man gegen Methylorange sauer, fügt 4 cm³ konzentrierte Salpetersäure sowie 10 cm³ gesättigte Kaliumpermanganatlösung zu und erwärmt auf dem Wasserbad. Wenn die Farbe verschwindet, wird so lange Permanganat tropfenweise zugegeben, bis die Lösung dauernd gefärbt bleibt oder ein brauner Niederschlag entsteht. Die überschüssige Säure stumpft man durch feste Soda ab und setzt 2 g Soda im Überschuß zu. Der dunkelbraune Niederschlag wird nach dem Aufkochen in ein Faltenfilter abfiltriert und mit einer heißen, 1%igen Sodalösung ausgewaschen. Das Filtrat wird mit der Lösung A vereinigt und auf 250 cm³ gebracht.

Diese Lösung erhitzt man zum Sieden und fügt 25 cm³ Zinknitratlösung (5 g ZnO in 100 cm³ HNO_3 [1 : 9] gelöst) hinzu. Der entstehende Niederschlag von Zinkphosphat wird abfiltriert und ausgewaschen. Das Filtrat, das 400 cm³ betragen soll, wird mit Salpetersäure gegen Methylrot neutralisiert und noch vor dem Erreichen des Endpunkts bis fast zum Sieden erhitzt. Nun gibt man 25 cm³ ammoniakalische Zinkoxydlösung (10 g Ammoniumcarbonat löst man in 100 cm³ Ammoniak [D 0,90] und dann in dieser Lösung 5 g Zinkoxyd unter Erwärmen auf dem Wasserbad und etwaigem weiteren Zusatz von Ammoniak) zu und dampft auf 50 bis 75 cm³ ein. Nach dem Abfiltrieren des entstehenden Niederschlags und dem Auswaschen mit kaltem Wasser wird das Filtrat auf ein Volumen von 250 cm³ gebracht. Dann wird mit verdünnter Salpetersäure gegen Bromphenolblau schwach sauer und dann mit verdünnter Natronlauge gerade alkalisch gemacht. Nunmehr kann die Bestimmung des Fluors als Bleichlorofluorid nach den in § 2, S. 155, beschriebenen Verfahren durchgeführt werden.

b) Verfahren von Fairchild.

Arbeitsvorschrift. 0,5 g gepulvertes Phosphaterz mischt man mit 0,2 g Calciumoxyd und erhitzt zur Zerstörung der organischen Substanz vorsichtig. Wenn wenig Kieselsäure und Aluminium vorhanden sind, werden 0,75 g fein gepulverter Feldspat innig mit der Probe in einem Mörser gemischt. Dann wird mit 6 g Soda bis zum ruhigen Fluß geschmolzen. Man laugt die Schmelze mit heißem Wasser aus und filtriert vom Unlöslichen ab. Das Filtrat wird zunächst mit 5 g Ammoniumchlorid versetzt und auf die Hälfte eingedampft. Dann fügt man Ammoniumcarbonat und Wasser zu und dampft wieder ein, um Kieselsäure und Aluminium zu fällen. Der Zusatz von Ammoniumcarbonat und Wasser sollte wiederholt werden. Das beim Abfiltrieren des Niederschlags, der die Kieselsäure und das Aluminium enthält, gewonnene, etwa 150 cm³ betragende Filtrat neutralisiert man fast mit Salzsäure (1: 1), vertreibt das Kohlendioxyd durch vorsichtiges Eindampfen fast ganz und versetzt dann mit einem Überschuß einer Zinkchloridlösung (0,5 g Zinkoxyd in wenig Salzsäure), um Phosphorsäure (und Vanadin) zu fällen. Um sicher alkalische Reaktion zu haben, fügt man einige Tropfen Ammoniak zu und dampft auf 100 cm³ ein. Nach dem Erkalten wird filtriert, der Niederschlag mit kaltem Wasser gut ausgewaschen und das Filtrat auf etwa 250 cm³ aufgefüllt. In einem aliquoten Teil kann die Fluorbestimmung z. B. mit EisenIII-salz nach § 6, S. 211, erfolgen.

c) Verfahren von L. Fresenius, Schröder und Frommes zur Fluorbestimmung in Blenden. Die Frage der Fluorbestimmung in Blenden ist von besonderer Wichtigkeit, da solche Blenden, die mehr als 0,15 bis 0,2% Fluor enthalten, auf die zur Schwefelsäureherstellung dienenden Apparate in erheblichem Maße zerstörend wirken. Das Verfahren von L. FRESENIUS und Mitarbeitern soll vornehmlich für Blenden Anwendung finden, deren Fluorgehalt zwischen 0,05 und 0,5% liegt.

Arbeitsvorschrift. 2 g der fein gepulverten Blende werden mit je 5 g Soda und Natriumperoxyd geschmolzen. Man laugt die Schmelze mit heißem Wasser aus, gibt 8 g Ammoniumcarbonat hinzu und dampft bis auf etwa 50 cm^3 ein. Hierauf filtriert man und wäscht mit heißem Wasser aus. Das Filtrat wird kalt mit Schwefelsäure (1:1) angesäuert, wobei starkes Schütteln zu vermeiden ist, und dann mit einem Überschuß von 10 cm^3 derselben Schwefelsäure versetzt. Nun kann die Bestimmung des Fluors nach § 7, S. 218, erfolgen.

d) Verfahren zur gewichtsanalytischen Fluorbestimmung in Zinkblende (ANALYSE DER METALLE, a). 2 bis 5 g feingepulverte Blende (je nach dem Fluorgehalt) werden mit der sechsfachen Menge Natriumkaliumcarbonat und etwa 0,2 bis 0,5 g Kieselsäure (Kieselsäureanhydrid von KAHLBAUM) im Nickeltiegel geschmolzen; die Schmelze wird nach dem Erkalten in Wasser ausgelaugt. Ist sie durch Bildung von Manganat etwas grün gefärbt, so fügt man dem Wasser etwas Alkohol hinzu. Man filtriert und wäscht mit natriumcarbonathaltigem heißen Wasser gründlich aus. Das Filtrat enthält das Alkalifluorid. Man beseitigt zunächst die Hauptmenge des Alkalicarbonates, indem man zuerst einige Tropfen Phenolphthaleinlösung und dann langsam soviel verdünnte Salzsäure zugibt, daß die Lösung eben noch alkalisch bleibt, und fügt dann etwa 4 bis 6 g festes Ammoniumcarbonat hinzu. Nach längerem Erwärmen bei 40° läßt man über Nacht absitzen, filtriert Kieselsäure und Aluminiumhydroxyd ab und wäscht den Rückstand mit ammoniumcarbonathaltigem Wasser aus. Das Filtrat (im 500-cm^3-Becherglase), welches nunmehr nur noch geringe Mengen von Kieselsäure enthält, wird im Wasserbade eingeengt und mit Wasser in eine flache Porzellanschale von etwa 12 cm Durchmesser übergespült. Man fügt einige Tropfen Phenolphthalein hinzu und hierauf soviel Salzsäure (1:1), bis die rot gefärbte Lösung eben farblos erscheint. Nun erhitzt man zum Sieden, wobei die Lösung sich wieder rot färbt und entfärbt sie von neuem nach dem Erkalten. Diese Operation wird so lange wiederholt, bis nur noch etwa 1 bis 2 cm^3 Salzsäure (1:1) zur Entfärbung benötigt werden und bis sich zuletzt auf Zusatz von etwa 1 cm^3 n Salzsäure die rote Lösung eben entfärbt. Dieses vorsichtige Vorgehen ist notwendig, um einerseits die Lösung eben noch alkalisch zu halten, andererseits einen gewissen Überschuß an Carbonat zu besitzen (höchstens 1 cm^3 2 n Natriumcarbonatlösung). Bei der späteren Fällung mit Calciumchlorid besteht der Niederschlag somit aus Calciumfluorid und Calciumcarbonat (s. S. 148) und ist seines Carbonatgehaltes wegen leicht abzufiltrieren. Der Anteil des Niederschlages an Calciumcarbonat darf aber auch wieder nicht zu groß sein, damit er bei dem späteren Auszug mit Essigsäure keine Schwierigkeit bereitet. Man versetzt nunmehr die Lösung mit 2 cm^3 einer ammoniakalischen Zinkoxydlösung (zur Bereitung löst man feuchtes reines Zinkhydroxyd in Ammoniak auf) und kocht, bis das Ammoniak vollständig vertrieben ist. (Ammoniumsalze vergrößern durch Komplexbildung die Löslichkeit des Calciumfluorides.) Durch die Zinkoxydlösung wird der Rest der Kieselsäure als Zinksilicat gefällt. Der Niederschlag enthält überschüssiges Zinkoxyd und Zinkcarbonat, er wird abfiltriert und mit heißem Wasser ausgewaschen.

Im Filtrat wird das Fluorid nach der Vorschrift in § 1, S. 148, gefällt.

e) Verfahren von KILIAN *zur Fluorbestimmung in Zinkblende.* 10 g Erz werden in einem geräumigen Nickeltiegel mit 20 g Natriumperoxyd innig gemischt und mit 15 g Natriumperoxyd abgedeckt. Die Mischung wird über dem Bunsenbrenner aufgeschlossen und die Schmelze in ruhigem Fluß gehalten, bis unzersetzte Erzteilchen nicht mehr wahrzunehmen sind. Den abgekühlten Nickeltiegel bringt man in ein Jenaer Liter-Becherglas und laugt die Schmelze bei aufgelegtem Uhrglas mit etwa 100 bis 150 cm^3 Wasser aus. Nach Aufhören der zuerst stürmisch einsetzenden

Reaktion werden Uhrglas und Tiegel sorgfältig mit heißem Wasser abgespült. Das Volumen der so erhaltenen Lösung soll ungefähr 200 bis 250 cm³ betragen. Da sich zur Abtrennung des Fluors die in § 4 B, S. 184, beschriebene Destillation anschließen soll, empfiehlt es sich, größere Volumina auf dem Wasserbade einzudampfen. Auch ist bei hohem Chloridgehalt des Erzes eine dem Chloridgehalt entsprechende Menge Silbernitrat der zur Destillation bestimmten Flüssigkeit zuzusetzen, um den größten Teil der Chlor-Ionen im Destillationskolben zu binden.

3. Aufschluß von Silicaten.

Für die Fluorbestimmung in Silicaten, in denen das Fluor häufig in besonderer Bindung enthalten ist und daher durch Schwefelsäure oder Perchlorsäure nicht vollkommen in Freiheit gesetzt wird, kommt nur der Aufschluß mit Soda-Pottasche in Betracht.

Der Aufschluß kann nur nach dem Verfahren von BERZELIUS erfolgen, das unter 1. auf S. 141 beschrieben ist. Kleine Abänderungen sind von HILLEBRAND angegeben worden und werden im folgenden mitgeteilt.

Arbeitsvorschrift. 2 g Gesteinspulver werden mit der 4 bis 5fachen Menge Soda-Pottasche, möglichst unter Vermeidung des Gebläses, geschmolzen. Der Kieselsäurezusatz wird bei Silicatgesteinen in den meisten Fällen nicht nötig sein. Die Verarbeitung der Schmelze geschieht genau wie unter 1. auf S. 141 beschrieben ist, nur muß unbedingt an Stelle der Salzsäure Salpetersäure angewendet werden, und zwar weil fast ständig anwesende Phosphorsäure und Chrom noch beseitigt werden müssen. Zu diesem Zweck wird die noch alkalische Flüssigkeit (nach der Abscheidung der Kieselsäure mit ammoniakalischem Zinkoxyd) mit Silbernitrat im Überschuß versetzt, wobei neben Silbercarbonat und gegebenenfalls Silberchlorid auch Silberphosphat und -chromat ausfallen. Man erwärmt gelinde, filtriert, fällt den Überschuß des Silbers mit Natriumchlorid und versetzt das Filtrat mit 1 cm³ 2 n Na_2CO_3-Lösung, um das Fluor als Calciumfluorid nach BERZELIUS-ROSE (§ 1, S. 148) zu fällen.

Bemerkung. Die *Genauigkeit* des Verfahrens hängt in höchstem Maße von der sorgfältigen Aufarbeitung der Schmelze ab, durch die eine Verunreinigung des gewogenen Calciumfluorids vermieden wird. Weitere Fehlerquellen ergeben sich aus dem Verhalten des Calciumfluorids selbst und den Mängeln des Verfahrens von BERZELIUS-ROSE (§ 1, S. 148).

HILLEBRAND empfiehlt für die Fluorbestimmung in Silicatgesteinen auch das Verfahren von STEIGER (§ 7, S. 218), das nach dem Aufschluß und der ersten Abscheidung der Kieselsäure mit Ammoniumcarbonat angewendet werden kann. HACKL jedoch gibt an, daß hierbei keine genügende Empfindlichkeit erreicht wird.

4. Aufschluß von Berylliumverbindungen.

Die Einwaage mischt man mit der vierfachen Gewichtsmenge Natriumkaliumcarbonat und schmilzt 1 Std. lang. Dann wird der Tiegel samt der Schmelze in einer geräumigen Porzellanschale mit 100 cm³ Wasser gekocht, bis die Schmelze zerfallen ist, worauf man den Rückstand abfiltriert und auswäscht. Das Filtrat wird 1 Std. lang unter Zusatz von einigen Gramm Ammoniumcarbonat gekocht, nach dem Erkalten mit weiteren Mengen dieses Salzes versetzt und 12 Std. beiseite gestellt. Kieselsäure, Aluminiumhydroxyd usw. scheiden sich hierbei ab, werden abfiltriert und mit ammoniumcarbonathaltigem Wasser gewaschen. Das Filtrat hiervon, welches das gesamte Fluor enthält, daneben aber auch noch Phosphorsäure und Kieselsäure, wird stark eingekocht, dann mit Wasser verdünnt und in der Siedehitze mit Salpetersäure gegen Phenolphthalein neutralisiert. Reste von Kieselsäure entfernt man mit ammoniakalischer Quecksilberoxydlösung (250 g Ammoniumcarbonat und 180 cm³

Ammoniak (D 0,91) werden mit Wasser zu 1 Liter aufgefüllt, hierin werden 20 g frisch gefälltes Quecksilberoxyd gelöst), von der man 20 cm³ anwendet. Der ausgefallene Niederschlag wird abfiltriert, das Filtrat zur Trockene gedampft und wieder mit Wasser aufgenommen. In dieser Lösung fällt man durch einen Zusatz von Silbernitrat etwa vorhandene Phosphorsäure zusammen mit Silbercarbonat aus und beseitigt das überschüssige Silber mit Natriumchlorid. Nun wird das Filtrat gekocht, mit 1 cm³ 2 n Natriumcarbonatlösung versetzt und das Fluorid als Calciumfluorid nach der Vorschrift in § 1, S. 148, gefällt (ANALYSE DER METALLE, b).

5. Aufschluß von Ceritfluorid.

1 g Ceritfluorid wird mit 1 g reiner Kieselsäure und 10 g Kaliumcarbonat im Platintiegel geschmolzen, die Schmelze in heißem Wasser gelöst und die Lösung im Meßkolben auf 250 cm³ gebracht. Je 100 cm³ der filtrierten Lösung werden mit Phenolphthalein und dann mit Salzsäure (1 : 1) bis zum Verschwinden der Rotfärbung versetzt. Man erhitzt die Lösung und beseitigt die wiederkehrende Rotfärbung durch erneuten Zusatz von n Salzsäure und schließlich von 0,1 n Salzsäure so lange, bis auch nach längerem Erhitzen keine Rotfärbung mehr auftritt. Die erkaltete Lösung wird auf 200 cm³ gebracht und von der ausgeschiedenen Kieselsäure durch Filtrieren befreit. 100 cm³ des Filtrates werden in einem 300 cm³ fassenden Erlenmeyer-Kolben auf etwa die Hälfte eingedampft und darin das Fluorid nach der Vorschrift in § 6 A 1, S. 210, bestimmt (ANALYSE DER METALLE, c).

Literatur.

ANALYSE DER METALLE, herausgeg. vom Chemiker-Fachausschuß der Gesellschaft Deutscher Metallhütten- und Bergleute, 1. Band, Schiedsverfahren, 2. Aufl. Berlin/Göttingen/Heidelberg 1949, (a) S. 429; (b) S. 82; (c) S. 144.

BERZELIUS, J.: A. Ch. [2] **3**, 34 (1816); Pogg. Ann. **1**, 169 (1824).

FAIRCHILD, J. G.: J. Washington Acad. Sciences **20**, 141 (1930). — FRESENIUS, L., K. SCHRÖDER u. M. FROMMES: Fr. **73**, 65 (1928).

HACKL, O.: Fr. **116**, 92 (1939). — HAWLEY, F. G.: Ind. eng. Chem. **18**, 573 (1926). — HILLEBRAND, W. F.: Analyse der Silicat- und Carbonatgesteine (übersetzt von E. WILKE-DÖRFURT), S. 196, Leipzig 1910. — HOFFMANN, J. I. u. G. E. F. LUNDELL: Bur. Stand. J. Res. **3**, 581 (1929).

KILIAN, W.: Analyse der Metalle, herausgeg. vom Chemiker-Fachausschuß der Gesellschaft Deutscher Metallhütten- und Bergleute, 1. Band, Schiedsverfahren, 2. Aufl. Berlin/Göttingen/Heidelberg 1949, S. 433. — KOLTHOFF, I. M.: Die Maßanalyse, 2. Aufl., Berlin 1931, 2. Teil, S. 130.

REYNOLDS, D. S. u. K. D. JACOB: Ind. eng. Chem. Anal. Edit. **3**, 366 (1931). — RICHTER, F.: Fr. **124**, 161 (1942). — RUFF, O.: Die Chemie des Fluors, S. 88, Berlin 1920.

SPECHT, F. u. A. HORNIG: Fr. **125**, 161 (1943).

TANANAEFF, I.: Fr. **99**, 21 (1934). — TREADWELL, F. P.: Lehrbuch der analytischen Chemie, 11. Aufl., Bd. 2. S. 411, Leipzig u. Wien 1923. — TREADWELL, W. D.: Tabellen und Vorschriften zur quantitativen Analyse, Leipzig u. Wien 1938, S. 70, S. 146, S. 167.

Bestimmungsmethoden.

§ 1. Bestimmung als Calciumfluorid bzw. unter Abscheidung als Calciumfluorid.

CaF_2, Molekulargewicht 78,08.

Allgemeines.

Das Verfahren beruht auf der Schwerlöslichkeit des Calciumfluorids in Wasser und schwach essigsaurer Lösung. Das gefällte Calciumfluorid wird entweder als solches gewogen oder in Calciumsulfat übergeführt.

Eigenschaften des Calciumfluorids. Calciumfluorid ist ein weißes, nicht hygroskopisches, luftbeständiges Pulver. Es krystallisiert in Würfeln des kubischen

Systems (Flußspat). Das aus Lösungen gefällte Calciumfluorid ist gallertartig und läßt sich z. B. durch andauerndes Erhitzen mit Salzsäure auf 250° in die krystallisierte Form umwandeln. Schmelzpunkt 1378°.

Löslichkeit. In 100 g *Wasser* lösen sich bei 18° 1,6 mg Calciumfluorid (von natürlichem Flußspat 1,5 mg) (KOHLRAUSCH), bei Wasserbadtemperatur 1,6 mg (TREADWELL und KOCH). Die Löslichkeit ist stark abhängig von der Teilchengröße und kann bis etwa zum doppelten Wert ansteigen (TREADWELL und KÖHL). Außerdem neigt Calciumfluorid stark zur Bildung kolloider Lösungen von großer Haltbarkeit (PATERNO und MAZZUCHELLI).

Die Löslichkeit wird durch Überschuß des fällenden Calcium-Ions maximal bis zum vierten Teil des normalen Wertes erniedrigt, und zwar schon durch einen Überschuß des Calcium-Ions von 0,027 Molen/l (TREADWELL und KÖHL).

Die Löslichkeit des Calciumfluorids wird erhöht in sauren Lösungen. Nach ADOLPH lösen sich während 1 Std. auf dem Wasserbad in 100 cm³ 1,5 n Essigsäure 15 mg, nach TREADWELL und KOCH 11,1 mg Calciumfluorid. Angaben für die Löslichkeit in verschieden starker Essigsäure bei verschiedenen Temperaturen enthält Tabelle 1 (DUPARC, WENGER und GRAZ).

Tabelle 1.
Löslichkeit von Calciumfluorid in Essigsäure.

Normalität der Essigsäure	mg CaF_2 in 100 cm³ Lösungsmittel bei			
	40° C	60° C	80° C	100° C
0,5	15,3	17,8	20,6	22,9
1	17,5	20,3	23,7	26,4
2	19,2	22,9	26,7	30,0

Die Löslichkeit des Calciumfluorids wird in saurer Lösung stark erhöht durch die Gegenwart von Kationen, die leicht mit Fluor beständige Komplexe bilden, z. B. durch Aluminium[1], EisenIII-, Beryllium- oder ZirkonIV-Ionen; auch Borsäure begünstigt die Lösung des Calciumfluorids infolge der Entstehung komplexer Borfluorsäure (FEIGL).

A. Gewichtsanalytische Bestimmung.

Verfahren von BERZELIUS bzw. ROSE.

Die gewichtsanalytische Bestimmung des Fluors durch Fällung mittels Calciumsalzlösung als Calciumfluorid ist nur dann anwendbar, wenn die Lösung keine durch Calcium fällbaren Ionen enthält, wie Phosphat-, Arsenat-, Antimonat-, Wolframat-, Molybdat-, Titanat-, Zirkonat- und Vanadat-Ionen. Hinsichtlich des Einflusses von anwesendem Sulfat-Ion s. S. 151.

Die Fällung erfolgt in neutraler oder schwach alkalischer Lösung und dann meist nach BERZELIUS-ROSE zur Erreichung eines besseren filtrierbaren Niederschlags[2] unter Zusatz von Alkalicarbonat, das als Calciumcarbonat mitgefällt und dann mittels verdünnter Essigsäure herausgelöst wird. Das zurückbleibende Calciumfluorid wird entweder als solches gewogen oder mittels Schwefelsäure in Calciumsulfat übergeführt.

Arbeitsvorschrift. *Saure* Lösungen versetzt man mit Natriumcarbonatlösung bis zur alkalischen Reaktion und fügt noch etwa ein Viertel der Menge im Überschuß hinzu, die zur Neutralisation erforderlich war. *Neutrale* Lösungen werden mit etwa 1 cm³ 2 n Natriumcarbonatlösung versetzt.

Die alkalische Lösung wird zum Sieden erhitzt und mit überschüssiger Calciumchloridlösung gefällt. Der aus Calciumfluorid und Calciumcarbonat bestehende Niederschlag, der sich seines Carbonatgehalts wegen leicht filtrieren läßt, wird heiß

---

[1] Hierauf beruht ein Verfahren von TANANAEFF zur indirekten Fluorbestimmung in Flußspat durch Auflösen des Flußspats in Aluminiumchloridlösung, Fällen von Calciumoxalat in Gegenwart von Weinsäure und Titration des Calciumoxalats mit Kaliumpermanganatlösung.

[2] Nach den Erfahrungen von TREADWELL und KÖHL bietet „die Mitfällung von Calciumcarbonat keine sichere Gewähr für eine befriedigende Filtrierbarkeit".

abfiltriert und mit möglichst wenig heißem Wasser chlorfrei gewaschen. Man sammelt die Filtrate und mißt ihr Volumen. Nach dem Trocknen wird der Niederschlag auf schwarzem Glanzpapier vom Filter soweit als möglich abgelöst. Das Filter wird in einem gewogenen Platintiegel verascht; zu der Asche wird der Niederschlag hinzugegeben und bei aufgelegtem Deckel etwa 10 Min. geglüht.

Filter und Niederschlag sind deshalb getrennt zu veraschen, weil das Calciumfluorid durch Wasserdampf bei Rotglut allmählich hydrolytisch gespalten wird. Deshalb sind auch eine direkte Berührung des glühenden Fluorids mit den Flammengasen und unnötig langes Glühen zu vermeiden (ADOLPH).

Nach dem Erkalten wird der Tiegel mit einem Uhrglas bedeckt und der Inhalt mit soviel verdünnter Essigsäure übergossen, daß bei neuem Zusatz eben kein Aufbrausen mehr zu sehen ist. Bei diesem Zusatz wird das Calciumcarbonat zersetzt, während das Fluorid nicht angegriffen wird. Der Tiegelinhalt wird auf dem Wasserbad zur Trockne gedampft, der Rückstand mit heißem Wasser behandelt und genau wie vorher abfiltriert und ausgewaschen. Die Waschwässer sammelt man wiederum und mißt ihr Volumen. Der Niederschlag wird getrocknet und dann wieder vom Filter getrennt. Das Filter wird in den zuvor gebrauchten Platintiegel zurückgebracht und verascht, der Niederschlag zugefügt und geglüht.

Zur Kontrolle kann das Calciumfluorid nach dem Wägen im Platintiegel mit möglichst wenig überschüssiger konzentrierter Schwefelsäure sorgsam abgeraucht werden. Nach schwachem Glühen wird das entstandene Calciumsulfat gewogen. Die Gewichtszunahme entspricht dem Übergang der vorhandenen Menge Calciumfluorid in Calciumsulfat, also 1 mg Zunahme 0,654 mg Fluor bzw. 0,689 mg Fluorwasserstoff oder 1,344 mg Calciumfluorid.

***Bemerkungen.* I. Genauigkeit.** Eine Hauptfehlerquelle ist die Löslichkeit des Calciumfluorids in Wasser und in verdünnter Essigsäure, wodurch die Ergebnisse um einige Zehntelprozente bis um etwa 1% zu niedrig ausfallen. (F. P. TREADWELL und KOCH). Nach den Erfahrungen von RUFF wird diese nicht zu vernachlässigende Löslichkeit des Calciumfluorids in der Ausgangslösung und in den Waschwässern, deren wahrer Betrag zwar immer unbekannt bleibt, am besten in der Form berücksichtigt, daß für je 100 cm^3 Mutterlauge und Waschwasser je 1,6 mg Calciumfluorid zu der Auswaage hinzuaddiert werden. Die Löslichkeit des Calciumfluorids ist ferner zu beachten bei dem Ausziehen des Calciumcarbonats mittels Essigsäure aus dem Fällungsgemisch von Calciumfluorid und Calciumcarbonat (BERZELIUS-ROSE). Über den Einfluß dieser Verluste hat BOY Versuche im Bereiche von 0,1 bis 1% F angestellt und gefunden, daß bei 0,1% F nur gegen 78%, bei 0,5% F nur gegen 83% und bei 1% F nur gegen 86% wiedergefunden werden. Rund 50% dieser Verluste sind auf die Löslichkeit in den Waschflüssigkeiten zurückzuführen, der andere Teil auf die Abscheidung der Kieselsäure (s. S. 141). Es sind somit folgende Korrekturen vorzunehmen:

bei einem Gehalt von 0,1% F etwa 0,03% F (absolut)
0,5% F etwa 0,08% F (absolut)
1,0% F etwa 0,15% F (absolut).

Bei der Fällung in schwach essigsaurer Lösung (s. S. 151) begünstigen die vorhandenen Acetat-Ionen die Ausflockung des Calciumfluorids, das leicht kolloide Systeme bildet (PATERNO und MAZZUCHELLI). In diesem Fall können zu niedrige Werte verursacht werden. Das Calciumfluorid kann jedoch Calciumacetat adsorbieren (MEYER und SCHULZ), wodurch das Ergebnis wiederum bis zu 1 bis 2% höher werden kann. Ferner können natürliche Verunreinigungen, wie vor allem Phosphor- und Kieselsäure, das Ergebnis fälschen. Daher ist die Folgerung DANIELS berechtigt, daß selbst bei sorgfältigstem Arbeiten keine vollkommen genauen Ergebnisse nach dem Verfahren von BERZELIUS-ROSE zu erhalten sind.

II. Prüfung der Reinheit des ausgewogenen Calciumfluorids. Die zur Kontrolle empfohlene Umwandlung des Calciumfluorids in Calciumsulfat ist bei Gesteinsanalysen unbedingt zur Feststellung der Reinheit des ausgewogenen Calciumfluorids durchzuführen. Dabei muß an dem Geruch des freiwerdenden Fluorwasserstoffs geprüft werden, ob wirklich Calciumfluorid vorliegt. Stellt man auf diese Weise die Anwesenheit von Fluorwasserstoff und damit von Fluor fest, entspricht aber das Gewicht des Sulfats nicht dem aus dem Fluorid berechneten, so muß man ersteres in heißer Salpetersäure lösen und mit Ammoniummolybdat auf Phosphat prüfen. Ist dieses nicht vorhanden, so kann die Verunreinigung aus Kieselsäure oder Calciumsilicat bestehen; welche der beiden letzten Verbindungen aber vorliegt, wird schwer zu entscheiden sein. Bei Vorhandensein von Kieselsäure wird man die Menge wirklich vorhandenen Fluorids aus dem Gewicht des Sulfats durch Umrechnung genau ermitteln können, bei Anwesenheit von Calciumsilicat jedoch nicht. Bei schwefelreichen Gesteinen könnte der Fall eintreten, daß mit dem Fluorid auch Calciumsulfat in den Niederschlag hineingerissen wird, es sollte indessen durch gründliches Waschen völlig entfernbar sein. Gelingt dies nicht, und ist Calciumsulfat sicherlich die einzige Verunreinigung, dann kann nach der Umwandlung des Fluorids in Sulfat der wahre Fluorgehalt x nach folgendem Ansatz ausgerechnet werden:

$$x = \frac{(a - b) \cdot 2F}{CaSO_4 - CaF_2},$$

wobei a das Gewicht des schließlich gewogenen Calciumsulfats und b das Gewicht des durch Sulfat verunreinigten Calciumfluorids bedeutet.

Der Fall, daß einmal völlige Übereinstimmung zwischen dem Fluorid- und dem Sulfatwert besteht, ist außergewöhnlich, bei den kleinen in Gesteinen vorkommenden Fluormengen ist der absolute Fehler zwar gering, der auf den Prozentgehalt an Fluor berechnete aber merklich; dies hat aber sonst keine große Bedeutung.

III. Verhalten beim Erhitzen. Durch Wasserdampf wird Calciumfluorid bei Rotglut unter Abspaltung von Fluorwasserstoff zersetzt. So verlieren 88,6 mg Calciumfluorid 1,6 mg an Gewicht, wenn sie 1 Std. lang auf Rotglut erhitzt werden (ADOLPH). Nach Befeuchten mit Flußsäure und Eindampfen zur Trockene wird das ursprüngliche Gewicht wieder erreicht.

IV. Die **Verwendung von Membranfiltern** zum Abfiltrieren des ohne Zusätze gefällten, reinen Calciumfluorids schlägt KANDILAROW vor. Das Membranfilter mit dem Niederschlag wird im Vakuumexsiccator getrocknet. Der Niederschlag läßt sich danach bei einiger Sorgfalt ohne Verlust in einen Tiegel überführen und wird darin bei 500° ½ Std. lang geglüht.

V. Sonstige Arbeitsverfahren. a) Fällung mittels Calciumsulfats. DINWIDDIE empfiehlt die Fällung des Calciumfluorids mittels gepulverten Calciumsulfats, worauf das Gewicht des Gemisches von Calciumfluorid und Calciumsulfat bestimmt wird. Nach der Behandlung mit Schwefelsäure wägt man nochmals als reines Calciumsulfat. Aus der Gewichtszunahme ergibt sich die Fluormenge (s. oben).

Bei dem Verfahren muß die angewendete Fluoridlösung neutral und so klein wie möglich sein. Man versetzt sie in kochendem Zustand mit gepulvertem Calciumsulfat und läßt unter häufigem Rühren 1 Std. stehen. Der Niederschlag wird in einem Platin-GOOCH-Tiegel, dessen Boden mit einem genau passenden Scheibchen Asbestpapier bedeckt ist, gesammelt und mit Wasser, das mit Calciumsulfat und Calciumfluorid gesättigt ist, ausgewaschen. Dann wird der Niederschlag in einen anderen Platintiegel gebracht und bei 300° getrocknet und hierauf gewogen. Er wird nunmehr mit etwas Wasser und Schwefelsäure versetzt, abgeraucht und wieder gewogen. Aus der Gewichtszunahme errechnet sich die Fluormenge (s. oben).

b) Verfahren von WIECHERT und BURANDT. Die Verfasser empfehlen, die Fällung in neutraler Lösung vorzunehmen und in Anlehnung an MICHAILOWA einen Zusatz von Gelatine anzuwenden.

Arbeitsvorschrift. Auf je 30 cm^3 Lösung setzt man 1 Tropfen 10%iger Gelatinelösung zu. Wenn sich der Niederschlag nicht gleich absetzt, erwärmt man kurze Zeit auf dem Wasserbade unter Umschütteln. Dann bringt man die klare Lösung auf das Filter, kocht den Niederschlag mit Wasser kurz auf, dekantiert erneut und setzt das Verfahren fort, bis das Filtrat frei von Calciumchlorid ist. Hierzu sind etwa 200 bis 300 cm^3 Wasser nötig, die aber merkwürdigerweise kein Calciumfluorid lösen. — Der Fehler beträgt etwa $\pm$ 0,2%.

c) Fällung mit Calciumhydroxyd nach KRAUSE. Man fällt in der Siedehitze mit einer Aufschlämmung von Calciumhydroxyd in Wasser. Den im Niederschlag befindlichen Überschuß des Fällungsmittels entfernt man daraus durch dessen Behandlung mit 25%iger Ameisensäure auf dem Wasserbade. Man filtriert den Rückstand ab und glüht ihn. Die im Glühprodukt neben Calciumfluorid enthaltene geringe Menge Calciumoxyd titriert man mit 0,1 n Salzsäure und subtrahiert den erhaltenen Wert von dem gesamten Gewicht des geglühten Niederschlages. Die Werte für Fluor fallen etwas zu niedrig aus, wahrscheinlich nicht wegen der Löslichkeit des Calciumfluorids, sondern wegen dessen Zersetzung durch die Ameisensäure, die Fluorwasserstoff freimacht. Die Arbeitsweise ist nach GEYER unbefriedigend.

d) Verfahren des Chemiker-Fachausschusses des Vereins Deutscher Eisenhüttenleute, nachgeprüft von GEYER. Das Verfahren liefert brauchbare Werte nur durch Kompensation. Die Herabsetzung des Ergebnisses durch die Löslichkeit des Calciumfluorides wird kompensiert durch eine Gewichtszunahme, hervorgerufen durch die Adsorption von Calciumsalz am Niederschlage. Es wird aber eine gut filtrierbare Niederschlagsform erhalten bei Einhaltung folgender

Arbeitsvorschrift. Die auf 200 cm^3 aufgefüllte, schwach essigsaure, mit 2 g Natriumacetat gepufferte Lösung wird bis zum eben beginnenden Sieden erhitzt und tropfenweise mit heißer 5%iger Calciumchloridlösung versetzt. Je langsamer, besonders am Beginn der Fällung, die Calciumchloridlösung zugesetzt wird, desto grober krystallin scheidet sich das Calciumfluorid ab, das sich schnell zu Boden setzt. Man läßt 2 Std. warm stehen und filtriert dann durch ein dichtes Filter. Die letzten Anteile des Niederschlages bringt man mit einer mehrere Tropfen Essigsäure enthaltenden 1%igen Calciumchloridlösung auf das Filter. Man wäscht mit kaltem Wasser bis zur Chlorfreiheit, verascht im Platintiegel und raucht etwa vorhandene Kieselsäure mit Flußsäure ab. — Das Verfahren liefert brauchbare Werte bei Vorliegen von etwa 50 bis 200 mg Fluor. Nach RINCK ist das Verfahren wegen seiner Einfachheit zu empfehlen.

e) Fällung bei Gegenwart von Sulfat nach HAHN. Dieses Verfahren soll völlig einwandfreie Ergebnisse liefern und alle anderen weit übertreffen.

Man gibt zu der konzentrierten Fluoridlösung Phenolphthalein und Natronlauge bis zur Rötung, dann tropfenweise Essigsäure bis zur Entfärbung und soviel Natriumsulfat hinzu, daß die Lösung mindestens 0,2 g Sulfat-Ion in 100 cm^3 enthält, bei größeren Fluoridmengen mehr. Dann fällt man in der Kälte mit überschüssiger Calciumchloridlösung. Das ausfallende Gemenge von Calciumsulfat $CaSO_4 \cdot 2H_2O$ und Calciumfluorid läßt sich nach einigem Stehen vorzüglich filtrieren und auswaschen. Man trocknet, verascht das Filter im Platintiegel, bringt den Niederschlag hinzu, glüht über einem schwachen BUNSEN-Brenner und wägt. Dann befeuchtet man mit reinster konzentrierter Schwefelsäure, raucht ab und wägt wieder. Die Gewichtszunahme entspricht dem Übergang der vorhandenen Menge Calciumfluorid in Calciumsulfat. Hinsichtlich der Berechnung vgl. S. 150.

f) Fällung bei Gegenwart von Sulfat nach WIECHERT und BURANDT. Nach dem Vorgange von SCHWERIN werden Fluorid und Sulfat gemeinsam als Calciumsalze gefällt. Der abfiltrierte, geglühte und ausgewogene Niederschlag wird mit Borsäure abgeraucht, wobei das Fluor als Borfluorid verflüchtigt wird. Der Rückstand, der neben unverändertem Calciumsulfat Calciumperchlorat, Borsäure und Perchlorsäure enthält, wird mit 50%igem Methanol behandelt und danach nochmals geglüht und gewogen. Die Gewichtsdifferenz entspricht dem anwesend gewesenen Calciumfluorid. — Das Abrauchen muß beendet werden, wenn die Entwicklung von weißen Dämpfen merklich nachläßt und sich im Tiegel gerade eine feste Kruste zu bilden beginnt. Dann ist die Borsäure noch löslich, und es wird verhältnismäßig wenig Waschflüssigkeit verbraucht.

Arbeitsvorschrift. Bei Anwesenheit von etwa 100 mg Fluor und wechselnden Mengen Sulfat in 100 cm³ Lösung wird die Fällung mit konzentrierter Calciumchloridlösung in geringem Überschuß in der Siedehitze vorgenommen. Man fügt unter Umständen Gelatinelösung zu und verfährt weiter wie unter b) angegeben. Das Filter mit dem Niederschlage wird im Platintiegel verascht. Nach dem Glühen und Auswägen versetzt man den Tiegelinhalt mit 3 bis 5 cm³ 20 bis 30%iger Perchlorsäure und soviel Borsäure, als wenn der gesamte Tiegelinhalt Calciumfluorid wäre. Man erhitzt den Tiegel auf einem Sand- oder Luftbade vorsichtig, bis die Entwicklung weißer Dämpfe merklich nachläßt und sich gerade eine feste Kruste bildet. Eine Wiederholung des Verfahrens ist nicht nötig. Nach dem Erkalten wird der Tiegelinhalt anteilweise mit je 2 bis 3 cm³ 50%igem Methanol durchgearbeitet und die Lösung jedesmal durch 2 ineinandergesteckte, gehärtete Filter abgegossen. Von Zeit zu Zeit prüft man das Filtrat auf das Vorhandensein von Perchlorsäure. Hierzu mischt man vor Gebrauch 0,1 cm³ 1,6%ige Methylenblaulösung und 25 cm³ fast gesättigte Zinksulfatlösung und fügt zu je 5 cm³ der Mischung 0,2 cm³ 20%ige Kaliumnitratlösung. Bei Anwesenheit von Perchlorsäure schlägt die blaue Färbung der Reagenslösung nach Grün bis Violett um. Wenn keine Farbänderung mehr eintritt, was nach Anwendung von etwa 20 bis 25 cm³ Waschlösung der Fall ist, wäscht man den Niederschlag im Filter noch einmal aus. Das Filter mit dem Inhalt wird in den Platintiegel zurückgebracht und verascht. Man glüht, wägt und berechnet die Gewichtsdifferenz als Calciumfluorid. Die Waschflüssigkeit muß unbedingt verworfen werden. — Der Fehler beträgt etwa $\pm$ 0,4%.

g) Fällung bei Gegenwart von Oxalat. Von STARCK und THORIN ist ein Verfahren vorgeschlagen worden, Calciumfluorid und Calciumoxalat aus essigsaurer Lösung bei Gegenwart einer genau bekannten Oxalatmenge gemeinsam zu fällen, wodurch das Calciumfluorid leichter filtrierbar wird. Von dem getrockneten Niederschlag wird die bekannte Menge des Calciumoxalats in Abzug gebracht. Das Verfahren besitzt jedoch nach den Erfahrungen von TREADWELL und KÖHL sowie von ADOLPH keine besonderen Vorteile und eignet sich höchstens für die Bestimmung des Fluors in neutralen Lösungen löslicher Fluoride bei Abwesenheit der meisten anderen Stoffe.

h) Eine nephelometrische Bestimmung von Fluor gibt STEVENS für den Soda-Gesteinsaufschluß an. Der Aufschluß wird mit Wasser gut ausgelaugt und die das Fluor enthaltende Lösung von Siliciumdioxyd, Phosphorpentoxyd, Arsenpentoxyd, Schwefeltrioxyd und Chromtrioxyd befreit (s. S. 141). 25 cm³ der Fluor enthaltenden Lösung werden mit 1 cm³ 5%iger Gelatinelösung (als Schutzkolloid) und 10 cm³ 95%igem Alkohol versetzt, worauf zur Fällung 5 cm³ salzsaure Calciumchloridlösung unter Quirlen hinzugefügt werden. Die entstehende Trübung wird im Nephelometer mit den in bekannten Natriumfluoridlösungen erzeugten Calciumfluoridtrübungen verglichen.

Bei Phosphatmineralien ist das Verfahren nicht anwendbar, da das Fluor nicht quantitativ extrahiert und die Phosphorsäure nicht quantitativ entfernt werden kann.

i) Fluorbestimmung in Vernickelungsbädern. Die Fällung von Calciumfluorid läßt sich bei Einhaltung geeigneter Bedingungen zur Fluorbestimmung in Vernickelungsbädern verwenden (CLARKE und BRADSHAW). Um die Löslichkeit des Calciumfluorids zurückzudrängen, ist bei der Fällung ein Zusatz von Calciumchlorid im Überschuß wichtig. Ferner ist die Filtration durch Papierbreifilter wesentlich, damit man mit möglichst geringen Mengen Waschflüssigkeit auskommt. Etwa vorhandenes EisenIII-Ion wird durch Zusatz von Hydraziniumchlorid in EisenII-Ion übergeführt. Aus den sulfathaltigen Vernickelungsbädern fällt Calciumfluorid mit Calciumsulfat quantitativ aus, wenn eine genau geregelte Calciumchloridmenge verwendet wird. Die Bestimmung des Fluors in dem Niederschlagsgemisch nach den Angaben der beiden Autoren ist sehr umständlich und läßt sich aber wohl ohne weiteres nach S. 150 durchführen. Zu dem nach Berücksichtigung des Calciumsulfatgehalts gefundenen Fluorgehalt ist noch ein konstanter empirischer Korrekturwert von 2 mg (bei im ganzen 10 bis 60 mg Fluor) hinzuzuzählen.

B. Maßanalytische Bestimmung.

1. Manganometrische Titration nach Scott.

Das Verfahren beruht auf der manganometrischen Titration des bei der Fällung von Calciumfluorid überschüssig angewendeten und danach in Calciumoxalat übergeführten Calciums.

Arbeitsvorschrift. Das von Scott angegebene, etwas umständliche Verfahren ist von Uebel für *Reihenbestimmungen von Natriumfluorid* vereinfacht worden.

Reagenzien. Uebel verwendet Lösungen von zur Vereinfachung der Berechnungen zweckmäßigem Gehalt. (1) Die *$KMnO_4$-Lösung* soll theoretisch 7,5252 g Kaliumpermanganat in 1000 cm^3 enthalten, wobei dann 1 cm^3 $KMnO_4$-Lösung 10 mg Natriumfluorid anzeigt. Bei der Prüfung des Titers sollen 0,6000 g Natriumoxalat (nach Sörensen) genau 37,61 cm^3 der $KMnO_4$-Lösung verbrauchen. – (2) Die *Calciumacetatlösung* wird bereitet aus 12,00 g Calciumcarbonat pro analysi, die in einer Mischung von 97 g Eisessig pro analysi und 100 cm^3 Wasser gelöst und zu 1000 cm^3 aufgefüllt werden. Es entspricht 1 cm^3 dieser Lösung 10 mg Natriumfluorid. Der genaue Wirkungswert dieser Lösung, ausgedrückt in Kubikzentimetern der empirischen $KMnO_4$-Lösung (1), wird ermittelt, indem man 30 cm^3 Calciumacetatlösung mit 250 cm^3 Wasser verdünnt, zum Sieden erhitzt, mit 50 cm^3 Natriumoxalatlösung unter Umrühren versetzt und dann wie unten beschrieben weiter behandelt. – (3) *Natriumoxalatlösung.* 16 g Natriumoxalat (nach Sörensen) werden zu 1000 cm^3 gelöst. 1 cm^3 dieser Lösung entspricht etwa 1 cm^3 Calciumacetatlösung. – (4) *10%ige Mangansulfatlösung.*

Bestimmung. Die gegebenenfalls von störenden Beimengungen befreite Fluoridlösung, die etwa 0,5 g NaF in 200 cm^3 enthalten soll, wird mit Ammoniak schwach übersättigt, aufgekocht, eben wieder mit Essigsäure angesäuert, mit genau 75 cm^3 eingestellter Calciumacetatlösung (Pipette!) versetzt und 10 Min. gekocht. Nach Abstellen der Heizung läßt man 50 cm^3 Natriumoxalatlösung unter Umrühren einlaufen. Nach dem Erkalten wird der gut filtrierbare Niederschlag aus Calciumfluorid und Calciumoxalat abfiltriert und mit kaltem Wasser sorgfältig ausgewaschen. Das Filter mit dem Niederschlag bringt man sodann in eine auf etwa 80° erhitzte Mischung aus 200 cm^3 Wasser und 10 cm^3 konzentrierter Schwefelsäure ein und titriert nach Zufügen von 5 cm^3 10%iger Mangansulfatlösung mit Kaliumpermanganatlösung.

Berechnung: Angewendet werden beispielsweise 500,0 mg pulverisiertes Natriumfluorid. Vorgelegt seien 75 cm^3 Calciumacetatlösung, entsprechend 74,55 cm^3 $KMnO_4$-Lösung. Die zur Titration des $CaF_2 + CaC_2O_4$-Niederschlags nötige $KMnO_4$-Lösung beträgt 26,35 cm^3. Es verbleiben für das als Calciumfluorid ausgefällte Natriumfluorid: 48,20 cm^3 $KMnO_4$-Lösung, die 482,0 mg Natriumfluorid entsprechen, also hat das angewendete Natriumfluorid einen Reinheitsgrad von $\frac{482 \cdot 100}{500} = 96{,}4\%$.

Bemerkung. Bei der Nachprüfung des Verfahrens fand Geyer stets zu niedrige Werte. Er gibt als Grund hierfür an, daß sich ein Teil des Calciumfluorides mit dem Natriumoxalat zu Calciumoxalat umsetzt, da Calciumoxalat schwerer löslich ist als Calciumfluorid. Zur Erzielung richtiger Werte schlägt Geyer folgende

Abänderung vor: Das Calciumfluorid wird vor der Zugabe des Oxalates abfiltriert, oder einfacher: Das überschüssige Calcium wird nur in einem aliquotem Teile des Filtrates bestimmt. Durch die Abänderung ist das Verfahren von Uebel aber nicht mehr so einfach und so schnell durchführbar. RINCK betrachtet GEYERS gute Befunde skeptisch, er kann das komplizierte SCOTT-Verfahren überhaupt nicht empfehlen.

2. Schnellverfahren zur Analyse des Flußspats von LISSITZYN und WOLKOW.

Arbeitsvorschrift. 0,25 g des Minerals erhitzt man mit 8 cm^3 10%iger Essigsäure auf dem Wasserbad ½ Std. lang und filtriert darauf. Das Filter mit dem Rückstand bringt man in das Aufschlußgefäß, gibt 20 cm^3 einer 8%igen, neutralen Aluminiumchloridlösung zu, erhitzt 5 bis 10 Min. lang zum Kochen und läßt 1 bis 2 Std. in der Wärme stehen. Der Niederschlag wird abfiltriert, chlorfrei gewaschen und das Filtrat (200 bis 250 cm^3) auf 60° erwärmt, mit 8 g Oxalsäure versetzt und bis nahezu zum Sieden erhitzt. In Gegenwart von Methylorange wird die Flüssigkeit mit einem Überschuß an Ammoniak versetzt, der mittels Oxalsäure bis zum Verschwinden des Geruches unschädlich gemacht wird. Darauf kocht man die Flüssigkeit 5 bis 10 Min., hält sie ½ bis 1 Std. auf dem Wasserbad, bis sich der Niederschlag vollständig abgesetzt hat und filtriert. Den Niederschlag spritzt man vom Filter ab, löst ihn in 10%iger Schwefelsäure und gibt so viel von der Säure zu, daß die Konzentration 5 bis 6% beträgt. Nach dem Erwärmen auf 70° wird mit 0,1 n $KMnO_4$-Lösung titriert und vor Beendigung der Titration das Filter in die Flüssigkeit hineingegeben.

3. Potentiometrische Titration.

RYSS und BAKINA beschreiben ein Verfahren der potentiometrischen Titration von löslichen Fluoriden in mit Silicifluoriden gesättigter Lösung mit eingestellter Calciumnitratlösung und Chinhydron-Indicatorelektrode, wobei die Verunreinigung durch Sulfate, in den in technischen Produkten üblichen Mengen, keinen Einfluß auf die Genauigkeit der Bestimmung ausübt.

Literatur.

ADOLPH, W. A.: Am. Soc. **37**, 2500 (1915).

BERZELIUS, J.: A. Ch. [2] **3**, 34 (1816). — BOY, C.: Analyse der Metalle, herausgeg. vom Chemiker-Fachausschuß der Gesellschaft Deutscher Metallhütten- und Bergleute, 1. Band, Schiedsverfahren, 2. Aufl. Berlin/Göttingen/Heidelberg 1949, S. 430.

CHEMIKER-FACHAUSSCHUSS DES VEREINS DEUTSCHER EISENHÜTTENLEUTE: Handbuch für das Eisenhüttenlaboratorium, Bd. I, S. 17, 134, 153 (1939). – CLARKE, S. G. u. W. N. BRADSHAW: Analyst **57**, 138, (1932).

DANIEL, K.: Z. anorg. Ch. **38**, 257 (1904). — DINWIDDIE, J. G.: Am. J. Sci. [4] **42**, 464 (1916). — DUPARC, L., P. WENGER u. G. GRAZ: Helv. **8**, 280 (1925).

FEIGL, F.: Qualitative Analyse mit Hilfe von Tüpfelreaktionen, 1. Aufl., S. 49, Leipzig 1931.

GEYER, R.: Z. anorg. Ch. **252**, 42 (1944).

HAHN, F.: Fr. **69**, 385 (1926).

KANDILAROW, G. G.: B. **61**, 1667 (1928). — KOHLRAUSCH, F.: Ph. Ch. **12**, 234 (1893). — KRAUSE, H.: Ch. Z. **66**, 202 (1942).

LISSITZYN, W. u. S. WOLKOW: Betriebslab. 8, 943 (1939); durch C. **112, I**, 2692 (1941).

MEYER, R. J. u. W. Schulz: Angew. Ch. **38**, 203 (1925). — MICHAILOWA, N. F.: Betriebslab. **6**, 1154 (1937); durch C. **110, I**, 4507 (1939).

PATERNO, E. u. A. MAZZUCHELLI: G. **34, I**, 389, 409 (1904); **50, I**, 232 (1920).

RINCK, E.: Bl. [5] **15**, 308 (1948). — ROSE, H.: A. **72**, 343 (1849). — RUFF, O.: Die Chemie des Fluors, S. 90, Berlin 1920. — RYSS, I. G. u. N. P. BAKINA: Betriebslab. **6**, 172 (1937); durch C. **109, II**, 1281 (1938).

SCHWERIN: Chem. Age **48**, 613 (1943); durch WIECHERT, K. u. M.-L. BURANDT (siehe dort). — SCOTT, W. W.: Ind. eng. Chem. **16**, 703 (1924). — STEVENS, R. E.: Ind. eng. Chem. Anal. Edit. **8**, 248 (1936). — STARCK, G. u. E. THORIN: Fr. **51**, 14 (1912).

TANANAJEW, J. N.: Arb. VI. allruss. MENDELEJEW-Kongr. theoret. angew. Ch. 1932, **2**, Nr. 2, 368 (1935); durch C. **107, II**, 3572 (1936). — TREADWELL, F. P. u. A. KOCH: Fr. **43**, 476 (1904). — TREADWELL, W. D. u. A. KÖHL: Helv. **9**, 470, 475 (1926).

UEBEL, M.: Ch. Z. **49**, 701 (1925).

WIECHERT, K. u. M.-L. BURANDT: Fr. **128**, 508 (1948).

§ 2. Bestimmung als Bleichlorofluorid bzw. unter Abscheidung als Bleichlorofluorid (oder als Bleibromofluorid).

PbClF, Molekulargewicht 261,67.

Allgemeines.

Das Verfahren beruht auf der Ausfällung des von BERZELIUS *zuerst beschriebenen Doppelhalogenids Bleichlorofluorid, PbClF, aus neutraler oder ganz schwach saurer Lösung.* Es hat gegenüber anderen Verfahren den Vorteil, daß der Niederschlag 14mal so schwer ist wie das darin enthaltene Fluor, so daß der Analysenfaktor klein ist.

Eigenschaften des Bleichlorofluorids. Das Bleichlorofluorid ist ein weißes, amorphes Pulver (BERZELIUS). Beim Erhitzen tritt bis 200° keine Zersetzung ein, bei 400° wird das Bleichlorofluorid, wenn auch langsam, unter Bildung eines gelben Stoffes (PbO?) verändert (FISCHER und PEISKER).

Löslichkeit. Bleichlorofluorid ist in *Wasser* ziemlich gut löslich, aber fast unlöslich selbst in verhältnismäßig verdünnten *Bleichloridlösungen* (STARCK) (siehe Tabelle 2). Die von STARCK angegebenen Werte für die Löslichkeit des Bleichlorofluorides in 100 g Wasser bei

Tabelle 2.
Löslichkeit des Bleichlorofluorids in Bleichloridlösungen (STARCK).

Temperatur	Normalität der $PbCl_2$-Lösung	mg PbClF in 100 cm³ Lösungsmittel
18°	0,0100	2,0
	0,0195	1,6
	0,0495	0,2
25°	0,00996	3,0
	0,0195	0,8
	0,0392	0,5

0°	18°	25°	100°
21,1	32,5	37,0	108,1 mg PbClF

sind nach HAUL und GRIESS um etwa 10% zu hoch. Der Grund dafür dürfte darin liegen, daß STARCK z. T. mit basischem Bleichlorid verunreinigte Präparate in Händen gehabt hat. STARCK fällt nämlich bei einem p_H-Wert, der dem Umschlagspunkt des Phenolphthaleins entspricht. Unter diesen Umständen erfolgt, wie HAUL und GRIESS experimentell festgestellt haben, z. T. bereits Fällung von basischen Bleisalzen. Da die Molekulargewichte von PbClF und PbCl(OH) annähernd gleich sind und STARCK die Zusammensetzung des Niederschlages nur durch Chloridbestimmung geprüft hat, so tritt dieser Unterschied nicht in Erscheinung. Die Löslichkeit des basischen Bleichlorides ist aber deutlich größer als die des Bleichlorofluorides. HAUL und GRIESS gelangen auf Grund polarographischer Messungen (s. S. 161) zu folgenden Löslichkeitswerten für Bleichlorofluorid:

15°	25°	35°
28,5	33,8	39,1 mg PbClF/100 g Lösung.

Andere Bleisalze und andere Chloride bewirken keine gleich starke Herabsetzung der Löslichkeit wie Bleichlorid (ADOLPH). Leicht löslich ist Bleichlorofluorid in verdünnten Säuren.

Das Löslichkeitsprodukt des Bleichlorofluorids ist nach TANANAEFF $L_{PbClF} = 2{,}3 \cdot 10^{-9}$. Wenn bei der Fällung ein Überschuß an Ionen des Fällungsmittels $[Pb^{\cdot\cdot}] = [Cl'] = 0{,}01$ molar vorhanden ist, so beträgt die Konzentration der in der Lösung verbliebenen Fluor-Ionen nur noch $2{,}3 \cdot 10^{-5}$ Mole. Bei genügend großem Überschuß des Fällungsmittels wird Bleichlorofluorid so wenig löslich, daß es um den Besitz des Fluors sogar mit Calcium-Ionen in Wettbewerb treten kann (siehe Tabelle 3). – Aus polarographischen Messungen finden HAUL und GRIESS für das Löslichkeitsprodukt des Bleichlorofluorides bei zehnfach molarem Chloridüberschuß

Tabelle 3.
Fluor-Ionen-Konzentration in Lösungen von Bleichlorofluorid bei Überschuß des Fällungsmittels (TANANAEFF).

Überschuß an Blei II- oder Chlor-Ionen	0,0 mol	0,01 mol	0,1 mol	1,0 mol
[F′]	$1{,}3 \cdot 10^{-3}$ mol	$2{,}3 \cdot 10^{-5}$ mol	$2{,}3 \cdot 10^{-7}$ mol	$2{,}3 \cdot 10^{-9}$ mol

und bei 18,5° C den Wert $2{,}2 \cdot 10^{-8}$ (aus der Bleikonzentration am Äquivalenzpunkt) entsprechend 13 mg/100 g Lösung und den Wert $6{,}7 \cdot 10^{-7}$ (aus der Fluoridgrenzkonzentration). Der größere Wert aus der Grenzkonzentration erklärt sich aus der Überschreitung der Löslichkeit infolge verzögerter Keimbildung.

A. Gewichtsanalytische Bestimmung des Fluors als Bleichlorofluorid.

Dieses Bestimmungsverfahren für Fluor wird am besten nur für lösliche Fluoride angewendet sowie für Lösungen, die keine anderen durch Blei fällbaren Anionen enthalten, wie z. B. Sulfat-, Sulfid- und Phosphat-Ion.

***Arbeitsvorschrift.* Fällungsmittel.** Die Fällungslösung wird durch einstündiges Schütteln von 12 g krystallisiertem Bleichlorid mit 1 Liter Wasser von Raumtemperatur hergestellt. Der zurückbleibende Bodenkörper soll nicht zur Herstellung weiterer Lösung verwendet werden, da er basisches Salz enthält. Bei Gegenwart von 100 mg Fluor sollen 300 cm³ dieser Fällungslösung verwendet werden. In Fällen, in denen größere Flüssigkeitsmengen störend sind, wird besser eine Bleichloronitratlösung angewendet, die aus äquivalenten Mengen Bleinitrat und Kaliumchlorid hergestellt wird (20,5 g $Pb(NO_3)_2$ und 15 g KCl je Liter). Von dieser Lösung genügen 200 cm³ zur Fällung (FISCHER und PEISKER). WINKLER empfiehlt eine noch konzentriertere Lösung, und zwar eine solche mit 41,06 g Bleinitrat und 9,16 g Kaliumchlorid im Liter.

a) Bestimmung nach STARCK. Die reine Fluoridlösung wird mit Phenolphthalein als Indicator neutralisiert und dann in der Kälte mit einem großen Überschuß der Fällungslösung versetzt. Für 50 cm³ Lösung, enthaltend 0,1 g Natriumfluorid, werden etwa 200 cm³ Bleichloridlösung verwendet. Man läßt über Nacht stehen und filtriert dann den leicht filtrierbaren Niederschlag in einen Filtertiegel ab. Der gesamte Niederschlag wird mit nicht ganz gesättigter Bleichloridlösung in den Filtertiegel gebracht, dann einige Male mit Bleichloridlösung gewaschen und schließlich das Bleichlorid durch 3 bis 4maliges Waschen mit reinem Wasser verdrängt. Der Niederschlag wird 2 Std. lang bei 140° bis 150° getrocknet und dann gewogen.

b) Bestimmung nach FISCHER und PEISKER. Die alkalische Fluoridlösung wird auf 100 cm³ gebracht und unter Verwendung von Methylorange als Indicator mit 0,5 n Salpetersäure neutralisiert. Dann werden noch 2 bis 3 Tropfen Säure zugefügt, so daß die Lösung deutlich rosa ist. Die Erkennung des Umschlagpunkts bei größeren Fluormengen erfordert einige Erfahrung und Aufmerksamkeit. Nun läßt man unter Umschwenken des Glases aus einer großen Pipette mit dünner Ausflußspitze 300 cm³ Bleichlorid- oder 200 cm³ Bleichloronitratlösung einfließen. Nach einstündigem Stehen bei Raumtemperatur wird die Lösung durch einen Filtertiegel *möglichst vollständig* dekantiert und der im Glas befindliche Niederschlag mit etwa 4 cm³ Wasser übergossen. Nach Umschwenken läßt man 1 Min. stehen. Nach *gründlichem Abgießen* des Wassers wird der Niederschlag mit möglichst wenig (30 bis 40 cm³) gesättigter Bleichlorofluoridlösung in den Tiegel gebracht und scharf abgesaugt. Zum Trocknen wird 30 Min. lang auf 150° erhitzt.

***Bemerkungen.* I. Genauigkeit.** Nach STARCK liefert das Verfahren brauchbare Werte; der Fehler schwankt zwischen 0,02 und 1%. ADOLPH sieht die Hauptschwierigkeit des Verfahrens in dem Auswaschen des Niederschlags, das selbst bei Anwendung eines Filtertiegels eine heikle Sache („delicate matter") sei. Bei Verwendung von gesättigter Bleichlorofluoridlösung als Waschflüssigkeit werden die Analysenwerte zu hoch, da diese Waschflüssigkeit mit der am Niederschlag haftenden Mutterlauge eine erneute Fällung von Bleichlorofluorid hervorruft. Da die Löslichkeit des Bleichlorofluorids in reinem Wasser erheblich ist, soll das Auswaschen daher mit einer möglichst geringen Menge, und zwar eiskalten Wassers geschehen.

Nach FISCHER und PEISKER erfolgt das Auswaschen am besten in der Weise, daß man die am Niederschlag haftende Mutterlauge zunächst durch Zugabe einer kleinen Menge (4 cm^3) Wasser genügend verdünnt, damit bei dem dann folgenden Auswaschen mit gesättigter Bleichlorofluoridlösung keine weitere Fällung eintritt. Die bei diesem Verfahren erreichte Genauigkeit beträgt etwa 0,5%.

II. Einfluß fremder Ionen. Anionen, die durch Pufferwirkung die Acidität beeinflussen (Acetat-, Tartrat-Ionen) können sehr beträchtliche Fehler (von 10% und mehr) verursachen. Chlor-Ionen stören nur wenig. Solange nicht mehr als 17 Mole Chlor je Mol Fluor anwesend sind, ist der positive Fehler kleiner als 1%. *Alkalinitrate* verzögern die Fällung bedeutend, größere Mengen wirken störend (WINKLER). Ein Zusatz von *Kieselsäure* (in Form von Natriumsilicatlösung) zu der Fluorlösung ergibt nach FISCHER und PEISKER ebenfalls keine wesentliche Störung, nach WINKLER jedoch soll Kieselsäure die quantitative Fällung verhindern. – Nach TANANAEFF sollen nicht einmal *Calcium-Ionen* störend wirken.

III. Einfluß des Säuregrades. Hierüber haben FISCHER und PEISKER eingehende Untersuchungen angestellt. Nach ihren Erfahrungen ist die Verwendung von Phenolphthalein als Indicator nach STARCK unzweckmäßig, da bei der am Umschlagspunkt des Phenolphthaleins herrschenden Säurestufe ($p_H \approx 9$) die Mitfällung basischer Bleisalze (z. B. von PbClOH) erfolgt, wodurch zu hohe Werte erhalten werden. Die Lösung muß daher zu Beginn der Fällung eine geringe Acidität besitzen, um das Mitfällen von Hydroxyd zu verhindern. Als ausreichend erwies sich ein Säuregrad, wie er bei Verwendung von Methylorange erzielt wird[1]. Wenn durch Zufügen von Ammoniumacetat die Acidität der Lösung erniedrigt wird, tritt Erhöhung der Ergebnisse ein, da basisches Salz mit ausfällt. Ist dagegen die Lösung zu stark sauer, so bewirkt die hohe Säurelöslichkeit des Bleichlorofluorids eine Erniedrigung der Ergebnisse. Auch steigt die Acidität der Ausgangslösung während der Fällung, und zwar bei kleinen Mengen Fluor weniger als bei großen, so daß die Ergebnisse bei Einhaltung der Arbeitsvorschriften bei kleinen Fluormengen genauer sind als bei großen, denn bei großen überwiegt dann die Säurelöslichkeit des Bleichlorofluorids. Bei kleinen Fluormengen dagegen wird die Acidität infolge der Verdünnung beim Zusatz der Fällungslösung herabgesetzt und daher weniger Bleichlorofluorid gelöst. — W. RÜDORFF und G. RÜDORFF haben das Verfahren von FISCHER und PEISKER so verbessert, daß der maximale Fehler nur —0,25% beträgt. Sie erreichen dies durch eine möglichst genaue Einstellung des p_H-Wertes der Lösung mit Hilfe einer Indicatorfolie auf 4,6 bis 4,3. Die alkalische, carbonathaltige Lösung wird mit 20%iger Salpetersäure gegen Phenolphthalein neutralisiert, dann auf 40° erwärmt und weiter mit etwa n Salpetersäure schnell in Gegenwart von Methylrot unter lebhaftem Schütteln auf kräftiges Rot gestellt.

[1] Diese Erfahrung wird von WINKLER bestätigt, nach dem der p_H-Wert der Lösung mindestens gleich 4 sein muß.

B. Maßanalytische Bestimmung des Fluors nach Abscheidung als Bleichlorofluorid.

Bei der maßanalytischen Bestimmung des Fluors nach Abscheidung als Bleichlorofluorid wird entweder das im Niederschlag befindliche oder das in der Fällungsflüssigkeit überschüssig vorhandene Chlor argentometrisch bestimmt.

1. Argentometrische Bestimmung des Chlors im Bleichlorofluoridniederschlag.

Das schon von STARCK angegebene, aber nicht befürwortete Verfahren ist von HAWLEY verbessert worden. Weitere Verbesserungen, besonders bezüglich der Fällungsart, sind von SPECHT (a), SPECHT und HORNIG, KAPFENBERGER sowie von KILIAN vorgeschlagen worden.

Arbeitsvorschrift von HAWLEY. Die alkalische Lösung einer Aufschlußschmelze z. B. von Flußspat, (s. S. 141) wird mit 15 bis 25 Tropfen konzentrierter Salzsäure versetzt. Dann neutralisiert man mit Salpetersäure unter Verwendung von Methylorange und fügt 3 Tropfen im Überschuß zu. Nach dem Erwärmen auf 40° werden 10 Tropfen Eisessig und 25 cm³ einer filtrierten, 1% Essigsäure enthaltenden, 10%igen Bleiacetatlösung zugegeben. Nach dem Abkühlen wird der Niederschlag abfiltriert, 3mal mit kalter, gesättigter Bleichlorofluoridlösung und dann 2mal mit kaltem Wasser ausgewaschen.

Der Niederschlag wird möglichst vollständig in das Fällungsgefäß zurückgespült und das Filter mit 20 bis 30 cm³ heißer 25%iger Salpetersäure übergossen, um das Bleichlorofluorid aufzulösen; dann wird das Filter mit Wasser gewaschen. Zu der Lösung fügt man eingestellte Silbernitratlösung im Überschuß hinzu, rührt kräftig um, filtriert ab und wäscht aus. Im Filtrat wird das überschüssige Silber nach dem Verfahren von VOLHARD mit Ammoniumrhodanid (Ammonium-EisenIII-Alaun als Indicator) titriert. Die Differenz zwischen dem zugefügten und dem nach VOLHARD zurücktitrierten Silber entspricht dem im Bleichlorofluorid enthaltenen Chlor und damit dem Fluor, 1 cm³ 0,1 n $AgNO_3$-Lösung entspricht 1,9 mg Fluor.

***Bemerkungen.* I. Genauigkeit.** Nach HAWLEY schwankt die Genauigkeit mit der Fluormenge, und zwar ist sie am geringsten bei größeren Mengen (etwa 150 mg Fluor). Große Mengen Flüssigkeit erniedrigen die Werte, weshalb die Fällungslösung 300 cm³ nicht übersteigen soll.

II. Einfluß fremder Stoffe. Vgl. hierzu S. 157, Bem. II.

III. Andere Verfahren. a) Arbeitsvorschrift von KAPFENBERGER. Die etwa 10 bis 130 mg Fluor enthaltende Lösung wird mit 10 Tropfen Methylorange versetzt und auf 20 cm³ gebracht. Man gibt bis zur deutlichen Rotfärbung n Salzsäure hinzu und fügt noch 0,5 cm³ mehr Salzsäure zu. (Saure Lösungen werden erst mit Natronlauge alkalisch gemacht und dann wie eben beschrieben mit Salzsäure angesäuert.) In die auf 55° erwärmte Lösung gießt man in dünnem Strahle unter kräftigem Umschwenken eine 55° warme Lösung von Bleichlorid ein. Nun versetzt man mit 0,2 n Natronlauge bis zur Gelbfärbung des Indicators (p_H 4,5 bis 4,7). Nach dem Stehen über Nacht wird der Niederschlag durch einen GOOCH-Tiegel abfiltriert, mit Bleichlorofluoridlösung und danach mit möglichst wenig Wasser gewaschen. Man löst ihn in 20 cm³ Salpetersäure (1:1), versetzt die Lösung im Meßkolben mit 0,1 n Silbernitratlösung im Überschuß und titriert diesen in einem aliquoten Teile der vom Silberchloridniederschlage abfiltrierten Lösung zurück. — Das Verfahren eignet sich besonders gut zur Analyse von Aluminiumfluorid und von Kryolith. — Eine gleichartige Arbeitsweise hat SPECHT (b) mitgeteilt.

b) Arbeitsvorschrift von SPECHT und HORNIG. Man fällt bei einer Temperatur von 55° mit einer Lösung von Bleiacetat. Die Filtration des Niederschlages erfolgt durch einen GOOCH-Tiegel, dessen Boden mit 2 Scheiben Filtrierpapier

(SCHLEICHER und SCHÜLL, Weißband) bedeckt ist. Nachdem die Fällungslösung gut abgelaufen ist, dekantiert man dreimal mit gesättigter Bleichlorofluoridlösung, bringt dann den Niederschlag auf das Filter, wäscht mit derselben Lösung und saugt trocken. Den Niederschlag bringt man in das Fällungsgefäß zurück, spült den Tiegel mit Wasser und dann mit wenig 2 n Salpetersäure aus. Zu der nun etwa 100 bis 150 cm³ betragenden Mischung gibt man 20 cm³ Salpetersäure (1:1) und löst den Niederschlag unter schwachem Erwärmen auf. Die in einen 500-cm³-Meßkolben gebrachte Lösung wird mit 80 cm³ 0,1 n Silbernitratlösung versetzt, worauf man, wie unter a) angegeben, weiterarbeitet. — Die Herstellung der Waschflüssigkeit siehe unten.

c) Arbeitsvorschrift von KILIAN. Die kalte Lösung wird, wenn nötig, mit etwa 0,5 n Salpetersäure aus einer Bürette gegen Methylorange als Indicator bis zum Umschlag in einen rötlichgelben Farbton titriert. Man gibt dann noch 3 bis 4 Tropfen Salpetersäure hinzu, so daß die Lösung schwach rosa erscheint, und fällt jetzt in der so vorbereiteten Lösung bei 50 bis 60° das Fluor als Bleichlorofluorid durch Zugabe von 100 cm³ Bleichloronitratlösung. Diese wird hergestellt durch Lösen von 20,5 g Bleinitrat und 3,3 g Ammoniumchlorid in 1 Liter Wasser. Die Zugabe des Fällungsreagenses soll unter Umschütteln der Lösung in dünnem Strahle erfolgen. Am besten verwendet man hierzu eine verengte 100-cm³-Pipette. Nach 3 stündigem Stehen bei Raumtemperatur kann bereits mit dem Abfiltrieren des Niederschlages begonnen werden. Um aber in jedem Falle Fehler auszuschalten, ist es besser, die Fällung für den Nachmittag einzurichten und dann die Proben über Nacht stehenzulassen. Die Filtration erfolgt durch Glasfiltertiegel 1 G 4. Ein trüb durchlaufendes Filtrat ist nicht zu erwarten. Zu Beginn der Filtration dekantiert man zunächst die überstehende Flüssigkeit vorsichtig vom Niederschlage ab. Der Niederschlag wird nun mit 5 cm³ destilliertem Wasser versetzt und tüchtig umgeschüttelt, um die Reste der Mutterlauge aus dem Niederschlage zu entfernen; dann erst wird die Hauptmenge des Niederschlages in den Filtertiegel gebracht. Das Auswaschen von Fällungsgefäß und Filtertiegel erfolgt mit gesättigter Bleichlorofluoridlösung (siehe unten). Unnötiges Waschen ist zu vermeiden. Nach scharfem Absaugen wird der Niederschlag in warmer Salpetersäure (1:1) gelöst und das in der Lösung befindliche Chlorid nach VOLHARD mit Silbernitratlösung titriert.

Dieses Arbeitsverfahren ist für die Fluorbestimmung in Zinkblenden ausgearbeitet und schließt sich an den auf S. 145 beschriebenen Aufschluß und die in § 4, S. 184 angeführte Destillation an. Es ist anwendbar für Fluormengen von 3 bis 30 mg, d. h. bei 10 g Erzeinwaage für 0,03 bis 0,3% F. Bei höheren bzw. geringeren Gehalten an Fluor sind die Einwaagen entsprechend zu wählen. Die Erfassung des Fluorgehaltes beläuft sich nach den bisherigen Erfahrungen auf etwa 95%. Bei Mengen unter 0,03% F empfiehlt es sich, zweimal je 10 g Erz in Arbeit zu nehmen und die eingeengten Destillate zu vereinigen.

Es ist noch zu bemerken, daß in jedem Falle nach einer vorangegangenen Destillation mit Schwefelsäure kleine Mengen davon übergehen, so daß bei Zusatz der Bleichloronitratlösung eine geringe Trübung eintritt. Aus diesem Grunde kann keine gravimetrische Bestimmung des Niederschlages des Bleichlorofluorides erfolgen.

Herstellung gesättigter Bleichlorofluoridlösung. 4 g Natriumfluorid werden in etwa 500 cm³ Wasser gelöst und die Lösung mit 0,5 n Salpetersäure schwach angesäuert (Methylorange). Man gießt diese Lösung langsam in eine aus 41 g Bleinitrat, 6,6 g Ammoniumchlorid und 2 l Wasser bereitete Lösung von Bleichloronitrat, saugt den gebildeten Bleichlorofluoridniederschlag auf der Nutsche ab, wäscht ihn gut mit Wasser aus und bringt ihn in eine 2 bis 5 l-Vorratsflasche. Die dann mit Wasser gefüllte Flasche wird öfter umgeschüttelt, sie kann so lange immer wieder aufgefüllt werden, als Bodenkörper vorhanden ist. Zum Gebrauche wird das mit Bleichlorofluorid gesättigte Wasser vom Bodenkörper abgegossen und filtriert.

2. Argentometrische Bestimmung des Chlors im Filtrat der Bleichlorofluoridfällung.

Anstatt nach HAWLEY das ausgefällte Bleichlorofluorid in Salpetersäure aufzulösen und in der Lösung das Chlor argentometrisch zu bestimmen, vereinfacht TANANAEFF das Verfahren dadurch, daß er die zur Fällung nötige Chlormenge durch Titration mit $AgNO_3$-Lösung unter Verwendung von Fluorescein als Indicator ermittelt. Bei einiger Übung wird zu einer Bestimmung nicht mehr als 1 Std. benötigt. Die Titration nach TANANAEFF ist nach RINCK abhängig vom Bleigehalt, es werden zu hohe Chlorwerte, daher zu niedrige Fluorwerte (bis —5%) erhalten. RINCK empfiehlt als besseren Adsorptionsindicator Diphenylaminblau nach LANG und MESSINGER, das auch schon GEYER vorgeschlagen hatte, jedoch verwendet RINCK nur sehr wenig Indicatorlösung, nämlich nur 1 Tropfen. Hierdurch soll der Farbumschlag Hellgrün-Violett sehr leicht zu erkennen sein. Bei Einhaltung der unten mitgeteilten Vorschrift kann die Bestimmung des Fluors mit Hilfe des Indicators von LANG und MESSINGER als gut empfohlen werden.

I. Arbeitsvorschrift von TANANAEFF. Die alkalische Lösung einer Aufschlußschmelze (z. B. von *Flußspat*, s. S. 142) wird mit Salpetersäure angesäuert und erwärmt. Die klare Lösung wird mit 25 cm³ n NaCl-Lösung und 25 cm³ etwa n $Pb(NO_3)_2$-Lösung versetzt. Dann wird die heiße Lösung mit konzentrierter Natronlauge (aus einer Bürette) in Gegenwart von Methylorange oder Dimethylgelb bis zur deutlichen Gelbfärbung neutralisiert. (Der Indicator muß, wenn nötig, einige Male zugesetzt werden.) Während der Neutralisation fällt ein weißer Niederschlag von Bleichlorofluorid aus, der aber die Neutralisation nicht stört. Darauf überträgt man die Lösung mit dem Niederschlag in einen 500-cm³-Meßkolben, läßt abkühlen und füllt bis zur Marke mit Wasser auf. Nach 5 Min. wird der Inhalt des Kolbens durch ein großes, dichtes, trockenes Filter filtriert. 200 cm³ des Filtrats werden mit 0,5 n $AgNO_3$-Lösung nach Zusatz von 5 bis 10 Tropfen Fluorescein und 3 bis 5 cm³ Stärkelösung bis zu schwacher Rosafärbung titriert. Ein Niederschlag von Silberchlorid fällt dabei nicht aus, sondern das Silberchlorid bleibt in Lösung. 1 cm³ n NaCl-Lösung entspricht 0,039 g Calciumfluorid.

II. Arbeitsvorschrift von GEYER. Die chloridfreie Lösung mit etwa 80 bis 100 mg Fluor wird mit 0,1 n Salpetersäure bei Gegenwart von Methylorange neutralisiert. Man fügt 0,1 n Natriumchloridlösung im Überschuß und Wasser bis zu einem Volumen von etwa 200 cm³ hinzu. Die zum Sieden erhitzte Lösung wird tropfenweise mit 0,1 n Bleinitratlösung in geringem Überschuß versetzt. Man läßt in der Hitze stehen, bis der Niederschlag krystallinisch geworden ist, und neutralisiert nach dem Abkühlen mit etwa 0,1 n Salpetersäure genau auf einen zwiebelbraunen Farbton. Die auf 500 cm³ aufgefüllte Lösung wird durch ein trockenes Filter filtriert. 200 cm³ des Filtrates werden mit 10 cm³ Diphenylaminblau und 10 cm³ 16%iger Schwefelsäure versetzt und mit 0,1 n Silbernitratlösung bis zum Umschlag nach Violett titriert. Der Farbumschlag erfolgt in der Lösung, nicht am Niederschlage. Sich ausscheidendes Bleisulfat stört die Titration nicht. — Herstellung der Indicatorlösung nach LANG und MESSINGER: 10 cm³ 16%ige Schwefelsäure und 3 Tropfen einer 1%igen Lösung von Diphenylamin in konzentrierter Schwefelsäure werden mit 0,5 cm³ 0,1 n Kaliumdichromatlösung vermischt.

III. Arbeitsvorschrift von RINCK. Die chloridfreie Lösung mit weniger als 100 mg F und nicht mehr als 200 cm³ betragend wird bei Gegenwart von Methylorange neutralisiert und mit 0,1 n Natriumchloridlösung im Überschuß versetzt. Durch tropfenweisen Zusatz eines leichten Überschusses einer 0,1 n Bleinitratlösung wird in der Wärme das Bleichlorofluorid ausgefällt. Die Fällung bleibt zuerst in der Wärme, dann bei Raumtemperatur 12 Std. stehen. Nach der Kontrolle der Neutralität bei Gegenwart von Methylorange werden Niederschlag und Lösung in einen Meßkolben von 250 oder 500 cm³ übergeführt. Ein aliquoter Teil des durch ein trockenes Filter gegangenen Filtrates (die ersten Anteile werden verworfen) wird mit 5 n Schwefelsäure angesäuert, mit 1 Tropfen Diphenylaminblaulösung (siehe oben) versetzt und mit 0,1 n Silbernitratlösung titriert.

***Bemerkungen.* I. Genauigkeit.** TANANAEFF findet recht gute Übereinstimmung der gefundenen mit den geforderten Werten; der Fehler schwankt zwischen 0,2 und 0,6%. Trotz dieser recht guten Werte führt das Verfahren nur in der Abänderung von GEYER zu guten Werten. Zu niedrige Werte können infolge der großen Löslichkeit des Bleichlorofluorides bei zu starkem Auswaschen des Niederschlages auftreten (GEYER). RINCK hat bei Anwendung seines Verfahrens selten 0,5% übersteigende Fehler gefunden, allerdings unter der Bedingung, daß der Niederschlag 12 Stunden stehenbleibt, bevor er abfiltriert wird.

II. Einfluß fremder Stoffe. Besonders störend wirkt die Anwesenheit von *Phosphat* (mehr als 50 mg P_2O_5), da bei der Ausfällung von Bleichlorofluorid die dem Pyromorphit entsprechende Verbindung $Pb_{10}(PO_4)_6Cl_2$ mit ausfällt, durch deren Chlorgehalt zu hohe Werte für Fluor gefunden werden. *Sulfat* stört kaum. Wenn sehr viel Bleisulfat bei der Fällung gebildet wird, so muß dieses nach dem Lösen des Bleichlorofluorids in Salpetersäure vor der Titration abfiltriert werden. Ohne Einfluß sind nach den Erfahrungen von TANANAEFF *Kieselsäure* und *Calcium*, was von besonderem Wert ist für die Aufarbeitung der Aufschlüsse von Flußspat und fluorhaltigen Silicaten.

Die beiden Vorschriften von HAWLEY sowie von TANANAEFF stehen im Widerspruch zu den Befunden von FISCHER und PEISKER sowie von WINKLER. Nach den Angaben der letztgenannten Autoren soll *alkalische Reaktion* der Fällungslösung störend wirken, da hierdurch basisches Bleichlorid mit ausfallen kann, durch dessen Chlorgehalt zu hohe Fluorwerte gefunden würden. TANANAEFF aber versetzt mit Lauge bis zur deutlich alkalischen Reaktion. In demselben Sinne störend wirkt durch Pufferung *Essigsäure*. HAWLEY aber arbeitet gerade in essigsaurer Lösung. Kritische Untersuchungen über diese Einflüsse bei den maßanalytischen Verfahren sind bisher im Schrifttum nicht erschienen. — Nach SPECHT und HORNIG erhöht die Gegenwart von viel Chlorid die Werte für Fluor. Es fällt hierbei Bleichlorocarbonat $Pb_2Cl_2CO_3$ mit aus. Zur Vermeidung dieses Übelstandes fügt man vor der Neutralisation mit Salpetersäure 10 cm³ n Salzsäure zu. Man erhält dann richtige Werte.

C. Polarographische Bestimmung des Fluors durch Abscheidung als Bleichlorofluorid.

Die polarographische Bestimmung kann nach HAUL und GRIESS dadurch erfolgen, daß die polarographische Bleistufe in einer einen zweckmäßig zehnfach molaren Chloridüberschuß enthaltenden Lösung durch Fluorid-Ionen herabgesetzt wird.

Zur Bestimmung versetzt man 10 cm³ einer chloridhaltigen Bleilösung (0,015 m Bleinitrat, 0,15 m Kaliumchlorid, 0,3 m Kaliumnitrat, 5 g/l einer 5%igen Tylosepaste, 2 cm³/l verdünnte Salpetersäure, p_H etwa 4,5) mit 5 cm³ der zu analysierenden neutralen oder schwach sauren Fluoridlösung (Umschlag von Methylorange), läßt etwa 20 Min. stehen, fügt das Anodenquecksilber hinzu und polarographiert in einem Becherglas offen an der Luft.

Die Fluoridkonzentration der zu analysierenden Lösung soll bei Verwendung der angegebenen Bleilösung etwa 0,025 bis 0,0025 Mol/l betragen. Bei höheren Fluoridmengen stellt man durch einen Vorversuch die ungefähre Konzentration fest und verdünnt dann die Lösung entsprechend. Fluoridmengen unter 0,0025 Mol/l können in der Weise bestimmt werden, daß man eine bekannte Menge Fluorid zur Lösung hinzufügt.

Die Bestimmungen erfolgen an Hand von Eichkurven. Um die Stufenhöhen möglichst groß und dadurch die Meßfehler möglichst klein zu machen, wird die Galvanometerempfindlichkeit entsprechend eingestellt. Der mittlere Fehler je Einzelmessung beträgt dann etwa 0,5%.

Die zu untersuchende Lösung muß frei von Zinn- und Thallium-Ionen sein, die ähnliche Depolarisationspotentiale besitzen wie Blei-Ionen. Ferner dürfen solche Ionen nicht in größerer Menge vorhanden sein, die vor dem Blei abgeschieden werden oder mit diesem schwerlösliche Verbindungen bilden.

Das Verfahren eignet sich auch zur polarimetrischen (amperometrischen) Tytration.

D. Maßanalytische Bestimmung des Fluors nach Abscheidung als Bleibromofluorid.

Argentometrische Bestimmung des Broms im Bleibromofluoridniederschlag.

An Stelle der Fällung des Bleichlorofluorids schlägt WASSILJEW die Verwendung des *schwerer* löslichen Bleibromofluorids vor. Dieses wird aus einer auf 40° erwärmten Natriumfluoridlösung, die freie Salpetersäure und Essigsäure enthält, durch Bleiacetat und Kaliumbromid gefällt. Nach eintägigem Stehen wird der Niederschlag abfiltriert, ausgewaschen und in Salpetersäure gelöst. Das in Lösung gegangene Bromid wird sodann nach VOLHARD mit Silbernitrat und Ammoniumrhodanid titriert.

Literatur.

ADOLPH, W. H.: Am. Soc. **37**, 2500 (1915).
BERZELIUS, J.: Lehrbuch der Chemie, 4. Aufl., Bd. 4, S. 497.
FISCHER, J. u. H. PEISKER: Fr. **95**, 225 (1933).
GEYER, R.: Z. anorg. Ch. **252**, 42 (1944).
HAUL, R. u. W. GRIESS: Z. anorg. Ch. **259**, 42 (1949). — HAWLEY, F. F.: Ind. eng. Chem. **18**, 573 (1926).
KAPFENBERGER, W.: Aluminium **24**, 428 (1942); durch C. **114, I**, 2013 (1943). – KILIAN, W.: Analyse der Metalle, herausgeg. vom Chemiker-Fachausschuß der Gesellschaft Deutscher Metallhütten- und Bergleute, 1. Band, Schiedsverfahren, 2. Aufl., Berlin/Göttingen/Heidelberg 1949, S. 434.
LANG, R. u. J. MESSINGER: B. **63**, 1429 (1930).
RINCK, E.: Bl. [5] **15**, 308, 309 (1948). — RÜDORFF, W. u. G. RÜDORFF: Z. anorg. Ch. **253**, 283 (1947).
SPECHT, F.: (a) Z. anorg. Ch. **231**, 181 (1937); (b) Angew. Ch. **61**, 44 (1949) (Vortragsreferat). – SPECHT, F. u. A. HORNIG: Fr. **125**, 161 (1943). — STARCK, G.: Z. anorg. Ch. **70**, 173 (1911).
TANANAEFF, I.: Fr. **99**, 21 (1934).
WASSILJEW (WASSILIEFF), A. A.: Chem. J. Ser. B **9**, 747 (1936); durch C. **108, I**, 4536 1937). — WINKLER, P. E.: Bl. Soc. chim. Belg. **47**, 1 (1938); durch C. **109, II**, 2798 (1938).

§ 3. Bestimmung als Kaliumsilicofluorid.

$K_2[SiF_6]$, Molekulargewicht 220,25.

Allgemeines.

Dieses Verfahren beruht zumeist auf der zuerst erfolgenden Überführung des Fluors in Siliciumfluorid, SiF_4, das in Wasser unter Bildung der Silicofluorwasserstoffsäure absorbiert wird (§ 4). Aus dieser Lösung wird sodann das Kaliumsilicofluorid gefällt und entweder als solches gewogen oder maßanalytisch bestimmt.

Eigenschaften des Kaliumsilicofluorids. Kaliumsilicofluorid ist ein farbloses, nicht hygroskopisches, luftbeständiges, krystallines Pulver. Das Salz scheidet sich bei der Bildung sehr langsam ab und ist anfangs kaum sichtbar. Dann bildet sich ein irisierender Niederschlag, der sich nur sehr langsam als halbdurchsichtige Gallerte absetzt. Kaliumsilicofluorid ist wahrscheinlich dimorph: Die Krystalle sind kubisch oder hexagonal. Dichte 2,665.

Beim Erhitzen tritt bei beginnender Rotglut Schmelzen ein, aber es wird dabei allmählich Siliciumfluorid abgegeben und schließlich hinterbleibt Kaliumfluorid.

Die Löslichkeit des Kaliumsilicofluorids in reinem *Wasser* ist ziemlich groß und beträgt nach CARTER

bei	0°	16°	25°	35°	45°	55°	70°	78°	88°
	77	132	177	246	268	322	420	462	500 mg $K_2[SiF_6]$

in 100 cm³ Lösung.

Wenig löslich ist Kaliumsilicofluorid in *wäßrigem Alkohol.* Nach PIERRAT ändert sich die Löslichkeit bei 14° mit dem Alkoholgehalt folgendermaßen:

Gew-% Alkohol	0	8,7	15,9	27,3	42,4	94,7
mg $K_2[SiF_6]$/100 cm³ ...	90	46	21	9	5	0,96

WASSILIEFF und MARTIANOFF fanden für die Löslichkeit von Kaliumsilicofluorid bei Raumtemperatur (etwa 17°) unter verschiedenen Bedingungen folgende Werte:

Lösungsmittel	mg $K_2[SiF_6]$ in 100 cm³ Lösung
Wasser	115
50 Gew.-% Alkohol..........	4
Gesättigte KCl-Lösung.......	4,8
50 Gew.-% Alkohol + 2% KCl	2,2

Die Löslichkeit ist also am geringsten in 50%igem Alkohol, der einen kleinen Zusatz von Kaliumchlorid enthält.

A. Gewichtsanalytische Bestimmung.

Die gewichtsanalytische Bestimmung des Fluors als Kaliumsilicofluorid nach CARNOT durch Auffangen von Siliciumfluorid in einer neutralen Kaliumfluoridlösung unter Quecksilber und nachherige Abtrennung von letzterem ist zeitraubend, und die Trennung des schweren Kaliumsilicofluorids vom Quecksilber stellt bei der Filtration große Ansprüche an die Geschicklichkeit des Analytikers (SEEMANN).

B. Maßanalytische Bestimmung.

Das Verfahren beruht darauf, zuerst Fluor aus seinen Verbindungen bei Gegenwart von Kieselsäure durch konzentrierte Schwefelsäure als Siliciumfluorid auszutreiben (§ 4). Das Siliciumfluorid wird sodann in Wasser aufgefangen, wobei es nach der Gleichung: $3\,SiF_4 + 3\,H_2O = H_2SiO_3 + 2\,H_2[SiF_6]$ *unter Abscheidung von Kieselsäure in Silicofluorwasserstoffsäure übergeht. Die Kieselsäure wird sodann nach* LIVERSIDGE *durch Zusatz von Ammoniak und Erwärmen auf dem Wasserbad in Lösung gebracht und Kaliumsilicofluorid durch Zusatz von Kaliumchlorid und Alkohol gefällt.* STOLBA *gab die Anregung, das Kaliumsilicofluorid abzufiltrieren und alkalimetrisch zu bestimmen* entsprechend der Umsetzung: $K_2[SiF_6] + 4\,KOH = 6\,KF + H_2SiO_3 + H_2O$. Demnach entspricht 1 cm³ 0,1 n Kalilauge 2,85 mg Fluor bzw. 6,3 mg Natriumfluorid. TAMMANN hat das Verfahren geprüft und innerhalb weiter Grenzen brauchbar gefunden. WASSILIEFF und MARTIANOFF haben das Verfahren wesentlich vereinfacht und verbessert, indem sie vor allem das Austreiben des Siliciumfluorids und dessen Auffangen in einer komplizierten Absorptionsapparatur in Fortfall bringen und zur Analyse unlöslicher Fluoride statt dessen einen Schmelzaufschluß setzen.

1. Methode von WASSILIEFF und MARTIANOFF für lösliche Fluoride.

Arbeitsvorschrift. Die Einwaage des Musters, die einem Gehalt von 0,2 g Natriumfluorid entspricht, wird in einem 200 cm³ fassenden Becherglas in 15 cm³ Wasser gelöst. Dazu fügt man 15 cm³ einer Wasserglaslösung, von der 1 cm³ eine 10 mg Siliciumdioxyd entsprechende Menge Alkalisilicat enthält, ferner 2 bis 3 Tropfen Methylorange, 1 g Kaliumchlorid und schließlich tropfenweise verdünnte Salzsäure (1:1) bis zur Rotfärbung der Lösung und dann noch 2 bis 3 Tropfen im Überschuß. Darauf wird Alkohol in solcher Menge hinzugegeben, daß eine

50%ige Lösung (Gew.-%) davon entsteht und das Ganze mindestens 1 Std. stehengelassen. Dann wird durch ein Filter mittlerer Härte filtriert und der Niederschlag mit der Mutterlauge auf das Filter gebracht. Das Glas wird 2mal mit Waschflüssigkeit (50%iger Alkohol, der auf je 100 cm^3 2 g Kaliumchlorid enthält) ausgespült und die Spülflüssigkeit durch das Filter gegossen. Darauf wird der Niederschlag auf dem Filter 3mal mit derselben Waschflüssigkeit ausgewaschen, wobei man beachten muß, daß die Ränder des Filters sorgfältig bespült werden. Mutterlauge und Waschwasser werden jedes für sich mittels eines Meßzylinders gemessen. Der ausgewaschene Niederschlag wird samt dem Filter in das Glas gebracht, in dem die Ausfällung erfolgte. Man übergießt ihn mit 100 cm^3 kohlendioxydfreiem warmen Wasser und titriert mit 0,1 n Natronlauge unter Verwendung von Phenolphthalein als Indicator, wobei gegen Schluß der Titration fast zum Sieden erhitzt wird.

1 cm^3 0,1 n Natronlauge entspricht 6,3 mg Natriumfluorid. Zum Ausgleich der Löslichkeit des Kaliumsilicofluorids in der Mutterlauge und in der Waschflüssigkeit muß eine Korrektur angebracht werden. Zu diesem Zweck multipliziert man das Volumen der Mutterlauge, in Kubikzentimetern ausgedrückt, mit $2,3 \cdot 10^{-2}$ und das Volumen der Waschflüssigkeit mit $1 \cdot 10^{-2}$ und addiert die Werte zu der gefundenen Menge hinzu. Die Korrekturen sind auf Natriumfluorid berechnet.

Bemerkungen. Bei größeren Einwaagen werden die Löslichkeitskorrekturen kleinere Werte haben; bei kleineren Einwaagen muß die Vorschrift strengstens innegehalten werden, da sonst der Fehler sehr groß werden kann. Vor allem muß dabei die Löslichkeitskorrektur genauestens beachtet werden.

2. Methode von Wassilieff und Martianoff für unlösliche Fluoride.

Arbeitsvorschrift. 0,5 g des fein gepulverten Musters werden im Platintiegel mit 1,25 g fein gemahlenem Quarzsand und 6 g Soda-Pottasche geschmolzen (s. dazu S. 141). Zunächst wird der mit Deckel versehene Tiegel mit schwacher Flamme erwärmt, dann wird die Flamme verstärkt. Das Schmelzen wird bis zum Aufhören der Gasentwicklung fortgesetzt. Der Schmelzkuchen wird sodann in 200 cm^3 heißes Wasser gebracht und so lange erwärmt, bis er völlig zerfallen ist. Dann gibt man Flüssigkeit samt Niederschlag in einen 300-cm^3-Meßkolben, fügt 20 g trockenes Ammoniumcarbonat und bis zu 200 cm^3 Wasser hinzu, setzt in den Kolbenhals einen kleinen Trichter, erwärmt im Wasserbad bis auf 40° und läßt bei dieser Temperatur 1 Std. stehen. Darauf kühlt man den Kolben bis auf Raumtemperatur ab, füllt mit Wasser auf, schüttelt gut um und läßt über Nacht stehen. Am nächsten Tage wird filtriert. Die ersten 15 cm^3 werden verworfen, das übrige Filtrat wird in einem trockenen 200-cm^3-Meßkolben aufgefangen. Diese 200 cm^3 werden in ein weites Becherglas gegossen und auf dem Wasserbad bis auf 30 bis 40 cm^3 eingedampft. Zu Beginn des Eindampfens muß das Becherglas mit einem Uhrglas bedeckt werden, um ein Verspritzen der Flüssigkeit durch Gasbläschen zu verhüten. Nach dem Abkühlen wird nach der obigen Methode für lösliche Fluoride weiter verfahren. 1 cm^3 0,1 n Natronlauge entspricht 2,85 mg Fluor.

3. Weitere Methoden.

a) Verfahren von Travers. ***Arbeitsvorschrift.*** Zu der das Fluor als lösliches Alkalifluorid enthaltenden alkalischen Lösung wird eine bekannte Menge Kieselsäure (als Kaliumsilicat) zugefügt. Es genügt, etwa doppelt soviel Kieselsäure anzuwenden, wie für die Überführung des vorhandenen Fluors in Kaliumsilicofluorid nötig ist. Eine größere Menge erschwert später das Filtrieren und Auswaschen. Man neutralisiert bei Gegenwart von Methylorange mit Salzsäure, von der etwa 2 cm^3 im Überschuß zugefügt werden. Sodann wird festes Kaliumchlorid in einer solchen Menge zugegeben, daß eine etwa 20%ige Lösung entsteht. Man filtriert durch ein hartes Filter und wäscht mit 20%iger Kaliumchloridlösung bis zum Verschwinden der sauren Reaktion (Prüfung mit Methylorange). In der Siedehitze wird dann mit 0,2 n Kalilauge (Phenolphthalein als Indicator) titriert. 1 cm³ 0,2 n Kalilauge entspricht 5,7 mg Fluor.

b) Verfahren von Ryss und Besmenowa. ***Arbeitsvorschrift.*** Zur neutralen, möglichst konzentrierten Lösung der Fluoride gibt man eine gegen einen Mischindicator (Methylenblau-Dimethylgelb oder Methylenblau-Methylorange) neutralisierte Natriumsilicatlösung (25% Überschuß) zu, versetzt dann mit 0,25 n oder n Salzsäure bis zur deutlich violetten Färbung, fügt auf je 25 cm³ der Lösung 2 g Kaliumchlorid hinzu und titriert nach dessen Auflösung unmittelbar mit Lauge, und zwar bei Anwendung des ersten Indicators bis Grün, bei Anwendung des zweiten bis Blaugrün. Nach der Gleichung

$$6\,F' + H_2SiO_3 + H_2O = [SiF_6]'' + 4OH'$$

entspricht 1 l Salzsäure 6/4 F = 28,5 g Fluor.

Bemerkung. *Genauigkeit.* Bei Anwendung von 200 mg Fluor und 0,25 n Salzsäure ist der Fehler nicht größer als 0,5%.

c) Bei dem **Verfahren von Bayle und Amy** werden einige Kubikzentimeter 10%ige Calciumchloridlösung bei der Titration des Kaliumsilicofluorids hinzugegeben, wodurch die Zersetzung des Salzes bei Wasserbadtemperatur erleichtert wird (s. § 4, S. 188).

d) Verfahren zur Fluorbestimmung in Holz nach Ikert. Zur Bestimmung des Fluors in imprägniertem Holz ist es unumgänglich nötig, das Holz zu veraschen und die Bestimmung in der Asche auszuführen. Um Fluorverluste bei der Veraschung zu vermeiden, muß die Holzprobe mit einer Lösung von Calciumacetat und Chromacetat gründlich getränkt werden. Nach der Veraschung wird das Fluor als Siliciumfluorid durch Schwefelsäure ausgetrieben und als Kaliumsilicofluorid bestimmt.

Arbeitsvorschrift. Eine abgewogene Menge – bis höchstens 50 g – von auf Streichholzgröße zerkleinertem Holz, 40 bis 100 mg Fluor enthaltend, wird etwa 15 Min. lang unter Vakuum und etwa ebenso lange unter dem äußeren Luftdruck mit einer Lösung getränkt, die 6% Calciumacetat und 3% Chromacetat enthält. Nach dem Trocknen bei 120 bis 140° wird das Holz in einer Quarzschale, deren Boden mit etwa 2 g Quarzmehl möglichst gleichmäßig bedeckt wird, verascht. Das Veraschen wird so lange fortgeführt, bis die Stabform der einzelnen Hölzchen fast zerstört, aber die Holzkohle noch nicht restlos verbrannt ist. Man bringt die Asche mit dem Quarzmehl nun quantitativ in den Destillationskolben und spült mit Wasser nach.

Als Destillationskolben dient ein Jenaer Fraktionierkolben von 100 cm³ Fassungsvermögen mit verkürztem, durch einen Schliff verschließbaren Hals und senkrecht nach unten abgebogenem Ansatzrohr, das mit einem Kugelkühler verbunden wird. In den Kolben wird eine erkaltete Mischung aus 15 cm³ konzentrierter Schwefelsäure und 25 cm³ Wasser eingefüllt (Vorsicht, CO_2-Entwicklung!). Als Vorlage dient ein 400-cm³-Becherglas, in das man 5 cm³ 30%ige Natronlauge und so viel Wasser gibt, daß das Kühlerrohr etwa 1 cm tief eintaucht. Nun wird zuerst langsam, dann stärker erhitzt, bis das gesamte Wasser übergegangen ist. Dann wird die Schwefelsäure in gelindem Sieden erhalten, bis die Kohle völlig zerstört ist.

Am Ende der Destillation muß die Flüssigkeit in der Vorlage noch alkalisch sein. Geht infolge zu geringer Veraschung eine zu große Menge Schwefeldioxyd über, zu deren Neutralisation eine weitere Menge Lauge nötig ist, so leidet die Genauigkeit der Analyse dadurch, daß bei der Fällung des Kaliumsilicofluorids viel Kaliumsulfat mitfällt, so daß das Filtrieren und Auswaschen des Niederschlags Schwierigkeiten bereitet.

Das alkalische Destillat wird zwecks Oxydation des Sulfits mit 10 cm³ 30%iger Wasserstoffperoxydlösung aufgekocht und auf 30 cm³ eingedampft. Nach dem Erkalten wird mit konzentrierter Salzsäure neutralisiert (Phenolphthalein als Indicator) und nach dem etwas modifizierten Verfahren von WASSILIEFF und MARTIANOFF (s. S. 163) weitergearbeitet.

Die Bestimmung des Fluors im Destillat kann auch nach WILLARD und WINTER (§ 5, S. 199) erfolgen.

Bemerkungen hinsichtlich der maßanalytischen Bestimmung des Fluors nach Abscheidung als Kaliumsilicofluorid. **I.** Die **Genauigkeit** ist nach den Angaben von WASSILIEFF und MARTIANOFF, von TRAVERS und von BAYLE und AMY sehr gut. Zahlenangaben finden sich in den Arbeiten jedoch nicht. Nach GEYER gibt das Verfahren von BAYLE und AMY keinen scharfen Endpunkt mit Methylrot.

II. Störung durch andere Stoffe. Das Verfahren von TRAVERS erlaubt die Bestimmung von Fluor auch bei Gegenwart von Bor, z. B. im Kaliumborofluorid, $K[BF_4]$. Dagegen kann es nicht auf *aluminium*haltige Fluoride angewendet werden, wie z. B. auf Kryolith, Topas u. a. Nach den Untersuchungen von SMITH, HAMILTON und GRAHAM machen *größere Mengen von Aluminium- und Borverbindungen* die Bestimmung unmöglich. In Gegenwart von *Eisen* liefert das Verfahren von TRAVERS (überhaupt die Titration von Kaliumsilicofluorid mit Lauge) zu niedrige Werte, während es in Anwesenheit von *Bleiarsenat* zu hohe Werte ergibt. Nach WASSILIEFF und MARTIANOFF stört *Aluminium* bei ihrem Verfahren nicht, wie sie bei Fluorbestimmungen im Kryolith nachgewiesen haben. *Chromat* und *Arsenat* stören das Verfahren von WASSILIEFF und MARTIANOFF in geringfügiger Weise. IKERT hat diese Methode einer kleinen Abänderung unterworfen und sie damit für die Holzkonservierungstechnik, in der gerade u. a. Chromat und Arsenat neben Fluoriden verwendet werden, brauchbar gemacht. Diese Abänderung besteht darin, daß bei Anwesenheit von Chromat und Arsenat nach dem Neutralisieren der Lösung mit verdünnter Salzsäure (s. S. 163) anstatt 2 bis 3 Tropfen dieser Säure 0,3 cm³ 10%ige Salzsäure und dann 15 Min. nach Zugabe des Alkohols weitere 0,3 cm³ Säure zugegeben werden, worauf sofort filtriert wird. Für die Filtration wird ein Porzellan-GOOCH-Tiegel mit Asbestfasereinlage empfohlen. Die Fehlergrenze bei Anwesenheit von Chromat und Arsenat beträgt höchstens 1%.

Literatur.

BAYLE, D. u. L. AMY: C. r. **188**, 792 (1929).

CARNOT, A.: C. r. **114**, 750 (1892); Fr. **35**, 580 (1896). — CARTER, R. H.: Ind. eng. Chem. **22**, 886 (1930).

GEYER, R.: Z. anorg. Ch. **252**, 42 (1944).

IKERT, B.: Ch. Z. **63**, 324, 754 (1939).

LIVERSIDGE, A.: Chem. N. **24**, 226 (1871).

PIERRAT, M.: C. r. **172**, 1041 (1921).

RYSS, J. G. u. P. BESMENOWA: Betriebslab. **4**, 163 (1935); durch C. **107, I**, 4470 (1936).

SEEMANN, F.: Fr. **44**, 378 (1905). — SMITH, M., E. HAMILTON u. J. GRAHAM: J. Assoc. offic. agric. Chem. **14**, 253 (1931); durch C. **102, II**, 1908 (1931). — STOLBA, F.: J. pr. **89**, 129 (1863).

TAMMANN, G.: Fr. **24**, 328 (1885). — TRAVERS, M.: C. r. **173**, 714, 836 (1921).

WASSILIEFF, A. A. u. N. N. MARTIANOFF: Fr. **103**, 103, 107 (1935).

§ 4. Überführung in Siliciumfluorid bzw. in Silicofluorwasserstoffsäure bzw. in Kaliumsilicofluorid.

SiF_4, Molekulargewicht 104,06. $H_2[SiF_6]$, Molekulargewicht 144,08.

Allgemeines.

Diese Verfahren finden hauptsächlich Anwendung zur Bestimmung des Fluors in unlöslichen Fluoriden oder bei Gegenwart von Stoffen, die die gewöhnlichen Bestimmungsverfahren des Fluors stören. *Sie beruhen darauf, aus Fluoriden bei Gegenwart von Kieselsäure mittels konzentrierter Schwefelsäure gasförmiges Siliciumfluorid* (SiF_4) *in Freiheit zu setzen* (Wöhler). *Dieses wird entweder als solches gasvolumetrisch bestimmt* (Oettel), *oder es wird in den meisten Fällen in Wasser aufgefangen und durch Hydrolyse nach der Gleichung:*

$$3SiF_4 + 3H_2O = 2H_2[SiF_6] + H_2SiO_3$$

in Silicofluorwasserstoffsäure und Kieselsäure zerlegt (C. R. Fresenius). Die Silicofluorwasserstoffsäure wird nach verschiedenen Verfahren titrimetrisch bestimmt. Für dieses Verfahren der zuerst erfolgenden Bildung von Siliciumfluorid ist eine besondere, etwas komplizierte und vor allem völlig trocken zu haltende Apparatur notwendig. Eine wesentliche Vereinfachung der Methode stammt von Willard und Winter, die eine einfache Destillation mit starker Perchlorsäure bei Gegenwart von Kieselsäure durchführen, bei der eine wäßrige Lösung von Silicofluorwasserstoffsäure überdestilliert, die dann nach verschiedenen Verfahren (am besten mit Thorium-Alizarin, s. § 5, S. 190) bestimmt werden kann. Dieses Verfahren, für das verschiedene Verbesserungen vorgeschlagen worden sind, soll hier eingehend behandelt werden, da es gegenüber allen anderen Bestimmungsverfahren für Fluor bedeutende Vorzüge, vor allem in bezug auf Genauigkeit und Schnelligkeit besitzt, und da es sich auch für die Bestimmung kleinster Mengen ausgezeichnet eignet.

Die Verfahren der Austreibung des Fluors als Siliciumfluorid bzw. als Silicofluorwasserstoffsäure sind vor allem deswegen sehr empfehlenswert, weil sie fast immer anwendbar sind. Die Stoffe, die die anderen Bestimmungsverfahren des Fluors stören, wie Sulfat-, Phosphat-Ion usw., bleiben bei diesen Verfahren wirkungslos. Daher werden diese Bestimmungsformen vorwiegend zur Bestimmung des Fluorgehaltes der Rohphosphate sowie der Fertigprodukte in der Industrie der Düngemittel verwendet.

Eigenschaften des Siliciumfluorids. Siliciumfluorid ist ein farbloses, stechend riechendes Gas, das an feuchter Luft stark raucht. Es rötet Lackmuspapier. Unter höherem Druck läßt es sich zu einer farblosen Flüssigkeit verdichten. Moissan bestimmte den Schmelzpunkt bei 2 Atmosphären Druck zu — 77°, den Siedepunkt bei 941 mm Quecksilberdruck zu — 75°. Siliciumfluorid ist eine recht beständige Verbindung. Glas wird bei gewöhnlicher Temperatur, besonders von dem sehr trockenen Gas, nur sehr wenig angegriffen. Die wichtigste Reaktion des Siliciumfluorids, die besondere analytische Bedeutung besitzt, ist die mit Wasser. Sie vollzieht sich unter starker Wärmeentwicklung, und es entsteht unter Abscheidung von Kieselsäure Silicofluorwasserstoffsäure. Siliciumfluorid reagiert auch mit organischen Verbindungen, z. B. mit Alkohol, unter Bildung von Estern der Kieselsäure und der Silicofluorwasserstoffsäure, ferner mit Aceton.

Eigenschaften der Silicofluorwasserstoffsäure. Siliciumfluorid vereinigt sich zwar nicht mit wasserfreier Flußsäure zu Silicofluorwasserstoffsäure, wohl aber tritt diese Bildung in wäßriger Flußsäure ein. Es ist daher wasserfreie Silicofluorwasserstoffsäure nicht bekannt. Wie aus Dampfdichtebestimmungen hervorgeht, ist die gasförmige Verbindung weitgehend in die Komponenten Fluorwasserstoff und Siliciumfluorid gespalten. Beim Eindampfen verdünnter Lösungen der Silicofluorwasserstoffsäure tritt von einem Gehalt der Lösung an letzterer von 13,3% an Zersetzung ein; der Dampf ist dann reicher an Siliciumfluorid als an Fluorwasserstoff, und letzterer reichert sich in der zurückbleibenden Lösung also an. War der Gehalt der Lösung an Silicofluorwasserstoffsäure geringer als 13,3%, so ist der Dampf reicher an Fluorwasserstoff, und in der Lösung entsteht freie Kieselsäure, die zunächst kolloid in Lösung bleibt. Nur Lösungen mit einem Gehalt an Silicofluorwasserstoffsäure von 13,3% entwickeln bei 720 mm Dampf, der außer Wasser Fluorwasserstoff und Siliciumfluorid im Verhältnis 2: 1 enthält.

Verdünnte wäßrige Lösungen von Silicofluorwasserstoffsäure lassen sich bei gewöhnlicher Temperatur einige Zeit in Glasgefäßen aufbewahren; erst nach längerer Zeit wird das Glas etwas angegriffen.

A. Gewichtsanalytische Bestimmung des Fluors unter Überführung in Siliciumfluorid.

C. R. FRESENIUS hat vorgeschlagen, das durch Behandlung von Fluoriden mit konzentrierter Schwefelsäure bei Gegenwart von Kieselsäure entstehende Siliciumfluorid mittels eines Luftstromes in einem Absorptionsrohr, das mit feuchtem Bimsstein gefüllt ist, aufzufangen, wo es sich nach der Gleichung: $3\ SiF_4 + 3\ H_2O = 2\ H_2\ [SiF_6] + H_2SiO_3$ umsetzt. An das Rohr mit feuchtem Bimsstein muß außerdem noch ein mit Calciumchlorid und Natronkalk gefülltes Rohr angeschlossen werden, um etwa fortgeführtes Wasser wieder aufzufangen. Das Verfahren ist weiterhin von BRANDL sowie von DANIEL bearbeitet worden. Ferner hat DRAWE einige Verbesserungen vorgeschlagen. BULLNHEIMER hat die Anwendbarkeit der Methode auf die Analyse sulfidischer Erze ausgedehnt, indem er durch Zusatz von Chromsäure (CrO_3) zur Zersetzungsschwefelsäure eine Oxydation des in dem Mineral enthaltenen Schwefels bewirkt, so daß hierdurch eine Verflüchtigung des Schwefels als Schwefelwasserstoff oder Schwefeldioxyd vermieden wird, die sonst mitgewogen würden.

Das Verfahren kann heute als völlig überholt angesehen werden, zumal die damit erhaltenen Werte nicht sehr zuverlässig sind. Die Hauptschwierigkeit der Methode besteht darin, daß für die Wägung der verhältnismäßig kleinen SiF_4-Mengen eine große Anzahl an Absorptionsgefäßen gewogen werden muß, wodurch naturgemäß erhebliche Fehler auftreten können.

B. Maßanalytische Bestimmung des Fluors nach Überführung über Siliciumfluorid und Silicofluorwasserstoffsäure in Kaliumsilicofluorid.

1. Methode von PENFIELD.

Diese Methode benutzt das Prinzip von C. R. FRESENIUS (s. oben), das in der Entwicklung von Siliciumfluorid besteht. Letzteres wird aber nicht gewogen, sondern in 50%iger alkoholischer Kaliumchloridlösung aufgefangen. Die bei der Hydrolyse des Siliciumfluorids entstehende Silicofluorwasserstoffsäure setzt sich mit dem Kaliumchlorid zu unlöslichem Kaliumsilicofluorid, $K_2[SiF_6]$, und einer äquivalenten Menge Salzsäure um nach der Gleichung:

$$H_2[SiF_6] + 2KCl = K_2[SiF_6] + 2HCl.$$

Die entstandene Salzsäure wird mit 0,2 n Natronlauge und Cochenilletinktur als Indicator titriert. Nach der Umsetzungsgleichung entspricht 1 Äquivalent Salzsäure 3 Äquivalenten Fluor; also entsprechen 1000 cm³ 0,2 n Natronlauge 3/5 Äquivalenten Fluor oder 1 cm³ 0,2 n Natronlauge 11,4 mg Fluor.

Das Verfahren ist von TREADWELL und KOCH abgeändert worden und wird nach deren Angaben beschrieben.

Arbeitsvorschrift von TREADWELL und KOCH. **Reagenzien.** *(1) Reines Quarzpulver.* Reine Quarzstücke werden in einem Platintiegel zu starkem Glühen erhitzt und in kaltes Wasser geworfen. Die auf diese Weise abgeschreckten Quarzstücke lassen sich nach dem Trocknen leicht im Achatmörser fein pulvern. Das Pulver wird ausgeglüht, noch warm in eine Schliffflasche eingefüllt und die offene Flasche zum Erkalten in einen Exsiccator gebracht. Nach erfolgter Abkühlung wird die Flasche verschlossen. *(2) Seesand.* Reinsten Seesand kocht man mit konzentrierter Schwefelsäure aus, wäscht und trocknet ihn, glüht ihn stark aus und läßt ihn im Exsiccator erkalten. *(3) Wasserfreie Schwefelsäure.* Chemisch reine konzentrierte Schwefelsäure erhitzt man in einem Porzellantiegel längere Zeit, bis sie stark raucht, und läßt sie dann im Exsiccator über Phosphorpentoxyd erkalten. Nach DA ROCHA-SCHMIDT und KRÜGER wird aber hierbei etwas Schwefeltrioxyd aus der Schwefelsäure gebildet, das darin gelöst wird. Beim Erhitzen bei der Analyse wird das Schwefeltrioxyd verflüchtigt und gelangt dann in die Vorlage, wo es schließlich als Schwefelsäure mittitriert wird. Die Verfasser rauchen die zur Verwendung kommende Schwefelsäure bis auf zwei Drittel ihres Volumens ab und lassen sie in einem leeren, völlig trockenen Exsiccator erkalten. *(4) Mit Kaliumchlorid gesättigter, 50%iger Alkohol. (5) 0,2 n Natronlauge.*

Bestimmung. Die abgewogene Probe des Fluorids wird in einem Achatmörser, der auf schwarzes Glanzpapier gestellt wird, mit 1 bis 2 g Quarzpulver innig gemischt und in den birnförmigen Schenkel B des Zersetzungsapparates gebracht (s. Abb. 2).

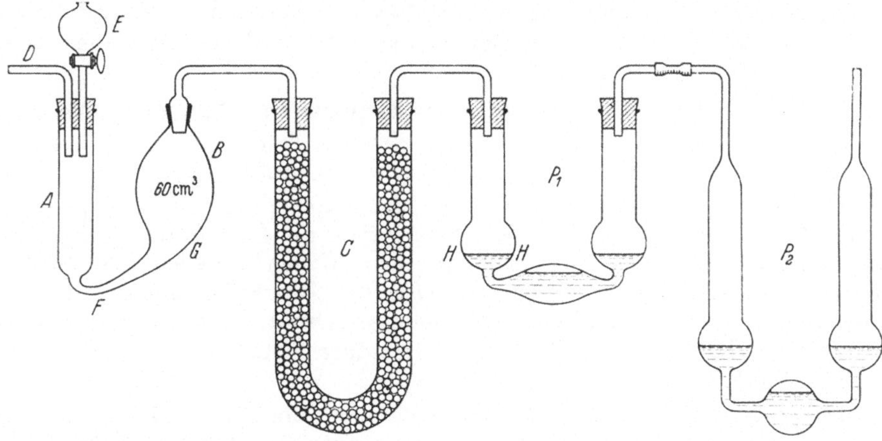

Abb. 2. Apparatur nach Penfield.

Man fügt nun 1 bis 2 g Seesand hinzu, mischt durch Schütteln des Zersetzungsgefäßes, das vorher vollständig getrocknet worden ist, und stellt die Verbindung mit dem völlig trockenen, mit Glasperlen gefüllten, 30 cm langen U-Rohr C her. Die zwei PÉLIGOT-Rohre P_1 und P_2 werden mit 10 bis 15 cm³ mit Kaliumchlorid gesättigtem, 50%igem Alkohol beschickt und mit dem U-Rohr C verbunden. Hierauf läßt man durch das Einleitungsrohr D einen trockenen, kohlendioxydfreien Luftstrom (2 bis 3 Blasen/Sek.) streichen und dann, ohne den Luftstrom zu unterbrechen, aus dem Tropftrichter E etwa 20 cm³ der wasserfreien Schwefelsäure zu dem Gemisch von Fluorid und Quarz in den Apparat fließen. Da die Schwefelsäure in den Apparat gelangt, während gleichzeitig Luft durch ihn streicht, werden die Schwefelsäure und der größte Teil der Mischung in den birnförmigen Schenkel B des Zersetzungsgefäßes emporgepreßt. Nach Eintragung der Schwefelsäure wird das Zersetzungsgefäß in ein Paraffinbad gebracht, das langsam auf 130 bis 140° erhitzt wird. Sofort beginnt die Entwicklung von Siliciumfluorid, was an der Schaumbildung zu erkennen ist. Das Einleiten von Luft und das Erhitzen auf 140° wird 5 Std. lang fortgesetzt; dann wird die Flamme unter dem Paraffinbad abgestellt und nun noch ½ Std. lang ein etwas schnellerer Luftstrom durchgeleitet. Während des Erhitzens soll man den Zersetzungsapparat öfters schütteln, damit die Substanz recht innig mit der Schwefelsäure in Berührung kommt. Allzu häufiges Schütteln ist jedoch nicht nötig, da die Luft bei ihrem Wege durch das enge Verbindungsrohr F-G der

Schenkel A und B von selbst eine innige Mischung bewirkt. Damit dies aber erfolgreich geschieht, muß das Verbindungsrohr so eng sein, daß es von den durchstreichenden Luftblasen vollständig ausgefüllt wird. Ferner muß das Verbindungsrohr F-G eine schiefe Ebene bilden, auf welcher die Substanz sich leicht auf und ab bewegen kann. Befindet sich zwischen F und G eine Ausbuchtung, in der sich die Substanz ansammeln kann, so wird diese festliegende Menge durch die nachfolgenden Luftblasen nicht mehr mit der Schwefelsäure gemischt, was die völlige Zersetzung ungemein verzögert. Auch darf das Verbindungsrohr F-G nicht zu eng sein, damit die Luft nicht stoßweise durch den Apparat geht und trotz des U-Rohres C Schwefelsäuredämpfe in die PÉLIGOT-Rohre mitgerissen werden.

Das Ende der Zersetzung kann an dem Aufhören der Schaumbildung erkannt werden. Die nun erfolgende Titration der gebildeten Salzsäure kann in den PÉLIGOT-Rohren selbst erfolgen. Die Flüssigkeit wird mit einigen Tropfen Cochenilletinktur versetzt und mit 0,2 n Natronlauge bis zum Umschlag der gelben Farbe in Rot titriert. Nun wird mittels eines zweckmäßig gebogenen Glasstabes die bei H-H (s. Abb. 2) ausgeschiedene gallertartige Kieselsäure, die erhebliche Mengen Salzsäure adsorbieren kann, tüchtig durchgearbeitet, und dann wird mit der Lauge zu Ende titriert.

Bemerkungen. **I. Abänderungen der Methode von PENFIELD.** Die Abänderungen der Austreibung des Siliciumfluorids zielen z. T. auf eine Vereinfachung der Apparatur oder Abkürzung der Zeit für die einzelne Bestimmung.

a) Verfahren von WAGNER und ROSS. *Reagenzien. (1) Kupfersulfat,* wasserfrei. *(2) Gemahlener Quarz. (3) 98,5%ige Schwefelsäure,* die man durch 20 Min. langes Kochen von konzentrierter Schwefelsäure in einem offenen Gefäß herstellt. *(4) 10%ige Lösung von Silbersulfat in 98,5%iger Schwefelsäure.* Das Silbersulfat wird vor dem Gebrauch mit einem Überschuß von Schwefelsäure erhitzt, um flüchtige Bestandteile zu entfernen. *(5) Gesättigte Lösung von Chromsäure* (CrO_3) *in 98,5%iger Schwefelsäure. (6) 0,1 n Natronlauge. (7) 0,1 n Salzsäure.*

Apparatur (s. Abb. 3). A ist ein Entwicklungskolben von 250 cm³ Fassungsvermögen mit zwei Flüssigkeitsverschlüssen. Diese enthalten 98,5%ige Schwefelsäure;

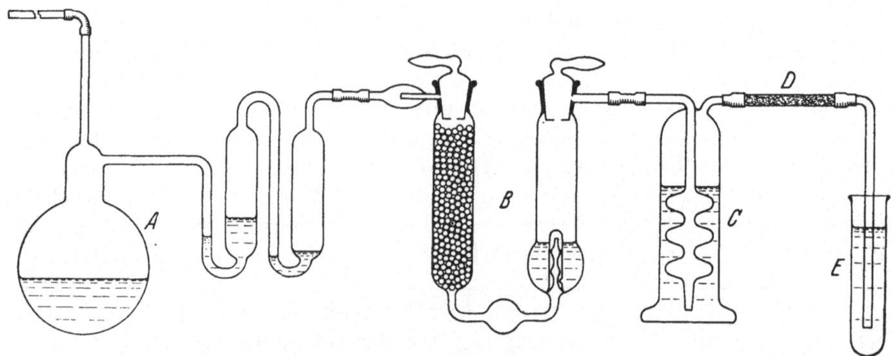

Abb. 3. Apparatur von Wagner und Ross.

der dem Kolben nächst benachbarte ist halb gefüllt, während der andere gerade so viel Säure enthält, daß ein Verschluß bewirkt wird. Der eine Schenkel des SCHMITZ-Rohres B enthält Glasperlen, der andere Silbersulfatlösung. C ist ein Kali-Apparat mit einer Lösung von Chromsäure in Schwefelsäure, D ein gerades Glasrohr mit Glaswolle, E ein Absorptionsgefäß, z. B. ein großes Reagensglas mit 50 cm³ Wasser. - Vor den Entwicklungskolben werden zwei Waschflaschen mit konzentrierter Schwefelsäure geschaltet, die an eine Kohlendioxyd- oder Stickstoffbombe mit einem Reduzierventil angeschlossen sind.

Wegen des Druckes, den man benötigt, um das Gas durch die Apparatur zu schicken, müssen alle Verbindungen sorgfältig dicht schließen. Die Enden der Glasrohre müssen aneinanderstoßen, und die Gummiverbindungen werden am besten aus Druckschlauch gefertigt. Außerdem wird der Schlauch mit Zaponlack gestrichen. Der Kolben A wird mit einem Asbestkasten umgeben. Die Apparatur muß völlig trocken sein und vor dem Eindringen von Feuchtigkeit geschützt werden. — Bei der heutigen Technik wird man vorzugsweise Verbindungen aus Glasschliffen anwenden.

Bestimmung. Die zu analysierende Probe muß sorgfältig getrocknet werden. Eine Menge, die zwischen 1 und 100 mg Fluor enthält, wird in den Entwicklungskolben A eingewogen und mit 0,1 bis 1 g Quarzpulver und 5 g wasserfreiem Kupfersulfat gemischt. Man füllt 100 cm³ 98,5%ige Schwefelsäure ein, wobei man die ersten Anteile in die Verschlüsse einfließen läßt, und setzt dann den Kolben schnell in die zusammengestellte Apparatur ein. Der Gasstrom wird so einreguliert, daß 2 bis 3 Blasen/Sek. die Waschflaschen durchstreichen. Der Inhalt des Kolbens wird durch Schütteln gründlich gemischt und allmählich zum Sieden erhitzt. Der sich jetzt bildende Schaum soll mit der sich wieder kondensierenden Schwefelsäure vollständig in den ersten Verschluß hinübergebracht werden. Die Erhitzung des Kolbens muß so geregelt werden, daß keine weißen Dämpfe in nennenswerter Menge entstehen, auch darf die Säure in dem ersten Verschluß nicht ins Sieden geraten. Wenn der zweite Verschluß sich halb mit Säure gefüllt hat, wird die Erhitzung unterbrochen. Jetzt muß besondere Sorge getroffen werden, den Gasstrom so zu regeln, daß die verhältnismäßig kühle Säure aus den Verschlüssen nicht in den Kolben zurücksteigen kann, wodurch dieser platzen würde. Nach einigen Minuten kann der Gasstrom auf seine ursprüngliche Stärke reduziert werden und wird nun noch 30 Min. aufrecht erhalten, um alles Siliciumfluorid in das Absorptionsgefäß überzuführen. Nach dieser Zeit wird dessen Inhalt in einen Erlenmeyer-Kolben von 400 cm³ Fassungsvermögen gespült, auf etwa 200 cm³ verdünnt und 10 bis 15 Min. lang zu gelindem Sieden erhitzt, um gelöste Gase (Kohlendioxyd und Schwefeldioxyd) auszutreiben. Diese Operation soll so wenig Zeit wie möglich erfordern, da jedes Verweilen an der Luft vor dem Kochen zur Oxydation etwa vorhandener schwefliger Säure führt. Die Lösung wird dann etwas abgekühlt und mit 0,1 n Natronlauge (Phenolphthalein als Indicator) titriert. Der Endpunkt muß langsam erreicht werden, ist aber genügend scharf. – Eine Bestimmung erfordert etwa 1 Std. Zeit.

Bemerkungen. Organische Stoffe müssen vor der Bestimmung durch Erhitzen der Substanz auf dunkle Rotglut zerstört werden, wobei man durch Zusatz von genügend Soda das Material alkalisch macht. Die Temperatur darf nicht so hoch steigen, daß die Mischung schmilzt oder Natriumfluorid sich verflüchtigt. Wenn nur kleine Mengen organischer Stoffe in der Probe vorhanden sind, kann das Glühen unterbleiben. Das dann durch Reduktion der Schwefelsäure durch die organischen Stoffe sich bildende Schwefeldioxyd wird im Absorptionsgefäß als schweflige Säure aufgefangen. Um seine Oxydation zu Schwefelsäure durch Luft zu verhindern, schlagen Wagner und Ross einen Zusatz von 10 cm³ 0,1 n Salzsäure zur Absorptionslösung vor. Hierdurch wird die Dissoziation $HSO_3' \rightleftarrows H^{\cdot} + SO_3''$ zurückgedrängt, und die Oxydation des HSO_3'-Ions tritt nur sehr langsam ein. Die zugefügte Menge 0,1 n Salzsäure muß bei der Titration mit Natronlauge wieder abgerechnet werden.

Um ganz sicher zu sein, daß keine Schwefelsäure mittitriert worden ist, kann die Lösung nach der Titration auf 50 cm³ eingedampft, mit Salzsäure angesäuert und mit Bariumchloridlösung versetzt werden. Einen etwa entstehenden Niederschlag von Bariumsulfat wägt man aus und zieht nach geeigneter Umrechnung auf Schwefelsäure die letzterer entsprechende Menge 0,1 n Natronlauge von der verbrauchten Menge 0,1 n Natronlauge ab.

Nach einem Vorschlage von L. FRESENIUS, SCHRÖDER und FROMMES kann man zur Bestimmung etwa übergegangener Schwefelsäure auch folgendermaßen vorgehen. Hat man die gebildete Salzsäure mit 0,1 n Kalilauge unter Verwendung von Methylorange titriert, so kann man die alkoholische Lösung mit Wasser auf etwa das zehnfache Volumen verdünnen und in der Wärme unter Verwendung von Phenolphthalein als Indicator weitertitrieren. Hierbei setzt sich das vorher entstandene Kaliumsilicofluorid zu Kieselsäure und Kaliumfluorid nach folgender Gleichung um: $K_2[SiF_6] + 4\,KOH = SiO_2 + 6\,KF + 2\,H_2O$. Hierbei werden also für 3 Atome Fluor 2 Mol Kaliumhydroxyd verbraucht. Der Laugeverbrauch bei dieser zweiten Titration muß also doppelt so groß sein wie bei der ersten, was nur dann zutrifft, wenn keine Schwefelsäuredämpfe übergegangen sind.

Wenn eine zweite Bestimmung ausgeführt werden soll, muß so viel Schwefelsäure, wie in die Verschlüsse überdestilliert ist, in den Kolben A zurückgebracht werden. Das kann geschehen durch Lüften des Schliffstopfens an dem Rohr B und Neigen des Kolbens A in die geeignete Lage. Die Säure kann mehrmals benutzt werden, wenn die Probe nur wenig organische Stoffe enthält und unter 2 g wiegt. Die Probe wird, mit Quarz gemischt, in einem dünnwandigen Glasröhrchen in den Kolben A eingeführt, dieser dann schnell an die Apparatur angeschlossen und der CO_2-Strom angestellt. Auf diese Weise wird weniger Zeit zwischen aufeinanderfolgenden Bestimmungen verloren.

Anwendungsbereich. Das Verfahren ist zur Bestimmung von Fluorgehalten von minimal 0,01% geeignet. Bei Konzentrationen an Fluor zwischen 0,5 und 10% liefert es die besten Ergebnisse. Bei an Fluor hochprozentigen Stoffen, wie Natriumfluorid, kann schon ein kleiner Wägefehler eine erhebliche Abweichung im Ergebnis verursachen. In diesem Falle empfiehlt es sich, die Probe mit einer bekannten Menge eines nicht reagierenden Stoffes, wie Calciumphosphat, zu verdünnen.

b) Verfahren von ROSANOW. ROSANOW setzt die Zersetzungsdauer der Phosphate von 5 Std. (bei PENFIELD) auf 2½ Std. herab. Er benutzt ferner nicht das besondere Zersetzungsgefäß (A–B in Abb. 2, S. 169), sondern einen einfachen Kolben von 200 cm^3 Fassungsvermögen mit flachem Boden, der nicht in einem Paraffinbad, sondern auf einer dicken Asbestplatte mittels eines BUNSEN-Brenners erhitzt wird. Da das Kohlendioxyd der Luft nicht stört, fallen Waschflaschen mit Kalilauge fort. Auch das U-Rohr C (Abb. 2) und die PÉLIGOT-Rohre werden kleiner gewählt (je 13 bis 14 cm lang).

Vor der Analyse müssen Kolben und U-Rohr C vollkommen trocken sein. Die Beschickung erfolgt analog wie bei PENFIELD (s. S. 168). Die Temperatur wird auf 160 bis 170° gehalten. Nach 2½stündigem Durchleiten von Luft wird die Heizquelle entfernt und noch ½ Std. weiter die Luft mit etwas größerer Geschwindigkeit durchgeleitet. Dann wird der Inhalt der PÉLIGOT-Rohre mit Lauge (Methylorange als Indicator) titriert (s. S. 176).

c) Verfahren von ARMSTRONG. Eine andere Apparatur, die sich insbesondere für die Bestimmung sehr kleiner Fluormengen oder für die Anwendung kleiner Einwaagen ausgezeichnet eignet, ist von ARMSTRONG durchgebildet worden. Der in Abb. 4 wiedergegebene Apparat zeichnet sich vor den bisher beschriebenen in folgenden Punkten aus: 1. Es fehlt jegliche Gummiverbindung; damit wird Ausschluß von Feuchtigkeit erreicht. 2. Das Absorptionsgefäß ist klein und von einfacherer Form als ein PÉLIGOT-Rohr. 3. Wenn durch trotzdem eingedrungene Feuchtigkeit Hydrolyse des Siliciumfluorids im Leitungswege eintreten sollte, so kann dieser durch eine Flamme erhitzt und das niedergeschlagene Fluor in das Absorptionsgefäß übergetrieben werden.

Reagenzien. Die benötigten Reagenzien sind die gleichen wie bei dem Verfahren von PENFIELD (s. S. 168).

Apparatur. Die Form des Entwicklungskolbens B für das Siliciumfluorid und des Auffanggefäßes D ist aus Abb. 4 ersichtlich. An das Rohr A wird eine Trockenapparatur angeschlossen. Diese besteht von A ausgehend aus einem Wattefilter, vier Glasrohren von 25 mm Durchmesser und 200 mm Länge, gefüllt mit Glasringen und Phosphorpentoxyd, und einer Waschflasche mit Schwefelsäure. An das Rohr E wird über einen leeren Glasballon sowie einen Chlorcalcium-Trockenturm eine Wasserstrahlpumpe angeschlossen. In der Saugleitung befindet sich ein Glashahn oder ein Schraubenquetschhahn zur Regelung der Geschwindigkeit des Luftstromes.

Bestimmung. Die in Abb. 4 wiedergegebenen Teile des Apparates werden in einem Trockenschrank sorgfältig getrocknet. Die Probe wird sodann in den Kolben B eingebracht und mit 2 g Quarzpulver gemischt. Der Apparat wird mit der Trockenapparatur verbunden, mit Ausnahme des Auffanggefäßes D, und ein gleichmäßiger Luftstrom $\frac{1}{2}$ Std. lang hindurchgesaugt. Von Zeit zu Zeit wird der Entwicklungsapparat mit einer Flamme erhitzt, um das an den Glaswänden adsorbierte Wasser zu entfernen. Das Auffanggefäß D, in das 20 cm³ Wasser eingefüllt werden, wird nun eingesetzt. Gleichzeitig läßt man aus dem Tropftrichter C 20 cm³ konzentrierte Schwefelsäure in den Kolben B einfließen. Der Luftstrom wird so geregelt, daß sich im Auffanggefäß höchstens 1 Blase in der Sekunde bildet. Nun wird der Kolben B durch ein Paraffinbad $1\frac{1}{2}$ Std. lang auf 140 bis 150° und weitere $1\frac{1}{2}$ Std. auf 175° erhitzt, wobei er von Zeit zu Zeit umgeschüttelt wird. Nach Ablauf dieser Zeit wird der Luftstrom abgestellt und die im Auffanggefäß gebildete Silicofluorwasserstoffsäure nach einem bekannten Verfahren bestimmt. Wenn es sich nur um kleine Mengen handelt, erfolgt die Bestimmung am vorteilhaftesten mittels Thorium-Alizarins (s. § 5, S. 201).

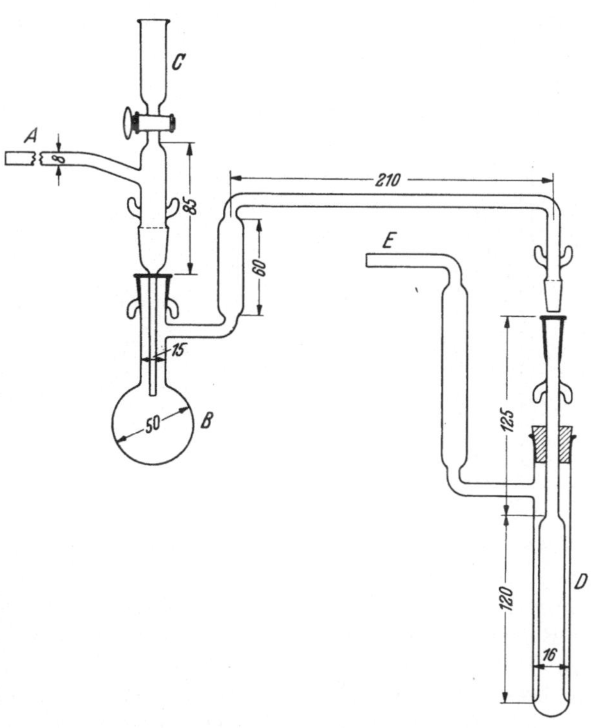

Abb. 4. Apparatur von Armstrong.

d) Verfahren von Mayrhofer und Wasitzky. Dieses Verfahren ist ausgearbeitet worden für die Bestimmung von Fluor in organischem Material, das bei Gegenwart von Natriumhydroxyd verascht wird. Der Rückstand wird mit Essigsäure behandelt und, ohne von einem ungelöst bleibenden Teil abzufiltrieren, mit Lanthanacetat versetzt (s. § 8, S. 227). Das Reaktionsgemisch wird auf dem Wasserbad eingedampft und dann unter Benutzung einer Zentrifuge mit essigsäurehaltigem Wasser, hierauf mit destilliertem Wasser, Alkohol und Äther gewaschen. Nach dem Trocknen wird der Rückstand in einem Platintiegelchen schwach geglüht und in den Zersetzungskolben K des Destillationsapparates (s. Abb. 5) gebracht.

Apparatur. In den Zersetzungskolben K von ungefähr 30 cm³ Fassungsraum ist eine Glasfilterplatte (Nr. 1) eingeschmolzen. Auf diese wird das Untersuchungsmaterial gebracht. Die Schwefelsäure fließt durch einen Tropftrichter zu. Das Absorptionsgefäß a hat ein Fassungsvermögen von 6 bis 8 cm³, das U-Rohr b ein solches von 4 bis 5 cm³. Das Kölbchen c dient dazu, etwa durchgehende Gasreste völlig zu absorbieren[1]. Das Kölbchen K wird in einem passenden, mit Sand beschickten und mit Asbest isolierten Eisenblock mit Thermometer erhitzt. Ein sorgfältigst durch konzentrierte Schwefelsäure, Calciumchlorid, Natronkalk und Phosphorpentoxyd getrockneter Luftstrom wird bei 100 mm Quecksilberdruck (Manometer!) während der Destillation durch die Apparatur hindurchgeleitet.

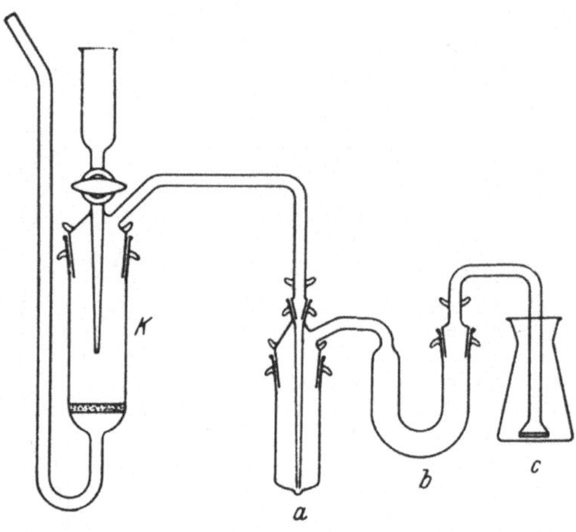

Abb. 5. Apparatur von Mayrhofer und Wasitzky.

Die *Destillation* wird vorgenommen, indem die auf Fluor zu untersuchende Substanz oder der oben beschriebene Aschenrückstand mit der gleichen Menge groben und feinen Glaspulvers sowie mit 0,5 bis 1 g entwässertem Kupfersulfat gemischt und in den Zersetzungskolben gefüllt wird. Nach nochmaligem ½stündigem Trocknen im Trockenschrank wird der Kolben an die Apparatur angeschlossen. Die Absorptionsgefäße werden mit in einer Platinschale frisch bereiteter 5%iger Natronlauge beschickt, und zwar a mit 3 cm^3, b mit 2 cm^3 und c mit 1 cm^3 Lauge und 4 cm^3 Wasser. Durch den Tropftrichter läßt man 5 cm^3 konzentrierte Schwefelsäure (Bereitung s. S. 169) in den Kolben K einfließen und leitet einen Luftstrom von 1 bis 2 Blasen/Sek. durch. Nun wird der Eisenblock, in dem sich der Kolben befindet, auf 180 bis 200° erhitzt. Nach 1½ bis 2 Std. wird die Erhitzung abgebrochen und während des Abkühlens noch ¼ Std. lang ein schnellerer Luftstrom (4 bis 5 Blasen/Sek.) durchgeleitet. Die Absorptionsflüssigkeiten werden in eine Platinschale gespült und auf 3 bis 4 cm^3 eingedampft.

e) Verfahren von HARTMANN, CHYTREK und AMMON. Für die Bestimmung von Fluor im Blut haben HARTMANN, CHYTREK und AMMON die einfache Dampfdestillationsapparatur von KRAFT und MAY abgeändert. Sie destillieren Silicofluorwasserstoffsäure mit Schwefelsäure über, wobei sie gleichzeitig die Veraschung des Materials mit derselben Säure bei Gegenwart von Wasserstoffperoxyd durchführen.

Arbeitsvorschrift. 30 cm^3 Blut werden in einen Destillationskolben mit einem Aufsatz, der ein Dampfeinleitungsrohr, ein Thermometer und einen Ansatz für einen Tropftrichter trägt, eingemessen. Man fügt konzentrierte Schwefelsäure, 0,1 g Glaspulver und tropfenweise 50 cm^3 Wasserstoffperoxyd zu. Übergehende flüchtige Stoffe werden in einem Quarzrohr an einem Platinkontakt verbrannt. Die Dämpfe werden in einem Kühler kondensiert und in einer mit 2 cm^3 n Natronlauge beschickten Vorlage aufgefangen. Die Vorlage hat einen Überlauf zu einer Porzellanschale (siehe Abb. 12, S. 186), in welcher das Destillat sofort eingedampft wird. Man destilliert 1 Std. lang bei 128 bis 140°, dann 2 Std. lang im Wasserdampfstrom. Insgesamt werden etwa 180 cm^3 Destillat gesammelt. Es ist notwendig, den Blindwert der Apparatur festzustellen und die Reagenzien auf einen Fluorgehalt zu prüfen.

f) Verfahren zur Analyse von Zinkblende (ANALYSE DER METALLE, b). *Reagenzien.* Außer den auf S. 168 genannten 1 bis 3: 4. *Chromsäure*, bei 110° völlig getrocknet. — 5. *Kupfersulfat*, bei 200° völlig entwässert.

[1] Wenn die Bestimmung des Fluors colorimetrisch nach § 9, S. 233, erfolgen soll, müssen die Absorptionsgefäße auf der Innenseite bis etwas über den Stand der Flüssigkeitsspiegel versilbert sein.

Apparatur. Als Zersetzungsgefäß benutzt man einen Kolben von 300 bis 500 cm³ Inhalt, der mit einem vierfach durchbohrten Gummistopfen (für Thermometer, Tropftrichter, Zu- und Ableitungsrohr) versehen ist. An den Kolben schließen sich zwei 30 cm lange, mit Glasperlen gefüllte U-Rohre mit Glasstopfen an. Hiernach kommt ein ebenfalls mit Glasstopfen versehenes PÉLIGOT-Rohr, welches mit getrockneter Chromsäure versetzte, wasserfreie Schwefelsäure enthält und mit Wasser gekühlt wird. Jetzt folgt vorsichtshalber noch ein mit Glasperlen gefülltes Glasstöpsel-U-Rohr. Vorgelegt werden entweder zwei PÉLIGOT-Rohre oder eine DREHSCHMIDTSCHE Waschflasche. Die PÉLIGOT-Rohre enthalten je 15 bis 20 cm³ 50%igen, mit Kaliumchlorid gesättigten Alkohol. Die DREHSCHMIDTSCHE Waschflasche füllt man mit 50 cm³ dieser Lösung. Alle Teile der Apparatur werden in einem elektrisch beheizten Trockenschrank bei 110° getrocknet. Nachdem sie über Phosphorpentoxyd erkaltet sind, füllt man sie mit den geglühten bzw. getrockneten Substanzen und verschließt sie mit den Glasstöpseln. Die Apparatur wird dann zusammengestellt, wobei man darauf achtet, daß auch die zu verwendenden Schläuche vollkommen trocken sind. Es muß darauf hingewiesen werden, daß diese Vorbereitungen vor jeder Bestimmung ausgeführt werden müssen und daß es nicht angeht, dieselbe Apparatur für zwei Analysen hintereinander zu gebrauchen, ohne daß vorher alle Teile einer nochmaligen Trocknung unterworfen werden.

Ausführung der Analyse. In das ebenfalls getrocknete Zersetzungsgefäß werden je nach dem Fluorgehalt 1 bis 5 g fein gepulverte, bei 100° getrocknete, gegebenenfalls vorher von Öl (mit Äther) und Chloriden (mit Wasser) befreite Blende, die man mit 2 bis 10 g ausgeglühtem Quarzpulver, 2 bis 10 g Seesand und 5 bis 25 g noch heißem, entwässertem Kupfersulfat möglichst schnell innig gemischt hat, hineingebracht. Man fügt 10 bis 50 g getrocknete, noch warme Chromsäure hinzu, schließt den Kolben ohne Zeitverlust an die Apparatur an und läßt ungefähr ½ Std. einen völlig trockenen, kohlendioxydfreien Luftstrom, der zuerst durch Kalilauge, dann über Calciumchlorid, ferner durch wasserfreie Schwefelsäure und schließlich durch Phosphorpentoxyd geleitet wird, hindurchstreichen (2 bis 3 Blasen/Sek.). Durch den Tropftrichter gibt man dann, ohne den Luftstrom zu unterbrechen, 30 bis 150 cm³ wasserfreie Schwefelsäure und schüttelt kräftig um. Nach dem Eintragen der Schwefelsäure stellt man das Zersetzungsgefäß in ein Paraffinbad, das man allmählich (innerhalb von 2 bis 3 Std.) unter öfterem Schütteln des Kolbens auf 130 bis 140° erhitzt. Die Zersetzung ist beendet, wenn man etwa 5 bis 6 Std. bei 130 bis 140° erhitzt hat. Man stellt den Brenner ab und läßt die Luft 1 knappe Std. lang in stärkerem Strome (etwa 3 bis 4 Blasen/Sek.) durchstreichen. Dann wird die Vorlage abgenommen und in dieser die Salzsäure, wie auf S. 170 angegeben, titriert.

Wegen der colorimetrischen Bestimmung des überdestillierten Fluors s. § 9, S. 240. Die Bestimmung des Fluors kann auch nach den Verfahren des § 5 erfolgen.

II. Genauigkeit. Die Angaben über die Genauigkeit des ursprünglichen PENFIELD-Verfahrens (S. 168) sind nicht ohne weiteres verwendbar, da bei allen Arbeiten darüber anscheinend schon bei der Herstellung und Prüfung der verwendeten Fluorverbindungen Fehler unterlaufen sind. Man wird einen durchschnittlichen Fehler von etwa 1% – bei kleinen Fluormengen ist der Fehler größer – ansetzen dürfen. Nach TREADWELL und KOCH liegen die Werte um 0,4% zu hoch. – Die Genauigkeit des von WAGNER und ROSS abgeänderten Verfahrens wird von den Autoren als recht gut bezeichnet; sie übertrifft bei weitem die des Verfahrens von BERZELIUS-ROSE (s. § 1, S. 148). – ROSANOW findet bei seiner Arbeitsweise stets zu niedrige Werte, der Fehler beträgt bis zu mehreren Prozenten. Dagegen sind die von ARMSTRONG angegebenen Fehler des von ihm modifizierten Verfahrens sehr gering und übersteigen niemals 0,25% bei einer Fluormenge von 20 bis 50 mg.

Nach ANALYSE DER METALLE (a) gibt das Verfahren wohl bei sorgfältiger und gleichmäßiger Arbeit bei Wiederholung die gleichen Befunde an Fluor. Ob diese aber immer dem wirklichen Fluorgehalt entsprechen, muß nach den verschiedenen Fehlerquellen, die dieser Bestimmung anhaften, bezweifelt werden. (Die folgenden Bemerkungen sind im Hinblick auf die Fluorbestimmung in Zinkblende gemacht, sie können aber auch auf andere Stoffe bezogen werden.) Komplexe Fluorsilicate werden nur unvollständig zersetzt; bei Anwesenheit von amorpher Kieselsäure (in Blende) gelingt die Bildung von Siliciumfluorid nur teilweise. Das beim Aufschluß gebildete Siliciumfluorid ist gegen die geringsten Spuren Wasser empfindlich. Bedarf schon die vollkommene Trockenhaltung der Apparatur peinlichste Umsicht und Sorgfalt, so ist noch weiter zu bedenken, daß bei der Umsetzung Wasser im Reaktionskolben entsteht: $2\ CaF_2 + 2\ H_2SO_4 + SiO_2 = 2\ CaSO_4 + 2\ H_2O + SiF_4$ und z. B. $8\ CrO_3 + 3\ ZnS + 12\ H_2SO_4 = 4\ Cr_2(SO_4)_3 + 3\ ZnSO_4 + 12\ H_2O$. Art und Menge der Trockenmittel müssen deshalb so gewählt sein, daß ihre Tension in bezug auf Wasserdampf genügend ist, um bei der Reaktionstemperatur von 140° Wasser zurückzuhalten. Bei geringen Fluorgehalten fallen diese Verluste so stark ins Gewicht, daß nach L. FRESENIUS, SCHRÖDER und FROMMES das Verfahren für Fluorgehalte unter 0,5% (in Blende) nicht mehr als hinreichend genau angesehen werden kann.

III. Störungen. Nach WAGNER und ROSS ist folgendes zu beachten: 1. Die Glasperlen halten nicht alle Schwefelsäure (SO_3) zurück. 2. Es kann Schwefeldioxyd entstehen, das mit aufgefangen wird und in schweflige Säure übergeht, aus der möglicherweise durch Oxydation Schwefelsäure entsteht, die mittitriert wird. 3. Beim Kochen der durch Absorption erhaltenen Lösung der gebildeten Silicofluorwasserstoffsäure ($H_2[SiF_6]$) zur Vertreibung von Kohlendioxyd und Schwefeldioxyd entweicht auch Fluorwasserstoff. 4. *Chloride* und *Nitrate* werden mit zersetzt, die frei gemachten Säuren (Salzsäure und Salpetersäure) werden absorbiert und mittitriert. – Nach PENFIELD stört ein *Carbonat*gehalt des zu untersuchenden Stoffes, da das freigemachte Kohlendioxyd in die Vorlage gelangt und auf die als Indicator verwendete Cochenilletinktur nicht ohne Einfluß ist. Daher können die Ergebnisse zu hoch ausfallen. ROSANOW verwendet deshalb als Indicator Methylorange, bei dem eine Störung durch die kleinen CO_2-Mengen nicht eintreten kann.

Organische Stoffe können erhebliche Störungen bewirken. Bei ihrer Anwesenheit reduzieren sie bei der hohen Temperatur die Schwefelsäure zu Schwefeldioxyd, das zusammen mit Siliciumfluorid in die Absorptionsröhren gelangt und dann durch Lauge mittitriert wird. Um die Zerstörung der organischen Stoffe zu bewirken, ist vorgeschlagen worden, das Untersuchungsmaterial zu glühen. Hierbei werden jedoch meist nicht nur die organischen Stoffe unvollkommen zerstört, sondern es treten auch fast immer erhebliche Verluste an Fluor ein. ROSANOW empfiehlt daher, die organischen Stoffe durch Zusatz von Chromsäure (CrO_3) oder von Kaliumdichromat zur Schwefelsäure im Zersetzungskolben zu oxydieren. Hierbei entstehendes Wasser, das die Schwefelsäure zu sehr verdünnen würde, kann nach KALLAUNER durch einen Zusatz von wasserfreiem Kupfersulfat im Zersetzungskolben gebunden werden. – Den Zusatz von wasserfreiem Kupfersulfat empfehlen auch DRAWE sowie WAGNER und ROSS (s. S. 170).

IV. Einfluß verschiedener Formen der Kieselsäure. Über den Einfluß verschiedener Formen der Kieselsäure haben REYNOLDS und JACOB eine Untersuchung angestellt. Sie finden in Übereinstimmung mit DANIEL, daß durch Schwefelsäure bei Anwesenheit von zersetzbaren *Silicaten* sowie von *Silica-Gel* ein bisweilen beträchtlicher Verlust an Fluor auftritt. Sie führen dies auf die Bildung eines nichtflüchtigen Siliciumoxyfluorids, vielleicht $SiOF_2$, zurück. Wenn Silica-Gel auf 1100° oder höher erhitzt wird, fällt der Fehler fort und es wirkt wie Quarz.

Derselbe Fehler (zu niedrige Werte für Fluor) tritt bei der Bestimmung des Fluors in Schlacken auf, die durch Schwefelsäure zersetzbare Silicate enthalten, sowie in natürlichen Phosphaten mit hohem Gehalt an Silicaten, wie z. B. Floridaphosphat. In solchen Fällen muß ein alkalischer Aufschluß mit Abtrennung der Kieselsäure vorgenommen werden (REYNOLDS und JACOB) (s. S. 143).

CASARES empfiehlt die Verwendung *der Kieselsäure in Form von gepulvertem Glas* (von photographischen Platten nach Entfernung der Gelatineschicht).

2. Methode von WILLARD und WINTER.

Das einfache und genaue Verfahren findet hauptsächlich Anwendung zur Bestimmung des Fluors in unlöslichen Fluoriden oder bei Gegenwart von Stoffen, die die gewöhnlichen Fluorbestimmungsverfahren stören, wie vor allem bei Anwesenheit von Phosphat. Aus den Fluoriden wird durch konzentrierte Perchlorsäure bei Gegenwart von Kieselsäure Silicofluorwasserstoffsäure frei gemacht, die mit Wasserdampf abdestilliert und als wäßrige Lösung aufgefangen wird. Voraussetzung ist, daß die zu untersuchenden Stoffe durch Perchlorsäure der nötigen Konzentration zersetzt werden. Perchlorsäure verdient vor verdünnter Schwefelsäure (TANANAJEW; v. FELLENBERG) den Vorzug, da die meisten Perchlorate leicht löslich sind und also keine störenden Niederschläge im Zersetzungskolben entstehen.

Das Verfahren eignet sich hervorragend für die mikrochemische Bestimmung des Fluors.

Arbeitsvorschrift. **Reagenzien.** *(1) Quarzpulver,* s. S. 168. *(2) 60%ige Perchlorsäure.*

Bestimmung. Die zu untersuchende Probe bringt man in einen kleinen Destillierkolben, gibt etwas Glas- oder besser Quarzpulver, 5 bis 10 cm³ 60%ige Perchlorsäure und so viel Wasser zu, daß die Lösung bei 110° oder darunter siedet. Der Kolben wird so auf eine durchlochte Asbestplatte gesetzt, daß ein Drittel des Kolbens von der darunterstehenden Flamme umspült wird. Er wird durch einen doppelt durchbohrten Gummistopfen verschlossen. Durch die eine Bohrung führt ein Thermometer, durch die andere ein Capillarrohr. Thermometer und Capillare müssen in die Flüssigkeit eintauchen. Das Capillarrohr trägt einen mit Wasser gefüllten Tropftrichter. An das Ableitungsrohr des Destillierkolbens wird ein kleiner Kühler angesetzt. Das Destillat kann in einem offenen Gefäß aufgefangen werden.

Die Destillation wird zuerst durchgeführt, bis der Siedepunkt der Flüssigkeit auf 135° angestiegen ist. Dann läßt man langsam Wasser aus der Capillare in die Flüssigkeit einfließen, so daß der Siedepunkt von 135° etwa eingehalten wird, und setzt die Destillation fort, bis alles Fluor überdestilliert ist, was gewöhnlich der Fall ist, wenn 50 bis 75 cm³ Destillat aufgefangen worden sind. Die übergegangene Silicofluorwasserstoffsäure enthält meist mit überdestillierte Perchlorsäure, so daß ihre Bestimmung nicht nach den im vorangegangenen Abschnitt (s. S. 168) beschriebenen alkalimetrischen Verfahren erfolgen kann. Sie wird daher am vorteilhaftesten mittels Thoriumnitrats und Alizarins bestimmt (s. § 5, S. 199).

Die Destillation läßt sich nach WILLARD, TORIBARA und HOLLAND erleichtern durch Verwendung einer automatischen Wasserzuflußregelung. Die Verfasser beschreiben eine im Original abgebildete Apparatur, bei der bei Temperatursteigerung über ein festgesetztes Maß und damit zunehmendem Widerstand des benutzten Platin-Thermometers ein Magnet betätigt wird, der das Ventil öffnet, das den Wasserzufluß zwecks Temperaturerniedrigung in Gang setzt. Mit dem Temperaturfall wird der Magnet energielos, und das Ventil schließt sich.

***Bemerkungen.* I. Genauigkeit und Anwendungsbereich.** Die Genauigkeit wird von WILLARD und WINTER als ausgezeichnet angegeben, was vor allem auch auf das

Titrationsverfahren zurückzuführen ist. – Das Verfahren wird von REYNOLDS für genauer gehalten als andere ältere Verfahren. Er empfiehlt die Destillation von 100 bis 150 cm³ Flüssigkeit.

Bei der Destillation von Phosphaten geht so viel Phosphat in das Destillat, daß bei der Titration des Fluors mit Thorium-Alizarin (s. § 5, S. 199) ein merklicher Fehler entsteht. Deshalb ist es notwendig, das Destillat alkalisch zu machen, einzudampfen und einer erneuten Destillation zu unterwerfen (REYNOLDS). Nach HOFFMANN und LUNDELL ist aber dennoch das Destillationsverfahren von WILLARD und WINTER das einzig brauchbare für die Bestimmung des Fluors in Phosphaten. Bei Anwesenheit von freiem Schwefel oder von Pyrit im Phosphaterz wird die nachfolgende Titration mit Thorium-Alizarin (s. § 5, S. 199) gestört. Dann muß entweder eine doppelte Destillation durchgeführt oder die Probe vor der Destillation gelinde geglüht werden. – Bei Gegenwart von viel organischen Stoffen verbietet sich die Destillation mit Perchlorsäure (s. unten). In diesem Falle empfehlen HOFFMANN und LUNDELL die Destillation mit Schwefelsäure bei 160 bis 170° (s. S. 179) und die Bestimmung des Fluors im Destillat als Bleichlorofluorid nach § 2, S. 155.

II. Störung durch andere Stoffe. *Amorphe Kieselsäure* und *Borsäure* verzögern die Verflüchtigung. In diesen Fällen muß mehr Destillat gesammelt werden. (Wenn mehr als 75 cm³ aufgefangen wurden, ist es zweckmäßig, das Destillat mit Natronlauge zu neutralisieren und einzudampfen.) Das Zurückhalten von Fluor kann auch bewirkt werden durch einen Niederschlag von Kieselsäure an der Wand des Destillierkolbens, wenn dieser häufig benutzt wird. Durch Kochen mit starker Natronlauge kann der Kolben leicht gereinigt werden (REYNOLDS).

Über den Einfluß gelförmiger Kieselsäure hat RICHTER empirische Feststellungen gemacht. Bei der Destillation von z. B. 15 mg Fluor mit 60%iger Perchlorsäure wird je 100 mg löslicher Kieselsäure 1 mg Fluor zurückgehalten. Bei kleineren oder größeren Fluormengen hat RICHTER andere Werte empirisch ermittelt, die in Tabelle 4 zusammengestellt sind. Die Anwendung der Faktoren geschieht folgendermaßen: Es seien gefunden 43,1 mg Fluor. Bei der Destillation anwesend waren z. B. 200 mg SiO_2 (etwa aus Feldspat). Also Fluor-Verlust $=2$ mg $\times$ Faktor 2,8, also anwesend $43{,}1+2\cdot 2{,}8=48{,}7$ mg Fluor. (In dem angeführten Beispiel waren 48,7 mg Fluor gegeben.)

Tabelle 4. Einfluß löslicher Kieselsäure auf die Destillation des Fluors.

Destillierte Fluormenge in mg	Faktor
0 bis 5	0,2
5 bis 10	0,5
10 bis 15	1,0
15 bis 20	1,2
20 bis 25	1,5
25 bis 30	1,8
30 bis 35	2,1
35 bis 40	2,45
40 bis 45	2,8
45 bis 50	3,1

Sehr große Mengen *Aluminiumsalze* halten das Fluor zurück, so daß bei Anwesenheit von 1 g Aluminiumchlorid nur etwa die Hälfte des vorhandenen Fluors gefunden wurde. Bei Gegenwart von 250 mg Aluminiumchlorid ist schon fast keine Störung zu befürchten, es müssen nur etwa 250 cm³ Destillat gesammelt werden. Kryolith gab richtige Werte (WILLARD und WINTER). Nach GEYER muß bei der Analyse von Kryolith die Destillation mit Schwefelsäure ausgeführt werden. Die Temperatur soll bei 155° liegen, und es müssen 400 bis 500 cm³ Destillat aufgefangen werden, wie überhaupt bei Anwesenheit von Aluminium. Nach MARKOWA stört Aluminiumoxyd bei einem Mengenverhältnis zum Fluor wie 10:1 nicht mehr; auch sie empfiehlt 250 bis 500 cm³ zu destillieren. Bei Gegenwart von nicht mehr als 0,8 g Aluminium wird mit Schwefelsäure destilliert (s. S. 179), und zwar werden 300 bis 350 cm³ Destillat bei 162 ± 2^0 gesammelt. Dieses wird gegen Phenolphthalein alkalisch gemacht, auf 50 cm³ eingeengt, mit 5 cm³ 30%igem Wasserstoffperoxyd versetzt, auf 5 cm³ eingedampft und aus einem CLAISEN-Kolben von 125 cm³ Inhalt unter Zusatz von 7,5 cm³ Schwefelsäure bei 137 ± 5^0 nochmals destilliert. In dem Destillat erfolgt die Fluorbestimmung nach § 7, S. 218 (DAHLE und WICHMANN).

In Milchglas kann das Fluor nicht unmittelbar bestimmt werden, sondern erst nach dem Aufschluß mit Soda (s. S. 146).

Bei der Untersuchung der Asche von Nahrungsmitteln auf ihren Fluorgehalt fanden CHURCHILL, BRIDGES und ROWLEY auffällig hohe Fluorwerte. Sie konnten dieses auf eine Verunreinigung des Destillats durch *Phosphorsäure* zurückführen, deren Ursache ungeklärt blieb. Sie schlagen deshalb vor, bei hohen Phosphorgehalten der zu untersuchenden Stoffe zuerst eine Destillation mit verdünnter Schwefelsäure (s. unten) vorzunehmen. Das erhaltene Destillat wird mit Natronlauge schwach alkalisch gemacht, zu einem kleinen Volumen eingedampft und dann ein zweites Mal nach WILLARD und WINTER mit Perchlorsäure destilliert. Auf diese Weise wird ein völlig phosphat- und sulfatfreies Destillat erhalten, und man kann noch so geringe Mengen wie 1 Teil Fluor auf 1 Million Teile Untersuchungsmaterial und weniger feststellen. Die erwähnte Störung durch Anwesenheit von *Pyrit* in einem auf Fluor zu untersuchenden Phosphaterz vermeiden REYNOLDS und HILL durch Zusatz von 2 bis 3 cm^3 gesättigter Kaliumpermanganatlösung zur Probe bei der Destillation mit Perchlorsäure.

Organische Stoffe mahnen zur größten Vorsicht und sollten besser vor der Destillation zerstört werden. Vor allem darf die Destillationstemperatur nicht über 135^0 ansteigen, da sonst heftige Reaktion eintreten kann.

III. Fluorbestimmung in Wässern. BORUFF und ABBOTT empfehlen das Verfahren von WILLARD und WINTER auch für die Fluorbestimmung in Wässern. Die Wasserprobe, die mindestens 0,2 mg Fluor enthalten soll, wird mit etwas Lauge ganz schwach alkalisch gemacht und in einem 250 cm^3 fassenden Destillierkolben auf etwa 50 cm^3 eingedampft. Dann erfolgt in demselben Kolben die Destillation des Fluors nach dem Verfahren von WILLARD und WINTER.

IV. Abänderungen der Methode von WILLARD und WINTER. Die Abänderungen beziehen sich z. T. auf Veränderungen der Apparatur, z. T. auf den Ersatz der Perchlorsäure durch Schwefelsäure und z. T. auf beides.

a) Verfahren von GILKEY, ROHS und HANSEN. Das Verfahren von WILLARD und WINTER, bei dem durch fortlaufend zufließendes Wasser die Siedetemperatur der Probe auf annähernd gleicher Temperatur gehalten wird, erfordert die uneingeschränkte Aufmerksamkeit des Analytikers. Außerdem verursacht das einfließende Wasser häufig sehr heftige Siedeverzüge, die ein Überspritzen des Kolbeninhalts in das Destillat zur Folge haben können und damit die Analyse unbrauchbar machen. GILKEY, ROHS und HANSEN schlagen deshalb die Verwendung von überhitztem Wasserdampf vor, wobei sie die in Abb. 6 wiedergegebene Apparatur benutzen.

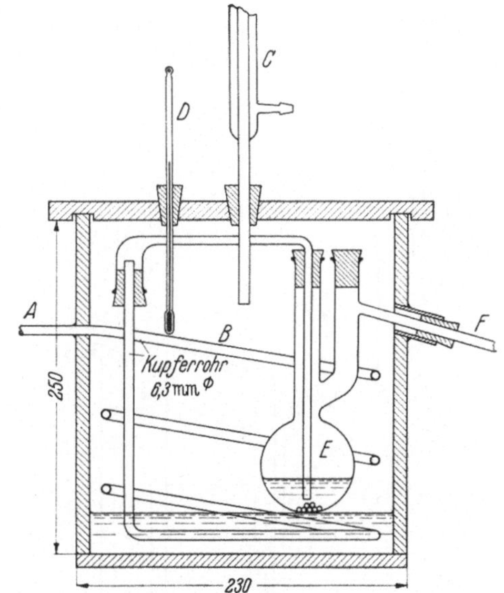

Abb. 6. Apparatur von Gilkey, Rohs und Hansen.

Apparatur. Aus einem mit Sicherheitsrohr versehenen, bei A angeschlossenen Dampferzeuger strömt der Wasserdampf in eine Schlange aus Kupferrohr B, die sich in einem Kasten aus Messing oder Kupfer befindet. Dieser Kasten, dessen Boden etwa 2 cm hoch mit Tetrachloräthan ($C_2H_2Cl_4$, Siedepunkt 146^0, nicht brennbar) bedeckt ist, wird durch eine Gasflamme erhitzt. Der Deckel, der in zwei Durchbohrungen einen Rückflußkühler C und ein Thermometer D trägt, ist mit einer Rille versehen, in der ein Korkring liegt. Gummi ist nicht brauchbar, da er von der siedenden organischen Flüssigkeit angegriffen wird. Aus dem Kupferrohr tritt der Dampf in überhitztem Zustande durch ein Glasrohr in den Destillierkolben E und perlt durch die Flüssigkeit. In dem bei F angeschlossenen Kühler wird das Destillat kondensiert.

Wegen der Explosionsgefahr beim Platzen des Kolbens infolge der heftigen Oxydation der organischen Verbindung durch Perchlorsäure ist die Anwendung dieser Säure nicht möglich. Es muß daher die Destillation mit verdünnter Schwefelsäure durchgeführt werden.

Arbeitsweise. Der Dampferzeuger wird zunächst an das Kupferrohr B *nicht* angeschlossen. Der Destillierkolben E, der einige Glasscherben, die Probe und Schwefelsäure enthält, wird in den Kasten eingesetzt und an das Kupferrohr und den Kühler F angeschlossen. Da die Probe gewöhnlich als Lösung oder Suspension angewendet wird, ist die Verdünnung der Säure meist so groß, daß die Flüssigkeit schon bei tieferer Temperatur ins Sieden gerät. Der Siedepunkt steigt aber in dem Maße, als Wasser abdestilliert. Wenn die übergehende Menge im Kühler F kleiner wird, wird der mittlerweile in Betrieb gesetzte Dampferzeuger an das Kupferrohr angeschlossen. Nun wird so lange Dampf durch den Apparat geleitet, bis eine genügende Menge Destillat gesammelt ist.

Durchlässige Korke an den Verbindungsstellen des Kupferrohres mit dem Glasrohr und auf dem Destillationskolben lassen Wasserdampf in den Dampf der organischen Flüssigkeit in dem Kasten eindringen. Sogar nur geringe Durchlässigkeit macht sich in einem beachtlichen Sinken der Temperatur, die das Thermometer D anzeigt, bemerkbar. Daher dürfen nur sehr gute Korke verwendet werden, die sorgfältig zu bohren sind.

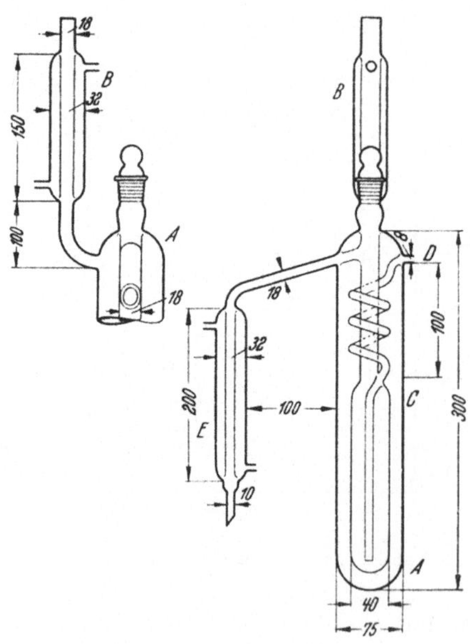

Abb. 7. Apparatur von Huckabay, Welch und Metler.

b) Verfahren von Huckabay, Welch und Metler. Die eben beschriebene Apparatur von Gilkey, Rohs und Hansen weist folgende Mängel auf: Entweder kühlt sich das Metallgefäß durch Luftzug stark ab, wodurch die Fluordestillation unvollständig wird, oder es erhitzt sich zu stark, dann kann das Destillat durch Schwefelsäure verunreinigt werden. Gummiverbindungen können nicht verwendet werden, weil sie von Tetrachloräthan angegriffen werden, und Korkstopfen sind in den seltensten Fällen genügend dicht. Genaue Werte für Fluor sind vielleicht durch Fehlerkompensation erklärbar. Huckabay, Welch und Metler haben deshalb einen besseren Apparat konstruiert, dessen Baumaterial nur geringe Wärmeleitfähigkeit hat, so daß Zugluft ohne wesentlichen Einfluß ist und Temperaturschwankungen von nur $\pm 0{,}5^0$ auftreten. Die ganz aus Pyrexglas in einem Stück gebaute Apparatur arbeitet weitgehend automatisch, und eine Destillation erfordert nur kurze Zeit.

Der in Abb. 7 wiedergegebene Apparat enthält in dem zu $^3/_4$ gefüllten Gefäß A als Heizflüssigkeit destilliertes Tetrachloräthan. Dieses wird im Rückflußkühler B kondensiert. Das eigentliche Destillationsgefäß C ist mit dem Dampfeinlaßrohr D und dem Kühler E verbunden. An das Rohr D ist als Dampfentwickler ein 2-l-Kolben mit destilliertem Wasser, das mit Lauge bis zur Rotfärbung von Phenolphthalein versetzt ist, angeschlossen. Ein Dampfentwickler ist gleichzeitig für zwei Destillationsgefäße vorgesehen. Die Heizung der Dampfentwickler und der Heizbäder A erfolgt durch elektrischen Strom, der durch einen Autotransformator geregelt wird.

Die Substanzprobe wird durch den Schliff am Destillationsgefäß C durch einen Trichter mit langem, weitem Stiel in das Gefäß C eingebracht, am besten in Form einer Lösung (höchstens 50 cm³). Man gibt 20 cm³ konzentrierte Schwefelsäure hinzu und verschließt das Gefäß. Nun schaltet man die Heizung für das Gefäß A ein und leitet Dampf in C ein, und zwar etwa 1 Blase je Sek. Wenn das Tetrachloräthan siedet (146°), verstärkt man den Dampfstrom so, daß in einer 1 Min. etwa 5 cm³ Destillat gesammelt werden. Dieses fängt man in 100-cm³-Meßkolben auf. Wenn diese gefüllt sind, wird die Heizung des Gefäßes A ausgeschaltet. Man läßt dieses sich bis auf 50° abkühlen und kann dann eine neue Probe destillieren. Wenn deren Fluorgehalt nur gering ist, kann man mehrere Destillationen ohne Erneuerung der Schwefelsäure ausführen. Jede Destillation dauert etwa ½ Std.

Zur Reinigung des Apparates bringt man ein mit einem Gummischlauch versehenes Glasrohr, das man an eine Saugflasche anschließt, bis auf den Grund des Gefäßes C, saugt dessen Inhalt ab und spült mit genügend Wasser nach. Gleichzeitig leitet man Dampf durch das Rohr D, um dieses innen auszuspülen.

Eine Beschickung mit Tetrachloräthan kann über 1 Jahr lang benutzt werden.

Die Fluortitration erfolgt mit Thoriumnitrat und alizarinsulfosaurem Natrium unter Verwendung des Puffers von Hoskins und Ferris (siehe § 5, S. 204). Es muß für jede neu in Arbeit zu nehmende Lieferung an Schwefelsäure der Blindwert bestimmt werden. Bei Vorliegen von 0,9 bis 0,003 mg Fluor beträgt die Genauigkeit ±1%.

c) Verfahren von Reynolds, Kershaw und Jacob. Eine von Reynolds, Kershaw und Jacob konstruierte Apparatur gestattet einerseits gleichmäßiges Sieden und liefert andererseits die Möglichkeit, bis zu 6 Bestimmungen auf einmal auszuführen.

Apparatur. Gemäß Abb. 8 besteht die Apparatur aus einem Kasten von etwa 7 cm Breite, 15 cm Höhe und 75 cm Länge. Auf dem Boden dieses Kastens befindet sich ein elektrischer Heizkörper C, der aus Chrom-Nickel-Draht in Form einer Spirale hergestellt wird. Letztere wird in vier längs verlaufende Vertiefungen eines geeigneten Isoliermaterials eingelegt. Der Widerstand der Spirale soll etwa 50 Ω betragen. Durch einen Schiebewiderstand kann die Temperatur geregelt werden. Die Heizspirale ist in der Mitte des Heiz-

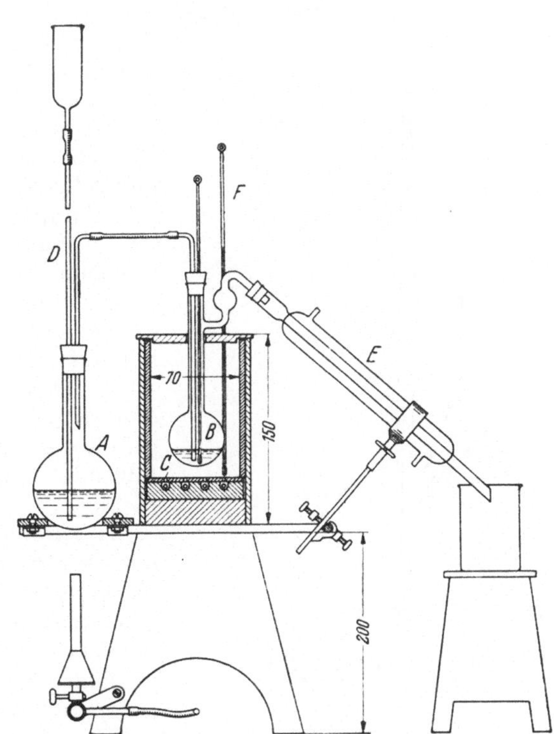

Abb. 8. Apparatur von Reynolds, Kershaw und Jacob.

körpers stärker gestreckt als an den Enden, um eine gleichmäßigere Verteilung der Wärme zu erreichen.

Die Destillationskolben B haben ein Fassungsvermögen von 50 cm³ und die aus der Abbildung erkennbare Form. Sie sind verbunden mit Rundkolben A mit einem Fassungsvermögen von 300 cm³, die zur Dampferzeugung dienen und Sicherheitsrohre D tragen. An die Destillationskolben sind Kühler E angeschlossen, von denen je 3 in Serie angeordnet sind. Das Thermometer F, das in der Mitte des Kastens angebracht ist, soll eine Temperatur von ungefähr 210° anzeigen.

Arbeitsweise. Bei der Destillation werden die Reagenzien wie beim Verfahren von WILLARD und WINTER (s. S. 177) in die Destillationskolben eingebracht. Diese werden mit den Kühlern verbunden und zunächst auf 80 bis 90° erhitzt. Nun wird Dampf eingeleitet in einem solchen Strom, daß die Temperatur im Destillationskolben 120 bis 150° beträgt, und daß in 1 Std. 150 cm³ Destillat gesammelt werden. – Die Bestimmung der überdestillierten Silicofluorwasserstoffsäure geschieht nach § 5, S. 190.

d) Verfahren von CHURCHILL. Eine Batterie mit 12 Destillationsgefäßen hat CHURCHILL beschrieben. Sie besteht aus 4 nebeneinander angeordneten Dampfentwicklern, je einer für je 3 CLAISEN-Destillierkolben von 250 cm³ Inhalt. Deren Ableitungsrohr ist senkrecht nach unten gebogen und führt zu einem senkrecht stehenden Liebig-Kühler von 300 mm Länge (Abbildung im Original). Man führt 2 Destillationen durch, eine erste mit Schwefelsäure bei 165° und die zweite mit Perchlorsäure bei 130°, beide im Dampfstrom. Bei der ersten Destillation werden etwa 350 cm³ Destillat in einem Becherglase aufgefangen. Dieses Destillat wird nach Zusatz von Natriumhydroxyd (bis zur Rötung von Phenolphthalein) bei einer dicht unter dem Siedepunkt liegenden Temperatur bis auf 10 bis 15 cm³ eingedampft und der zweiten Destillation mit Perchlorsäure unterworfen. Hierbei werden 250 cm³ in einem Meßkolben aufgefangen.

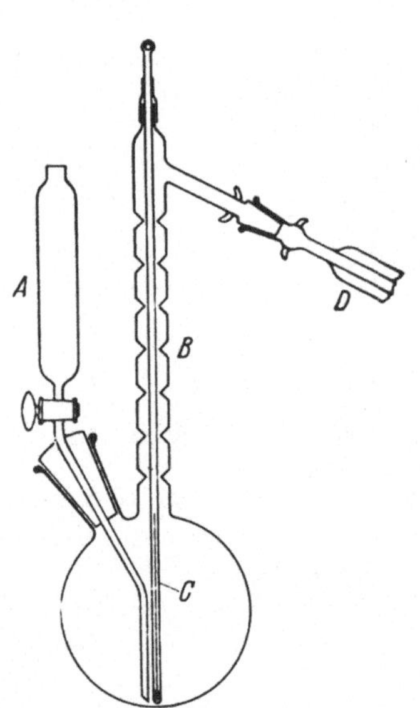

Abb. 9. Apparatur von Harris und Christiansen.

e) Verfahren von HARRIS und CHRISTIANSEN. Die Gefahr der Verunreinigung des Destillates durch übergehende Phosphorsäure bei Fluorbestimmungen in Phosphaten und die dadurch bedingte Erhöhung des gefundenen Fluorgehaltes suchen HARRIS und CHRISTIANSEN durch folgende einfache Apparatur (s. Abb. 9) zu vermeiden.

Apparatur. Der große Schliff, mittels dessen der Tropftrichter A befestigt ist, dient gleichzeitig als geeignete Vorrichtung, um die Probe und die Glasperlen einzuführen, und kann leicht durch die nachher einzufüllenden 20 cm³ Wasser abgespült werden. Die kurze „VIGREUX"-Kolonne B (15,2 cm lang) und die Befestigung des Thermometers C mittels eines übergeschobenen Gummischlauchs verhindert eine Berührung des Gummis mit der heißen Perchlorsäure sowie ein Überspritzen von kondensierten Flüssigkeitstropfen. Die Schliffverbindung mit dem Kühler D kann fortfallen, ist aber einem Gummistopfen vorzuziehen.

Arbeitsweise (ausgearbeitet für Dicalciumphosphat). 10 g der Probe werden zusammen mit 15 bis 20 Glasperlen und 20 cm³ destilliertem Wasser in den Kolben eingefüllt. 40 cm³ 60%ige Perchlorsäure werden dann durch den Tropftrichter hinzugefügt, und es wird mit der Destillation begonnen. Nachdem die Temperatur auf

135° gestiegen ist, wird sie durch allmähliches Zufließenlassen von Wasser durch den Tropftrichter zwischen 135° und 150° gehalten. Es werden in langsamer Destillation 200 cm³ Destillat aufgefangen. Die Bestimmung des übergegangenen Fluors erfolgt colorimetrisch nach § 5, S. 193. – Die Glasperlen müssen nach 3 bis 4 Destillationen entfernt werden. Ihre Oberfläche kann durch kurzes Kochen mit Salzsäure wieder aktiviert werden.

Der Phosphatgehalt des Destillates wurde zwischen 0,005 und 0,0005% gefunden. Es ist also unwahrscheinlich, daß hierdurch ein nennenswerter Fehler der Fluorbestimmung verursacht werden kann.

f) Verfahren von RICHTER. Um das Destillationsverfahren mit Perchlorsäure auch als *Makroverfahren* anwenden zu können, hat RICHTER eine Dampfdestillationsapparatur konstruiert.

Die Apparatur ist in Abb. 10 wiedergegeben. W ist der Wasserdampfentwickler von 1,5 l Inhalt. Durch einen Gummistopfen hängt ein Tauchsieder möglichst bis auf dessen Boden. Dieser Tauchsieder gewährleistet ein völlig stoßfreies Sieden des Wassers und liefert einen gleichmäßig starken Wasserdampfstrom. Die verdampfte Wassermenge wird durch eine bei T anzuschließende Tubusflasche ergänzt. Eine Schlauchverbindung nach T ist durch Hahn G unterbrochen. Durch den Gummistopfen führt mit dem Tauchsieder gleichzeitig eine Bohrung für ein winklig gebogenes Glasrohr von 12 mm Durchmesser, das den entwickelten Dampf zu einem T-Stück t führt. Dieses T-Stück besteht aus einem senkrechten Rohr von 12 mm Durchmesser und einem im Winkel von 45° angeschmolzenen Schenkel von 6 mm Durchmesser. Das stärkere Rohr ist am oberen Ende mit einem Schlauchstück und einem Quetschhahn Q_1 verschließbar. Der enge Schenkel kann gleichfalls durch ein Verbindungsschlauchstück und einen Quetschhahn Q_2 verschlossen werden. Durch dieses Schlauchstück steht das T-Stück mit dem Kolbenaufsatz A in Verbindung, in den das Dampfeinleitungsrohr De, das Dampfableitungsrohr Da und der Tubus S mit dem Thermometer eingeschmolzen sind. Das Dampfeinleitungsrohr ist am unteren Ende zu einer Düse von 2 mm Öffnung ausgezogen. Die Quecksilberkugel des eingeschliffenen Thermometers (bis 150°) befindet sich etwa 10 mm unterhalb des Dampfableitungsrohres Da. Der Kühler hat bei einer Gesamtlänge von etwa 170 mm eine Kühlschlange mit 10 bis 11 Windungen, um einen möglichst hohen Kühleffekt zu erreichen.

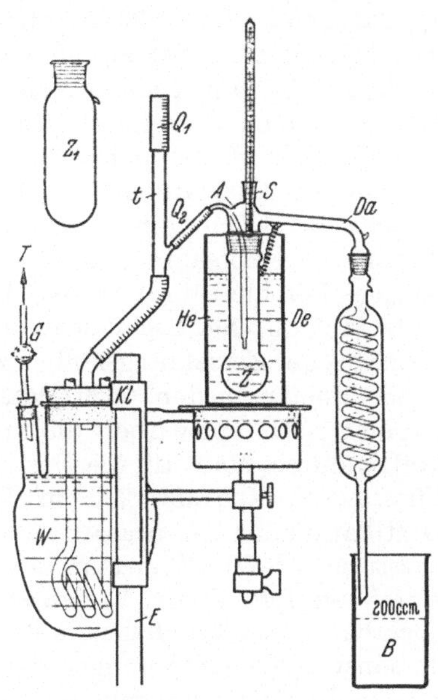

Abb. 10. Apparatur von Richter.

Der Zersetzungskolben Z hat bei etwa 30 mm Halsdurchmesser eine Gesamtlänge von etwa 160 mm. Der Inhalt der Kugel des Kolbens soll etwa 40 cm³ und ihr Durchmesser etwa 45 mm betragen. Bei einer Füllung des Kolbens mit etwa 25 cm³ Säure soll die Düse von De möglichst noch 10 mm über dem Flüssigkeitsspiegel sein, keinesfalls soll sie in die Lösung eintauchen. Für größere Substanzmengen oder stark schäumende Stoffe kann der geräumigere Kolben Z_1 gewählt werden.

An einem Eisenstativ mit quadratischem Querschnitt E befindet sich beweglich angeordnet ein Brennergestell. Der Haltering mit dem Drahtnetz und dem Gasbrenner ist an einem Schlitten stationär angeordnet, der auf der quadratischen Führungsstange E läuft und durch die Klemmschraube Kl festgehalten werden kann.

Auf dem Asbestnetz des Ringes steht ein mit Glycerin gefülltes Heizbad He. Wenn der Kolben Z bei höchster Stellung des Brennergestells in das Heizbad taucht, soll er sich bis zu drei Viertel seiner Länge im Glycerin befinden.

Zum Auffangen des Destillates dient ein 400 cm^3 fassendes Becherglas B, das zweckmäßig mit Marken bei 100 und bei 200 cm^3 versehen wird.

Bei der Durchführung der Destillation strömt der Wasserdampf bei geschlossenem Quetschhahn Q_1 und offenem Quetschhahn Q_2 in einem feinen Strahle auf die Lösung im Kolben Z, die bei gleichzeitiger Erhitzung des Glycerinbades kräftig aufgerührt wird und schnell zum Sieden kommt. Die Reaktionstemperatur kann bei einmaliger Regulierung des Gasbrenners unter dem Heizbad entsprechend konstant gehalten werden, womit eine völlig gleichmäßige Reaktionstemperatur gewährleistet ist.

In den Zersetzungskolben bringt man die passende Einwaage und fügt 100 mg Quarzpulver hinzu. Man erhitzt das Glycerinbad auf 180° und bringt gleichzeitig das Wasser in W zum Sieden. Dabei ist der Quetschhahn Q_2 zunächst geschlossen, Q_1 dagegen bleibt geöffnet. Strömt bei Q_1 kräftig Dampf aus, so schaltet man den Tauchsieder zunächst aus und wartet ab, bis das Glycerinbad annähernd 180° erreicht hat. Während dieser Vorerhitzung befindet sich das Brennergestell noch unten an der tiefsten Stelle, die sich durch Herabgleiten des Aggregates an der Gleitschiene E erreichen läßt. Schließlich stellt man den Kühler an und setzt das Becherglas darunter.

Hat das Glycerinbad die Temperatur von 180° erreicht, so schaltet man den Tauchsieder wieder ein, bis bei Q_1 deutlich Dampf entströmt. Dann füllt man 25 cm^3 30%ige Perchlorsäure (zur Destillation von Aluminiumfluorid und Thoriumfluorid 60%ige Perchlorsäure) in den Kolben Z und schließt ihn mittels Spirale an den Aufsatz A an. Jetzt schiebt man das gesamte Brennergestell mit dem Heizbad nach oben, bis der Zersetzungskolben zu etwa drei Viertel in das Bad eintaucht. Anschließend öffnet man den Quetschhahn Q_2 und schließt Hahn Q_1. Der in den Kolben strömende Dampf wirbelt die in kurzer Zeit stoßfrei ins Sieden kommende Lösung kräftig durch. Man läßt die Destillation ohne Aufsicht gehen, bis je nach vorhandener Fluormenge 100 oder 200 cm^3 Destillat vorliegen. Man stellt zur Beendigung der Destillation das Kühlwasser ab und wartet, bis aus dem Vorstoß des Kühlers Dampf ausströmt. Jetzt öffnet man den Hahn Q_1, stellt den Tauchsieder ab und senkt das Brennergestell. Dieses Verfahren dient dazu, die an den Kühlrohrwandungen etwa noch haftenden Tröpfchen zu lösen und in die Vorlage zu spülen. Dies ist notwendig, da sonst geringe Streuungen der Werte vorkommen.

Das Destillat wird mit 13%iger Natronlauge gegen Phenolphthalein neutralisiert. Dabei ist zu beachten, daß bei der Neutralisation der Silicofluorwasserstoffsäure die Reaktion bei Raumtemperatur sehr träge verläuft und die eintretende Rotfärbung nach einigen Sekunden wieder verschwindet. Die neutralisierte Lösung spült man in einen 500-cm^3-Meßkolben über, in dem sich 100 cm^3 Borax-Salzsäure und 50 cm^3 24%ige Natriumchloridlösung befinden (s. S. 196). Man erhitzt die Mischung bis nahe zum Sieden, kühlt sie ab und füllt sie auf 500 cm^3 auf. Von dieser Lösung werden 50 cm^3 in der in § 5, S. 194, beschriebenen Weise zur Fluorbestimmung verwendet.

g) Verfahren von Kilian. Das Verfahren ist ausgearbeitet zur Destillation größerer Lösungsmengen, wie sie beim Aufschluß von Erzen, hier insbesondere von Zinkblende (s. S. 145), anfallen.

Die *Apparatur* (s. Abb. 11) besteht aus einem Jenaer Liter-Fraktionierkolben mit hochangesetztem Rohr, welches zweckmäßig im letzten Viertel senkrecht nach unten abgebogen wird und mit diesem Teil in einen Schlangenkühler (etwa 20 cm Mantellänge) mündet. Durch den Hals des Kolbens führen: das bis dicht an den Boden reichende Dampfeinleitungsrohr, ein Thermometer bis 200°, dessen Kugel sich ebenfalls im unteren Teil des Kolbens, d. h. in der zu destillierenden Flüssigkeit, befinden muß, und ein Tropftrichter mit etwa 250 cm^3 Fassungsvermögen. Der Kühler ist an seinem unteren Ende mit einer zweifach tubulierten WOULFFschen Flasche von etwa 1 Liter Fassungsvermögen als Vorlage verbunden, deren anderer Tubus mit einer Wasserstrahlpumpe verbunden werden kann. Der zur Destillation erforderliche Dampf wird in einem besonderen Dampfbereiter erzeugt.

Zur *Destillation* wird die Aufschlußlösung (s. S. 145) oder eine andere Lösung unter sparsamer Wasserverwendung in den Destillationskolben gebracht. Zur Lösung werden einige Stücke Glasfritte (aus alten Glasfiltertiegeln) und 1 Löffel grobes Quarzpulver hinzugegeben. Dann saugt man durch die geschlossene Apparatur während des etwa nötigen Ansäuerns der Lösung bei angestellter Kühlung des Schlangenkühlers mittels der Wasserstrahlpumpe einen Luftstrom, so daß eine gute Mischung der Lösung gewährleistet wird. Um die im Kolben selbst zunächst sehr heftig auftretende Reaktionswärme zu mindern, legt man anfänglich eine kleine Bleikühlschlange um dessen Hals, wobei man das ablaufende Kühlwasser in einen unter dem Kolben angebrachten größeren Glastrichter ableitet. Durch den Tropftrichter läßt man darauf etwa 250 cm³ konzentrierte Schwefelsäure zunächst tropfenweise, später etwas schneller zulaufen, wobei trotz der eben beschriebenen Außenkühlung eine Erwärmung der Lösung auf 70 bis 80° eintritt. Ist die Flüssigkeit, wie eben beschrieben, angesäuert worden, baut man die Außenkühlung ab und ersetzt den erwähnten Ablauftrichter durch einen Brenner bzw. noch besser durch einen regulierbaren elektrischen Kolbenheizer. Man schaltet den Luftstrom ab, heizt den Kolben bis etwa 110° an, stellt den Dampf an und rührt während der folgenden Hauptdestillationsperiode mit einem kräftigen Dampfstrom, so daß die Lösung in starkes Wallen kommt. Die Temperatur wird während dieser Zeit zunächst bis auf 150° gesteigert und 1 Std. auf dieser Höhe gehalten. Die Menge bzw. Schnelligkeit des Dampfstromes ist so zu regeln, daß die Gesamtdestillationsmenge in dieser Zeit etwa 750 cm³ beträgt. Nach beendeter Destillation wird der Kühler mit destilliertem Wasser sorgfältig nachgespült und das Destillat schwach alkalisch gemacht. Es wird auf 50 cm³ eingedampft, und in dieser Lösung wird das Fluorid nach der Vorschrift in § 2, S. 159, bestimmt.

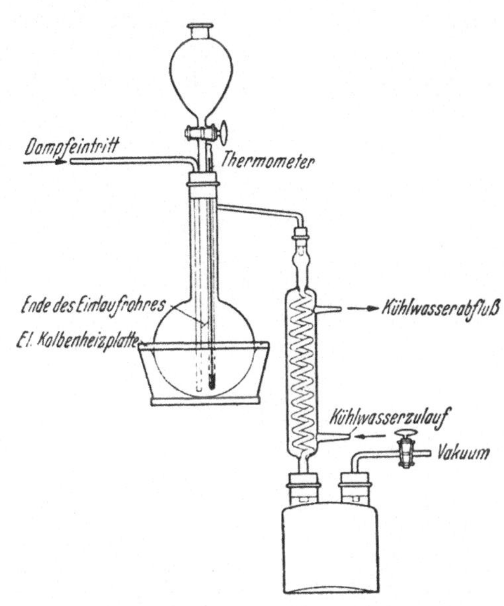

Abb. 11. Apparatur von Kilian (aus Analyse der Metalle, I, 2. Aufl., S. 433).

h) Verfahren von JAKL. Die *Apparatur* (s. Abb. 12) ist aus Jenaer Glas mit Normalschliffen angefertigt. Der Literkolben 1 dient als Wasserdampfentwickler. Das Dampfableitungsrohr ist mittels Gummischlauches beweglich mit dem Aufsatz des Destillationsgefäßes 2 verbunden, wobei Glas an Glas stößt. Gefäß 2 wird in zwei Größen gehalten, und zwar je nach der Menge der zu destillierenden Stoffe mit 150 bzw. 250 cm³. Im Schliffaufsatz befindet sich in der Mitte mittels Gummistopfens oder Normalschliffes dicht eingesetzt ein Thermometer, dessen Skala so beschaffen sein muß, daß die für den Destillationsverlauf wesentlichen Grade (130 bis 140°) gut sichtbar sind. Die Quecksilberkugel muß unbedingt in die zu destillierende Flüssigkeit eintauchen, da sonst infolge unrichtiger Temperaturanzeige falsche Fluorwerte erhalten werden. Das neben dem Thermometer eingeschmolzene Dampfeinleitungsrohr endet knapp oberhalb des Kolbenbodens in einer mit mehreren kleinen Löchern versehenen Kugel, durch die der Dampf besser verteilt wird. Das Ableitungsrohr ist mit dem Kühlerrohr durch einen Gummischlauch, in dem Glas an Glas stößt, verbunden. Das in ein nicht zu weites Rohr auslaufende Kühlrohr taucht in ein Überlaufgefäß (nach KRAFT und MAY) ein, von dem der überfließende Destillatanteil in eine rund 200 cm³ fassende Platinschale gelangt. Der Zersetzungskolben befindet sich in einer (nicht gezeichneten) Asbestkammer, die nur an der Bodenfläche ein kleines Loch hat, unter dem sich die Heizflamme befindet.

Vor der *Destillation* werden die Schliffe mit wasserfreiem Glycerin sorgfältig abgedichtet. Das Wasser im Dampfentwickler wird mit Natronlauge schwach alkalisch gemacht. In den Zersetzungskolben bringt man ungefähr 0,1 bis 0,15 g reinstes Quarzpulver oder Seesand, die abgewogene Probe und 40 cm³ einer Mischung aus gleichen Raumteilen Wasser und konzentrierter Schwefelsäure, die abgekühlt ist. Bei der Destillation von Wasserproben werden diese nur mit konzentrierter Schwefelsäure unter Kühlung versetzt. Im Überlaufgefäß befindet sich so viel destilliertes Wasser, daß das Kühlrohr eintaucht, und 1 Tropfen 10%ige Natronlauge sowie 1 Tropfen Phenolphthaleinlösung. Die Flüssigkeit im Überlaufgefäß muß während der gesamten Dauer der Destillation alkalisch bleiben, und es ist nach Bedarf Natronlauge tropfenweise nachzugeben. Die Destillation wird so durchgeführt, daß das im Zersetzungskolben befindliche Thermometer eine mittlere Temperatur von 133 bis 138° anzeigt. Die Quecksilbersäule soll nicht unter 130° sinken, weil sonst die Umsetzung nicht quantitativ erfolgt. Keinesfalls darf aber die Temperatur von 140° überschritten werden, damit keine Schwefelsäure überdestilliert. Die Destillation soll ungefähr 1½ Std. betragen. Das Destillat wird auf dem Wasserbade bis nahe zur Trockene eingedampft, dann in eine 50 cm³ fassende Platinschale übergeführt, mittels verdünnter Salzsäure genau neutralisiert und vollends zur Trockene eingedampft. Die Fluorbestimmung erfolgt nach den Angaben in § 5 A, S. 199.

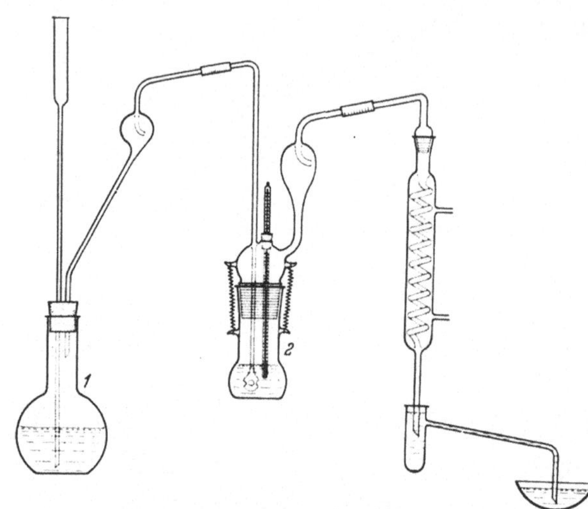

Abb. 12. Apparatur von Jakl.

i) Verfahren von TANANAJEW. Das Fluor wird aus einer Glasapparatur bei Gegenwart von Kieselsäure (Sand) mittels verdünnter Schwefelsäure in der Wärme als Silicofluorwasserstoffsäure abdestilliert. Die Genauigkeit des Verfahrens steht der der Destillationsmethode von Siliciumtetrafluorid (PENFIELD) nicht nach. Im Destillat wird die Silicofluorwasserstoffsäure unmittelbar mit Phenolrot als Indicator alkalimetrisch ermittelt. Das Verfahren eignet sich auch für Serienbestimmungen von Fluor in Apatiten, Phosphoriten und Superphosphaten.

Als Variante beschreibt TANANAJEW das Auffangen der abdestillierten Silicofluorwasserstoffsäure in einer mit Kaliumchlorid beschickten Vorlage. Das gebildete Kaliumsilicofluorid wird abfiltriert und die gebildete Salzsäure mit Bariumhydroxyd (Phenolrot als Indicator) titriert. Die Analysendauer beträgt 1½ bis 2 Std. Bei Gegenwart von amorpher Kieselsäure wird diese zuerst durch Kochen mit Natronlauge oder Soda entfernt und dann die Destillation wie oben durchgeführt.

BORKOWSKI und PORFIRJEW bestätigen die Brauchbarkeit des Verfahrens von TANANAJEW. SSIMITZIN und FEIGMANN halten das Verfahren von TANANAJEW für das bequemste und schnellste zur Bestimmung von Fluor in Phosphoriten und empfehlen es besonders für Werksanalysen. Sie erhalten genauere Ergebnisse als nach dem Verfahren von C. R. FRESENIUS (s. S. 168) bei Einhaltung folgender Bedingungen: 1. Mahlen des Phosphorits auf 100 Maschen/cm² Siebfeinheit, des Seesandes oder Quarzes auf 200 Maschen/cm². 2. Verwendung einer geringer konzentrierten Schwefelsäure (anfangs einer 38%igen). 3. Benutzung carbonatfreier Natronlauge.

k) Verfahren von v. FELLENBERG. DAHLE und WICHMANN stellten fest, daß die Ausbeute an Fluor im Destillat von verschiedenen Faktoren abhängt. Z. B. sinkt die Ausbeute für 1 cm³ Destillat mit Zunahme des Volumens im Destillierkolben, während bei höherer Temperatur ausgeführte Destillationen erhöhte Ausbeuten für 1 cm³ Destillat lieferten. Überdies sind die Abweichungen in der Ausbeute bei der Destillation mit Perchlorsäure oder Phosphorsäure größer als bei der Destillation mit Schwefelsäure.

Auf der Grundlage dieser Beobachtungen hat v. FELLENBERG ein Verfahren zur Bestimmung sehr kleiner Fluormengen (besonders in Lebensmitteln) ausgearbeitet. Er stellte weiter fest, daß sich nicht alles Fluor abdestillieren läßt, sondern daß ein gewisser Rest im Destillierkolben verbleibt, der um so größer ist, je kleiner die Gesamtmenge an Fluor ist. Er berechnet sich nach Tabelle 5.

In einer anderen Arbeit gibt v. FELLENBERG den Betrag des zurückbleibenden Fluors zu 6% der gefundenen Menge an; dieser Betrag ist dann jeweils zu den gefundenen Werten hinzuzuaddieren.

Tabelle 5. Berechnung des Fluors im Rückstand (v. FELLENBERG).

Gefundene Fluormenge γ	Fluormenge im Rückstand γ	Gefundene Fluormenge γ	Fluormenge im Rückstand γ
1	0,17	13	1,18
2	0,30	14	1,21
3	0,42	15	1,27
4	0,53	20	1,53
5	0,64	25	1,86
6	0,72	30	2,14
7	0,80	40	2,72
8	0,90	50	3,30
9	0,97	60	3,88
10	1,01	70	4,46
11	1,09	80	5,04
12	1,12	90	5,62

Reagenzien. (1) Schwefelsäure. 10 Teile Wasser werden mit 6 Teilen konzentrierter Schwefelsäure versetzt. *(2) Gepulverter Quarz* (s. S. 168). *(3) Zuckerkohle.*

Apparatur (in der von KLEMENT[1] modifizierten Form). 1. Als *Destillierkolben* dient ein CLAISEN-Kolben von 150 cm³ Fassungsvermögen aus Jenaer Glas. Der Kolbenhals wird mit einem doppelt durchbohrten Gummistopfen verschlossen. Durch die eine Bohrung führt ein Thermometer bis an den Boden des Kolbens, durch die andere, ebenfalls bis auf den Boden des Kolbens, ein sehr feines Capillarrohr, das am oberen Ende einen Tropftrichter von 50 cm³ Inhalt trägt. Der seitliche Ansatz des CLAISEN-Kolbens wird unten zweckmäßig mit einer Einschnürung versehen und etwa doppelt so lang angefertigt wie der Kolbenhals. Dieser seitliche Ansatz wird bis etwa 2 cm unter dem möglichst hoch angesetzten Ableitungsrohr, das zu einem geraden LIEBIG-Kühler von etwa 40 cm Länge führt, mit Glasringen gefüllt und mit einem Gummistopfen verschlossen. Die Glasringe verhindern auf diese einfache Weise das Überspritzen der Destillationsflüssigkeit bei etwaigem Stoßen. Der Kolben selbst wird in ein in eine Asbestplatte geschnittenes Loch von 4 cm Durchmesser gestellt und mit einem BUNSEN-Brenner erhitzt.

2. *Reagensgläser.* Reagensgläser von gleichem Durchmesser werden auf 10 cm³ Inhalt geeicht.

Arbeitsweise. Die Substanz, die etwa 50 γ Fluor enthalten soll, wird in den Kolben gebracht. Flüssigkeiten werden zweckentsprechend zunächst auf einen Raum von

[1] Nach unveröffentlichten Versuchen des Autors (1938/39).

etwa 5 cm³ eingedampft. Man setzt 0,5 g Quarz, 1 Spatelspitze Kohle und 25 cm³ Schwefelsäure zu. Nun wird der Gummistopfen mit dem Thermometer und dem Tropftrichter aufgesetzt, nachdem man diesen mit Wasser gefüllt und dafür gesorgt hat, daß auch die Capillare vollständig mit Wasser gefüllt ist. Nun verbindet man mit dem Kühler und beginnt mit der Destillation. Diese muß so geführt werden, daß die ganze Zeit über eine Temperatur der Flüssigkeit von 130 ± 5^0 herrscht. Wenn vom Beginn der Destillation her diese Temperatur erreicht ist, wird durch zweckentsprechende Einstellung des Tropftrichterhahnes der Wasserzufluß durch die sehr feine Capillare so geregelt, daß diese Temperatur aufrecht erhalten bleibt. Die Destillation wird mit einer so großen Flamme durchgeführt, daß 10 cm³ in etwa 5 Min. übergehen. Es werden 5 bis 6 Fraktionen von je 10 cm³ in den geeichten Reagensgläsern aufgefangen. Die Bestimmung der übergegangenen Silicofluorwasserstoffsäure geschieht mittels Thorium-Alizarins nach § 5, S. 206.

Bemerkungen. Vor jeder Bestimmung bzw. jeder Reihe von Bestimmungen ist unter den gleichen Bedingungen ein Blindversuch durchzuführen (s. S. 206). RINCK destilliert aus einem Kolben aus Jenaer Glas (besser als aus Pyrex-Glas) in einem Dampfstrome. Die Apparatur entspricht etwa der von REYNOLDS, KERSHAW und JACOB (s. Abb. 8, S. 181), nur ist ein einziges Aggregat verwendet. Eine ganz ähnliche Apparatur hat bereits GEYER angegeben. Als Reagens verwendet RINCK Schwefelsäure oder eine Mischung aus Schwefelsäure und Perchlorsäure. Die Temperatur liegt bei 155 bis 160⁰ bzw. bei 150⁰. Man destilliert am besten 100 cm³ in 15 bis 20 Min. ab, und das Destillat soll einige Milligramm Fluor enthalten. Bei Gegenwart gelförmiger Kieselsäure muß mehr Destillat aufgefangen werden. Bei der Destillation von Phosphaten muß zweimal destilliert werden, weil das erste Destillat phosphathaltig ist und dadurch Störungen bei der nachfolgenden Fluorbestimmung auftreten. Aluminium und dreiwertiges Eisen werden vor der Destillation am besten entfernt. Es ist unbedingt notwendig, einen Blindversuch anzustellen.

HENNING und VILLFORTH empfehlen, die Destillation unter Zusatz von Glasfrittenscherben G 3 (zu beziehen von SCHOTT & GEN., *Jena*), die wegen ihrer Porosität gleichzeitig als Siedesteine wirken, durchzuführen.

C. Maßanalytische Bestimmung des Fluors unter Überführung über Siliciumfluorid in Silicofluorwasserstoffsäure.

Anstatt nach PENFIELD die durch Umsetzung der zuerst gebildeten Silicofluorwasserstoffsäure mit Kaliumchlorid entstehende Salzsäure zu titrieren, bestimmt OFFERMANN unmittelbar die Silicofluorwasserstoffsäure. Als Gefäß zum Auffangen des Siliciumfluorids dient einfach ein mit Wasser gefülltes Becherglas, in das das Einleitungsrohr unter Quecksilber eingeführt wird. Die Bestimmung verläuft nach der Gleichung $H_2[SiF_6] + 6KOH = 6\,KF + H_2SiO_3 + 3\,H_2O$, und es entspricht daher 1 cm³ n Kalilauge 19 mg Fluor. (Bei kleinen Fluormengen wird 0,2 n oder 0,1 n Kalilauge angewendet.) Als Indicator verwendet OFFERMANN Cochenilletinktur. SEEMANN empfiehlt die Anwendung von Phenolphthalein, wenn keine Kohlensäure vorhanden ist. SCHUCHT und MÖLLER halten bei Anwendung von Phenolphthalein die Titration in der Siedehitze für angebracht. Auch ADOLPH empfiehlt dieses Verfahren. – Man kann auch mit Lauge übertitrieren, dann 5 Min. kochen und mit Säure zurücktitrieren. Es genügt aber, bei Siedehitze bis zur ersten Rotfärbung des Phenolphthaleins zu titrieren. Der Umschlag ist nicht sehr scharf, und es muß am besten ein Platin- oder Silbergefäß verwendet werden (KOLTHOFF). – Die von OFFERMANN sowie von SEEMANN angegebene Genauigkeit beträgt etwa 1%. – SCHUCHT und MÖLLER stellen fest, daß bei der Titration von Silicofluorwasserstoffsäure mit Methylorange das hinzugefügte Wasser stört. Die verbrauchte Laugemenge steigt mit zunehmendem Wassergehalt. Das ist darauf zurückzuführen, daß das bei der Neutralisation: $H_2[SiF_6] + 2\,NaOH = Na_2[SiF_6] + 2\,H_2O$ entstehende Natriumsilicofluorid in Wasser in geringem Maße dissoziiert ist in die Ionen von 2 NaF und in SiF_4. Dieses bewirkt durch seine Hydrolyse immer wieder Rotfärbung des Indicators. Dieser Übelstand läßt sich vermeiden, wenn zur Silicofluorwasserstoffsäurelösung überschüssige, neutrale Calciumchloridlösung hinzugefügt wird. Es kann alsdann mit Methylorange in der Kälte bei jeder Verdünnung titriert werden und der Umschlag ist scharf. Der Titrationsendpunkt liegt nach TREADWELL bei $p_H \approx 5{,}7$; als bester Indicator empfiehlt sich daher Bromkresolpurpur. Wegen der sauren Reaktion der Calciumchloridlösung ($p_H = 4{,}5$) ist diese vor Gebrauch zu neutralisieren, oder es ist eine Korrektur anzubringen.

Die Umsetzung vollzieht sich nach der Gleichung: $H_2[SiF_6] + 3\,CaCl_2 + 6\,NaOH = 3\,CaF_2 + 6\,NaCl + H_2SiO_3 + 3\,H_2O$. Die Lösung bleibt bis zum Schluß klar, da sowohl Calciumfluorid als auch Kieselsäure kolloid in Lösung bleiben; erst nach längerem Stehen der titrierten Lösung tritt Ausflockung ein.

Die unmittelbare Titration der Silicofluorwasserstoffsäure als zweibasige Säure soll nach HÖNIG in 50proz. alkoholischer Lösung mit Kalilauge oder mit Barytwasser und Phenolphthalein als Indicator möglich sein, weil das ausfallende Kalium- bzw. Bariumsilicofluorid in dem alkoholischen Medium unlöslich ist und mit Lauge nicht weiter reagiert. Hingegen ist die Titration nach SAHLBOHM und HINRICHSEN mit Natronlauge und Phenolphthalein schlecht (siehe oben).

Über die einwandfreie und mikrochemisch verwertbare Bestimmung der Silicofluorwasserstoffsäure mit Zirkon- bzw. Thorium-Alizarin s. § 5, S. 190.

SZEGÖ und CASSONI empfehlen die colorimetrische Bestimmung der Silicofluorwasserstoffsäure im PULFRICH-Photometer nach dem Verfahren von STEIGER (s. § 7, S. 218); diese Bestimmungsmethode ist aber nur für sehr kleine Mengen Fluor anwendbar (s. § 9, S. 239).

D. Gasvolumetrische Bestimmung des Fluors als Siliciumfluorid.

Das zuerst von OETTEL beschriebene Verfahren besteht darin, daß das in üblicher Weise entwickelte Siliciumfluorid in einer Gasbürette über Quecksilber, das von einer Schicht konzentrierter Schwefelsäure bedeckt ist, aufgefangen und gemessen wird. Die von OETTEL angewendete einfache Apparatur ist aber nur brauchbar, wenn das zu untersuchende Material keine Stoffe enthält, die mit Schwefelsäure andere Gase entwickeln. Deshalb haben HEMPEL und SCHEFFLER eine Apparatur angegeben, die es gestattet, Siliciumfluorid neben anderen Gasen, hauptsächlich neben Kohlendioxyd, zu bestimmen. Die Bedienung dieser komplizierten Apparatur ist aber recht schwierig und die für Fluor erhaltenen Werte sind zu hoch. (Es wurde der Fluorgehalt der Asche von Zähnen zu 0,2 bis 0,5% bestimmt, während er nach neuen Untersuchungen nur 0,05% beträgt [KLEMENT].) TREADWELL und KOCH erhielten nach den Angaben von OETTEL sowie von HEMPEL und SCHEFFLER, die das Siliciumfluorid im Vakuum entwickeln, keine brauchbaren Werte. Sie empfehlen das Arbeiten unter gewöhnlichem Druck, wobei sie bessere Werte erhalten, die aber zwischen + 2,6 und — 0,3% Fehler schwanken. Auch SEEMANN hält das Verfahren für unbrauchbar. BRUNNER beschreibt eine ähnlich einfache Apparatur wie OETTEL, aber die damit erhaltenen Werte sind gleichfalls nicht überzeugend. - Die von CASARES angegebene einfache Apparatur enthält als Sperrflüssigkeit konzentrierte Schwefelsäure. Die damit erzielte Genauigkeit soll gut sein.

Die gasvolumetrische Bestimmung des Siliciumfluorids ist jedoch kaum zu empfehlen, da bei den einfachen Apparaturen keine anderen Gase außer Siliciumfluorid entwickelt werden dürfen. Bei den komplizierten Anordnungen, die mit Absorptionsgefäßen arbeiten, treten sehr viele Fehlermöglichkeiten auf.

Literatur.

ADOLPH, W. A.: Am. Soc. **37**, 2503 (1915). — ANALYSE DER METALLE, herausgeg. vom Chemiker-Fachausschuß der Gesellschaft Deutscher Metallhütten- und Bergleute, 1. Band, Schiedsverfahren, 2. Aufl. Berlin/Göttingen/Heidelberg 1949, (a) S. 432; (b) S. 431. — ARMSTRONG, W. D.: Ind. eng. Chem. Anal. Edit. **5**, 315 (1933).

BORKOWSKI, A. A. u. N. A. PORFIRJEW: Chem. J. Ser. B **6**, 991 (1933); durch C. **105, I**, 3239 (1934). — BORUFF, C. S. u. G. B. ABBOTT: Ind. eng. Chem. Anal. Edit. **5**, 236 (1933). — BRANDL, J.: A. **213**, 1 (1882). — BRUNNER, E.: Helv. **3**, 822 (1920). — BULLNHEIMER, F.: Angew. Ch. **14**, 102 (1901).

CASARES, J.: Fr. **81**, 67 (1930). — CHURCHILL, H. V.: Ind. eng. Chem. Anal. Edit. **17**, 720 (1945). — CHURCHILL, H. V., R. W. BRIDGES u. R. J. ROWLEY: Ind. eng. Chem. Anal. Edit. **9**, 222 (1937).

DAHLE, D. u. H. J. WICHMANN: J. Assoc. offic. agric. Chem. **19**, 313 u. 320 (1936); durch C. **107, II**, 1977 (1936); J. Assoc. offic. agric. Chem. **20**, 297 (1937); durch C. **108, II**, 3203 (1937). — DANIEL, K.: Z. anorg. Ch. **38**, 260 (1904). — DRAWE, P.: Angew. Ch. **25**, 1371 (1912).

FELLENBERG, TH. v.: Mitt. Geb. Lebensmitteluntersuch. Hyg. Bern **28**, 150 (1937); **29**, 276 (1938). — FRESENIUS, C. R.: Fr. **5**, 190 (1866). — FRESENIUS, L., K. SCHRÖDER u. M. FROMMES: Fr. **73**, 66 (1928).

GEYER, R.: Z. anorg. Ch. **252**, 42 (1944). — GILKEY, W. K., H. L. ROHS u. H. V. HANSEN: Ind. eng. Chem. Anal. Edit. **8**, 150 (1936).

HARRIS, S. E. u. W. G. CHRISTIANSEN: J. Am. pharm. Assoc. **25**, 306 (1936). — HARTMANN, H., E. CHYTREK u. R. AMMON: H. **265**, 52 (1940). — HEMPEL, W. u. W. SCHEFFLER: Z. anorg. Ch. **20**, 1 (1899). — HENNING, K. u. F. VILLFORTH: Vorratspflege Lebensmittelforsch. **1**, 553 (1938). — HÖNIG, S.: Ch. Z. **31**, 1207 (1907). — HOFFMANN, J. u. G. LUNDELL: Bur. Stand. J. Res. **20**, 607 (1938); durch C. **109, II**, 2798 (1938). — HUCKABAY, W. B., E. T. WELCH u. A. V. METLER: Analytic. Chem. **19**, 154 (1947).

JAKL, F.: Mikrochemie **32**, 195 (1944).

KALLAUNER, O.: Zprávy česk. keram. Společnosti 11, 24 (1934); durch C. 106, II, 2865 (1935). — KILIAN, W.: Analyse der Metalle, herausgeg. vom Chemiker-Fachausschuß der Gesellschaft Deutscher Metallhütten- und Bergleute, 1. Band, Schiedsverfahren, 2. Aufl. Berlin/Göttingen/Heidelberg 1949, S. 433. — KLEMENT, R.: B. 68, 2012 (1935). — KOLTHOFF, I. M.: Die Maßanalyse, 2. Aufl. Berlin 1931, 2. Teil, S. 130. — KRAFT, K. u. R. MAY: H. 246, 238 (1937).
MARKOWA, G. A.: Betriebslab. 6, 807 (1937); durch C. 109, II, 361 (1938). — MAYRHOFER, A. u. A. WASITZKY: Mikrochemie 20, 29 (1936). — MOISSAN, H.: C. r. 139, 712 (1904).
OETTEL, F.: Fr. 25, 505 (1886). — OFFERMANN, H.: Angew. Ch. 3, 615 (1890).
PENFIELD, S.: Fr. 21, 120 (1882).
REYNOLDS, D. S.: J. Assoc. offic. agric. Chem. 17, 323 (1934); durch C. 106, I, 2413 (1935); J. Assoc. offic. agric. Chem. 18, 108 (1935); durch C. 106, II, 2095 (1935). — REYNOLDS, D. S. u. W. L. HILL: Ind. eng. Chem. Anal. Edit. 11, 21 (1939). — REYNOLDS, D. S. u. K. D. JACOB: Ind. eng. Chem. Anal. Edit. 3, 366 u. 371 (1931). — REYNOLDS, D. S., J. B. KERSHAW u. K. D. JACOB: J. Assoc. offic. agric. Chem. 19, 156 (1936). — RICHTER, F.: Fr. 124, 192 (1942). — RINCK, E.: Bl. [5] 15, 320 (1948). — ROCHA-SCHMIDT, L. DA u. K. KRÜGER: Fr. 63, 29 (1923). — ROSANOW, S. N.: Fr. 78, 321 (1929); 102, 328 (1935).
SAHLBOHM, N. u. F. W. HINRICHSEN: B. 39, 2609 (1906). — SCHUCHT, L. u. W. MÖLLER: B. 39, 3693 (1906). — SEEMANN, F.: Fr. 44, 380 (1905). — SSIMITZIN, N. J. u. W. G. FEIGMANN: Chem. J. Ser. B 8, 152 (1935); durch C. 106, II, 2705 (1935). — SZEGÖ, L. u. B. CASSONI: Giorn. Chim. ind. ed applic. 15, 599 (1933); durch C. 105, I, 2624 (1934).
TANANAJEW, J.: Chem. J. Ser. B 5, 834 (1932); durch C. 104, I, 2283 (1933); Arb. VI. allruss. Mendelejew-Kongr. theoret. angew. Chem. 1932 2, Nr. 2, 368 (1935); durch C. 107, II, 3572 (1936). — TREADWELL, F. P. u. A. A. KOCH: Fr. 43, 494 (1904). — TREADWELL, W. D.: Tabellen und Vorschriften zur quantitativen Analyse, Leipzig und Wien 1938, S. 146.
WAGNER, C. R. u. W. H. ROSS: J. ind. eng. Chem. 9, 1116 (1917). — WILLARD, H. H. u. O. B. WINTER: Ind. eng. Chem. Anal. Edit. 5, 7 (1933). — WILLARD, H. H., T. Y. TORIBARA u. L. N. HOLLAND: Analytic. Chem. 19, 343 (1947); durch C. 119, I, 142 (1948) (Akademie-Verlag, Berlin). — WÖHLER, F.: Pogg. Ann. 48, 87 (1839).

§ 5. Bestimmung des Fluors unter Umsetzung mit Farblacken des Zirkons bzw. des Thoriums.

Allgemeines.

DE BOER hat im Jahre 1925 eine qualitative *Farbreaktion auf Fluor* angegeben, *die darauf beruht, daß der rotviolette Farblack, den Zirkonoxychlorid mit alizarinsulfosaurem Natrium bildet, durch Fluor-Ionen zerstört wird, wobei die hellgelbe Farbe der Alizarinsulfosäure auftritt.* Diese Reaktion kommt dadurch zustande, daß Zirkonium mit Fluor ein äußerst stabiles Komplex-Ion von der Zusammensetzung $[ZrF_6]''$ liefert. Es läßt sich die Umsetzung demgemäß etwa folgendermaßen wiedergeben:

$$\underset{\text{(rotviolett)}}{\text{Zirkon-Alizarinsulfosäure}} + 6\,F' \rightarrow \underset{\text{(farblos)}}{[ZrF_6]''} + \underset{\text{(gelb)}}{\text{Alizarinsulfosäure.}}$$

Diese qualitative Farbreaktion ist von DE BOER und anderen Forschern zur quantitativen Bestimmung des Fluors, insbesondere für Mikromengen, ausgearbeitet worden. Einige Jahre später haben dann besonders WILLARD und WINTER, ferner ARMSTRONG (a), (b) und andere das Zirkon durch Thorium ersetzt, das entsprechend seiner Verwandtschaft mit Zirkon in völlig gleicher Weise reagiert. (Schon DE BOER und BASART haben auf die Möglichkeit der Verwendung von Thorium hingewiesen.)

Ein besonderer Vorteil des Verfahrens von DE BOER *ist seine Anwendbarkeit nicht allein bei einfachen Fluoriden, sondern vor allem auch bei zahlreichen komplexen Fluoriden.* Insbesondere reagieren Silicofluorwasserstoffsäure und ihre Salze, ferner Kaliumborofluorid sowie Natriumaluminiumfluorid ohne weiteres mit den Farblacken des Zirkons oder Thoriums. Daher hat das Verfahren besonders Anwendung gefunden in Verbindung mit den in § 4 beschriebenen Methoden zur Überführung des Fluors in Silicofluorwasserstoffsäure, wodurch eine nahezu allgemein brauchbare, sehr genaue Bestimmung des Fluors, vor allem auch kleinster Mengen, ermöglicht wird.

Die Bestimmung kann erfolgen durch *Titration* mit einer eingestellten Zirkon- bzw. Thoriumlösung. Hierbei wird anwesendes Fluor als Zirkon- bzw. Thoriumfluorid (ZrF_4 bzw. ThF_4) gefällt. Der Endpunkt wird dadurch erkannt, daß zugesetztes alizarinsulfosaures Natrium mit überschüssigem Zirkon bzw. Thorium den rotvioletten Farblack bildet, wodurch also ein Übergang von der zuerst rein gelben Farbe der Lösung in schwach Rosa erfolgt. Bei geeigneter Vorrichtung ist die Erkennung des Endpunktes sehr deutlich.

Eine andere Bestimmungsmöglichkeit besteht in einem *colorimetrischen Vergleich* des Farbtones einer unbekannten fluorhaltigen Lösung mit den Farbtönen von bekannten Lösungen. – Ein Vorschlag zur Verschärfung der Genauigkeit der Bestimmung ist von Nölke gemacht worden (s. S. 194).

A. Colorimetrische Methoden unter Anwendung von Zirkon

Vorbemerkung. Das zuerst von de Boer und Basart angegebene Verfahren zur maßanalytischen Bestimmung des Fluors durch Titration mittels Zirkonlösung ist als indirektes Verfahren von geringerer Genauigkeit. Es möge daher hier nicht näher beschrieben werden, da die neueren direkten Verfahren eine höhere Genauigkeit zulassen. Diese Verfahren sind zwar vielfach für die Fluorbestimmung in Wässern ausgearbeitet worden, aber sie lassen sich auch für andere Fluorbestimmungen anwenden, wie z. B. besonders das Verfahren von Harris und Christiansen (s. S. 193). Eine sehr eingehende Untersuchung hat Richter angestellt und im Anschluß daran eine sehr genaue Arbeitsvorschrift mitgeteilt. — Danckwortt empfiehlt zur Bestimmung von Fluor bei Vergiftungen die Destillation als Silicofluorwasserstoffsäure und deren Titration mit Zirkonchlorid und Alizarin.

1. Methode von Thompson und Taylor.

Das Verfahren ist ausgearbeitet worden für die Fluorbestimmung in Meerwasser. Da Chloride und besonders Sulfate bei der Bestimmung störend wirken, werden die Vergleichslösungen unter Zusatz dieser Stoffe hergestellt und etwa auf den gleichen Gehalt an letzteren wie das zu analysierende Meerwasser gebracht (vgl. dazu das Verfahren von Sanchis, S. 192).

Arbeitsvorschrift. **Reagenzien.** *(1) Zirkon-Alizarin-Lösung.* Eine Lösung von 0,17 g alizarinsulfosaurem Natrium in 100 cm^3 Wasser wird unter Umrühren langsam in eine Lösung von 0,87 g krystallisiertem Zirkonnitrat in 100 cm^3 Wasser eingetragen. Nach Stehen über Nacht werden 15 cm^3 der Mischung auf 100 cm^3 verdünnt. (Aufbewahrung im Dunkeln.) – *(2) Natriumfluoridlösung.* 222 mg Natriumfluorid (rein, trocken) werden in 1 l Wasser gelöst und 100 cm^3 dieser Lösung auf 1 l verdünnt. 1 cm^3 enthält 0,01 mg Fluor-Ion. – *(3) 6 n Salzsäure.* – *(4) Salzlösung*: 37,9 g Natriumchlorid und 8,25 g Magnesiumsulfat, $MgSO_4 \cdot 7\,H_2O$ (beide fluorfrei), werden zu 1 l gelöst. Diese Lösung hat eine Chlorinität von 23 g Cl/l. Das Verhältnis des Sulfatgehalts zum Chlorgehalt entspricht dem des Meerwassers.

Bestimmung. a) Herstellung der Vergleichslösungen. Um z. B. eine Vergleichslösung von der Chlorinität 17 g/l und mit einem Gehalt von 1,5 mg Fluor/l herzustellen, werden 15 cm^3 der Natriumfluoridlösung mit 74 cm^3 der Salzlösung versetzt und dann mit destilliertem Wasser auf 100 cm^3 aufgefüllt.

b) Analyse der Wasserproben. Je 100 cm^3 der Probe- und der Vergleichslösungen werden in 250-cm^3-Erlenmeyer-Kolben mit 2 cm^3 6 n Salzsäure versetzt. Wenn die Chlorinität zwischen 14 und 17 liegt, werden 2 cm^3 Indicatorlösung zugefügt. Für jede über 17 gelegene Einheit der Chlorinität wird 0,1 cm^3 Indicatorlösung mehr, für jede unter 14 gelegene Einheit 0,05 cm^3 Indicatorlösung weniger angewendet. Nach dem Zusatz des Indicators werden die Lösungen zum

Sieden erhitzt, um die Reaktion zwischen dem Indicator und dem Fluor-Ion zu beschleunigen. Nach mindestens 4stündigem Abkühlen werden die Lösungen colorimetriert. Wenn zwischen der Chlorinität der Probe- und der Vergleichslösungen ein Unterschied besteht, so muß je Einheit Chlorinität eine Korrektur von 0,054 mg Fluor/l angebracht werden. Diese Korrektur wird addiert, wenn die Chlorinität der Probe kleiner ist als die der Vergleichslösung, und subtrahiert, wenn die Chlorinität größer ist. Selbstverständlich müssen Probe- und Vergleichslösungen unter genau gleichen Bedingungen behandelt werden.

Bemerkungen. **I. Genauigkeit.** Bei einem Gehalt der Lösungen von 1 bis 1,6 mg Fluor/l betrug die größte Abweichung 0,05 mg.

II. Einfluß der Temperatur und der Gegenwart anderer Ionen. Höhere Temperatur beschleunigt die Reaktion zwischen dem Zirkon-Alizarin-Lack und dem Fluorid. Daher ist Erhitzen zum Sieden empfehlenswert. Bei Raumtemperatur ist eine Zeit von 36 bis 48 Std. erforderlich, um die Reaktion zu Ende zu führen. – Die im Meerwasser in den gewöhnlichen Konzentrationen vorhandenen Ionen, wie z. B. *Jod-*, *Brom-*, *Carbonat-*, *Nitrat-*, *Phosphat-*, *Silicat-*, *Calcium-*, *Strontium-*, *Barium-* sowie *Kalium-Ion*, stören nicht. *EisenII-* und *EisenIII-Ionen*, in einer Menge von wenigstens 1 mg, zeigen leichte Wirkung in destilliertem Wasser; in Salzlösungen aber war der Einfluß bis unter die Grenze des experimentellen Fehlers des Verfahrens herabgedrückt. Zur Ausschließung des störenden Einflusses der Sulfat-Ionen empfiehlt Lamar eine Lösung von Zirkon-Alizarinsulfat in 2,1 n Schwefelsäure. Mit dieser Lösung können bis herunter zu 10 γ F in 100 cm³ Wasser bestimmt werden.

2. Methode von Sanchis (für Trinkwasser).

An Stelle der mit synthetischem Mineralwasser (Thompson und Taylor) bereiteten Vergleichslösungen verwendet Sanchis mit destilliertem Wasser hergestellte Lösungen.

Arbeitsvorschrift. **Reagenzien.** *(1) Zirkon-Alizarin-Lösung* und *Natriumfluoridlösung* wie bei der Methode von Thompson und Taylor (S. 191). *(2) 3 n Salzsäure*. – *(3) 3 n·Schwefelsäure.*

Bestimmung. 100 cm³ der nötigenfalls filtrierten Wasserprobe werden in einen 250-cm³-Erlenmeyer-Kolben gebracht. Hierzu sowie zu den Vergleichsproben (bereitet aus 0, 2,5, 5, 7,5, 10, 15, 20, 25 und 30 cm³ der Vergleichsnatriumfluoridlösung und aufgefüllt auf 100 cm³), die sich ebenfalls in 250-cm³-Erlenmeyer-Kolben befinden, werden aus Mikropipetten genau je 2 cm³ 3 n Salzsäure, 3 n Schwefelsäure und Zirkon-Alizarin-Lösung gegeben. Man erhitzt schnell bis zum Sieden und läßt sofort wieder abkühlen. Nach 4 Std. oder am nächsten Tag werden die Lösungen colorimetriert.

Bemerkungen. Schwefelsäure bzw. *Sulfat* stört an sich die Bestimmung von Fluor mittels Zirkon-Alizarins. Da natürliche Wässer immer etwas Sulfat enthalten, ist die Bestimmungsmethode nicht ohne weiteres verwendbar. Sanchis vermeidet nun die sonst nötige Ausfällung des Sulfats durch Bariumchlorid, da diese nicht ganz zufriedenstellende Ergebnisse erbrachte. Dafür konnte die Störung durch die Menge Sulfat, die gewöhnlich in Trinkwässern vorhanden ist, dadurch ausgeschaltet werden, daß die Hälfte der nötigen Salzsäure durch die äquivalente Menge Schwefelsäure, die man sowohl zu der Vergleichslösung als auch zu der unbekannten Probe zufügt, ersetzt wird. Unter diesen Umständen ist es notwendig, eine stärkere Zirkon-Alizarin-Lösung als häufig üblich zu verwenden. Nach den Erfahrungen des Verfassers ist das von ihm entwickelte Verfahren, das in mehreren hundert Fällen erprobt worden ist, zuverlässig und bequem und eignet sich für Reihenuntersuchungen.

3. Methode von Harris und Christiansen.

Da das Verfahren von Sanchis nur genau ist für Mengen von wenigstens 0,3 mg Fluor, haben Harris und Christiansen das Verfahren entsprechend dem Fluorgehalt der Originalprobe abgeändert. Es ist ferner anwendbar zur Bestimmung der durch Destillation gewonnenen Silicofluorwasserstoffsäure (s. § 4, S. 182).

Arbeitsvorschrift. Die **Reagenzien** sind dieselben wie bei dem Verfahren von Sanchis (s. S. 192).

Bestimmung. a) Fluorgehalt über 0,003% oder ganz unbekannt. Das Destillat, das nach dem in § 4, S. 182, beschriebenen Verfahren gewonnen worden ist, wird auf genau 250 cm³ aufgefüllt. Man zieht 10 cm³ ab und bestimmt die zur genauen Neutralisation nötige Menge 0,1 n Natronlauge durch Titration mit Phenolphthalein. Drei aliquote Teile, 10, 25 und 50 cm³, werden dann in 250-cm³-Erlenmeyer-Kolben gebracht und die Mengen 0,1 n Natronlauge zugefügt, die zur Neutralisation erforderlich sind. Man bringt dann auf 95 cm³ und fügt mittels Mikropipetten genau je 2 cm³ 3 n Salzsäure, 3 n Schwefelsäure und Indicatorlösung zu. Man erhitzt die Lösungen schnell zum Sieden und läßt sie an einem dunklen Ort über Nacht abkühlen. Gleichzeitig und mit denselben Zusätzen stellt man aus der Natriumfluoridlösung eine Reihe von Vergleichsproben mit einem Fluorgehalt zwischen 0 und 0,3 mg (0 bis 30 cm³ der Lösung) her. Stufen von 2 cm³ sind für gewöhnlich ausreichend, aber für große Genauigkeit sind 1-cm³-Stufen erforderlich. Man bringt auch hier jeweils auf ein Volumen von 95 cm³, fügt die Reagenzien zu, erhitzt zum Sieden und läßt über Nacht im Dunkeln abkühlen.

Am anderen Tage vergleicht man die Farben der unbekannten Proben mit denen der Standardlösungen und berechnet den Fluorgehalt der Probe. – Wenn der Fluorgehalt der Probe innerhalb gewisser Grenzen bekannt ist, genügen oft eine oder zwei unbekannte Proben und eine kleinere Anzahl von Vergleichslösungen.

b) Fluorgehalt unter 0,003 %. Es werden wie zuvor 200 cm³ Destillat aufgefangen und auf 250 cm³ aufgefüllt. Ein kleiner aliquoter Teil wird mit 0,1 n Natronlauge titriert zur Feststellung der zur Neutralisation der Gesamtmenge nötigen Lauge. Der ganze verbleibende Rest des Destillats wird sodann neutralisiert und auf 90 cm³ eingedampft. Diese Flüssigkeit wird wie oben mit den Reagenzien versetzt und nach Kochen und Stehen über Nacht mit den Standardlösungen verglichen. Dieses Verfahren erlaubt den Farbvergleich bei einer Konzentration in der Skala 0 bis 0,3 mg Fluor, wo die Farbvergleichung leichter ist, da die schwach roten Farben bei sehr kleinen Konzentrationen nur schwierig zu unterscheiden sind. Bei der Berechnung des Fluorgehalts der Probe muß der kleine aliquote Teil berücksichtigt werden, der zuvor mit 0,1 n Natronlauge titriert wurde. – Die Beleganalysen der Verfasser zeigen sehr gute Übereinstimmung zwischen den berechneten und den gefundenen Werten.

4. Methode von Elvove.

Nach Elvove läßt sich die Empfindlichkeit der Bestimmung durch Erhöhung der Säurekonzentration steigern. Das Verfahren dient vorzugsweise zur Fluorbestimmung in Wässern. Die Vergleichslösungen werden wie bei der Wasseranalyse hergestellt (s. das Verfahren von Thompson und Taylor, S. 191).

Arbeitsvorschrift. **Reagenzien.** *(1) Zirkon-Alizarin-Lösung.* Eine 0,1%ige wäßrige Lösung von alizarinsulfosaurem Natrium wird langsam in eine 0,5%ige wäßrige Lösung von Zirkonoxychlorid, $ZrOCl_2 \cdot 8\,H_2O$, gegossen. Diese Mischung muß in einem dunklen, kühlen Raum aufbewahrt werden und ist nur einige Tage brauchbar. Für die Herstellung der Indicatorlösung wird ein Raumteil der Mischung mit zwei Raumteilen destilliertem Wasser verdünnt. – *(2) Natriumfluoridlösung* mit 0,05 mg Fluor je cm³. – *(3) 5 n Salzsäure.*

Bestimmung. Zu 50 cm³ der Wasserprobe und zu je 50 cm³ der Vergleichslösungen, die mit Wasser von ähnlicher Zusammensetzung wie die Probe (entsprechend der vorhergegangenen Analyse) hergestellt worden sind und die sich in 125-cm³-ERLENMEYER-Kolben befinden, fügt man 5 cm³ 5 n Salzsäure und 1 cm³ Indicatorlösung hinzu. Nach gründlichem Mischen bleiben die Lösungen bei Raumtemperatur über Nacht (etwa 18 Std.) stehen und werden dann nach erneutem Mischen colorimetriert.

5. Methode von NÖLKE.

Um die Änderung der Farbe des Farblackes zu erkennen, muß eine gewisse Menge Alizarin in Freiheit gesetzt sein. Wenn es möglich ist, diese Menge sehr klein zu halten, dadurch, daß bereits die ersten Anteile freien Alizarins erkannt werden, wird die Bestimmung des Fluors genauer sein. Diese Möglichkeit ergibt sich nach NÖLKE durch Anwendung von Amylalkohol, in dem Alizarin leicht löslich, der Farblack jedoch völlig unlöslich ist. Die Titration, die etwa 10 bis 15 Min. erfordert, verläuft zwar exakt und unter gleichen Bedingungen stets unverändert, aber nicht genau stöchiometrisch. Deshalb muß eine Eichkurve aufgestellt und der Arbeitsgang genau eingehalten werden. Man arbeitet am besten in essigsaurer Lösung, weil anwesende Salzsäure die Reaktion beeinflußt. Saure Lösungen werden also durch Ammoniak neutralisiert und dann mit Essigsäure angesäuert.

Arbeitsvorschrift. **Reagenzien.** *(1) Zirkon-Alizarin-Lösung.* a) 25 g Zirkonnitrat werden in einem Becherglas mit 300 cm³ Wasser und 75 cm³ konzentrierter Salzsäure ½ Std. lang bei etwa 80° behandelt. Nach 5 Min. langem Kochen läßt man erkalten und füllt im Meßkolben auf 500 cm³ auf. b) 2,5 g alizarinsulfosaures Natrium werden im Becherglas in 300 cm³ Wasser 1 Std. lang auf 80° erwärmt. Nach dem Abkühlen wird auf 500 cm³ aufgefüllt. – Von jeder Lösung gibt man 50 cm³ in einen 1000-cm³-Meßkolben, läßt ½ Std. stehen und füllt mit Wasser auf. Nach kräftigem Umschütteln und einigem Stehen ist die Lösung gebrauchsfertig. *(2) 0,01 n Natriumfluoridlösung. (3) Amylalkohol.*

Bestimmung. Die Lösung der Probe, die nicht mehr als 50 cm³ betragen soll, wird schwach ammoniakalisch gemacht und mit 10 cm³ Eisessig angesäuert. Man füllt im Meßkolben auf 100 cm³ auf und gibt die Lösung in eine Bürette.

In einen Schüttelzylinder (50 cm³) gibt man 10 cm³ Zirkon-Alizarin-Lösung, 5 cm³ Amylalkohol und 5 cm³ Wasser. Nun wird mit der Probelösung in kleinen Anteilen titriert, wobei jedesmal kurz bei verschlossenem Zylinder umgeschüttelt wird. Die Titration ist beendet, wenn die Amylalkoholschicht die erste deutliche Gelbfärbung zeigt.

Man kann eine Vergleichslösung benutzen, die man folgendermaßen herstellt: Wie oben beschrieben, werden in einem Schüttelzylinder 10 cm³ Farbstofflösung, 5 cm³ Wasser und 5 cm³ Amylalkohol gemischt. Dann fügt man in Anteilen von je 2 cm³ 8,0 cm³ 0,01 n Natriumfluoridlösung zu und schüttelt jedesmal gut um. Die Färbung der Amylalkoholschicht nach Zugabe dieser 8 cm³ Natriumfluoridlösung benutzt man als Vergleichsfarbton, bis zu dem alle Proben zu titrieren sind. Man vergleicht am besten vor einem vom Tageslicht beleuchteten weißen Papierschirm.

Bemerkung. Die **Genauigkeit** des Verfahrens bei Fluormengen zwischen 1 und 40 mg ist nach den Beleganalysen sehr gut.

6. Methode von RICHTER.

Nach RICHTER bestimmt man das aus dem Indicator bei der Reaktion mit Fluorid freigemachte Alizarin (s. die Gleichung auf S. 190), d. h. also die auftretende Gelbfärbung der Lösung im PULFRICH-Photometer unter Benutzung derHagephot-Lampe und des Filters Hg 436, nachdem man den ausgeflockten überschüssigen Farblack abfiltriert hat. Ein reichlicher Zusatz von Natriumchlorid verbessert die Ausflockung und führt dadurch zu einer rein gelben Färbung.

Arbeitsvorschrift. **Reagens.** 17 g Zirkonhydroxyd werden in einem Kolben mit 170 cm³ Salzsäure und 700 cm³ Wasser etwa 5 Min. lang kräftig gekocht. Man filtriert die heiße Lösung sofort durch ein trockenes Faltenfilter und spült mit etwa 100 cm³ heißem Wasser nach. Das Filtrat verdünnt man mit Wasser auf 7 l. Zu dieser Lösung gibt man eine Lösung von 4,2 g alizarinsulfosaurem Natrium in etwa 500 cm³ heißem Wasser und schüttelt kräftig durch. Den so erhaltenen Farblack verteilt man auf mehrere ERLENMEYER-Kolben und kocht ihn kräftig etwa 5 Min. lang. Der kalte Farblack wird mit Wasser auf 10 l verdünnt. Man läßt ihn 14 Tage lang ruhig stehen und gießt dann die klare Lösung von dem geringen Bodensatz in die Vorratsflasche ab. Der Lack ist unbegrenzt haltbar und konstant. Zum Gebrauch verdünnt man ihn mit dem gleichen Raumteil Wasser.

Bestimmung. Von der auf 500 cm³ aufgefüllten Lösung entnimmt man aus einer Bürette (!) 50 cm³ in einen trockenen 100-cm³-Meßkolben, der im Halse eine kugelförmige Erweiterung hat. Ebenfalls aus einer Bürette gibt man 45 cm³ Reagens zu und schüttelt die Mischung durch. Nachdem die Lösung 5 Min. gestanden hat, erhitzt man den Kolben auf einer kräftigen Kochplatte möglichst schnell zum Sieden. Nach dem ersten Aufwallen der Lösung stellt man den Kolben in ein kochendes Wasserbad und beläßt ihn darin möglichst genau 30 Min. ($\pm$ 1 Min.). Dabei ist darauf zu achten, daß der Kolben nicht unmittelbar auf den Boden des Wasserbades zu stehen kommt. Zweckmäßig legt man deshalb ein etwa 10 bis 20 mm vom Boden entferntes Drahtnetz oder eine durchlochte Exsiccatorenplatte in das Wasserbad. Bei Serienanalysen ist zu beachten, daß der Inhalt der Kolben möglichst gleichmäßig zum Sieden gelangt, bevor diese in das Wasserbad gestellt werden. Differiert die Zeitdauer bis zum Sieden der Lösungen untereinander mehr als 1 Min., so ist dies bei der Erhitzungsdauer im Wasserbade zu berücksichtigen. Nach Beendigung der Erhitzungszeit von 30 Min. stellt man den Kolben sofort in fließendes kaltes Wasser und läßt etwa 5 Min. lang abkühlen. Die abgekühlte Lösung wird durch eine mit Kieselgur gedichtete Filternutsche (s. Bemerkung III) in eine etwa 150 cm³ fassende Saugflasche filtriert. Die ersten 20 cm³ des Filtrates werden verworfen. Das klare gelbe Filtrat wird im PULFRICH-Photometer bei 2 bis 3 cm Schichtdicke und dem Filter Hg 436 (Hagephot-Lampe) gemessen. Die vorhandene Fluormenge entnimmt man einer Eichkurve (s. Bemerkung IX). Um einen günstigen Bereich der Extinktion zu erreichen, arbeitet man mit etwa 3 bis 10 mg F in 50 cm³ der zur Bestimmung gelangenden Lösung. Hiernach ist die Einwaage zu wählen.

Bemerkungen. *I. Genauigkeit.* Im Vergleich mit dem Bleichlorofluorid-Verfahren ist eine gute Übereinstimmung mit etwa $\pm$ 0,01 bis 0,02% festzustellen. – *II. Anwendungsbereich.* Das Verfahren ist anwendbar ausschließlich für Stoffe mit höheren Fluorgehalten (15 bis 75%) mit wenig Gangart bzw. technischen Verunreinigungen. Sonst muß der Bestimmung das in § 4, S. 183, beschriebene Destillationsverfahren vorhergehen, bei dem auch Sulfat, Phosphat, Arsenat und Oxalat nicht stören. – *III. Vorbereitung der Filternutsche.* Eine Glasfilternutsche 3G4 (SCHOTT & GEN., Jena) wird im Vakuum mit 5 cm³ einer Aufschlämmung von etwa 2 g Kieselgur in 200 cm³ destilliertem Wasser übergossen. Nach Absaugen des Wassers legt sich die Kieselgur in einer dünnen Schicht gleichmäßig auf die Sinterplatte auf bei gleichzeitiger Dichtung der Filterporen. Die Filtriergeschwindigkeit wird nur unwesentlich herabgesetzt, aber der Niederschlag des Farblackes wird einwandfrei zurückgehalten. – *IV. Reinigung der Filternutsche.* Man spritzt aus dem noch feuchten Filter den Niederschlag mit Kieselgur mit heißem Wasser ab und saugt bei umgedrehter Nutsche heißes Wasser hindurch. Farblackreste werden aus der Sinterplatte entfernt, indem man 3 cm³ konzentrierte Schwefelsäure auf das Filter gibt und diese durch kräftiges Einspritzen von kaltem Wasser auf das Dreifache verdünnt. Die heißgewordene Säure löst alle Spuren des Farblackes. Man wäscht mit Wasser nach. – *V.* Der *Einfluß der Säurekonzentration* ist recht groß. Mit steigender

Konzentration steigt bei gleicher Fluormenge die Extinktion. Deshalb muß die Säure bei dem Salzsäure-Borax-Aufschluß (s. S. 143) genau eingestellt und genau abgemessen werden. Beim Sieden muß der dort beschriebene Aufsatz verwendet werden. – *VI. Einfluß von Natriumchlorid.* Natriumchlorid bringt einen kolloiden Rest von Farblack zum Verschwinden. Es sind hierzu 18 bis 20 g auf 500 cm³ Lösung erforderlich. Man setzt die nötige Menge Natriumchlorid hinzu, wenn diese nicht bei der Neutralisation einer salzsauren Lösung mit Natronlauge entsteht. – *VII. Bei Gegenwart von Gangart* wird die Lösung nach dem Auffüllen auf 500 cm³ durch ein trockenes Filter filtriert. – *VIII. Analyse von Bleifluorid.* Vor dem Zusatz von Salzsäure wird die Probe mit Borax versetzt und mit 100 cm³ Wasser aufgeschlämmt. Dann setzt man Salzsäure und gleichzeitig Natronlauge zu und erwärmt unter öfterem Umschwenken auf 80 bis 90°. Man verdünnt auf 400 cm³, kühlt ab und füllt zur Marke auf. Auskrystallisierendes Bleichlorid wird durch ein trockenes Filter abfiltriert. – *IX. Die Aufstellung der Eichkurven* soll möglichst mit dem gleichen Stoff, der untersucht werden soll, erfolgen. Für die Bestimmung von Fluoriden, die mit Borax-Salzsäure aufgeschlossen werden (s. S. 143), wird die Eichkurve unter Verwendung von Natriumfluorid oder von Calciumfluorid aufgestellt, die unter den Versuchsbedingungen behandelt werden. Man stellt die reinsten Verbindungen aus Natriumhydroxyd bzw. Calciumcarbonat und reinster Flußsäure her. Man dampft jeweils mehrmals mit kleinen Mengen Flußsäure zur Trockene und trocknet bei 120° bzw. glüht bei 600 bis 700°. Die so gewonnenen Präparate können mit ihren theoretischen Gehalten von 45,24 bzw. 48,67% F in Rechnung gesetzt werden.

Beim Destillationsverfahren werden die gleichen Präparate in der beschriebenen Weise destilliert und weiter behandelt und danach die Eichkurve aufgestellt.

Tabelle 6. Faktoren für die Aufstellung der Eichkurven.

Probematerial	Faktor bei Eichsubstanz CaF_2	NaF
Kaliumfluorid	1,015	1,034
Kryolith (nat.)	1,205	1,227
Aluminiumfluorid	1,582	1,611
$K_2[SiF_6]$, rein	0,9857	1,004
PbF_2 reinst	0,9923	1,011
FeF_3 technisch	1,110	1,311

Man kann für die Aufstellung der Eichkurven auch die von RICHTER angegebenen Faktoren benutzen (siehe Tabelle 6).

Die Eichkurve ist für jeden neuen Ansatz der Farblacklösung neu aufzustellen.

7. Methode von SMITH und DUTCHER.

SMITH und DUTCHER stellten fest, daß der Farbumschlag bei sehr kleinen Fluormengen (0,2 bis 0,4 Teile in 10^6 Teilen) deutlicher ist bei Anwendung von *Chinalizarin* (1, 2, 5, 8-Tetraoxyanthrachinon) als bei der von Alizarin.

Arbeitsvorschrift. **Reagenzien.** *(1) Zirkon-Chinalizarin-Lösung.* Es werden gleiche Teile einer 0,14%igen Lösung von Chinalizarin (gelöst in 0,3%iger Natronlauge) und einer 0,87%igen Lösung von Zirkonnitrat vermischt. *(2) Natriumfluoridlösung.* Es wird eine Reihe von Vergleichslösungen hergestellt, enthaltend 0 bis 0,1 mg Fluor in 50 cm³. Größere Konzentrationen sind nicht ratsam, da die Bleichung zu stark ist und der Vergleich unsicher wird.

Bestimmung. Arbeitsweise für Wässer. Die Sulfate werden durch Zufügen von 5 cm³ einer 2%igen Bariumchloridlösung zu 100 cm³ der Probe gefällt. Nach mehrstündigem Absitzen werden 50 cm³ abpipettiert. Nun werden 3 cm³ Salzsäure (1 : 1) und 5 cm³ der Indicatorlösung zugefügt. Die Mischung wird gut umgeschüttelt und nach 20 Min. mit den Standardlösungen verglichen, die zur gleichen Zeit und in der gleichen Weise hergestellt wurden.

Bemerkungen. Da die Bleichung der Farbe des Farblackes eine Funktion der Zeit, der Temperatur und des Säuregrades ist, muß Sorgfalt darauf verwendet werden, daß zur Probe und zu den Vergleichslösungen genau gleiche Mengen Säure und Indicator zugefügt werden und daß die Zeit genau eingehalten wird. – Die in gewöhnlichen Wässern vorhandenen Ionen, außer *Aluminium-*, *EisenIII-*, *Sulfat-* und *Phosphat-Ionen*, stören die Bestimmung nicht. Sulfat-Ionen können leicht durch Barium-Ionen ausgefällt werden. Bei Gegenwart der anderen Ionen jedoch ist es notwendig, eine Destillation des Fluors durchzuführen, wozu die Verfasser das Verfahren von Boruff und Abbott (s. § 4, S. 179) empfehlen.

8. Methode von Kolthoff und Stansby.

Die Verfasser schlagen als Farbstoff *Purpurin* (1, 2, 4-Trioxyanthrachinon) vor. Das von ihnen ausgearbeitete Verfahren ist anwendbar *sowohl zur Bestimmung größerer als auch zur Bestimmung kleinerer Mengen Fluor.*

a) Methode zur Bestimmung von Mengen von 0,5 bis 15 mg Fluor.

Arbeitsvorschrift. **Reagenzien.** *(1) Zirkonlösung.* Zirkonoxychlorid wird in 10 n Salzsäure gelöst, so daß 1 l Lösung 0,8 g Zirkon enthält. – *(2) Purpurinlösung.* 300 mg Purpurin in 1 l Alkohol. – *(3) 10 n Salzsäure.* – *(4) Lösung zur Farbvergleichung.* 19,6 g Kobaltnitrat und 0,132 g Kaliumdichromat werden zu 1 l gelöst. (Aufbewahrung in brauner Schliffflasche.)

Bestimmung. Die Probe wird in einem Colorimeterglas in 2 cm³ Wasser gelöst, bzw. es werden 2 cm³ einer vorhandenen Lösung angewendet. Diese Menge wird an Salzsäure etwa 10 n gemacht. Dann werden genau 5 cm³ 10 n Salzsäure (aus einer Bürette) und genau 2 cm³ Purpurinlösung zugefügt. Die Zirkonlösung läßt man nun langsam unter Schütteln aus einer Bürette einfließen, bis die Farbe der Lösung sich der der Kobaltdichromatlösung, von der 40 cm³ in ein anderes Colorimeterglas abgemessen wurden, zu nähern beginnt. Nun fügt man zur Lösung wieder 10 n Salzsäure zu, bis ein Volumen von nahezu 40 cm³ erreicht ist, titriert mit der Zirkonlösung zu Ende und füllt mit 10 n Salzsäure auf genau 40 cm³ auf. Die Zahl der verbrauchten Milligramme Zirkon wird berechnet und 1 mg von dem Betrag subtrahiert. Dieser Korrekturwert ergibt sich empirisch aus Blindversuchen. (Die Farbe der Kobaltdichromat-Vergleichslösung entspricht einer Lösung, die 0,5 mg Zirkon, 38 cm³ 10 n Salzsäure und 2 cm³ Purpurinlösung enthält.) Die entsprechende Menge Fluor ergibt sich aus Tabelle 7 (Kolthoff und Stansby).

Tabelle 7. Berechnung der Fluormenge aus dem Verbrauch an Zirkonlösung.

mg Zr+)	1	2	3	4	5	6	7	8	9	10
mg F	0,4	0,75	1,2	1,6	2,0	2,47	2,9	3,25	3,7	4,15
mg Zr+)	11	12	13	14	15	16	17	18	19	20
mg F	4,65	5,1	5,6	6,12	6,63	7,15	7,73	8,26	8,9	9,5
mg Zr+)	21	22	23	24	25	26	27	28		
mg F	10,1	10,72	11,4	12,08	12,9	13,7	14,53	15,4		

+) Nach Abzug von 1 mg

Bemerkungen. **I.** Die **Genauigkeit** liegt nach den Angaben von Kolthoff und Stansby zwischen + 4% und — 1%.

II. Einfluß des Säuregrades und der Titrationsgeschwindigkeit. Die Lösung soll bei Beendigung der Titration etwa 8,5 n an Salzsäure sein. Niedrigere Acidität liefert eine wolkige Lösung, höhere Acidität als 10 n läßt eine volle Entwicklung der Farbe nicht mehr zu. – Die Titration soll nicht zu schnell durchgeführt werden, damit die Reaktion zwischen Fluor und Zirkon vollständig verlaufen kann. Wenn die Titration zu schnell ausgeführt wird, wird zuviel Zirkon verbraucht.

III. Störungen. Hinsichtlich der Störungen der Methode s. S. 192, Bem. II.

b) Methode zur Bestimmung von Mengen von 0,01 bis 0,05 mg Fluor.

Arbeitsvorschrift. **Reagenzien.** *(1) Zirkon-Purpurin-Lösung.* Eine Lösung von 9 mg Purpurin in 30 cm³ Alkohol wird langsam unter Schütteln in eine Lösung von 0,16 g Zirkonoxychlorid in 6 n Salzsäure eingetragen. Dann fügt man 620 cm³ konzentrierte Salzsäure zu und füllt mit Wasser zum Liter auf. – *(2) Natriumfluoridlösung.* Man löst soviel Natriumfluorid in 8 n HCl, daß 1 cm³ Lösung 0,02 mg Fluor enthält. – *(3) 6 n Salzsäure.*

Bestimmung. Je 10 cm³ Zirkon-Purpurin-Lösung werden in 2 Colorimeterröhren eingemessen. 2 cm³ der unbekannten Probe, die 6 n an Salzsäure ist, werden in das eine Röhrchen eingefüllt, während das andere mit 2 cm³ 6 n Salzsäure versetzt wird. In dieses werden aus einer Mikrobürette noch 2,4 cm³ der Standard-Fluoridlösung gebracht, wodurch eine gelbrote Farbe entsteht. In das erste Röhrchen läßt man nun so lange die gleiche Fluoridlösung und genügend 6 n Salzsäure einfließen, bis die Farbe in beiden Röhrchen bei gleichen Raummengen die gleiche ist. Der Unterschied in der Menge der Standard-Fluoridlösung, die in beide Röhrchen gegeben wurde, entspricht dem Betrag an Fluor in der unbekannten Lösung. Sind z. B. für diese unbekannte Menge 1,7 cm³ verbraucht worden, so findet man als Fluormenge $(2{,}4 - 1{,}7) \cdot 0{,}02 = 0{,}014$ mg.

Bemerkungen. I. Die **Genauigkeit** schwankt nach den Angaben von KOLTHOFF und STANSBY zwischen ± 10%.

II. Störungen durch Fremdstoffe. Beide Bestimmungsverfahren sind undurchführbar bei Gegenwart von *Phosphat-Ion.* Ferner stören größere Mengen Aluminium und Borsäure sowie Sulfat-, Oxalat- und Nitrit-Ionen, außerdem selbstverständlich gefärbte Stoffe.

III. Mikrobestimmung des Fluors im Blut nach WULLE.

WULLE empfiehlt dieses Verfahren zur *Mikrobestimmung des Fluors im Blut.* Man verkohlt das Serum im Porzellantiegel, überführt den Rückstand in einen Goldtiegel und leitet durch dessen Deckel bei vorsichtiger Temperatursteigerung einen sorgfältig geregelten Sauerstoffstrom, so daß die Kohle nicht zu schnell verglimmt. Hierzu hält man den Tiegel etwa 1 Std. auf dunkler Rotglut. Die Asche wird nach dem Verfahren von KRAFT und MAY (s. § 4, S. 174) destilliert und das Destillat, wie oben beschrieben, titriert, wozu jedoch *neutrale* Natriumfluoridlösung verwendet wird.

IV. Bestimmung des Fluors in Lebensmitteln nach SCHLOEMER.

Man versetzt in einer Silberschale 25 g Substanz mit 10 cm³ Kupferacetatlösung (2,85 g/100 cm³) und macht mit Kalkmilch (1 Teil CaO auf 5 Teile Wasser) gegen Phenolphthalein stark alkalisch. Nach dem Eindampfen der Mischung auf dem Wasserbade verkohlt man sie auf einer Heizplatte und verglüht sie danach 10 Min. lang in einem angeheizten elektrischen Ofen bei 650°. Den erkalteten Rückstand befeuchtet man mit Wasser, trocknet ihn ein und glüht noch 2 bis 3 Min. im Ofen. Die Asche löst man in 10 n Salzsäure und füllt die Lösung mit derselben Säure auf 25 cm³ im Meßkolben auf.

Die Titration erfolgt in 100-cm³-Zylindern mit aufgeschmolzenem Boden und Marken bei 40 cm³. 10 cm³ Aschenlösung versetzt man mit 5 cm³ 10 n Salzsäure, 2 cm³ alkoholischer, 0,03%iger Purpurinlösung und Zirkonchloridlösung (2,5548 g $ZrCl_4$ in 1 Liter 10 n Salzsäure). Eine passende Vergleichslösung wird ebenso behandelt, bis beide Lösungen die gleiche Farbstärke aufweisen. Dann läßt man aus einer Bürette so viel 10 n Salzsäure zu beiden Lösungen zufließen, daß fast 40 cm³ erreicht werden, und fügt nochmal Zirkonchloridlösung zu, bis Farblosigkeit eintritt. Der Fehler beträgt bei 10 bis 100 mg-% etwa ± 10 bis 15%.

9. Methode von Jakl.

Die Bestimmungsform des Fluors mittels Zirkonsalz und Purpurin hat Jakl einer eingehenden Untersuchung unterzogen. Die Verfasserin hat vor allem die Bedingungen untersucht, unter denen eine photometrische Bestimmung möglich ist. Hierfür benutzt sie ein von Krumholz beschriebenes Mikrophotometer mit Braunfilter und Küvetten von 20 mm Schichtdicke. Die Meßgenauigkeit des Instrumentes erlaubt die Bestimmung von etwa 1 γF. Die Temperatur ist von nur geringem Einfluß auf die Meßgenauigkeit, dagegen muß der Gehalt an Salzsäure durch Titration mit Lauge bestimmt und immer auf den gleichen Wert eingestellt werden.

Reagens. 80 mg Zirkonoxychlorid werden in 500 cm³ 6 n Salzsäure gelöst, im Liter-Meßkolben mit 36 mg in 450 cm³ absolutem Alkohol gelöstem Purpurin versetzt, gut durchgeschüttelt und mit 6 n Salzsäure zur Marke aufgefüllt. Nach mehrtägigem Stehen und gegebenenfalls Filtration ist die Farblösung gebrauchsfertig und, sofern sie in gut verschlossenem Zustande im Dunkeln aufgehoben wird, von nahezu unbegrenzter Haltbarkeit. Es ist vorteilhaft, eine größere Menge an Lösungen von Zirkonoxychlorid in 6 n Salzsäure und von Purpurin in Alkohol herzustellen, gut verschlossen aufzubewahren und bei Bedarf in entsprechender Konzentration zu mischen.

Arbeitsvorschrift. Der Trockenrückstand des nach § 4, S. 186, gewonnenen Destillates, der nicht mehr als 48 γF enthalten darf, wird mit genau 10,0 cm³ der Reagenslösung versetzt, unter öfterem Umrühren unter Bedeckung mit einem Uhrglase genau 90 Min. stehen gelassen und im Mikrophotometer colorimetriert. (Dessen spezielle Arbeitsweise wird hier nicht beschrieben, da wohl auch andere Photometer benützbar sind.) Die Fluorwerte entnimmt man einer in üblicher Weise hergestellten Eichkurve. Es muß aber auf alle Fälle der Blindwert aller Reagenzien berücksichtigt werden, auch der der Natronlauge oder des Kalkwassers, die bei der Veraschung organischer Stoffe verwendet werden (s. Bemerkung II). Die Verfasserin gibt als Blindwert bei ihren Destillationen 13,4 γF an.

Bemerkungen. I. Die *Genauigkeit*, die bei Kontrollbestimmungen mittels Natriumfluoridlösungen gefunden wurde, ist sehr gut. – II. *Aufarbeitung von organischen Stoffen.* In einer großen Platinschale wird die lufttrockene Substanz mit einer ausreichenden Menge destilliertem Wasser und Natronlauge (besser Kalkwasser) versetzt und einige Zeit bei kleiner Flamme gekocht. Hierauf verdampft man die Flüssigkeit und verkohlt vorsichtig über einer ganz kleinen Pilzbrennerflamme. Nach oberflächlicher Verkohlung stellt man die Flamme so ein, daß ein Verlust an Fluor nicht zu befürchten ist. Die Veraschung wird begünstigt, wenn die Masse öfter umgewendet wird. Die alkalische Asche wird mit Schwefelsäure neutralisiert, die Mischung zur Trockene eingedampft und der Rückstand der in § 4, S. 186, beschriebenen Destillation unterworfen. (Salzsäure ist zur Neutralisation nicht brauchbar, weil diese bei der Destillation verflüchtigt wird und zur Neutralisation Natronlauge verbraucht.)

B. Methoden unter Anwendung von Zirkonium und Thorium.

1. Methode von Willard und Winter.

Wenn zu einer fluorhaltigen Lösung eine Thoriumsalzlösung gegeben wird, so bildet sich Thoriumfluorid, ThF_4, das in 50%igem Alkohol völlig unlöslich ist und also ausfällt. Wenn alles Fluor in Form von Thoriumfluorid ausgefällt ist, so erzeugt ein Überschuß an Thorium mit Alizarin einen rotvioletten Farblack, durch dessen Auftreten der Endpunkt der Titration angezeigt wird. Willard *und* Winter *benutzen noch einen Zusatz von Zirkon*, das mit Alizarin ebenfalls einen Farblack bildet. Dieser Zusatz ist jedoch nicht unbedingt nötig, wie später Armstrong (a) (s. S. 201) gezeigt hat.

Über die Verwendung des Titrationsverfahrens von WILLARD und WINTER ohne den Zusatz von Zirkon s. S. 201ff.

Arbeitsvorschrift. **Reagenzien.** *(1) Zirkon-Alizarin-Lösung.* a) 0,4%ige wäßrige Lösung von Zirkonnitrat. b) 1 g alizarinsulfosaures Natrium wird in 100 cm³ Alkohol gelöst und die Lösung filtriert. Zu dem Filtrat werden 150 cm³ Alkohol zugefügt. Vor Gebrauch werden 3 Teile der Lösung a) und 2 Teile der Lösung b) gemischt, wobei die Mischung eine rotviolette Farbe annehmen soll. – *(2) 0,05 n Thoriumnitratlösung,* eingestellt gegen Lösung (3). *(3) Natriumfluorid-Vergleichslösung* etwa von gleicher Stärke von Lösung (2) (Bedingungen bei der Einstellung genau die gleichen wie bei späteren Bestimmungen). – *(4) Salzsäure* (1:50).

Bestimmung. Die Fluor enthaltende Lösung wird auf etwa 20 cm³ verdünnt, es werden 3 Tropfen Zirkon-Alizarin-Lösung zugefügt. Durch tropfenweisen Zusatz der verdünnten Salzsäure wird (wenn nötig) die Farbe des Indicators zerstört bis zum Auftreten eines rein gelben Farbtons. Nun wird ein gleicher Raumteil Alkohol zugesetzt und mit der Thoriumnitratlösung titriert bis zum bleibenden Auftreten einer schwachen, rotvioletten Farbe. Hierbei soll das Gefäß auf einem weißen Untergrund stehen. 1 cm³ 0,01 n $Th(NO_3)_4$-Lösung entspricht 0,19 mg Fluor.

Bemerkungen. **I. Anwendung des Verfahrens nach der Destillation von Silicofluorwasserstoffsäure nach § 4, S. 177.** Es werden hierbei 50 bis 75 cm³ Destillat aufgefangen und 6 Tropfen Zirkon-Alizarin-Lösung zugefügt. Nun wird verdünnte Natronlauge zugetropft, bis die Farbe des Indicators erscheint. Nach Versetzen mit dem gleichen Raumteil Alkohol zerstört man die Indicatorfarbe wieder mit verdünnter Salzsäure und titriert wie üblich. – Nach REYNOLDS ist die Destillation von 100 bis 150 cm³ Flüssigkeit zur Erzielung genauer Werte anzuraten. Unter Umständen muß die Lösung schwach alkalisch gemacht und vor der Titration auf 50 cm³ eingedampft werden.

II. Genauigkeit. Bei reinen Fluoridlösungen mit einem Gehalt an Fluor von 0,15 bis 15 mg hielt sich der Fehler zwischen + 0,04 und — 0,23%. Bei Destillationsversuchen mit fluorhaltigen Mineralien schwankte der Fehler zwischen + 0,4 und — 2,3% (letzterer bei einem Gehalt des Minerals an Fluor von 3,5%).

III. Blindwert. Wenn mit 0,01 n Thoriumnitratlösung titriert wird, muß eine Korrektur für die Fluormenge angebracht werden, die mit dem Indicator reagiert. Diese wird bestimmt, indem man die bei der Bestimmung nötige Anzahl Tropfen Indicatorlösung mit 0,01 n Fluoridlösung bis zum Verschwinden der rötlichen Färbung titriert. Die so ermittelte Fluormenge muß zu der gefundenen hinzuaddiert werden.

IV. Anwendungsbereich. Das Verfahren ist nur anwendbar beim Vorliegen kleiner Fluormengen. Die Erkennung des Farbumschlages ist nur scharf, wenn nicht mehr als 10 cm³ 0,1 n Thoriumnitratlösung bei der Titration angewendet werden; das entspricht 19 mg Fluor. (S. Mikroverfahren S. 202.)

V. Störungen durch Fremdstoffe. Die Bestimmung wird durch alle Ionen gestört, die entweder mit Fluor oder mit Zirkonium bzw. Thorium reagieren, wie *Calcium-, Barium-, EisenIII-, Aluminium-, Phosphat-, Arsenat-, Sulfat-, Thiosulfat-* und *Oxalat-Ionen.* In allen diesen Fällen muß das Fluor zuvor als Silicofluorwasserstoffsäure nach § 4, S. 177, abdestilliert werden.

2. Methode von FRERS und LAUCKNER.

Eingehende Untersuchungen über die Fehlermöglichkeiten des Verfahrens von WILLARD und WINTER stellten FRERS und LAUCKNER an. Sie weisen vor allem darauf hin, daß ein grundsätzlicher Unterschied besteht, ob z. B. Natriumsilicofluorid oder Natriumfluorid titriert wird. Nach den Gleichungen:

I. $3Th^{\cdot\cdot\cdot\cdot} + 2[SiF_6]'' + 4H_2O \rightleftarrows 3ThF_4 + 8H^{\cdot} + 2SiO_2$

II. $Th^{\cdot\cdot\cdot\cdot} + 4F' \rightleftarrows ThF_4$

wird die Lösung nämlich im ersten Fall sauer, in zweiten Fall nicht. Die Wasserstoff-Ionen-Konzentration ist also theoretisch von größter Bedeutung, da sie in der achten Potenz in die Massenwirkungsgleichung eingeht, und sie ist daher auch praktisch zu berücksichtigen, da die Reaktion gemäß Gleichung I zu einem Gleichgewicht führt. Ferner ist zu bedenken, daß natürlich keine richtigen Ergebnisse erhalten werden können, wenn man die Thoriumnitratlösung z. B. gegen eine Natriumfluoridlösung eingestellt hat und dann mit dieser Thoriumnitratlösung eine durch Destillation erhaltene Lösung von Silicofluorid titriert.

Eine weitere Überlegung von FRERS und LAUCKNER betrifft die Wirkungsweise des Indicators. Schon DE BOER hatte festgestellt, daß zur Zerstörung der Farbe des Zirkon-Alizarin-Lackes um so weniger Fluor-Ionen nötig sind, je mehr Salzsäure vorhanden ist. Das läßt sich aus der Gleichung

III. $[ZrF_6]'' + Th^{\cdot\cdot\cdot\cdot} + \text{Alizarin} + 2H_2O \rightleftarrows ZrO_2 . \text{Alizarin} + ThF_4 + 2F' + 4H^{\cdot}$

ohne weiteres erkennen, da sowohl Fluor- wie Wasserstoff-Ionen das Gleichgewicht in derselben Richtung verschieben. Aus Gleichung III ergibt sich auch, daß eine Erhöhung der Konzentration des Indicators, d. h. bei Anwendung einer größeren Menge, der Verbrauch an Thoriumnitratlösung unter sonst gleichen Versuchsbedingungen herabgesetzt wird. Die angeführten Störungsmöglichkeiten werden bei der folgenden von FRERS und LAUCKNER ausgearbeiteten Arbeitsvorschrift vermieden.

Arbeitsvorschrift. **Reagenzien.** *(1) Bromphenolblau.* 100 mg Indicator werden in einem Achatmörser mit 3,0 cm³ 0,05 n Natronlauge verrieben. Nachdem der Indicator gelöst ist, wird die Lösung mit destilliertem Wasser auf 100 cm³ verdünnt. – *(2) 0,1 n Salzsäure. – (3) 0,1 n Natronlauge. – (4) 50%iger Alkohol. – (5) Titrierlösung.* In 1 l Wasser werden 7 g Thoriumnitrat und 0,1 g Zirkonnitrat gelöst. Dazu werden 8 cm³ einer kalt gesättigten Lösung von Chinalizarin in 96%igem Alkohol und 6 cm³ einer ebensolchen Lösung von alizarinsulfosaurem Natrium gegeben. Die Einstellung erfolgt je nach Bedarf gegen Natriumfluorid oder Natriumsilicofluorid.

Bestimmung. Die zu untersuchende Lösung wird mit Wasser auf 80 cm³ verdünnt. Dann setzt man 6 Tropfen Bromphenolblau zu und so viel 0,1 n Salzsäure oder Natronlauge, daß die Lösung sich am Umschlagspunkt von Gelb und Grün befindet (pH = 3,0 bis 4,6). Dann wird ein etwa gleiches Volumen 96%igen Alkohols zugefügt. Darauf titriert man mit der Thorium-Zirkon-Farbstofflösung unter Zusatz von 50%igem Alkohol, der in der gleichen Menge wie die Titrierlösung angewendet wird, bis zum Auftreten einer leichten Rosafärbung.

C. Methoden unter Anwendung von Thorium.

1. Methode von ARMSTRONG (a), (b).

Da Zirkonium bereits mit Fluor reagiert, ist es nach ARMSTRONG (a) *nicht vorteilhaft, den Zirkonium enthaltenden Indicator von* WILLARD *und* WINTER (s. S. 200) *zu verwenden. Besser ist es, mit einer Thoriumlösung allein und reiner Alizarinlösung zu titrieren.*

a) Arbeitsvorschrift für Makrobestimmung nach ARMSTRONG (a).

Reagenzien. *(1) 0,01 n Thoriumnitratlösung. – (2) 0,05%ige wäßrige Lösung von alizarinsulfosaurem Natrium. – (3) Salzsäure* (1 : 50).

Bestimmung. Die fluorhaltige Lösung wird mit dem gleichen Raumteil Alkohol versetzt; sie soll dann einen Raum von 40 bis 50 cm³ einnehmen. Dazu fügt man 3 Tropfen des Indicators zu und dann tropfenweise verdünnte Salzsäure, bis die

Lösung rein gelb gefärbt ist. Nach Zusatz eines weiteren Tropfens Salzsäure wird mit der Thoriumnitratlösung titriert bis zum Auftreten einer schwach rosa Färbung. Es ist empfehlenswert, eine austitrierte Lösung als Farbvergleichslösung zu verwenden. Da etwas Thorium zur Bildung des Farblackes nötig ist und daher verbraucht wird, sind bei jeder Titration 0,03 cm^3 Thoriumnitratlösung von dem Gesamtverbrauch zu subtrahieren.

Bemerkungen. **I.** Die **Genauigkeit** ist gut, der Fehler schwankt zwischen + 4 und — 2%, bei einem **Anwendungsbereich** unter 1 mg Fluor. Größere Mengen können nach dieser Methode nicht bestimmt werden, da die Adsorption des Farbstoffs und des Lackes an dem ausfallenden Thoriumfluorid starke Störungen hervorrufen würde.

II. Eine **Störung** tritt bei der Titration mit Thorium auf, wenn die Probe, mit der eine Destillation nach § 4, S. 177, durchgeführt werden muß, *Pyrit* enthält (Hoffmann und Lundell) (s. S. 178).

III. Abänderung von Rinck. Das beste Titrationsvolumen von 25 bis 30 cm^3 unter Anwendung konischer Gefäße mit 100 cm^3 Inhalt darf bei der Titration um nicht mehr als 10% erhöht werden. Die beste Normalität der Thoriumnitratlösung ist 0,01 n, höchstens 0,05 n. Als Indicator wird 1 Tropfen einer 0,001%igen Lösung von alizarinsulfosaurem Natrium auf 10 cm^3 Titrationslösung verwendet.

Arbeitsvorschrift. 30 cm^3 Fluoridlösung, die nicht mehr als 1 mg F und keine störenden Ionen enthält, wird mit 3 Tropfen Indicatorlösung versetzt. Die Lösung wird durch verdünnte Natronlauge bzw. Salzsäure auf das gewünschte p_H gebracht (s. dazu S. 204) (schwach rosa oder gelbliche Farbe) und dann mit 1 Tropfen 2- bis 3%iger Essigsäure versetzt. Die nach Gelb umgeschlagene Lösung wird mit 0,01 n Thoriumnitratlösung titriert, bis ein rosa Farbton erhalten wird, der mit dem einer Farbvergleichslösung oder mit einer Blindtitration verglichen wird.

b) Arbeitsvorschrift für Mikrobestimmung nach Armstrong (b).

Bei Mikrobestimmungen darf nicht in alkoholischer Lösung gearbeitet werden. Ferner wird nur eine sehr kleine Menge Lösung und eine stark verdünnte Thoriumnitratlösung verwendet. Wesentlich ist die Benutzung einer Pufferlösung zur Einstellung und Aufrechterhaltung einer bestimmten Wasserstoff-Ionen-Konzentration bei der Titration. Die Anwendung einer Pufferlösung wird auch von anderen Seiten befürwortet (Hoskins und Ferris; Rowley und Churchill; Eberz, Lamb und Lachele; Reynolds und Hill). Es wird auch die Anwendung einer Farbvergleichslösung empfohlen. Die von Eberz, Lamb und Lachele benutzte Mischung haben Matuszak und Brown abgeändert.

Reagenzien. *(1) Natriumflorid-Vergleichslösung* aus Natriumfluorid mit Gehalten von 1 bis 10 γ Fluor je cm^3. – *(2) 0,0004 n Thoriumnitratlösung.* 1 cm^3 entspricht 7,3 γ Fluor[1]. Die Einstellung geschieht nach der unten angegebenen Vorschrift mit der Fluoridvergleichslösung. – *(3) 0,05%ige wäßrige Lösung von alizarinsulfosaurem Natrium.* – *(4) 0,03 n Salzsäure.* – *(5) Pufferlösung.* 50 cm^3 4 m Monochloressigsäure werden mit Natronlauge gegen Phenolphthalein neutralisiert. Dann fügt man 50 cm^3 4 m Monochloressigsäure zu und verdünnt auf 200 cm^3. – *(6) Wasser.* Destilliertes Wasser wird über Alkali destilliert. – *(7) Silberperchlorat.* Ein kleiner Überschuß von frisch bereitetem Silberoxyd wird zu 40,3 g 60%iger Perchlorsäure zugefügt (Dunkelzimmer!). Nach dem Filtrieren wird auf 250 cm^3 aufgefüllt (in dunkler Flasche aufbewahren!). – *(8) Farbvergleichslösung.* 10 cm^3 einer Lösung von 10 g Kobaltnitrat in 1 Liter Wasser und 10 cm^3 einer Lösung von 0,125 g Natriumchromat ($Na_2CrO_4 \cdot 4H_2O$) in 1 Liter Wasser werden mit 30 cm^3 Wasser vermischt (Matuszak und Brown).

[1] theoretisch: 7,6 γ Fluor.

Bestimmung. Wenn die Probe 5 γ Fluor oder mehr enthält, wird sie im Meßkolben auf 10 cm³ gebracht; enthält sie weniger als 5 γ Fluor, so wird sie nur auf 5 cm³ aufgefüllt. Ist eine Destillation nach § 4 vorhergegangen, so muß das aufgefangene Destillat mit wenig Alkali auf ein sehr kleines Volumen eingedampft werden. Hierzu ist nach McClure unbedingt ein Platingefäß zu verwenden, da bei der Benutzung von Glas- oder Porzellangefäßen starke Fluorverluste eintreten können, deren Ursache nicht aufgeklärt werden konnte. – Nach dem Abkühlen versetzt man die Lösung mit Salzsäure bis zum Farbumschlag der Alizarinsulfosäure und füllt auf die entsprechenden Raummengen auf.

4 aliquote Teile von je 1 cm³ bringt man in die Titriergefäße (kleine Bechergläser von etwa 4,5 cm Höhe und 1,4 cm Durchmesser), die mit kleinen Glasrührstäbchen versehen sind, und fügt je 1 Tropfen Indicator zu. Durch Zugabe von 0,03 n Salzsäure in sehr kleinen Tropfen stellt man auf eine hellorange Farbe des Indicators ein und setzt 1 Tropfen Pufferlösung zu. Aus einer in 0,01 cm³ geteilten Mikrobürette, die noch 0,005 cm³ abzulesen gestattet, wird mit der Thoriumnitratlösung titriert.

Der Endpunkt der Titration ist erkennbar an dem ersten Auftreten der blaßroten Farbe des Thorium-Alizarin-Lackes, welche der einer Vergleichslösung entspricht. Diese Vergleichslösung wird bereitet aus 1 cm³ einer 5 γ Fluor enthaltenden Lösung unter Zusatz der zur Umfärbung gerade notwendigen Menge Thoriumnitratlösung.

Man bestimmt den *Blindwert* der Titration durch Einsetzen der Titrationswerte von 1 und 10 γ Fluor in die Gleichung $\frac{y - y_1}{x - x_1} = \frac{y_1 - y_2}{x_1 - x_2}$ und Berechnung des y-Werts für $x = 0$ (Schnittpunkt der punktierten Geraden mit der Ordinatenachse, s. Abb. 13). Aus den Ergebnissen der Titrationen von 1, 5 und 10 γ Fluor wird der mittlere Äquivalenzwert der Thoriumnitratlösung berechnet.

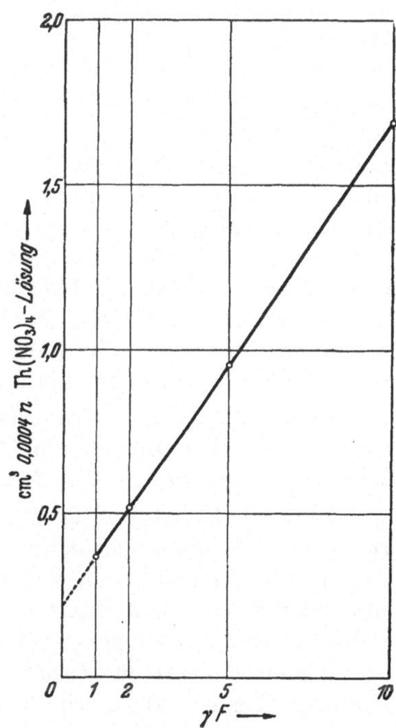

Abb. 13. Kurve zur Mikrobestimmung von Fluor nach Armstrong (b).

Bemerkungen. **I. Genauigkeit.** Der Fehler beträgt bei der Analyse von Natriumfluoridlösungen im Mittel — 1,3%, bei Bestimmungen mit vorhergegangener Destillation liegt er zwischen + 1 und — 3%. – McClure empfiehlt das Mikroverfahren von Armstrong. Jedoch findet er geringere Genauigkeit bei der Titration sehr kleiner Fluormengen von etwa 2 γ. Daher ist es ratsam, nicht weniger als 5 bis 10 γ Fluor zu titrieren.

II. Der **Anwendungsbereich** des Verfahrens erstreckt sich bis herunter zu höchstens 0,5 γ Fluor (s. dazu jedoch Bem. I).

III. Störungen. *Außer den bekannten Ionen,* die Störungen verursachen können, stört bei diesem Mikroverfahren auch noch *Chlor-Ion,* das bei vorhergegangener Destillation chloridhaltigen Materials in Form von Salzsäure übergeht und bei der Neutralisation Kochsalz bildet, das in einer Menge von 3 bis 4 mg/cm³ die Erkennung des Farbumschlags erschwert. Armstrong (b) empfiehlt daher, das Chlorid im Destillat mit so viel Silberperchlorat auszufällen, bis ein Tropfen der Lösung auf einem mit 5%iger Kaliumchromatlösung getränkten Filtrierpapier eine rote Färbung hervorruft. Danach wird die Lösung schwach alkalisch gemacht, aufgekocht und nach dem Abkühlen filtriert. (Alle Vorgänge bei gedämpftem Licht!) Nach genügendem Eindampfen erfolgt erneute Destillation nach § 4, S. 177 (s. unten, Bem. II).

2. Mikromethode von Hoskins und Ferris.

Das Verfahren ist zur Bestimmung sehr geringer Fluormengen ausgearbeitet worden, wie sie z. B. bei der Verwendung fluorhaltiger Schädlingsbekämpfungsmittel als geringe Rückstände auf mit solchen Mitteln behandeltem Obst, Gemüse usw. hinterbleiben. Sehr genaue Untersuchungen wurden insbesondere über den Einfluß der Wasserstoff-Ionen-Konzentration angestellt. Hoskins und Ferris fanden als für die Titration günstigsten p_H-Wert 3,5. Rinck stellte für alkoholische Lösungen die Werte 3,9 bis 3,6 und für wäßrige Lösungen die Werte 3,45 bis 3,25, am besten 3,3 fest.

***Arbeitsvorschrift.* Reagenzien.** *(1) Natriumfluorid-Vergleichslösung.* Sehr verdünnte Lösungen, wie z. B. 0,001 n Lösungen, müssen in paraffinierten Gefäßen aufbewahrt werden, da sonst Änderungen der Konzentration auftreten. – *(2) 0,05 m Thoriumnitratlösung.* Einstellung durch Fällung von Thoriumoxalat, das zu Thoriumdioxyd verglüht wird. Verdünnte Lösungen, wie etwa 0,01 bis 0,001 m Lösungen, werden alle 2 bis 3 Wochen neu bereitet, obwohl sie längere Zeit beständig zu sein scheinen. – *(3) 0,05%ige wäßrige Lösung von alizarinsulfosaurem Natrium.* – *(4) Pufferlösung* aus Monochloressigsäure und ihrem Natriumsalz (s. S. 202).

Bestimmung. Die Originalarbeit enthält keine Beschreibung der Ausführungsform der Bestimmung. Aus dem Text läßt sich folgendes entnehmen (s. auch S. 202): Die fluorhaltige Lösung (unter Umständen erhalten durch Destillation von Silicofluorwasserstoffsäure nach § 4) wird mit dem gleichen Raumteil Alkohol versetzt und unter Anwendung einer Glaselektrode mit 0,05 n Salzsäure oder Natronlauge auf den p_H-Wert 3,5 eingestellt. Dann wird so viel Pufferlösung zugefügt, daß die Lösung daran 0,02 m ist. Das Volumen der Lösung soll nun 50 cm³ betragen. Auf 50 cm³ Lösung werden 0,04 cm³ Alizarinsulfosäurelösung zugefügt. Ist mehr oder weniger Lösung vorhanden, so muß der Indicatorzusatz entsprechend bemessen werden, und zwar so, daß dessen Konzentration in der Titrierlösung $4 \cdot 10^{-5}\%$ beträgt. Nun wird mit der Thoriumnitratlösung bis zum Auftreten einer schwach rötlichen Farbe titriert. Die Farbe des Endpunktes wird am besten verglichen mit der einer Blindprobe, die hergestellt wird aus 50 cm³ 50%igem Alkohol, 0,04 cm³ Indicatorlösung und 0,04 bis 0,07 cm³ 0,001 m Thoriumnitratlösung.

***Bemerkungen.* I. Genauigkeit und Anwendungsbereich.** Es wurden in 25 cm³ Lösung (vor dem Zusatz von Alkohol) 57 bis 760 γ Fluor angewendet. Der Fehler schwankte zwischen + 3,7 und — 2,7% um einen Mittelwert von — 1%.

II. Die bekannten **Störungen** durch verschiedene Ionen, wie *Sulfat-, Phosphat-Ionen* usw., können vermieden werden durch vorhergehende Destillation nach einem der in § 4 beschriebenen Verfahren. – Nach Dahle, Wichmann und Bonnar verursacht die *Anwesenheit von Chloriden* und *Perchloraten* zu hohe Werte, der positive Fehler wächst mit steigendem Gehalt an diesen Salzen und an Fluor. Die Verwendung von Pufferlösung nach Hoskins und Ferris schaltet diesen „Salzfehler" nicht aus. Richtige Werte sind zu erhalten, wenn das Destillat *nicht* neutralisiert wird. – Nach Rinck ist der von Hoskins und Ferris angegebene Puffer nur 8 Tage lang haltbar. Es sei ausreichend, die neutralisierte Fluoridlösung mit 1 Tropfen Essigsäure anzusäuern. Die Verwendung essigsaurer Thoriumnitratlösung nach Matuszak und Brown kann Rinck nicht empfehlen.

III. Abänderung des Verfahrens nach Geyer. ***Reagenzien.*** *1. 0,1 n Thoriumnitratlösung:* Man löst 14 g $Th(NO_3)_4 \cdot 4H_2O$ in 1 Liter Wasser. *2. Pufferlösung:* Man löst 95 g Chloressigsäure und 20 g Natriumhydroxyd in 1 Liter Wasser. *3. Indicatorlösung:* Man löst 0,1 g alizarinsulfosaures Natrium in 100 cm³ Wasser.

Titerstellung. Je nach der vorliegenden Fluormenge stellt man 0,1 n bis 0,005 n Thoriumnitratlösung gegen eine bekannte Fluoridlösung ein. Hierzu benutzt man Natrium- oder Lithiumfluorid, deren Gehalt am besten mit Hilfe des Calciumfluorid-Verfahrens (§ 1) und des Bleichlorofluorid-Verfahrens (§ 2) kontrolliert wird. Der Wirkungswert der Thoriumnitratlösung nimmt nicht proportional der Verdünnung ab, deswegen muß jede Lösung für sich eingestellt werden.

Arbeitsvorschrift. Die Probelösung wird mit 0,1 n Salzsäure oder 0,1 n Natronlauge neutralisiert, mit 2 cm³ Pufferlösung und 4 cm³ Indicatorlösung versetzt und auf etwa 30 cm³ verdünnt. Stärker verdünnte Lösungen müssen nach dem Alkalischmachen eingedampft werden. Man gibt den gleichen Raumteil Alkohol zu und titriert mit der Thoriumnitratlösung bis zum ersten Auftreten eines rötlichen Farbtones. Man muß immer die gleiche Menge Indicatorlösung, aber nicht zuviel nehmen, weil sonst die Erkennung des Endpunktes schwierig wird. Unter 1 mg Fluor soll das Titrationsvolumen einschließlich des Alkohols 20 bis 40 cm³ betragen, und die Menge an Indicatorlösung muß verkleinert werden. Wenn man mit verdünnteren Thoriumnitratlösungen als 0,02 n arbeitet, muß der Leerverbrauch berücksichtigt und eine Mikrobürette mit einer 0,05 cm³-Einteilung verwendet werden. – Das Verfahren soll zwischen 0,01 und 20 mg Fluor sehr genau arbeiten. Chlorid-, Nitrat- und Perchlorat-Ionen sind in einer Konzentration von etwa 0,1 n bis 0,2 n ohne Einfluß. Größere Mengen bedingen Abweichungen, so daß eine besondere Eichung nötig ist. Sulfat-Ionen sind schon in kleinen Konzentrationen störend.

3. Methode von ROWLEY und CHURCHILL.

Dieses Verfahren lehnt sich an die beiden vorstehend beschriebenen an, indem es ebenfalls eine Pufferlösung benutzt, mittels derer ein p_H-Wert von 2,9 bis 3,1 eingestellt wird. ROWLEY und CHURCHILL vermeiden jedoch wie ARMSTRONG (b) (s. S. 202) das Arbeiten in alkoholischer Lösung, da in rein wäßriger Lösung die Erkennung des Endpunktes leichter und genauer ist. – Diese Erfahrung bestätigen REYNOLDS und HILL. – Auch können durch Anwendung von 0,1 n Thoriumnitratlösung in wäßriger Lösung größere Fluormengen (bis zu 50 mg) bestimmt werden, was in alkoholischer Lösung nicht möglich ist.

Arbeitsvorschrift. **Reagenzien.** *(1) Thoriumnitratlösung* und *Indicator* wie üblich. – *(2) Pufferlösung.* In 100 cm³ Wasser werden 2,0 g Natriumhydroxyd und 9,448 g Monochloressigsäure gelöst. – *(3) 2%ige Natronlauge.* – *(4) Salzsäure* (1 : 200).

Bestimmung. Die Fluor enthaltende Lösung wird auf 100 cm³ verdünnt. Nach Zufügen von 8 Tropfen Indicator wird die Lösung mittels 2%iger Natronlauge und verdünnter Salzsäure abwechselnd alkalisch und sauer gemacht, bis sie schließlich gerade sauer bleibt und ihre Farbe rein gelb ist. Nun wird 1 cm³ Pufferlösung zugesetzt und mit der Thoriumnitratlösung titriert. Eine Blindbestimmung ist empfehlenswert.

Bemerkung. Die **Genauigkeit** ist als gut zu bezeichnen. Bei der Bestimmung von 1 bis 50 mg Fluor schwankte der Fehler zwischen + 5 und — 2%.

4. Methode von STEVENS.

In Anlehnung an SANCHIS (s. S. 192) hat STEVENS ein Verfahren zur Fluorbestimmung in Wasser mitgeteilt.

Arbeitsvorschrift. 100 cm³ Wasser mit bekanntem Sulfatgehalt und nicht mehr als 2 mg F/l werden mit 1 cm³ 0,03%iger Alizarinlösung und dann tropfenweise mit Salzsäure versetzt, bis die rote Farbe in Gelb übergegangen ist. Nun wird 1 cm³ Pufferlösung (s. S. 204) zugefügt und mit Thoriumnitratlösung (1,52 g/l) bis zur Rotfärbung (Vergleich gegen eine Mischung aus Kobaltchloridlösung und Kaliumdichromatlösung [s. S. 197]) titriert. In einen zweiten Colorimeterzylinder gibt man die gleiche Menge Thoriumnitratlösung, eine dem Sulfatgehalt der Probe entsprechende Menge Natriumsulfatlösung (1,48 g/l), 1 cm^3 Pufferlösung, 1 cm^3 Alizarinlösung, verdünnt auf 70 cm^3 und titriert so lange mit Fluoridlösung (2,21 g NaF/l, davon 10 cm^3 auf 1 l verdünnt, so daß 1 cm^3 0,01 mg F entspricht), bis die Farbstärke der ersten Lösung erreicht ist. Zur Kontrolle werden in einem dritten Zylinder die titrierte Menge Fluoridlösung, die entsprechende Menge Natriumsulfatlösung und 1 cm^3 Alizarinlösung eingemessen. Nach dem Verdünnen auf 100 cm^3 wird tropfenweise Salzsäure bis zur Entfärbung und dann 1 cm^3 Pufferlösung zugesetzt und dann mit Thoriumnitratlösung titriert. Bei einer Menge von 1 mg F/l beträgt der Fehler etwa $\pm$ 1%. Calcium, Magnesium, Chlorid und Kieselsäure stören in üblichen Mengen nicht, wohl aber Aluminium und Phosphat. Bei dem pH-Wert 3,3 kann der Einfluß des Sulfates vernachlässigt werden, jedoch muß Kohlendioxyd durch Kochen entfernt werden.

5. Methode von v. FELLENBERG (a).

Im Anschluß an die in § 4, S. 187, beschriebene fraktionierte Destillation von Silicofluorwasserstoffsäure nimmt v. FELLENBERG (a) deren Bestimmung mittels Thoriumnitratlösung und Alizarins vor. Das Verfahren eignet sich am besten beim Vorliegen von etwa 50 γ Fluor in der Einwaage (KLEMENT)[1].

Arbeitsvorschrift. **Reagenzien.** *(1) Natriumfluoridlösung.* 0,0442 g NaF/l. 1 cm^3 enthält 20 γ Fluor. – *(2) Indicatorlösung.* a) 0,05%ige wäßrige Lösung von alizarinsulfosaurem Natrium. b) 1,4 cm^3 0,01 n Thoriumnitratlösung, 15 cm^3 0,25 n Salzsäure und 5 cm^3 0,05%ige wäßrige Lösung von alizarinsulfosaurem Natrium werden gemischt und auf 100 cm^3 aufgefüllt[2]. Von dieser Lösung wird bei jeder Bestimmung 1 cm^3 auf 10 cm^3 Destillat oder beim Blindversuch auf 10 cm^3 destilliertes Wasser verwendet. – *(3) Thoriumnitratlösung* 0,01 n, enthaltend 1,349 g $Th(NO_3)_4 \cdot 4\,H_2O$/l[3]. Die Einstellung der Thoriumnitratlösung geschieht gegen die unter (1) angeführte Natriumfluoridlösung nach dem unten beschriebenen Verfahren. – *(4) 0,25 n Salzsäure.* – *(5) 0,05 n Natronlauge.*

Bestimmung. a) Blindversuch. Die in § 4, S. 187, beschriebene Destillation von Silicofluorwasserstoffsäure führt man mit den benötigten Reagenzien ohne die zu untersuchende Probe aus und fängt dabei fünf Fraktionen von je 10 cm^3 auf. Diese Fraktionen, die sich in den geeichten Reagensgläsern befinden, und 10 cm^3 destilliertes Wasser in einem sechsten Reagensglas werden mit 0,05 cm^3 Indicatorlösung a) versetzt und mit 0,05 n Natronlauge vorsichtig neutralisiert. Dann fügt man 0,15 cm^3 0,25 n Salzsäure zu und schüttelt um. Zu dem reinen Wasser setzt man genau 0,01 cm^3 Thoriumnitratlösung zu und schüttelt um. Man kann auch zu allen Gläsern 1 cm^3 des Indicators b) zusetzen. Nun werden aus einer Mikrobürette die fünf Fraktionen, bei der fünften beginnend, mit der Thoriumnitratlösung titriert bis zum Auftreten des blaßroten Farbtones der Probe mit dem reinen Wasser. Die Gläser stehen dabei gegen einen weißen Hintergrund in diffusem Tageslicht (bei direktem Sonnenlicht kann nicht gearbeitet werden) oder werden in einem Komparator verglichen. Bei dem Blindversuch müssen alle Fraktionen denselben Verbrauch an Thoriumnitratlösung ergeben, der bei der späteren Bestimmung abzusetzen ist. Sinkt der Verbrauch in den einzelnen Fraktionen, so ist dies ein Zeichen dafür, daß ein Reagens fluorhaltig und daher unbrauchbar ist.

b) Hauptversuch. Die Titration beim Hauptversuch wird in genau derselben Weise durchgeführt wie bei dem unter a) beschriebenen Blindversuch. Der Fluor-

---

[1] Nach unveröffentlichten Versuchen des Autors (1938/39).

[2] Diese Lösung hat den Vorteil, daß die für die Titration nötige Menge Salzsäure mit dem Indicator zusammen zugesetzt wird, so daß nur eine Flüssigkeit abgemessen werden muß. Der Zusatz von Thoriumnitrat bezweckt, daß beim Blindversuch der gewünschte Farbton erhalten wird.

[3] Theoretisch: 1,381 g $Th(NO_3)_4 \cdot 4H_2O$/l.

gehalt jeder einzelnen Fraktion wird der von v. FELLENBERG (b) aufgestellten Tabelle 8 entnommen. Man subtrahiert davon den Blindwert, addiert die einzelnen Zahlen und fügt ferner 6% der Summe für einen Rest von Fluor, der nicht überdestilliert, hinzu (s. dazu S. 187).

Tabelle 8. Berechnung des Fluorgehaltes aus dem Verbrauch an 0,01 n $Th(NO_3)_4$ [v. FELLENBERG (b)].

Th-Lösung cm³	Fluor γ	Th-Lösung cm³	Fluor γ	Th-Lösung cm³	Fluor γ	Th-Lösung cm³	Fluor γ	Th-Lösung cm³	Fluor γ
0,002	0,08	0,082	5,45	0,162	12,42	0,242	20,00	0,58	53,5
4	0,18	4	5,60	4	12,60	5	20,5	9	54,6
6	0,30	6	5,75	6	12,75	0,250	21,0	0,60	55,7
8	0,40	8	5,90	8	12,90	5	21,5	1	56,8
0,010	0,50	0,090	6,05	0,170	13,08	0,260	22,0	2	57,9
2	0,63	2	6,30	2	13,25	5	22,5	3	59,1
4	0,76	4	6.45	4	13,43	0,270	23,0	4	60,2
6	0,89	6	6,60	6	13,60	5	23,5	5	61,3
8	1,02	8	6,75	8	13,80	0,280	24,0	6	62,4
0,020	1,15	0,100	6,90	0,180	14,00	5	24,5	7	63,6
2	1,28	2	7,10	2	14,20	0,290	25,0	8	64,8
4	1,40	4	7,30	4	14,40	5	25,4	9	65,9
6	1,57	6	7,50	6	14,58	0,300	25,8	0,70	67,0
8	1,70	8	7,68	8	14,84	10	26,6	1	68,1
0,030	1,83	0,110	7,85	0,190	15,00	20	27,5	2	69,2
2	1,97	2	8,05	2	15,20	30	28,5	3	70,3
4	2,10	4	8,23	4	15,40	40	29,5	4	71,4
6	2,23	6	8,40	6	15,60	50	30,5	5	72,5
8	2,35	8	8,60	8	15,80	60	31,3	6	73,7
0,040	2,50	0,120	8,80	0,200	16,00	70	32,2	7	74,9
2	2,65	2	9,00	2	16,20	80	33,2	8	76,1
4	2,77	4	9,20	4	16,40	90	34,2	9	77,2
6	2,90	6	9,38	6	16,60	0,400	35,1	0,80	78,3
8	3,03	8	9,55	8	16,80	10	36,0	1	79,5
0,050	3,17	0,130	9,72	0,210	17,00	20	37,0	2	80,6
2	3,30	2	9,90	2	17,20	30	38,3	3	81,8
4	3,45	4	10,05	4	17,40	40	39,0	4	82,9
6	3,57	6	10,20	6	17,60	50	40,0	5	84,0
8	3,70	8	10,40	8	17,80	60	41,0	6	85,2
0,060	3,85	0,140	10,60	0,220	18,00	70	42,0	7	86,4
2	4,00	2	10,78	2	18,20	80	43,0	8	87,6
4	4,15	4	10,95	4	18,40	90	44,0	9	88,8
6	4,30	6	11,10	6	18,60	0,500	45,0	0,90	90,0
8	4,42	8	11,28	8	18,80	10	46,0	2	92,2
0,070	4,55	0,150	11,45	0,230	19,00	20	47,0	4	94,4
2	4,70	2	11,62	2	19,18	30	48,0	6	96,6
4	4,85	4	11,80	4	19,34	40	49,1	8	98,8
6	5,00	6	11,95	6	19,50	50	50,2	1,00	101,0
8	5,15	8	12,10	8	19,65	60	51,3		
0,080	5,30	0,160	12,25	0,240	19,80	70	52,4		

Nach KLEMENT[1] zeigt sich die von v. FELLENBERG (b) festgestellte Abhängigkeit des Verbrauches an Thoriumnitratlösung von der vorhandenen Fluormenge (s. Tabelle 8) zumindest innerhalb eines Bereiches von 5 bis 20 γ Fluor nicht. Unterhalb dieser Mengen werden die Titrationen unsicher, und oberhalb ist die Erkennung des Farbumschlages nicht mehr einwandfrei. – Bei der Einstellung der Thoriumnitratlösung mit Natriumfluorid ist bei jeder Titration die zu der Farbvergleichslösung aus destilliertem Wasser zugesetzte Menge Thoriumnitratlösung von 0,01 cm³ von der bei der Titration verbrauchten Menge Thoriumnitratlösung zu subtrahieren.

[1] Nach unveröffentlichten Versuchen des Autors (1938/39).

HENNING und VILLFORTH können sogar in einem Bereich von 0 bis 230 γ Fluor keine Abhängigkeit des Verbrauches an Thoriumnitratlösung von der vorhandenen Fluormenge feststellen.

Bemerkung. Über die **Genauigkeit** der Methode macht v. FELLENBERG keine Angaben. KLEMENT[1] fand bei Fluormengen von 10 bis 40 γ in der Einwaage einen mittleren Fehler von $+ 3\%$.

6. Methode von WILLIAMS.

Wenn zur Einstellung der optimalen p_H-Stufe 2,5-Dinitrophenol als Indicator gewählt wird, so wird die Bestimmung bei dessen Anwesenheit erheblich gestört, und es müssen drei Titrationen ausgeführt werden: 1. Bestimmung der Acidität, 2. Titration des Fluorids in einem aliquoten Teile mit Thoriumnitratlösung und Zusatz der hierbei festgestellten Menge zu der Blindprobe und 3. Rücktitration des Thoriums in der Blindprobe durch eine Standardlösung von Natriumfluorid oder von Kaliumsilicofluorid. WILLIAMS beschreibt ein Verfahren, das eine angesäuerte Thoriumnitratlösung von passender Stärke und von konstanter Äquivalenz, bezogen auf Fluor, benutzt, wobei die Ionisation durch Natriumchloridzusatz kontrolliert wird und wobei nur eine einzige Titration gegen einen beständigen Farbstandard erforderlich ist. Bei der Bestimmung von 100 $\gamma F'$ stören Salzsäure, Perchlorsäure und Schwefelsäure wenig, aber schon 50 γ P_2O_5 verursachen Störung, und der Endpunkt wird undeutlich.

7. Methoden von MILTON.

MILTON, LIDDELL und CHIVERS verwenden als Farbstoff Solochrome Brillant Blue B. S., das Natriumsalz der Sulfo-dichlor-oxydimethyl-fuchsin-dicarbonsäure, weil dieses Vorteile gegenüber dem Alizarin besitzt. Infolge des scharfen Farbwechsels von Rosa nach Blau ist die Empfindlichkeit der Reaktion höher. Das Eintreten des Farbumschlages erfolgt schnell, und die Farbe verblaßt nicht. Da aber der Farbstoff nicht mehr im Handel ist, hat MILTON als Ersatz Chrom-Azurol S (GEIGY) vorgeschlagen. Er hat den neuen Indicator ausführlich geprüft und als ebenso gut wie das Solochrome Blue befunden. Das Verfahren ist auf die Mikrobestimmung von Fluor in der Atmosphäre, in Böden, Wässern, Knochen und Zähnen, Nahrungsmitteln, Ernteerzeugnissen, Blut und Urin angewendet worden und hat ausgezeichnet genaue Ergebnisse geliefert. Es ist anwendbar im Bereiche von 2 bis 100 γ F mit einem Fehler von $+ 0,5\%$. Der Endpunkt ist am schärfsten bei $p_H = 3,0$ zu erreichen.

Arbeitsvorschrift. Ein aliquoter Teil eines Destillates nach § 4 B 2, S. 177, mit etwa 100 γ F wird gegen Phenolphthalein bis zu dessen Rosafärbung neutralisiert und diese Färbung mit Perchlorsäure gerade zum Verschwinden gebracht. Nun wird 1 cm^3 0,02%ige Farbstofflösung und so viel verdünnte Perchlorsäure zugefügt, bis die gelbe Farbe gerade nach Rosa umschlägt. Nach Zugabe von 0,5 cm^3 Pufferlösung (22,7 g Chloressigsäure werden in 100 cm^3 Wasser gelöst, 50 cm^3 davon werden mit 6 n Natronlauge neutralisiert, dann werden die restlichen 50 cm^3 zugefügt und die Mischung zu 1 Liter aufgefüllt) wird mit 0,004 n Thoriumnitratlösung titriert, und zwar bis auf einen Farbton, den eine Vergleichslösung aus ebensoviel Wasser, 1 cm^3 Farbstofflösung, 0,5 cm^3 Pufferlösung und 0,1 cm^3 0,004 n Thoriumnitratlösung zeigt. Vom Thoriumnitratverbrauch ist 0,1 cm^3 abzuziehen.

8. Fluorbestimmung in Beryllium-Materialien.

TSCHERNICHOW und WENDELSTEIN bestimmen Fluor in Beryllium-Materialien nach der Destillation mit Schwefelsäure bei 135 bis 150° in dem 60 bis 70 cm^3 betragenden Destillat durch Titration mit Thoriumsalz und Alizarin.

[1] Nach unveröffentlichten Versuchen des Autors (1938/39).

Literatur.

ARMSTRONG, W. D.: (a) Am. Soc. **55**, 1741 (1933); (b) Ind. eng. Chem. Anal. Edit. **8**, 384 (1936).

BOER, J. H. DE: R. **44**, 1071 (1925). — BOER, J. H. DE u. J. BASART: Z. anorg. Ch. **152**, 213 (1926).

DAHLE, D., H. J. WICHMANN u. R. U. BONNAR: J. Assoc. offic. agric. Chem. **21**, 468 (1938); durch C. **110, I**, 476 (1939). — DANCKWORTT, P. W.: Dtsch. tierärztl. Wchschr. **49**, 365 (1941); durch C. **114, II**, 52 (1943).

EBERZ, W. F., LAMB, F. C. u. C. E. LACHELE: Ind. eng. Chem. Anal. Edit. **10**, 259 (1938). — ELVOVE, E.: Publ. Health. Rep. **48**, 1219 (1933).

FELLENBERG, TH. V.: (a) Mitt. Geb. Lebensmitteluntersuch. Hyg. Bern **28**, 150 (1937); (b) **29**, 276 (1938). — FRERS, I. N. u. H. LAUCKNER: Fr. **110**, 251 (1937).

GEYER, R.: Z. anorg. Ch. **252**, 42 (1944).

HAMMOND, J. W. u. W. H. MCINTIRE: J. Assoc. offic. agric. Chem. **23**, 398 (1940); durch C. **111, II**, 3672 (1940). — HARRIS, S. E. u. W. G. CHRISTIANSEN: J. Am. pharm. Assoc. **25**, 306 (1936). — HENNING, K. u. F. VILLFORTH: Vorratspflege Lebensmittelforsch. **1**, 563 (1938). — HOFFMANN, J. u. G. LUNDELL: Bur. Stand. J. Res. **20**, 607 (1938); durch C. **109, II**, 2798 (1938). — HOSKINS, W. u. C. FERRIS: Ind. eng. Chem. Anal. Edit. **8**, 6 (1936).

JAKL, F.: Mikrochemie **32**, 195 (1944).

KOLTHOFF, I. M. u. M. E. STANSBY: Ind. eng. Chem. Anal. Edit. **6**, 118 (1934). — KRUMHOLZ, P.: Mikrochemie **20**, 227 (1936).

LAMAR, W. L.: Ind. eng. Chem., Anal. Edit. **17**, 148 (1945); durch RINCK, E. (siehe dort).

MATUSZAK, M. P. u. O. R. BROWN: Ind. eng. Chem. Anal. Edit. **17**, 100 (1945); durch RINCK, E. (siehe dort). — MCCLURE, F. J.: Ind. eng. Chem. Anal. Edit. **11**, 171 (1939). — MILTON, R. F.: Analyst **74**, 54 (1949). — MILTON, R. F., H. F. LIDDELL u. J. E. CHIVERS: Analyst **72**, 43 (1947); durch C. **118, II**, 1152 (1947) (Verlag Chemie, Weinheim und Berlin).

NÖLKE, F.: Fr. **121**, 81 (1941).

REYNOLDS, D. S.: J. Assoc. offic. agric. Chem. **17**, 323 (1934); durch C. **106, I**, 2413 (1935). — REYNOLDS, D. S. u. W. L. HILL: Ind. eng. Chem. Anal. Edit. **11**, 21 (1939). — RICHTER, F.: Fr. **124**, 161, 192 (1942). — RINCK, E.: Bl. [5] **15**, 312 (1948). — ROWLEY, R. J. u. H. V. CHURCHILL: Ind. eng. Chem. Anal. Edit. **9**, 551 (1937).

SANCHIS, J. M.: Ind. eng. Chem. Anal. Edit. **6**, 134 (1934). — SCHLOEMER, A.: Mikrochemie **31**, 123 (1943). — SMITH, O. M. u. H. A. DUTCHER: Ind. eng. Chem. Anal. Edit. **6**, 61 (1934). — STEVENS, J. A.: J. South Afr. chem. Ind. [N. S.] **1**, 1 (1948); durch C. **120, II**, 344 (1949).

THOMPSON, TH. G. u. H. J. TAYLOR: Ind. eng. Chem. Anal. Edit. **5**, 87 (1933). — TSCHERNICHOW, J. A. u. J. I. WENDELSTEIN: Betriebslab. **13**, 814 (1947); durch C. **119, I**, 142 (1948) (Akademie-Verlag, Berlin).

WILLARD, H. H. u. O. B. WINTER: Ind. eng. Chem. Anal. Edit. **5**, 7 (1933). — WILLIAMS, H. A.: Analyst **71**, 175 (1946); Chem. Abstr. **40**, 3696 (1946). — WULLE, H.: H. **260**, 169 (1939).

§ 6. Bestimmung des Fluors mittels EisenIII-salzen.

$Na_3[FeF_6]$, Molekulargewicht 238,83.

Allgemeines.

Das Verfahren, das maßanalytisch oder colorimetrisch durchgeführt wird, beruht auf der Umsetzung löslicher Fluoride mit EisenIII-salzen unter Bildung farbloser, komplexer Eisenfluoride, z. B. nach der Gleichung: $6\,NaF + FeCl_3 = Na_3[FeF_6] + 3\,NaCl$. *Nach Verbrauch des vorhandenen Fluorids wird überschüssiges EisenIII-salz z. B. durch Rhodanid als Indicator erkannt.* Dies ist dadurch möglich, daß der Komplex $[FeF_6]'''$ ein recht fester ist, und daß dadurch das darin gebundene 3wertige Eisen nicht mit Rhodanid reagiert.

Eigenschaften des Natrium-EisenIII-fluorids. Das Salz entsteht durch Fällung aus kalt gesättigten Lösungen von EisenIII-chlorid und Natriumfluorid als feinkörniger, weißer Niederschlag. Nach TREADWELL und KÖHL beträgt die Löslichkeit bei 18° in Wasser $10{,}64 \cdot 10^{-3}$ Mole/l, in gesättigter NaCl-Lösung $2{,}72 \cdot 10^{-3}$ Mole/l. – Das entsprechende Kaliumsalz wird analog dem Natriumsalz erhalten und bildet ebenfalls einen weißen Niederschlag. Die Löslichkeit ist etwas größer als die des Natriumsalzes, und zwar beträgt sie bei 18° in Wasser $35{,}3 \cdot 10^{-3}$ Mole/l, in gesättigter KCl-Lösung $6{,}93 \cdot 10^{-3}$ Mole/l (TREADWELL und KÖHL).

A. Maßanalytische Bestimmung unter Fällung mittels EisenIII-chlorids und Ermittlung des Überschusses.

1. Methode von Greeff.

Die Methode ist zuerst von Guyot angewendet worden. Später hat Greeff genauere Angaben gemacht, die hier zugrunde gelegt werden.

Arbeitsvorschrift. **Reagenzien.** *(1) Chemisch reines Natriumchlorid.* – *(2) Alkohol* und *Äther.* – *(3) Kaliumrhodanidlösung.* 100 g Kaliumrhodanid werden in 500 cm^3 Wasser gelöst. – *(4) EisenIII-chloridlösung.* Der Gehalt käuflichen Eisenchlorids an EisenIII-chlorid wird auf eine bekannte Weise bestimmt und dann eine zur Titration des Fluorids angemessene, wäßrige Lösung hergestellt, z. B. löst man so viel käufliches Eisenchlorid in 1 l Wasser, daß 100 cm^3 dieser Lösung zur Titration von 1 g Natriumfluorid nötig sind.

Bestimmung. Grundbedingung für das Gelingen der Analyse ist, daß die Lösung des Fluorids gegen Phenolphthalein neutral reagiert. Ist dies der Fall, so werden 0,5 g Substanz in einen 300-cm^3-Erlenmeyer-Kolben gebracht und in 25 cm^3 heißem Wasser gelöst. Nach dem Abkühlen (nötigenfalls muß die Lösung gegen Phenolphthalein neutralisiert werden) fügt man ungefähr 20 g Natriumchlorid und 5 cm^3 Rhodanidlösung zu und titriert dann mit der Eisenchloridlösung auf schwach Gelb. Darauf gibt man je 10 cm^3 Alkohol und Äther zu, schüttelt einmal offen (zur Vermeidung des Druckes), dann mit einem Stopfen verschlossen, tüchtig durch und läßt nun nach und nach so viel Eisenchloridlösung zufließen, daß die Alkohol-Äther-Schicht auch nach längerem Schütteln und Stehen die Rotfärbung nicht mehr verliert. Es entsprechen jedem Mol verbrauchten EisenIII-chlorids 6 Mole Natriumfluorid bzw. 6 Atome Fluor.

Bemerkungen. **I. Genauigkeit.** Nach Greeff schwankt die Genauigkeit des Verfahrens je nach der vorhandenen Fluoridmenge zwischen 0,25% und 1%. Adolph empfiehlt das Verfahren besonders für einfache Lösungen von Natriumfluorid, da von anderen Stoffen herrührende, geringe Verunreinigungen Anlaß zu großen Fehlern geben können. Dieselbe Erfahrung hat Giordani gemacht, der bei vergleichenden Versuchen fehlerhafte Ergebnisse erhielt, die durch Reaktionen der nicht absolut reinen Reagenzien mit Kaliumrhodanid erklärt werden können. Bellucci hält das Verfahren für brauchbar beim Vorliegen von mindestens 0,2 g Natriumfluorid, jedoch kann es auch mit für technische Zwecke genügender Genauigkeit bei kleineren Mengen angewendet werden. Es ist jedoch nicht benutzbar bei Fluormengen unter 20 mg (Treadwell und Köhl; Bellucci).

Die Genauigkeit des Verfahrens soll nach Visintin 0,5 mg Fluorid erreichen, wenn die Lösung gegen Bromphenolblau als Indicator eingestellt wird. Die Eignung dieses Indicators wird jedoch von Giordani bestritten, da bei der so eingestellten Säurestufe $p_H = 3{,}65$ der Eisenkryolith, $Na_3[FeF_6]$, unbeständig ist, so daß fehlerhafte Ergebnisse auftreten. Giordani empfiehlt daher die Verwendung von Phenolphthalein. – Sehr starke Abweichungen von den theoretischen Werten fand Korenman, der das Verfahren deshalb nicht empfiehlt.

II. Störungen. Das Verfahren ist nicht anwendbar bei *Gegenwart von Phosphaten* oder von *organischen Säuren.* Nach Spielhaczek stört auch *Kieselsäure,* die als Bodenkörper bei der Titration anwesend ist, wenn z. B. Kryolith nach Berzelius (s. S. 141) mit Kaliumcarbonat und Siliciumdioxyd aufgeschlossen wurde. Die Kieselsäure adsorbiert EisenIII-chlorid, wodurch zu hohe Fluorwerte vorgetäuscht werden. Um diese Störung zu vermeiden, empfiehlt es sich, die zu titrierende Lösung vorher durch Filtration von der ausgeschiedenen Kieselsäure zu befreien.

III. Erkennung des Endpunktes. Schon Greeff hat darauf aufmerksam gemacht, daß der Übergang von der farblosen Lösung bei Überschuß von Eisen nicht nach

Rot, sondern nach Gelb erfolgt. Auch bei Überschichtung der wäßrigen Lösung mit Alkohol und Äther, in denen sich Eisenrhodanid auflöst, tritt kein scharfer Übergang von der Farblosigkeit der ätherischen Schicht zur Rotfärbung ein. Diese Unschärfe ist wahrscheinlich der ganz geringen Löslichkeit des Eisenkryoliths zuzuschreiben, denn setzt man letztere durch Zusatz von Natriumchlorid herab, so wird der Umschlag schärfer.

IV. Abänderungen der Methode.

a) Verfahren von TREADWELL und KÖHL. TREADWELL und KÖHL fanden, daß die Unschärfe des Endpunktes durch die Umkehrbarkeit der Reaktion: $[FeF_6]''' + 3CNS' \rightleftarrows Fe(CNS)_3 + 6F'$ bedingt ist. Daraus folgt die durch Versuche belegte Tatsache, daß der Verbrauch an Eisenchlorid proportional mit der Menge des angewendeten Indicators sinkt. – Ferner wird der Endpunkt wahrscheinlich infolge von Hydrolyse vorzeitig erreicht, wenn die Lösung zu stark verdünnt wird. Die beiden Autoren schlagen daher folgende Abänderung des Verfahrens von GREEFF vor:

Die möglichst konzentrierte, neutrale Fluoridlösung versetzt man mit dem gleichen Raumteil Alkohol, sättigt dann mit Natriumchlorid und gibt so viel Äther zu, daß sich die Ätherphase deutlich vom Wasser abhebt. Zur Titration von Fluor-Ion in Mengen bis zu 20 mg fügt man weniger als 1 cm³ des GREEFFschen Indicators (1 g Kaliumrhodanid oder Ammoniumrhodanid in 5 cm³ Wasser) zu. Die Titration wird dann in der oben beschriebenen Weise ausgeführt. Bei Verwendung eines Flüssigkeitsvolumens von wenigen Kubikzentimetern ist die Titration von 1 mg Fluor-Ion noch möglich.

b) Verfahren von SMIT.

Der wichtigste Unterschied des Verfahrens von SMIT gegenüber dem von GREEFF besteht darin, daß mit fast rein alkoholischen Lösungen gearbeitet wird, wodurch die Erkennung des Endpunkts erleichtert werden soll. KORENMAN fand jedoch, daß dies nicht unbedingt der Fall ist und daß vor allem die zu untersuchende Lösung neutral sein muß.

5 bis 10 cm³ der neutralen Fluoridlösung werden mit 5 cm³ 10%iger Ammoniumrhodanidlösung und 25 cm³ Alkohol versetzt. Das Gemisch wird direkt mit *alkoholischer* EisenIII-chloridlösung, die unter gleichen Versuchsbedingungen gegen reines Kaliumfluorid eingestellt ist, titriert. Wesentlich ist, daß die Lösung neutral ist und daß stets die gleiche Menge Indicator und der gleiche Raumteil Lösung angewendet werden. Die Konzentration der Eisenchloridlösung beträgt zweckmäßig 1 bis 3%, je nach der Konzentration der zu analysierenden Fluoridlösung.

c) Verfahren von UEBEL.

Das abgewogene Natriumfluorid wird im Schüttelzylinder mit ungefähr 50 cm³ gesättigter, neutraler, reiner Natriumchloridlösung und etwa 10 g festem, feinst gepulvertem, reinem Natriumchlorid nebst einigen Krystallen Ammoniumrhodanid versetzt und unter Durchschütteln mit Eisenchloridlösung titriert. Gegen Ende der Titration gibt man 15 cm³ Amylalkohol, die 1,5 cm³ absoluten Äthylalkohol enthalten, zu und titriert unter kräftigem Durchschütteln vorsichtig weiter, bis der Amylalkohol eben bleibende Eisenrhodanidfärbung aufweist.

2. Methode von FAIRCHILD.

Abweichend vom Verfahren von GREEFF verwendet FAIRCHILD nach einem Vorschlag von KNOBLOCH die Reaktion $FeCl_3 + 3NaF = FeF_3 + 3NaCl$. Ein Überschuß des EisenIII-chlorids wird jodometrisch bestimmt.

Arbeitsvorschrift. **Reagenzien.** *(1) 0,08 mol EisenIII-chloridlösung* mit so viel HCl-Zusatz, daß 1 Raumteil n Salzsäure in 5 Raumteilen Lösung vorhanden ist. *(2) 0,05 n Natriumthiosulfatlösung*, 1 cm³ entspricht 2,85 mg Fluor.

Bestimmung. Die zu analysierende Lösung wird in einer 250-cm³-Flasche mit Schliffstopfen mit 2 n Salzsäure gerade gegen Lackmus sauer gemacht und mit der Eisenlösung versetzt, und zwar bis zu einem Fluorgehalt von 10 mg mit 5 cm³, von 10 bis 20 mg mit 10 cm³, von 20 bis 30 mg mit 15 cm³ und von 30 bis 60 mg mit 20 cm³. Außerdem gibt man entsprechend 2,2, 4,5, 5,5, 7,5 cm³ n Salzsäure sowie

2 g Natriumchlorid, ferner Zinkchlorid[1] in einer 0,05 g Zinkoxyd äquivalenten Menge und 0,5 g Kaliumjodid zu. Sodann verdünnt man auf 100 cm³ und erwärmt die Flasche 30 Min. lang in einem Wasserbad von 38 $\pm$ 1°. Hierauf wird schnell abgekühlt und mit Thiosulfat titriert. Der Unterschied zwischen dem verbrauchten und dem dem angewendeten Eisenchlorid äquivalenten Thiosulfat entspricht dem vorhandenen Fluor. Der Endpunkt wird mittels Stärke als Indicator angezeigt und bleibt bei Gegenwart weniger Milligramme Fluor einige Minuten beständig, jedoch bei Anwesenheit einiger Zehntelgramme nur etwa 1 Min.

***Bemerkung.* Genauigkeit.** Genaue Ergebnisse lassen sich nur erzielen bei peinlichster Einhaltung der Bedingungen. Dann betragen die von FAIRCHILD angegebenen Abweichungen je nach der Fluormenge etwa 0 bis 2%. Nach FOSTER ist das Verfahren nicht anwendbar für die Fluorbestimmung in Wässern, da es höchstens bis zu 0,2 bis 0,4 mg Fluor genau ist. Auch SMITH lehnt das Verfahren für die Fluorbestimmung in Wässern gänzlich ab, da er Werte erhalten hat, die 2 bis 3mal zu hoch waren. Übrigens stört vor allem in Wässern anwesendes Sulfat, das wahrscheinlich etwas Eisen der Reaktion mit Jodid entzieht. – Der Sulfatfehler läßt sich durch Ansäuern der Probe bis zum Umschlag von Methylorange, folgenden üblichen Zusatz der 2,2 cm³ 1 n Salzsäure und Ausfällung des Sulfats mit Bariumchlorid (das keinen Einfluß auf das Verfahren hat) vermeiden (FOSTER).

B. Colorimetrische Bestimmung unter Fällung mittels EisenIII-chlorids und Ermittlung des Überschusses.

1. Methode von FOSTER (für Wasseruntersuchungen).

Das Verfahren, das hauptsächlich als Mikroverfahren Anwendung zur Fluorbestimmung in Wässern finden kann, *beruht auf der Tatsache, daß die Intensität der Farbe, die eine bestimmte, im Überschuß vorhandene Menge Eisen mit Rhodanid erzeugt, geringer ist in Gegenwart von Fluor als bei dessen Abwesenheit, und zwar um einen Betrag, der von der Menge des anwesenden Fluors abhängt.* Indem man colorimetrisch den Überschuß des Eisens, der mit Ammoniumrhodanid reagiert, bestimmt, kann die Menge, die einem gegebenen Betrag an Eisen durch das Fluorid entzogen wird, als Differenz gefunden und deren Äquivalent an Fluorid aus einer Kurve abgelesen werden.

***Arbeitsvorschrift.* Reagenzien.** *(1) 0,05 n* und *0,02 n Salpetersäure.* – *(2) EisenIII-chloridlösung.* 1 cm³ enthält 0,075 mg Eisen mit 30 cm³ n Salzsäure. – *(3) Ammoniumrhodanidlösung:* 24 g Ammoniumrhodanid je l.

Bestimmung. Entsprechend der vorher gesondert bestimmten Alkalität des Wassers wird die zur genauen Neutralisation von 50 cm³ der Wasserprobe erforderliche Menge an Salpetersäure (unter Vermeidung eines Indicators) zugegeben, jedoch soll das Volumen nach der Neutralisation 60 cm³ nicht übersteigen. Nun werden 5 cm³ Eisenlösung (wegen eines bemessenen Überschusses zufolge der Anwesenheit von Sulfat u. a. vgl. Bem. II) und 10 cm³ Rhodanidlösung zugefügt; die Lösung wird auf 75 cm³ aufgefüllt und gut durchgemischt. Die entstandene Farbe wird in einem SCHREINER-Colorimeter mit einer Vergleichslösung verglichen, die eine bekannte Menge Eisen (2 bis 5 cm³ der EisenIII-chloridlösung und 10 cm³ Ammoniumrhodanidlösung in 75 cm³ Gesamtlösung) enthält. Die gefundene Menge Eisen wird von der anfänglich zugegebenen Menge (5 cm³ je 0,075 mg = 0,375 mg) abgezogen. Die so erhaltene Zahl entspricht der vorhandenen Fluormenge, die aus der Kurve (Abb. 14) abgelesen wird.

---

[1] Der Zinkzusatz erfolgt zur Beseitigung der etwa durch vorhergegangene Aufarbeitung phosphathaltiger Mineralien in der Probelösung vorhandenen Phosphorsäure (s. S. 144).

Der Zusatz des Ammoniumrhodanids zur Probe und zur Vergleichslösung soll gleichzeitig erfolgen und die colorimetrische Bestimmung sogleich ausgeführt werden. Wenn die Farbe der Probe zu schwach ist, um mit einer 2-cm³-Vergleichslösung (2 cm³ EisenIII-chloridlösung, 10 cm³ Ammoniumrhodanidlösung in 75 cm³ Gesamtlösung) verglichen zu werden – das ist der Fall, wenn die Probe mehr als 0,4 mg Fluorid enthält –, so muß eine kleinere Probe angewendet werden.

Bemerkungen. **I. Genauigkeit.** Nach den Angaben von FOSTER lassen sich noch 0,025 mg Fluor erkennen. Die Farbabschwächung ist aber nicht direkt proportional der Fluormenge, wie aus der Kurve hervorgeht. Kleinere Mengen Fluorid verursachen eine verhältnismäßig stärkere Bleichung als größere Mengen. Jedoch sind nach den Angaben der Autorin die Werte reproduzierbar, und das Verfahren ist daher brauchbar. Allerdings läßt es sich nicht zur Bestimmung von mehr als 0,45 mg Fluorid anwenden. – Aus den Beleganalysen ergibt sich eine Fehlergrenze zwischen 10 und 20%, je nachdem, ob größere oder kleinere Fluormengen vorliegen.

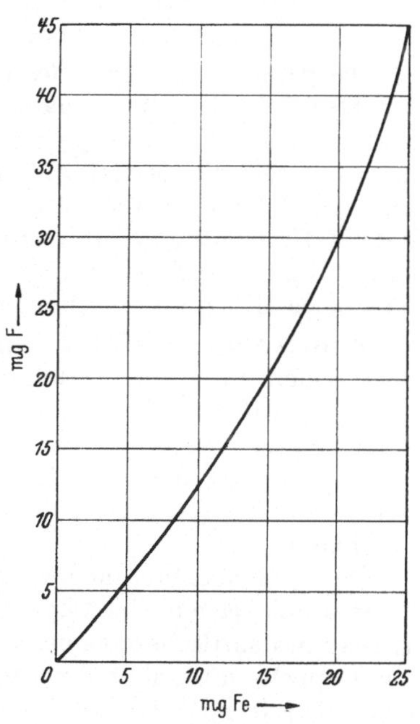

Abb. 14. Kurve zur colorimetrischen Fluorbestimmung nach Foster.

Gute Ergebnisse, die auch mit den Werten übereinstimmen, die nach den in § 5 besprochenen Verfahren von WILLARD und WINTER und von SANCHIS erhalten werden, hat SMITH mitgeteilt. – WEYL und RUDOW haben den Einfluß von Fluoriden auf die spektrale Absorption einiger Eisenverbindungen, darunter EisenIII-rhodanid, untersucht, der bei colorimetrischen Bestimmungen nicht außer acht gelassen werden darf. Sie kommen zu dem Schluß, daß eine derartige Bestimmung von Fluoriden nur möglich ist unter Verwendung von Eichkurven, die für jeden Fall gesondert anzulegen sind.

II. Störungen. Die Bestimmung wird gestört durch die *Anwesenheit von Phosphat und Borat*, die aber in den meisten natürlichen Wässern nur in so geringer Menge vorhanden sind, daß die Genauigkeit des Verfahrens bei Wasseranalysen hierdurch nicht beeinträchtigt wird. Dagegen wirken störend, weil immer in Wässern vorhanden, *Sulfat* und *Chlorid*, die ebenfalls eine Abschwächung der Farbe bewirken und daher Fluor vortäuschen. FOSTER empfiehlt daher, für diese Stoffe Kurven derselben Art wie in Abb. 14 aufzunehmen. Aus gesonderten Analysen der Wässer ist der Sulfat- und Chloridgehalt zu entnehmen; die aus den eben erwähnten Kurven für diese Gehalte sich ergebenden Eisenmengen sind bei der colorimetrischen Bestimmung von vornherein außer den immer anzuwendenden 5 cm³ der Eisenlösung zuzugeben. Dadurch läßt sich auf diese einfache Weise der störende Einfluß von Sulfat und Chlorid auf die Fluorbestimmung ausschalten. Wenn jedoch die Probe mehr als 50 mg Sulfat oder 100 mg Chlorid enthält, ist das Verfahren nicht anwendbar. – Ohne störenden Einfluß ist *Nitrat.*

2. Methode von SMIT.

Dieses Verfahren kann zur quantitativen Bestimmung von Spuren Fluorid in neutralen, wäßrigen Lösungen dienen.

Arbeitsvorschrift. 10 cm³ der Lösung werden mit 0,5 cm³ 10%iger Ammoniumrhodanidlösung und tropfenweise mit 0,1%iger EisenIII-chloridlösung (aus einer Mikrobürette) versetzt, bis eine blaßorange Farbe auftritt. Dann werden 6 Reagensgläser mit verschiedenen Mengen einer bekannten Natriumfluoridlösung beschickt, derart, daß beim Auffüllen auf 10 cm³ und Zufügen genau gleicher Mengen Eisenchlorid- und Ammoniumrhodanidlösung die mit der untersuchten Lösung erhaltene Färbung in den Bereich der Vergleichslösungen fällt. Es lassen sich so z. B. Fluoridgehalte von 0,005 bis 0,0005% ermitteln, wenn man Vergleichslösungen herstellt, die 0,5, 1, 2, 3, 4 und 5 cm³ einer 0,01%igen Natriumfluoridlösung enthalten, die je auf 10 cm³ aufgefüllt und mit 0,5 cm³ Ammoniumrhodanidlösung und 0,2 cm³ einer 0,1%igen Eisenchloridlösung versetzt werden.

C. Potentiometrische Bestimmung mittels EisenIII-chlorids und Ermittlung des Überschusses.

Die potentiometrische Bestimmung des Endpunkts der Titration von Fluoriden mit EisenIII-salz läßt sich nach TREADWELL und KÖHL außerordentlich genau durchführen. Wenn die erste geringe Menge an überschüssigem EisenIII-salz, die nicht mehr mit Fluorid reagiert, auftritt, so stellt sich an einer platinierten Platinelektrode mit der Lösung vorher zugesetztem EisenII-salz das Oxydationspotential des FeII/FeIII-Gleichgewichtes ein, wodurch ein starker Potentialsprung auftritt, der einige Hundertstelvolt beträgt. Mit Hilfe dieses Verfahrens lassen sich noch Bruchteile eines Milligramms Fluor mit ausreichender Genauigkeit bestimmen.

Arbeitsvorschrift. In ein 150 cm³ fassendes, enges Becherglas sind dicht über dem Boden durch zwei Stutzen eine Silberchloridelektrode als Vergleichselektrode und ein platiniertes Platinblech als Indicatorelektrode eingesetzt. Ein Millivoltmeter von ungefähr 1000 Ω innerem Widerstand steht in direkter Verbindung mit den beiden Elektroden. Um die Ausschläge des Instruments stets innerhalb der Skala zu halten, wird, wenn nötig, ein geeigneter Graphitwiderstand in Serie mit dem Meßinstrument eschaltet.

Die zu titrierende, möglichst konzentrierte Fluoridlösung wird zunächst in einer Platinschale gegen Phenolphthalein neutralisiert und dann mit möglichst wenig Wasser in das Becherglas gespült. Nun wird mit festem Kochsalz gesättigt und auf das Doppelte mit Alkohol verdünnt, jedoch soll das Volumen der Lösung jetzt nicht mehr als 100 cm³ betragen. Zum unbedingt notwendigen Rühren der Lösung wird ein lebhafter Strom von Kohlendioxyd eingeleitet. Zur Titration wird eine frisch aus EisenIII-chlorid hergestellte 0,1 n Lösung verwendet, der zur Einstellung eines definierten Indicatorpotentials 1% EisenII-chlorid zugesetzt wird. (Das EisenII-chlorid kann auch in die mit Kohlendioxyd gesättigte Fluoridlösung gegeben werden.) Die EisenIII-chloridlösung darf nicht mehr als 0,01 n an freier Salzsäure sein, um die Endpunktseinstellung scharf zu gestalten. Diese Säuremenge reicht aus, um die Hydrolyse der EisenIII-Lösung zu verhindern. Die Titration liefert fast symmetrisch verlaufende Kurven mit dem Titrationsendpunkt an der steilsten Stelle der Kurve. Es empfiehlt sich, zur genauen Festlegung des Endpunkts die gemessenen Potentiale als Funktion des EisenIII-chloridverbrauchs zeichnerisch aufzutragen.

Bei Verwendung einer Mikrobürette, die noch 0,01 cm³ abzulesen erlaubt, und einer 0,033 mol $FeCl_3$-Lösung läßt sich in einem Volumen von wenigen Kubikzentimetern noch 1 mg Fluor gut auf 0,05 mg genau bestimmen. (Der Titrationsbecher soll etwa 20 cm³ fassen. Den Kohlendioxydstrom läßt man aus einer Capillare austreten.)

***Bemerkungen.* I. Genauigkeit.** Die Genauigkeit ist mit der der besten, auf Komplexbildung beruhenden potentiometrischen Titrationen vergleichbar; es werden fast theoretische Werte erhalten.

II. Besondere Vorschriften. Der für die Titration günstigste Aciditätsbereich liegt bei einem p_H-Wert von 4 bis 5. – Der Alkoholzusatz soll 50 bis 66% betragen, da bei kleineren oder größeren Konzentrationen die Titrationskurve flacher wird. – Frisch platiniertes Platinblech enthält viel adsorbierten Wasserstoff, der EisenIII-salz rasch zu reduzieren vermag und daher störend wirkt. Um solche Elektroden reaktionsbereit zu machen, müssen sie einige Stunden in verdünnter EisenIII-chloridlösung aufbewahrt werden.

III. Einfluß von Kieselsäure und Silicofluoriden. *Gallertartige Kieselsäure* ist ohne Einfluß auf die Titration. – *Wasserglas* erschwert durch seine Pufferwirkung die scharfe Einstellung der Lösung auf die erforderliche Säurestufe ($p_H = 4$ bis 5). – Solange die Menge der Kieselsäure kleiner ist als diejenige des Fluors, ist die Titration gut ausführbar. – Bei *Anwesenheit von Silicofluoriden* wird die Titration unsicher. In diesem Falle kann die Lösung mit Kaliumchlorid gesättigt werden, um das Kaliumsilicofluorid möglichst vollständig zu fällen.

Silicofluorid allein läßt sich nach der Hydrolyse durch Natronlauge (s. § 3, S. 163) ebenfalls potentiometrisch mit EisenIII-chlorid titrieren. Die Lösung wird mit verdünnter, überschüssiger Natronlauge versetzt und 20 Min. erhitzt. Nach dem Neutralisieren kann in üblicher Weise titriert werden.

D. Colorimetrische Bestimmung mittels EisenIII-Acetylacetonats nach Armstrong.

Dieses Verfahren erlaubt es, Mikromengen von Fluor colorimetrisch zu bestimmen in Gegenwart von Ionen, die die üblichen Verfahren mit EisenIII-salzen stören. Auch ist dieses Verfahren fast unabhängig vom p_H-Wert der Untersuchungslösung.

Arbeitsvorschrift. **Reagenzien.** *(1) EisenIII-chloridlösung* mit einem Gehalt von 0,3 mg Eisen/cm³. Die Lösung ist während des Gebrauches vor Licht zu schützen und nach 2 bis 3 Std. zu verwerfen. – *(2) Acetylaceton* wird frisch destilliert und eine 0,5%ige wäßrige Lösung davon hergestellt. – *(3) Natriumfluoridlösung* mit einem Gehalt von 0,1 mg Fluor/cm³.

Bestimmung. Wenn die Lösung Carbonat enthält, fügt man einige Tropfen Phenolphthalein und dann nach dem Erhitzen zum Sieden 0,1 n Salzsäure oder Salpetersäure zu, bis die Lösung dauernd farblos bleibt. Dann macht man die Lösung sofort mit 0,1 n Natronlauge schwach alkalisch und läßt in einer verschlossenen Flasche erkalten. Diese Lösung, oder eine von vornherein carbonatfreie, wird gegen Phenolphthalein gerade sauer gemacht und 1 Tropfen verdünnte Säure (1:100) zugefügt. In zwei 25-cm³-Meßkolben werden je 1 cm³ EisenIII-chloridlösung und 1 cm³ Acetylacetonlösung eingebracht. Dann mißt man in den einen Kolben einen aliquoten Teil der unbekannten Lösung, die nicht mehr als 0,25 mg Fluor enthalten soll, ein und füllt beide Kolben bis zur Marke auf. Die Lösungen werden in einem Duboscq-Colorimeter verglichen, in das ein Blaufilter (Bausch und Lomb 3610) eingesetzt ist, da die Farben der Lösungen, die verschiedene Konzentrationen an EisenIII-acetylacetonat enthalten, von Rot bis Gelb variieren und nicht unmittelbar verglichen werden können. Die Lösung ohne Fluor wird in das linke Gefäß gebracht, das auf 20 mm eingestellt wird. Durch Veränderung der Eintauchtiefe der fluorhaltigen Lösung im rechten Glas macht man 20 Ablesungen und nimmt das Mittel davon. Das Verfahren wird wiederholt mit dem gleichen aliquoten Teil der unbekannten Lösung, zu der 1 cm³ der Natriumfluorid-Vergleichslösung zugesetzt worden ist. Man macht wieder 20 Ablesungen und bildet den Mittelwert. Das Ergebnis wird nach der Gleichung $F = \frac{(x-20)\cdot D\cdot 0{,}1}{(y-20)}$ berechnet, in der F den Fluorgehalt der gesamten Lösung in Milligrammen, x den Ablesungswert der unbekannten Probe, y den um 0,1 mg Fluor vermehrten Ablesungswert der unbekannten Probe und D das Verhältnis des Gesamtvolumens der Lösung zu dem Volumen der aliquoten Teile bedeuten.

Bemerkungen. **I.** Die **Genauigkeit** bei der Bestimmung des Fluorgehalts reiner Natriumfluoridlösungen ist gut; der durchschnittliche Fehler beträgt etwa — 2% bei einer Gesamtmenge von 0,5 bis 0,05 mg Fluor.

II. Störungen. Die auf Fluor zu untersuchenden Lösungen sollten nicht mehr als 0,05 g Natriumchlorid und 0,1 g Natriumsulfat, jedes für sich oder zusammen, enthalten, da größere Mengen die Farbe des EisenIII-acetylacetonats verändern. Bis zu 0,4 g Natriumnitrat und gesättigte Kieselsäurelösung (?) sind ohne Einfluß. Die Lösung muß neutral oder schwach sauer sein und darf keine Ionen enthalten, die mit EisenIII- oder mit Fluor-Ionen einen Niederschlag oder eine undissoziierte Verbindung bilden.

III. Anwendung zur Fluorbestimmung im Meerwasser. WILCOX hat das Verfahren unter leichten Veränderungen zur Fluorbestimmung im Meerwasser angewendet. Er findet, daß dieses Verfahren weniger empfindlich ist gegen Sulfat und Chlorid als das Rhodanidverfahren. Zum colorimetrischen Vergleich der Lösungen verwendet WILCOX ein lichtelektrisches Colorimeter (in der Bauart etwa dem Colorimeter nach LANGE[1] entsprechend).

E. Colorimetrische Bestimmung mittels 7-Jod-8-Oxychinolin-5-sulfosäure („Ferron“ oder „Yatren“).

Dieses von FAHEY angegebene Verfahren ist über einen weiten Bereich anwendbar. Man kann mit seiner Hilfe bis zu 10 % Fluor in Gesteinen und herab bis zu 1 Teil Fluor in 1 Million Teilen Wasser in natürlichen Wässern bestimmen.

Arbeitsvorschrift. **Reagenzien.** *(1) „Ferron“-(„Yatren“-)Lösung.* Es wird eine gesättigte wäßrige Lösung von 7-Jod-8-Oxychinolin-5-sulfosäure[2] hergestellt. Zu 90 cm³ dieser Lösung werden 10 cm³ einer Lösung hinzugefügt, die 2 n an Salzsäure und 0,1 n an EisenIII-chlorid ist. Die Mischung wird sodann mit dem gleichen Raumteil destilliertem Wasser versetzt. Sie ist etwa 6 Monate haltbar. – *(2) 0,02 n Natriumfluoridlösung.*

Bestimmung. 25 cm³ einer fluorhaltigen Lösung, in der das Fluor in einer Menge von etwa 0,1 bis 1,5 mg als Natriumfluorid vorliegt (etwa herstammend aus einem Gesteinsaufschluß nach HOFFMANN und LUNDELL, s. S. 143), werden in ein Becherglas von 50 cm³ Fassungsvermögen gebracht. In ein anderes gleichartiges Becherglas werden 25 cm³ einer Lösung von gleichem p_H-Wert und gleichem Gehalt an Natriumchlorid eingemessen. Jede Lösung wird mit 2 cm³ Ferron-Reagens versetzt. Nun wird unter Benutzung eines Colorimeters zu der Vergleichslösung die 0,02 n Natriumfluoridlösung in Anteilen zugefügt, während die unbekannte Lösung jeweils mit der gleichen Menge Wasser versetzt wird, bis Farbgleichheit eintritt. Aus dem Verbrauch an Natriumfluoridlösung errechnet sich der Fluorgehalt der unbekannten Lösung.

Bemerkungen. **I.** Die **Genauigkeit** des Verfahrens ist gut. Die von FAHEY angegebenen Fehler schwanken zwischen — 0,7 und + 0,3%.

II. Störungen. *Grundsätzlich stören alle färbenden Elemente.* Jedoch lassen sich diese, außer *Chromat*, aber einschließlich *Vanadat* sowie *Phosphat* durch Zinkoxyd entfernen (s. das Verfahren von FAIRCHILD, S. 211). Chromat muß auf andere Art abgeschieden werden.

III. Abänderung von URECH. Die wichtigste Änderung gegenüber dem colorimetrischen Vergleich bei FAHEY ist die Anwendung des lichtelektrischen Colorimeters von LANGE.

Arbeitsvorschrift. Eine 0 bis 4 mg Fluor entsprechende Menge der Probe wird in einen Meßkolben von 100 cm³ Inhalt gebracht, mit 5 cm³ Reagens und mit Wasser bis zur Marke versetzt und umgeschüttelt. Es kann sofort photometriert werden unter Verwendung des Rotfilters RG2 und einer 15-Wattlampe. Die vorhandene Fluormenge wird aus der abgelesenen Absorption mit Hilfe einer Eichkurve ermittelt.

---

[1] LANGE, B.: Ch. Fabr. **5**, 457 (1932).
[2] YOE, J.: Am. Soc. **54**, 4139 (1932).

Liegt die Probe nicht in löslicher Form vor, so wird (unter Umständen nach Aufschluß mit Soda im Platintiegel) eine doppelte Destillation im CLAISEN-Kolben (s. auch S. 187) nach WILLARD-WINTER (§ 4) durchgeführt, und zwar das erste Mal mit Schwefelsäure, wobei 400 cm³ Destillat aufgefangen werden. Dieses wird mit Natronlauge alkalisch gemacht (Phenolphthalein), auf etwa 25 cm³ eingedampft und nun ein zweites Mal mit Perchlorsäure bei 135° unter Einleiten von Wasserdampf (s. z. B. S. 181, Abb. 8) destilliert. In einem Meßkolben von 500 cm³ Fassungsvermögen werden 400 cm³ dieses Destillates gesammelt; danach wird der Kolben bis zur Marke aufgefüllt. Hiernach kann die colorimetrische Bestimmung (s. o.) vorgenommen werden.

Reagens. 75 mg Ferron (Yatren) werden in einen Meßkolben von 50 cm³ Fassungsvermögen eingewogen, mit destilliertem Wasser auf dem Wasserbad bei 50° gelöst; die Lösung wird abgekühlt und zur Marke aufgefüllt. Von dieser Lösung werden 45 cm³ mit 50 cm³ Wasser verdünnt und mit 5 cm³ einer Mischung von 2 n Salzsäure und 0,1 n EisenIII-chloridlösung versetzt.

Daten zur Eichkurve.

mg Fluor/100 cm³	0,5	1,0	1,5	2,0	2,5	3,0	4,0	5,0
% Absorption	43,2	38,5	34,4	32,0	29,8	27,8	26,2	24,8

F. Colorimetrische Bestimmung mittels EisenIII-salicylats.

Das von KORTÜM-SEILER ausgearbeitete Verfahren verwendet die durch Fluor hervorgerufene Farbschwächung des violetten Komplexes von EisenIII-Ion mit Salicylsäure bei dem p_H-Wert 2,7. Unter Verwendung einer Eichkurve kann die Messung photometrisch bei 550 mμ ausgeführt werden. Das schnelle und einfache Verfahren eignet sich gleichermaßen für die Bestimmung von Fluorid und von Silicofluorid. Die Farbintensität ist sofort konstant und bleibt tagelang unverändert.

Reagenzien. *1. EisenIII-chloridlösung.* 5,406 g $FeCl_3 \cdot 6H_2O$ werden in 1 Liter n Salzsäure gelöst. Die Lösung bleibt monatelang unverändert. Zum Gebrauch wird sie auf das Zehnfache verdünnt, sie ist dann $2 \cdot 10^{-3}$ m. Nach Neuherstellung der konzentrierten Lösung kann ihr Eisengehalt durch Messung ohne Fluorzusatz kontrolliert werden. *2. $2 \cdot 10^{-3}$ n Natriumsalicylatlösung.* 0,3200 g Natriumsalicylat werden in 1 Liter Wasser gelöst. *3. Flußsäure* zur Aufstellung der Eichkurve. Man verdünnt analysenreine Flußsäure auf $2 \cdot 10^{-3}$ n und kontrolliert ihren Gehalt durch Titration mit Natronlauge und Phenolphthalein als Indicator. Sie wird in paraffinierten Flaschen aufbewahrt. *4. Aufstellung der Eichkurve.* In 250-cm³-Meßkolben mißt man 2 bis 50 cm³ $2 \cdot 10^{-3}$ n Flußsäure ein und gibt bis zu 50 cm³ Wasser zu. Nach Zusatz von 5 Tropfen alkoholischer 0,04%iger Bromphenolblaulösung versetzt man mit Salzsäure, bis die Lösung schwach blau ist (Vergleich gegen eine Standardprobe). Nun fügt man 25 cm³ $2 \cdot 10^{-3}$ n Natriumsalicylatlösung und 25 cm³ $2 \cdot 10^{-3}$ m EisenIII-chloridlösung zu, füllt auf 250 cm³ auf und mißt sofort, wobei man als Vergleichslösung eine ebenso bereitete Eisensalicylatlösung ohne Fluoridzusatz verwendet.

Arbeitsvorschrift. Man arbeitet genau so, wie oben für die Aufstellung der Eichkurve beschrieben.

Bemerkungen. **I. Genauigkeit.** Der Fehler beträgt ± 0,1 bis 0,2%.

II. Die **Temperaturabhängigkeit** ist sehr gering.

III. Die **Empfindlichkeit** ist abhängig vom Verhältnis der EisenIII-Konzentration zu der Konzentration des Salicylates. Sie ist am größten bei möglichst kleinen und möglichst äquimolaren Konzentrationen.

IV. Möglichst genaue **Einhaltung des p_H-Wertes** ist Bedingung für die Erzielung der größten Farbintensität.

V. Störungen. Der Einfluß von Fremdsalzen ist ziemlich groß, er soll möglichst vermieden oder durch entsprechende Zusätze zur Vergleichslösung kompensiert werden. Aluminium und Kieselsäure stören nicht sehr. Phosphat darf nicht anwesend sein, weil es die gleiche Reaktion wie Fluor gibt. Auch Sulfat stört stark, ferner alle Ionen, die mit dreiwertigem Eisen bzw. mit Salicylsäure Komplexverbindungen bilden.

Literatur.

ADOLPH, W. A.: Am. Soc. **37**, 2510 (1915). — ARMSTRONG, W. D.: Ind. eng. Chem. Anal. Edit. **5**, 300 (1933).

BELLUCCI, I.: Ann. Chim. applic. **1**, 441 (1914); durch C. **88, II**, 133 (1917).

FAHEY, J.: Ind. eng. Chem. Anal. Edit. **11**, 362 (1939). — FAIRCHILD, J. G.: J. Washington Acad. Sciences **20**, 141 (1930). — FOSTER, M. D.: Am. Soc. **54**, 4464 (1932); Ind. eng. Chem. Anal. Edit. **5**, 234, 238 (1933).

GIORDANI, M.: Ann. Chim. applic. **24**, 496 (1934); durch C. **106, I**, 3449 (1935). — GREEFF, A.: B. **46**, 2511 (1913). — GUYOT, M.: C. r. **71**, 274 (1870); **73**, 273 (1871).

KNOBLOCH: Pharm. Z. **39**, 558 (1894); durch FAIRCHILD a. a. O. — KORENMAN, I. M.: Z. anorg. Ch. **216**, 33 (1933). — KORTÜM-SEILER, M.: Angew. Ch. A **59**, 159 (1947).

LANGE, B.: Colorimetrische Analyse. Berlin 1941.

SMIT, N. K.: Chem. Trade J. **71**, 325 (1922); durch C. **93, IV**, 1158 (1922). — SMITH, H. V.: Ind. eng. Chem. Anal. Edit. **7**, 23 (1935). — SPIELHACZEK, H.: Fr. **118**, 161 (1939).

TREADWELL, W. D. u. A. KÖHL: Helv. **8**, 500 (1925); **9**, 470 (1926).

UEBEL, M.: Ch. Z. **49**, 701 (1925). — URECH, P.: Helv. **25**, 1115 (1942).

VISINTIN, B.: Ann. Chim. applic. **24**, 315 (1934); durch C. **106, I**, 600 (1935).

WEYL, W. u. H. RUDOW: Z. anorg. Ch. **226**, 341 (1936). — WILCOX, L. V.: Ind. eng. Chem. Anal. Edit. **6**, 167 (1934).

§ 7. Colorimetrische Bestimmung des Fluors durch Entfärbung von Peroxotitanylsulfat.

Wasserstoffperoxyd erzeugt in einer Titansulfatlösung, wie sie z. B. durch Lösen einer Schmelze von Titandioxyd in Kaliumdisulfat $K_2S_2O_7$ erhalten wird, *eine gelbrote Färbung, die bei Zugabe von Fluorid verschwindet.* Diese Reaktion ist von STEIGER verwendet worden, um kleine Fluormengen colorimetrisch zu bestimmen.

SCHWARZ und GIESE hatten angenommen, daß die gelbrote Färbung von einem Kaliumperoxotitanylsulfat $K_2[TiO_2(SO_4)_2] \cdot 3H_2O$ herrühre. JAHR und SHIN sowie GASTINGER haben aber gezeigt, daß an dem Aufbau der orangefarbenen Peroxydverbindung Anionen nicht beteiligt sind, daß insbesondere die Reaktion nicht an die Anwesenheit von Schwefelsäure gebunden ist, sondern ebensogut in perchlorsaurer Lösung erfolgt. JAHR und SHIN formulieren die Reaktion des Titanyl-Ions mit Wasserstoffperoxyd am einfachsten durch die Gleichung:

$$\underset{\text{farblos}}{[TiO \cdot aq]^{\cdot\cdot}} + H_2O_2 \rightleftharpoons \underset{\text{orange}}{[TiO_2 \cdot aq]^{\cdot\cdot}} + H_2O.$$

Bei zu geringer Säurekonzentration tritt Hydrolyse des Titanyl-Ions und gleichzeitige Kondensation zu Polybasen ein, die nicht mehr zur Bildung von Peroxydverbindungen imstande sind. Die Rolle der Mineralsäure besteht also nur darin, die Hydrolyse des Titanylsalzes zurückzudrängen. Die Entfärbung durch Fluorid ist dann etwa folgendermaßen zu formulieren:

$$\underset{\text{orange}}{[TiO_2 \cdot aq]^{\cdot\cdot}} + 6\,F' + 2\,H^{\cdot} = \underset{\text{farblos}}{[TiF_6]''} + H_2O_2 + aq.$$

***Arbeitsvorschrift* von STEIGER. Reagenzien.** *(1) Titanlösung.* Man löst Kaliumtitanfluorid $K_2[TiF_6]$ in Wasser, fügt einen großen Überschuß an Schwefelsäure zu und dampft die Mischung bis zum Entweichen dicker Schwefelsäuredämpfe ein.

Nach dem Erkalten wird Wasser zugefügt, das Eindampfen wiederholt und so mehrmals verfahren, bis alles Fluor sicher entfernt ist. Der Rückstand wird dann mit viel Wasser aufgenommen und der Gehalt dieser Lösung an Titan gewichtsanalytisch bestimmt. Sodann wird eine Lösung hergestellt, die 0,1 g Titandioxyd/l enthält und zu der so viel Schwefelsäure gegeben wird, daß eine daran 3%ige Lösung entsteht. – MERWIN bereitet die Titanlösung durch vorsichtiges Erhitzen einer innigen Mischung von 1 g reinem Titandioxyd und 3 g Ammoniumpersulfat, bis die heftige Reaktion aufgehört hat. Dann wird das Ammoniumsulfat abgeraucht, der Rückstand mit 20 cm³ konzentrierter Schwefelsäure zum Rauchen erhitzt und nach dem Erkalten in 800 cm³ kaltes Wasser gegossen. Das suspendierte Titansalz löst sich alsbald, und man gibt nunmehr 57,5 cm³ konzentrierte Schwefelsäure und Wasser bis zum Liter zu. (Eine gewichtsanalytische Kontrolle der Lösung kann bei Anwendung von reinem Titandioxyd entfallen.) – *(2) 3%iges Wasserstoffperoxyd.*

Bestimmung. Die Fluoridlösung, die nicht mehr als 2 bis 3 mg Fluor enthalten soll, wird in einen 100 cm³-Meßkolben gebracht, mit 20 cm³ der Titansulfatlösung und 2 bis 3 cm³ Wasserstoffperoxyd versetzt und bis zur Marke aufgefüllt. Die Vergleichslösung wird genau in gleicher Weise hergestellt. Die beiden Lösungen unterscheiden sich nun in der Farbtiefe gemäß der Schwächung, die das Fluor in der ersten Lösung hervorruft. Diese Schwächung wird z. B. in einem DUBOSCQ-Colorimeter gemessen.

Das Maß dieser Bleichung ist nicht direkt proportional dem Betrag des anwesenden Fluors, sondern dessen Menge muß aus einer Kurve, die mit bekannten Fluormengen aufgenommen worden ist, abgelesen werden. Nach BENDIG und HIRSCHMÜLLER gilt nämlich das BEERsche Gesetz für die Umsetzung zwischen Fluor und der Pertitanverbindung *nicht*.

Wenn kein Colorimeter zur Verfügung steht, so kann auch folgendermaßen vorgegangen werden: In Colorimeterröhren versetzt man unter gleichartigen Bedingungen eine Reihe von Lösungen von Peroxotitanylsalz mit steigenden, bekannten Fluormengen. Die Färbung der Lösung mit der unbekannten Fluormenge wird sich nunmehr in die Reihe der Vergleichslösungen einordnen lassen, und danach läßt sich der Fluorgehalt leicht abschätzen, ohne daß eine Eichkurve angelegt zu werden braucht.

Stammt die Probe aus einem Silicataufschluß (s. S. 146), so ist sie zuvor mit verdünnter Schwefelsäure vorsichtig zu neutralisieren.

***Bemerkungen.* I. Genauigkeit.** Angaben von STEIGER sowie von MERWIN hierüber fehlen. Das Verfahren wird aber von ADOLPH sowie von WAGNER und ROSS empfohlen. Es eignet sich jedoch nur für die Bestimmung sehr kleiner Mengen Fluor (SZEGÖ und CASSONI). – STEINKÖNIG empfiehlt das Verfahren für die Fluorbestimmung in Böden, jedoch dürfen diese nicht unter 0,01% Fluor enthalten.

II. Störungen. *Natriumsalze* sind selbst in größeren Mengen ohne Einfluß auf die Bestimmung. Auch *Kieselsäure* bewirkt in Mengen bis zu 0,1 g keine Störung (STEIGER; MERWIN). Durch Fällung mit Ammoniumcarbonat läßt sich die Kieselsäure im übrigen leicht entfernen. Dagegen stören bereits kleine Mengen *Aluminium*, die sich aber ebenfalls quantitativ durch Ammoniumcarbonat entfernen lassen (s. S. 146). *Phosphorsäure* bewirkt ebenfalls eine starke Störung, da sie in derselben Weise wirkt wie Fluor selbst. Für ihre völlige Abwesenheit ist daher Sorge zu tragen. Dies kann nach GOLDENBERG durch Fällung mittels Silbernitrats geschehen. – Auch *Alkalisulfate* stören infolge Bildung unbekannter Komplexverbindungen (WICHMANN und DAHLE). Es dürfte sich daher empfehlen, die Vergleichslösungen mit derselben Menge Alkalisulfat zu versetzen, die in der Probelösung vorhanden ist. Um überhaupt den störenden Einfluß von Ionen auszuschalten, machen WICHMANN und DAHLE den folgenden Vorschlag: Eine gleiche Menge Reagens wird zu zwei gleichen Volumina der Probelösung ($p_H = 1{,}5$) hinzugefügt, von denen das eine mit einer solchen Menge Aluminium versetzt ist, daß jede Entfärbung verhindert wird (2 mg Al für 0,04 mg F). Der Unterschied der im Colorimeter gemessenen Färbung beider Lösungen gestattet, die zu bestimmende Menge Fluor zu erkennen. Die störende Wirkung aller anderen Ionen, die in den beiden Lösungen gleichartig vorhanden sind, ist dadurch ausgeschaltet. – *Borsäure* ist ohne Einfluß (HACKL).

III. Einfluß der Säurestufe. Die bleichende Wirkung des Fluors ist abhängig von der Säurestufe. Sie besitzt einen Höchstwert bei dem p_H-Wert 1,5 und sinkt bei dem p_H-Wert 2,5 praktisch auf Null. Daher wird die Bestimmung am besten bei dem p_H-Wert 1,5 ausgeführt (WICHMANN und DAHLE). Da nach ALIMARIN die genaue Übereinstimmung der Acidität von Probe- und Vergleichslösung wichtig ist, schlägt er vor, den Auszug aus einem mit Natrium-Kaliumcarbonat erhaltenen Schmelzaufschluß (s. S. 141) mit verdünnter Schwefelsäure bei Gegenwart von p-Nitrophenol als Indicator zu neutralisieren.

IV. Abänderungen der Methode von STEIGER. a) Besondere Vorschriften. SZEGÖ und CASSONI sowie PEYROT schlagen vor, das Verfahren von STEIGER mit dem Destillationsverfahren von PENFIELD (s. § 4, S. 168) zu vereinigen. Die nach dem PENFIELD-Verfahren erhaltenen Gase leitet man in 0,5 n Natronlauge ein und füllt die gegebenenfalls filtrierte Lösung im Meßkolben auf. Die colorimetrische Bestimmung erfolgt in aliquoten Teilen der Lösung nach dem oben beschriebenen Verfahren. Die besten Ergebnisse werden bei Lösungen mit 0,0005 bis 0,0025% Fluor erhalten (PEYROT). WICHMANN und DAHLE empfehlen die direkte photometrische Messung der Entfärbung, ebenso SZEGÖ und CASSONI, die die Anwendung eines PULFRICH-Photometers vorschlagen. OVENSTON und PARKER bestimmen anorganische Fluoride in organischen Stoffen nach Veraschen in Gegenwart von Magnesiumacetat und nach der Destillation der Asche mit Schwefelsäure durch photoelektrische Messung der Bleichung von Peroxytitanylsulfat.

b) Verfahren von HACKL. Anstatt im Colorimeter die einmal hervorgebrachte Farbänderung zu messen, stellt HACKL eine Vergleichslösung durch Titration mit einer eingestellten Fluoridlösung auf den gleichen Farbton ein, den die Probelösung unter gleichen Bedingungen hervorruft, und vergleicht diese Farbtöne entweder im Colorimeter oder in den üblichen colorimetrischen Glasröhren. Die Fluoridlösung enthält z. B. 2,211 g Natriumfluorid im Liter, entsprechend 1 mg Fluor/cm³, oder für kleine Fluormengen nur 0,5 oder 0,2mg Fluor/cm³. Beim Vorliegen von sehr wenig Fluor wird die Probe auf ein kleines Volumen von etwa 25 cm³ gebracht, während sonst 100 cm³ Anwendung finden können. – Wenn Fluorid aus Silicaten bestimmt werden soll, die zuvor aufgeschlossen werden mußten (s. S. 146), so wird die Vergleichslösung in ähnlicher Weise hergestellt wie die Probelösung: Dieselben Mengen Alkalicarbonat löst man in Wasser, behandelt die Lösung auf dem Wasserbad mit der gleichen Menge Ammoniumcarbonat, setzt dann die gleichen Reagensmengen zu usw.

c) Arbeitsvorschrift von KORENMAN für kleine Fluormengen. Zu der zu untersuchenden Fluoridlösung gibt man 5 cm³ Titansulfatlösung (1 cm³ Lösung enthält etwa 0,15 g Titandioxyd) und 3 cm³ 3%iges Wasserstoffperoxyd und verdünnt mit Wasser auf 25 cm³. Aus den gleichen Reagensmengen wird die Vergleichslösung hergestellt. Die erhaltenen Färbungen werden in einem Komparator verglichen. Die intensiver gefärbte Vergleichslösung wird mit Wasser bis zur gleichen Einstellung der Farbtöne verdünnt. Aus der verbrauchten Wassermenge berechnet man die Färbungsintensität in der Untersuchungslösung in Prozenten, wobei die Färbungsintensität der Vergleichslösung gleich 100% gesetzt wird. Aus einer mit bekannten Fluoridmengen hergestellten Kurve kann der Fluorgehalt abgelesen werden. – Bei Anwendung von 0,5 bis 0,04 mg Fluorwasserstoffsäure lag der Fehler zwischen — 1,2 und — 5%.

d) Arbeitsvorschrift von MONNIER, VAUCHER und WENGER zur Fluorbestimmung in Zähnen. 0,1 g Substanz werden mit 10 cm³ 1,2 n Salzsäure und 3 cm³ Reagens versetzt. (26,7 cm³ 18%ige TitanIII-chloridlösung, 100 cm³ konzentrierte Schwefelsäure und 60 cm³ Perhydrol werden mit ausgekochtem Wasser zu 1 Liter aufgefüllt. Die monatelang haltbare Stammlösung wird zum Gebrauch auf das Zehnfache verdünnt.) Nach 10 Min. fügt man 1 cm³ Perhydrol hinzu, verdünnt auf 50 cm³ und filtriert durch ein doppeltes Filter. Man mißt die Farbschwächung photoelektrisch und entnimmt den Fluorgehalt einer Eichkurve, die mit einer 10 γ Fluor/l enthaltenden Lösung aufgestellt wird. Der pH-Wert der Lösung und die Konzentration des Wasserstoffperoxydes sind genau einzuhalten. Der Fehler bei 10 bis 200 γ Fluor in 50 cm³ beträgt 3 bis 5 γ. Phosphat stört nicht.

V. Bestimmung von Fluor in Glas. PARRISH, WIDMYER, BRUNNER und MATSON wenden das Verfahren von STEIGER mit spektrophotometrischer Messung auf die Fluorbestimmung in Glas an. Obwohl die Extinktion dem BEERschen Gesetz nicht folgt, kann die Bestimmung mit Hilfe einer Eichkurve ausgeführt werden.

Reagenzien. *1. Zinknitratlösung.* 10 g Zinkoxyd werden in 180 cm³ Wasser aufgeschlämmt und mit 20 cm³ konzentrierter Salpetersäure gelöst. – *2. 6%iges Wasserstoffperoxyd.* – *3. Titanlösung* mit 1 mg TiO_2/cm³. 3 g Kalium-Titanfluorid K_2TiF_6 werden mit 100 cm³ n Schwefelsäure ½ Std. lang bis zum Rauchen erhitzt. Nach dem Erkalten gibt man 100 cm³ Wasser hinzu und raucht noch zweimal ab. Dann versetzt man mit 10 cm³ n Schwefelsäure und füllt auf 1 Liter auf.

Arbeitsvorschrift. Man schmilzt 1 g Glas mit 3,5 g Natriumcarbonat, laugt die Schmelze mit Wasser in der Hitze aus, saugt vom Rückstand ab und wäscht diesen mit heißem Wasser aus. Zur Fällung von gelöstem Siliciumdioxyd, Aluminium und Eisen versetzt man mit 20 cm³ Zinknitratlösung, saugt den entstandenen Niederschlag ab und wäscht ihn mit heißem Wasser aus. Zur Lösung fügt man 4 cm³ Wasserstoffperoxyd (2), 10 cm³ Titanlösung (aus einer Pipette) und 3 cm³ konzentrierte Schwefelsäure (langsam aus einer Bürette). Man füllt die Mischung auf 100 cm³ auf und hält sie auf einer Temperatur von 30°. Sie wird spektrophotometrisch bei 440 mμ in der 1 cm-Küvette gegen eine ebenso behandelte Blindprobe aus fluorfreiem Glas gemessen.

Bemerkungen. Die *Messung* muß nach 90 Min. stattfinden, da nach längerer Zeit eine Abnahme der Farbe eintritt. – Die *Temperatur* soll 30 ± 5^0 betragen. – Gegen *Verdünnung* ist das Verfahren sehr empfindlich. – Es ist nur *anwendbar* bis zu einem Gehalt des Glases bis 2% Fluor. Höherprozentige Gläser müssen mit fluorfreien Gläsern entsprechend gemischt und dann analysiert werden. – Ein Gehalt der Gläser über 2,5% Boroxyd (B_2O_3) läßt die Fluorwerte viel zu niedrig werden.

Literatur.

ADOLPH, W. A.: Am. Soc. **37**, 2511 (1915). — ALIMARIN, I. P.: Betriebslab. **5**, 1140 (1936); durch C. **108, II**, 1236 (1937).

BENDIG, M. u. H. HIRSCHMÜLLER: Fr. **120**, 385 (1940).

GASTINGER, E.: Naturforschung und Medizin in Deutschland 1939—1946 (FIAT-Review of german science), Band 25, Anorganische Chemie, Teil III, S. 174, Wiesbaden 1948. — GOLDENBERG, J.: Chem. J. Ser. B **5**, 1088 (1932); durch C. **104, II**, 1897 (1933).

HACKL, O.: Fr. **97**, 254 (1934); **116**, 92 (1939).

JAHR, K. F. u. J. SHIN: Naturforschung und Medizin in Deutschland 1939—1946 (FIAT-Review of german science), Band 25, Anorganische Chemie, Teil III, S. 170, Wiesbaden 1948.

KORENMAN, I. M.: Z. anorg. Ch. **216**, 35 (1933).

MERWIN, H. E.: Am. J. Sci. [4] **28**, 119 (1909). — MONNIER, D., R. VAUCHER u. P. WENGER: Helv. **31**, 929 (1948).

OVENSTON, T. C. J. u. C. A. PARKER: Analyst **71**, 171 (1946); Chem. Abstr. **40**, 3696 (1946).

PARRISH, M. C., J. H. WIDMYER, A. J. BRUNNER u. F. R. MATSON: Analytic. Chem. **19**, 156 (1947). — PEYROT, E.: Ann. Chim. applic. **24**, 74 (1934); durch C. **105, II**, 475 (1934).

SCHWARZ, R. u. H. GIESE: Z. anorg. Ch. **176**, 209 (1928). — STEIGER, G.: Am. Soc. **30**, 219 (1908). — STEINKÖNIG, L.: Ind. eng. Chem. **11**, 464 (1919). — SZEGÖ, L. u. B. CASSONI: Giorn. Chim. ind. ed applic. **15**, 599 (1933); durch C. **105, I**, 2624 (1934); Chim. e Ind. **17**, 81 (1935); durch C. **106, II**, 1065 (1935).

WAGNER, C. R. u. W. H. ROSS: Ind. eng. Chem. **9**, 1116 (1917). — WICHMANN, H. J. u. D. DAHLE: J. Assoc. offic. agric. Chem. **16**, 612; 619 (1933); durch C. **105, I**, 2008 (1934).

§ 8. Bestimmung des Fluors mittels der Salze dreiwertiger Erdmetalle.

1. Bestimmung des Fluors durch Umsetzung mit Aluminiumsalzen.

Vorbemerkung. *Die Bestimmung beruht auf der Reaktion von Fluoriden mit Aluminiumsalz gemäß der Gleichung* $6\ NaF + AlCl_3 = Na_3[AlF_6] + 3\ NaCl$. Das Natriumaluminiumfluorid ist sehr schwer löslich und scheidet sich ab. Nach TREADWELL und KÖHL beträgt die Löslichkeit bei Raumtemperatur 41 mg $Na_3[AlF_6]$/100 cm^3 Lösung.

Die Bildung des Natriumaluminiumfluorides ist von KURTENACKER und JURENKA zur maßanalytischen Bestimmung des Fluors mittels einer „neutralen" Aluminiumchloridlösung benutzt worden. Den Endpunkt der Titration erkennt man an der Rotfärbung von Methylrot. Diese wird bewirkt durch die saure Reaktion überschüssiger Aluminiumchloridlösung, die auf Hydrolyse beruht. FUCHS hat das Verfahren durch Anwendung einer „basischen" Aluminiumchloridlösung und von Phenolphthalein als Indicator verändert und hauptsächlich zur Analyse technischer Fluoride benutzt. Nach den Untersuchungen von GEYER ist aber der Farbumschlag bei Verwendung basischer Aluminiumchloridlösung nicht besonders scharf, und er empfiehlt deshalb das Verfahren von KURTENACKER und JURENKA. Auch RINCK hat nach diesem Verfahren gute Werte (Fehler $\pm$ 0,5%) erhalten, während er das Verfahren von FUCHS als weniger gut bezeichnet. Wegen der zahlreichen Störungsmöglichkeiten (s. Bemerkung b), S. 223) ist nach GEYER das Verfahren von KURTENACKER und JURENKA am besten anwendbar im Anschluß an eine Destillation des Fluors als Silicofluorwasserstoffsäure (s. § 4, S. 177), wenn nicht zu geringe Mengen vorhanden sind. – OSCHEROWITSCH benutzt die Entfärbung der Aluminium-Aluminon-Verbindung durch Fluorid zu dessen Bestimmung, und SAYLOR und LARKIN verwenden die von EEGRIWE eingehend studierte Lackbildung des Aluminiums mit Eriochromcyanin zur Indication bei der Titration von Fluoriden mit Aluminiumchloridlösung. – Die Bildung des Natriumaluminiumfluorides ist von HARMS und JANDER zur Bestimmung des Fluors auf konduktometrischem Wege benutzt worden.

I. Bestimmung des Fluors durch Titration mit neutraler Aluminiumchloridlösung nach KURTENACKER und JURENKA.

Die unter Zuhilfenahme von Phenolphthalein neutralisierte Fluoridlösung wird mit Methylrot versetzt, mit neutralem Natriumchlorid gesättigt und nach dem Erwärmen auf 70 bis 80° mit Aluminiumchloridlösung von bekanntem Wirkungswert bis zum Auftreten der roten Farbe des Methylrots titriert. Der Farbumschlag ist deutlich erkennbar. Da nach der Umsetzungsgleichung 6 Mole Alkalifluorid mit 1 Mol Aluminiumchlorid in Reaktion treten, so entspricht einer n Fluoridlösung eine $^1/_6$ m Aluminiumchloridlösung.

Reagens. Man löst $^1/_6$ Mol = 40,24 g krystallisiertes Aluminiumchlorid in 1 l Wasser und filtriert, wenn nötig, von Ungelöstem ab. Zur Prüfung der Lösung auf das Vorhandensein von freier Säure oder Base läßt man nach CRAIG allmählich 20 cm^3 zu 10 cm^3 einer etwa 8%igen, gegen Phenolphthalein neutralen Kaliumfluoridlösung zutreten. Ist freie Säure zugegen, so bleibt die Lösung farblos. Man titriert mit n Lauge auf Rot. Ist freie Base (basisches Salz) vorhanden, was meist der Fall ist, so färbt sich die Flüssigkeit tief rot. Man setzt nun eine gemessene Menge überschüssiger n Säure zu und titriert mit n Lauge zurück. Entsprechend der gefundenen Menge freier Säure oder Base wird die Aluminiumchloridlösung mit Natronlauge oder Salzsäure neutralisiert, bis bei einer Wiederholung der Prüfung nach CRAIG eine nur eben wahrnehmbare Rotfärbung mit Phenolphthalein gefunden wird. Die Rotfärbung muß verschwinden, wenn man 5 cm^3 der Lösung mit 1 Tropfen 0,1 n Salzsäure versetzt.

Es ist besser, die Lösung so schwach alkalisch zu belassen, als sie etwa anzusäuern. – GEYER gibt an, die erforderliche Menge Aluminiumchlorid in 500 cm³ Wasser zu lösen, die Lösung kurze Zeit zu kochen und zu 1 Liter aufzufüllen (s. Bemerkung d).

Einstellung der Aluminiumchloridlösung. Nach KURTENACKER und JURENKA titriert man etwa 1,5 g reinster, etwa 35%iger Flußsäure in einer Platinschale mit genau eingestellter, carbonatfreier n Lauge bis zur Rötung von zugesetztem Phenolphthalein. Hierzu sind etwa 30 cm³ Lauge erforderlich. Der Verbrauch an Alkali bildet ein genaues Maß für den Fluorgehalt der Lösung (1 cm³ n NaOH = 19 mg F). Die Lösung wird mit Wasser auf 50 bis 100 cm³ verdünnt und mit so viel neutralem Natriumchlorid (Probe!) versetzt, daß auch nach der Titration noch festes Salz vorhanden ist. Nun setzt man Methylrot zu, erwärmt auf 70 bis 80° und titriert mit der Aluminiumchloridlösung unter Umschütteln bis zur bleibenden Rotfärbung. – Nach GEYER benutzt man zur Einstellung eine Natriumfluoridlösung, deren Fluorgehalt man durch Fällung als Calciumfluorid und manganometrische Titration (s. § 1, S. 153) oder durch Fällung als Bleichlorofluorid und argentometrische Titration (s. § 2, S. 160) ermittelt hat.

Die **Bestimmung** einer unbekannten Fluoridlösung erfolgt auf die gleiche Weise wie bei der Einstellung der Aluminiumchloridlösung. Vor der Titration wird die Lösung unter Verwendung von Phenolphthalein als Indicator neutralisiert.

Bemerkungen. **a) Die Genauigkeit** ist nach den Belegen sowohl von KURTENACKER und JURENKA als auch von GEYER und von RINCK gut.

b) Störungen. Alle Stoffe, die mit Fluor bzw. mit Aluminium unter Ausfällung oder Komplexbildung reagieren, stören die Titration. Auch wirkt bereits ein geringer Carbonatgehalt der Lösung störend. Da nach GEYER ein Verkochen in saurer Lösung nicht möglich ist, weil sich dabei Silicofluorwasserstoffsäure verflüchtigen kann, so bleibt nur der Ausweg über eine Destillation des Fluors nach § 4, S. 177, und anschließende Titration im Destillat. Auch die geringen Mengen Kohlendioxyd, die beim Eindampfen einer alkalischen Lösung aus der Luft aufgenommen werden, bedingen schon neben einer Verschlechterung des Farbumschlages eine merkliche Erhöhung der Fluorwerte. – Ohne Einfluß auf die Titration sind nach GEYER beliebige Mengen von Nitraten, Chloriden sowie kleine Mengen Kieselsäure. Entgegen der GEYERschen Ansicht stört nach RINCK Sulfat stark infolge Unschärfe des Umschlages.

c) Anwendungsbereich. Mit $^1/_6$ m Aluminiumchloridlösung können Fluormengen bis etwa 20 mg herab bestimmt werden. Bei kleineren Mengen wird eine verdünntere Lösung, etwa $^1/_{10}$ m, benutzt, und hierbei soll das Titrationsvolumen nur 10 bis 50 cm³ betragen.

d) Haltbarkeit der Aluminiumchloridlösung. KURTENACKER und JURENKA fanden, daß der Wirkungswert der Lösung anfänglich bis zu 8% zurückgeht, so daß es angezeigt sei, sie 1 bis 2 Wochen lang stehenzulassen oder aber sie kurz aufzukochen. Nach GEYER ändern reine Aluminiumchloridlösungen ihren Titer nicht innerhalb von 2½ Monaten.

II. Bestimmung des Fluors durch Titration mit basischer Aluminiumchloridlösung nach FUCHS.

Bei der Titration einer fluoridhaltigen Lösung mit einer Lösung von basischem Aluminiumchlorid, in welcher das Verhältnis $AlCl_3 : Al(OH)_3$ etwa 12 : 1 ist, tritt infolge der Bildung des Natriumaluminiumfluorides (s. S. 222) basische Reaktion auf (Gleichung 1), die bei weiterem Zusatz derselben Lösung verschwindet (Gleichung 2):

$$(1)\quad 6\,(m + n)\,NaF + mAlCl_3 \cdot nAl(OH)_3 = (m + n)\,Na_3[AlF_6] + 3\,n\,NaOH + 3\,m\,NaCl,$$

$$(2)\quad 3\,m\,NaOH + mAlCl_3 \cdot nAl(OH)_3 = (m + n)\,Al(OH)_3 + 3\,m\,NaCl.$$

Als Titrationslösung kann die gewöhnliche technische Aluminiumchloridlösung, die gewöhnlich schwach basisch ist, verwendet werden. Störend wirken alle Ionen, die mit Aluminium-Ionen Fällungen erzeugen. Diese Bestimmungsart hat FUCHS für die Analyse technischer Fluoride benutzt.

Reagens. 350 cm³ technische Aluminiumchloridlösung (D 1,273) oder die entsprechende Menge festes Salz werden nach Versetzen mit 250 cm³ n Natronlauge unter Schütteln so lange auf 80° erwärmt, bis das zunächst ausgeschiedene Aluminiumhydroxyd wieder in Lösung gegangen ist. Nach dem Erkalten füllt man auf 5 l auf und bestimmt den Titer auf folgende Weise: Aus einer Bürette läßt man etwa 35 cm³ n Natronlauge in eine Porzellanschale laufen, gibt 20 cm³ Wasser und reichlich Phenolphthaleinlösung hinzu und dann unter Rühren aus einem paraffinierten Glasrohr tropfenweise Flußsäure, bis gerade Entfärbung eintritt. Die Flüssigkeit wird erhitzt und unter Kochen bis zur Rötung titriert. Nach der Abkühlung auf Raumtemperatur wird endgültig auf ganz schwache Rotfärbung gestellt. Aus dieser Titration folgt die angewendete Fluormenge. Nun läßt man die Aluminiumchloridlösung aus einer Bürette zufließen, bis die zuerst auftretende Rotfärbung fast wieder verschwunden ist, und titriert dann vorsichtig zu Ende. Für kleine Fluormengen nimmt man schwächere Lösungen als 1 normal und dampft die zu titrierende Lösung auf ein kleines Volumen ein.

Anwendung zur Analyse technischer Fluoride. a) *Neutrales Natriumfluorid.* Man löst 1 bis 2 g des Salzes in 30 bis 50 cm³ Wasser und titriert wie oben angegeben.

b) *Saures Natriumfluorid.* 1 bis 2 g des Salzes werden unter Kochen, wie oben beschrieben, neutralisiert, wobei die endgültige Einstellung wieder nach dem Erkalten erfolgt. Die saure Reaktion technischer Produkte rührt meist von einem Gehalt an Natriumsilicofluorid her. Werden zur Neutralisation a cm³ n NaOH gebraucht, so sind vor der Berechnung des NaF von den zur Fluortitration verbrauchten b cm³ n $AlCl_3$-Lösung $^3/_2$ a cm³ abzuziehen. Bei g Gramm Einwaage berechnet sich der NaF-Gehalt eines technischen Salzes zu $\% \text{ NaF} = (b - {}^3/_2 a)\frac{4{,}20}{g}$.

c) *Saures Natriumfluorid in Gegenwart von Natriumsilicofluorid.* Man titriert g Gramm mit n NaOH gegen Phenolphthalein, wie oben angegeben. Der Verbrauch an n NaOH sei a cm³. Bei der dann folgenden Fluortitration mögen b cm³ Aluminiumchloridlösung verbraucht werden.

Berechnung: $\% \text{ NaHF}_2 = (2b - 3a)\frac{6{,}20}{g}$; $\% \text{ Na}_2 [\text{SiF}_6] = (2a - b)\frac{9{,}40}{g}$.

Fremde, sauer reagierende Stoffe dürfen selbstverständlich nicht anwesend sein.

d) *Kaliumfluorid.* Man fügt eine äquivalente Menge Natriumchlorid hinzu. Ein größerer Zusatz hat Einfluß auf den Wirkungswert der Aluminiumchloridlösung, was unter gleichen Bedingungen festgestellt werden muß.

e) *Saures Ammoniumfluorid* mit Verunreinigungen, wie Flußsäure, Ammoniumfluorid, saures Ammoniumsilicofluorid, saures Natriumfluorid und Natriumfluorid. Man löst 1 g Salz in einer Platinschale in 10 cm³ Wasser und bestimmt 1. die Summe der sauren Bestandteile durch Titration mit Natronlauge gegen Lackmus (bis zu einem zwiebelroten Farbton): Verbrauch = a cm³ n NaOH, 2. anschließend nach Zusatz von 15 cm³ 33%iger Calciumchloridlösung das vorhandene saure Ammoniumsilicofluorid allein: Verbrauch = b cm³ n NaOH. 3. Mit einer neuen Einwaage von 1 g Salz bestimmt man die Summe der sauren und ammoniumhaltigen Bestandteile, indem man einen gemessenen Überschuß an n Natronlauge zufügt, das Ammoniak wegkocht und den Überschuß an Natronlauge mit n HCl gegen Phenolphthalein zurücktitriert: Verbrauch = c cm³ n NaOH, und 4. wird nach Abkühlung dieser Lösung der Gesamtfluorgehalt durch Titration mit Aluminiumchloridlösung ermittelt: Verbrauch = d cm³ n $AlCl_3$.

Für die *qualitative Erkennung* der Einzelbestandteile ist das Größenverhältnis von d : c von Wichtigkeit. Es sind drei Fälle zu unterscheiden:

I. d = c: Das Fluor ist ausschließlich in Ammoniumsalzen gebunden, höchstens ist noch freie Flußsäure anwesend. Es sind zwei Möglichkeiten vorhanden:

1. (c — a) > a: Das Salz enthält NH_4HF_2, $NH_4H[SiF_6]$ oder/und NH_4F. Quantitative Berechnung: % NH_4HF_2 = (a — b/4) · 5,704; % $NH_4H[SiF_6]$ = b · 4,028; % NH_4F = [c — (2a + b)] · 3,704.

2. (c — a) < a: Es liegen im Salz vor: NH_4HF_2, $NH_4H[SiF_6]$ und freie Flußsäure (z. B. in Lösungen). Quantitative Berechnung: % NH_4HF_2 = [(c — a) — $^5/_4$ b] · 5,704; % $NH_4H[SiF_6]$ = b · 4,028; % freie Flußsäure = (2a + b — c) · 2,00.

II. d < c: Dieser Befund bedeutet, daß außer den genannten Ammoniumfluoriden und unter Umständen freier Flußsäure auch noch fremde Ammoniumsalze im Gemisch vertreten sind, z. B. Ammoniumsulfat oder andere. Unter solchen Umständen ist die 3. Titration für die Berechnung der Fluoride unbrauchbar, da der Wert c dann auch die fremden Ammoniumsalze einschließt, deren Summe durch die Differenz (c — d) in mg-Äquivalenten gegeben sein würde. Trotz ihrer Gegenwart läßt sich die Berechnung ohne Störung durchführen, indem man an Stelle von c den Wert d in die obigen Formeln einsetzt.

III. d > c: Hierdurch zeigt sich die Gegenwart fremder löslicher Fluoride an, z. B. von Natrium-, Kaliumfluorid oder anderen. Näheren Aufschluß gibt das Größenverhältnis (c — a): a. Wiederum treten zwei Möglichkeiten auf:

3. (c — a) > a: Das Gemisch besteht aus NH_4HF_2, $NH_4H[SiF_6]$, NH_4F und z. B. NaF. Quantitative Berechnung: % NH_4HF_2 = (a — b/4) · 5,704; % $NH_4H[SiF_6]$ = b · 4,028; % NH_4F = [c — (2a + b)] · 3,704; % NaF = (d — c) · 4,200.

4. (c — a) < a: Das Salz enthält NH_4HF_2, $NH_4H[SiF_6]$, NH_4F und ein fremdes, saures Fluorid, z. B. $NaHF_2$. Quantitative Berechnung: % NH_4HF_2 = [a — b/4 — (d — c)] · 5,704; % $NH_4H[SiF_6]$ = b · 4,028; % NH_4F = [d — (2a + b)] · 3,704; % $NaHF_2$ = (d — c) · 6,201.

f) *Unlösliche Fluoride* werden mit 2,5 Teilen Siliciumdioxyd und 6 Teilen Natriumkaliumcarbonat aufgeschlossen (s. S. 141), die wäßrige Lösung wird dann wie üblich titriert. Da die große Menge Natriumsalz in der Aufschlußlösung die Aluminiumtitration beeinflußt, ist es am besten, das unlösliche Fluorid in reinster Form als Urtitersubstanz bei der Einstellung der Aluminiumchloridlösung zu benutzen, nachdem es wie oben aufgeschlossen worden ist.

III. Bestimmung des Fluors durch Entfärbung der Aluminium-Aluminon-Verbindung nach OSCHEROWITSCH.

Das Verfahren beruht auf der Entfärbung der Verbindung des Aluminiums mit Aluminon, dem Ammoniumsalz der Tricarbonsäure des Aurins.

Arbeitsvorschrift. Zur Anlegung einer Eichkurve stellt man sich eine Reihe von Lösungen folgendermaßen her: In 100 cm³-Meßkolben bringt man so viel Natriumfluoridlösung, daß man eine um je 0,02 mg F abgestufte Reihe von 0,02 bis 0,16 mg F erhält. Man fügt je 0,04 mg Al als Aluminiumsalz hinzu, bringt auf 20 cm³, setzt nun 5 cm³ n Salzsäure, 5 cm³ 3 n Ammoniumacetatlösung und 5 cm³ 0,1%ige Aluminonlösung zu und läßt 15 Min. stehen. Dann fügt man 0,5 cm³ 5 n Ammoniak und 0,5 cm³ 5 n Ammoniumcarbonatlösung zu und füllt zur Marke auf. Nach 1 Std. mißt man die Färbungen im Photometer. Zur Fluorbestimmung in Apatit usw. destilliert man 1 g mit Schwefelsäure oder Perchlorsäure (s. § 4), versetzt das Destillat mit 1 bis 1,5 g Kaliumchlorid, füllt es auf 500 cm³ auf und nimmt davon 10 bis 20 cm³ zur Bestimmung, die man wie oben angegeben ausführt.

IV. Bestimmung des Fluors durch Titration mit Aluminiumchlorid und Eriochromcyanin R als Indicator nach Saylor und Larkin.

Eriochromcyanin R bildet mit Aluminium einen rotvioletten Farblack, dessen Entstehung und Farbe vom p_H-Wert der Lösung abhängig ist (Eegriwe). Die Farbe ist bei $p_H = 5{,}4$ bis 6,0 gelborange und wird gelb bei höherem und rot bei niedrigerem p_H-Wert. Die Titration ist unspezifisch, da andere hauptsächlich 2- und 3wertige Ionen stören. Auch ist der Salzfehler ziemlich groß, der besonders durch Sulfate hervorgerufen wird, während Natriumchlorid nur sehr wenig stört. Saylor und Larkin geben folgende

Arbeitsvorschrift. *Einstellung der Aluminiumchloridlösung.* 20 cm³ Natriumfluoridlösung mit 1 mg Fluor in 1 cm³ werden mit 2 Tropfen Phenolphthaleinlösung versetzt und der p_H-Wert sorgfältig so eingestellt, daß die Lösung gerade farblos ist. Man fügt 10 g Natriumchlorid und 4 Tropfen einer 0,1%igen, wäßrigen Lösung von Eriochromcyanin R hinzu. Die Lösung soll gelb sein. Man bringt sie gerade zum Kochen und stellt, wenn nötig, wieder die gelbe Farbe ein. (Die Lösung soll an Natriumchlorid gesättigt sein.) Aus einer Mikrobürette läßt man die Aluminiumchloridlösung langsam (1 Tropfen je 2 bis 3 Sek.) zu der heißen Lösung zufließen. Die Temperatur der Lösung soll dicht unterhalb des Kochpunktes liegen. Am Endpunkt der Titration erfolgt der Reagenszusatz noch langsamer. Gerade vor dem Umschlagspunkt wird die Farbe der Lösung dunkler mit einem scharfen Wechsel nach Rosa am Endpunkt. Dieser Umschlag ist unscharf, wenn die Temperatur unter 85 bis 90° sinkt. Der Blindverbrauch des Indicators beträgt etwa 0,002 bis 0,004 cm³. Die *Titration der Probelösung* wird ebenso ausgeführt. Wenn eine Destillation nach Willard und Winter (s. § 4) vorhergegangen ist, so gibt man je 10 cm³ Destillat 2 Tropfen Indicator und 5 g Natriumchlorid zu. Das Eindampfen des mit Natronlauge alkalisch gemachten Destillates ist nicht empfehlenswert. Die erhaltenen Ergebnisse sind gut.

V. Bestimmung des Fluors auf konduktometrischem Wege mittels Aluminiumchlorids.

Die Bestimmung beruht auf der Reaktion von Fluoriden mit Aluminiumsalz gemäß der Gleichung: $6\,NaF + AlCl_3 \rightleftarrows Na_3[AlF_6] + 3\,NaCl$. Das sehr schwer lösliche Natriumaluminiumfluorid (Löslichkeit bei Zimmertemperatur nach Treadwell und Köhl: 41 mg $Na_3[AlF_6]$/100 cm³ Lösung) fällt aus, und an die Stelle von 6 Molen Natriumfluorid treten nur 3 Mole Natriumchlorid. *Es verschwinden also Ionen, und die Leitfähigkeit der Lösung nimmt bis zum Äquivalenzpunkt ab. Durch das nun hinzukommende Aluminiumchlorid steigt die Leitfähigkeit der Lösung wieder an. Man erhält eine Leitfähigkeitskurve, die einen abfallenden und einen ansteigenden Ast aufweist. Der Schnittpunkt der beiden Geraden zeigt die bis zum Äquivalenzpunkt verbrauchten Kubikzentimeter an Aluminiumchlorid* (s. Abb. 15).

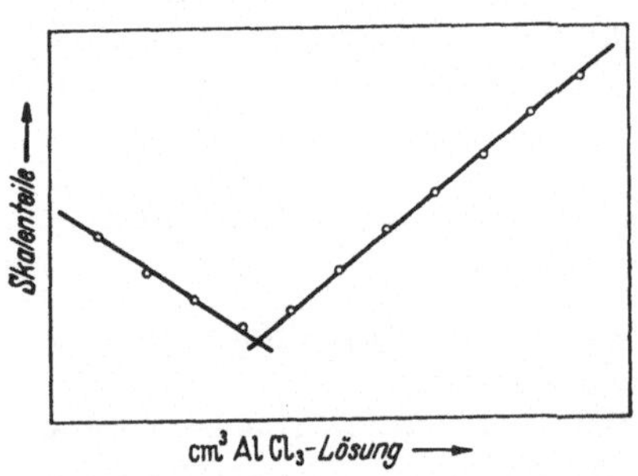

Abb. 15. Kurve zur konduktometrischen Fluorbestimmung nach Harms und G. Jander.

Das Verfahren ist von Harms und G. Jander durchgebildet worden, nachdem schon früher Treadwell und Köhl dahingehende Versuche angestellt hatten, die jedoch erfolglos blieben, da das Verfahren und die Apparate für konduktometrische Titrationen in ihrer Empfindlichkeit erst durch die Arbeiten von G. Jander und Mitarbeitern weiter verfeinert werden konnten, so daß sogar Mikrobestimmungen auf konduktometrischem Wege möglich sind.

Arbeitsvorschrift. Die Meßapparatur ist die für Leitfähigkeitstitrationen übliche.

Für die Bestimmung von Fluor in einer Menge von 20 mg bis herab zu einer Menge von 12 γ wird eine 0,02 m $AlCl_3$-Lösung verwendet, deren Gehalt gewichtsanalytisch durch Fällung als Aluminiumhydroxyd bestimmt wird. Bei Fluormengen von 20 bis 2 mg wird eine 5 cm^3, von 2000 bis 12 γ eine 1 cm^3 fassende Mikrobürette verwendet, die noch ein Volumen von 0,5 mm^3 abzulesen gestattet.

Das Leitfähigkeitsgefäß hat bis zu Fluormengen von 250 γ herab ein Fassungsvermögen von 50 cm^3, bei Fluormengen von 250 bis 50 γ wird mit einem kleineren Gefäß gearbeitet. Für die Bestimmung unterhalb 50 γ wird ein Leitfähigkeitsgefäß von der Weite eines Reagensglases benutzt mit Elektroden von 0,8 · 0,4 cm Größe und einem Abstand von 0,6 cm. Das Titrationsvolumen beträgt etwa 3 cm^3.

Die Bestimmung läßt sich in neutraler sowie in mit Natriumacetat abgepufferter, essigsaurer Lösung ausführen. Die das Fluor enthaltende Lösung wird in das Leitfähigkeitsgefäß gebracht und mit Wasser und Alkohol auf etwa 50 cm^3 aufgefüllt, so daß die Lösung 30%ig an Alkohol ist. Außerdem wird die Titrationslösung 0,01 bis 0,1 n an Essigsäure gemacht und mit der gleichen bis doppelten Menge an Natriumacetat versetzt. Für die schnelle Durchführung der Titration ist es vorteilhaft, zum Auffüllen eine Mischung von Wasser und Alkohol bereitzuhalten, da dann im Leitfähigkeitsgefäß die beim Mischen von Wasser und Alkohol auftretende Wärmetönung vermindert wird. Nach erreichter Konstanz der Anfangsleitfähigkeit wird die Aluminiumchloridlösung anteilweise zugesetzt. Die enge und lang ausgezogene Spitze der Bürette taucht während der Titration in die Flüssigkeit ein, die durch einen Rührer gut durchgemischt wird. Nach jedem Reagenszusatz wird die Leitfähigkeit gemessen und gemäß Abb. 15 in Abhängigkeit von der zugesetzten Reagensmenge zeichnerisch aufgetragen.

Bemerkungen. **a) Die Genauigkeit** liegt bis herab zu Fluormengen von 250 γ bei $\pm$ 1% und beträgt $\pm$ 5% bei den kleinsten Mengen von 25 bis 12 γ.

b) Störungen bei Gegenwart der 3- bis 5fachen Menge an *Natriumchlorid, -nitrat, -sulfat* und *-silicat traten nicht ein,* und die Titrationen ließen sich ohne Schwierigkeit durchführen.

2. Bestimmung des Fluors durch Fällung mittels Lanthansalzen.

Das auf der Schwerlöslichkeit von Lanthanfluorid, LaF_3, beruhende Verfahren ist von Meyer und Schulz angegeben worden. Es wird aus ammoniumacetathaltiger, essigsaurer Lösung ein Gemisch von Lanthanfluorid und Lanthanacetat ausgefällt, das die Komponenten im Verhältnis 1 : 1 enthalten soll. Beim Glühen des Niederschlages entsteht aus dem Lanthanacetat Lanthanoxyd, La_2O_3. Aus dem Gewichtsverlust läßt sich der Gehalt des Niederschlages an Fluor berechnen. Nach Fischer sowie nach Giammarino ist das Verfahren jedoch sehr ungenau, einmal weil das starke Adsorptionsvermögen des Lanthanfluorids sehr störend ist und ferner weil der ausfallende Niederschlag keineswegs immer dieselbe Zusammensetzung hat. Es kann also eine Bestimmung des Fluors mittels Lanthans nicht empfohlen werden.

3. Bestimmung des Fluors durch potentiometrische Titration mit CerIII-salz.

Fluoride bilden mit CerIII-salzen sehr schwer lösliches CerIII-fluorid, CeF_3. *Bei einer Titration einer Fluoridlösung mit einer CerIII-salzlösung kann der Endpunkt potentiometrisch festgelegt werden* durch Anwendung der EisenII-EisenIII-cyanidelektrode (Kolthoff und Furman). Allen und Furman fanden, daß das unlösliche Kalium-CerIII-EisenII-cyanid, KCe $[Fe(CN)_6]$, hierfür Verwendung finden kann. Das Potential einer EisenII-EisenIII-cyanidmischung an Platin bei 25° ist gegeben durch die Beziehung

$$E = e_0 + 0{,}0591 \log \frac{[[Fe(CN)_6]''']}{[[Fe(CN)_6]'''']}.$$

Wenn die EisenII-cyanid-Ionen nur von einer gesättigten Lösung von Kalium-CerIII-EisenII-cyanid geliefert werden, dann gilt für die gesättigte Lösung

$$[K^{\cdot}]\,[Ce^{\cdots}]\,\big[[Fe(CN)_6]''''\big] = L$$

bzw.

$$\big[[Fe(CN)_6]''''\big] = \frac{L}{[Ce^{\cdots}]\,[K^{\cdot}]}\,.$$

Das Potential der Elektrode wird also

$$E = e_0 + 0{,}0591 \log \frac{\big[[Fe(CN)_6]'''\big]\,[Ce^{\cdots}]\,[K^{\cdot}]}{L}\,,$$

und wenn $[[Fe(CN)_6]''']$ und $[K^{\cdot}]$ konstant sind und die Verdünnung der Lösung während der Titration vernachlässigt wird, so ergibt sich

$$E = e_0 + 0{,}0591 \log\,[Ce^{\cdots}]\,.$$

Das Elektrodenpotential ist also direkt proportional dem Logarithmus der molaren Konzentration des CerIII-Ions, vorausgesetzt, daß keine großen Mengen an Fremdsalzen oder Ionen, die mit CerIII-Ionen reagieren, in der Lösung vorhanden sind. NICHOLS und OLSEN haben die potentiometrische Fluoridbestimmung mit Hilfe von 0,01 n CerIII-nitratlösung durchgeführt.

Arbeitsvorschrift. **Apparatur.** Als Indicatorelektrode dient ein blanker Platindraht. Die Verbindung von der Titrationslösung zur Kalomel-Vergleichselektrode erfolgt durch einen langen elektrolytischen Stromschlüssel mit gesättigter Kaliumnitratlösung. Die lange Verbindung ist notwendig, weil die Lösung auf 70° gehalten werden muß. Die sonstige Anordnung ist die für potentiometrische Titrationen übliche.

Reagenzien. *(1) $Ce(NO_3)_3$-Lösung.* Die Gehaltsbestimmung erfolgt durch Eindampfen eines aliquoten Teils und Glühen des Rückstandes zu CerVI-oxyd. – *(2) 0,1 mol Lösung von Kalium-EisenIII-cyanid.* – *(3) Kalium-CerIII-EisenII-cyanid* wird gefällt durch Vermischen äquivalenter Mengen von CerIII-nitrat und Kalium-EisenII-cyanid. Der Niederschlag wird mehrfach mit destilliertem Wasser durch Dekantieren gewaschen und in einer wäßrigen Suspension angewendet.

Bestimmung. Die fluorhaltige Lösung, z. B. Natriumfluorid enthaltend, wird mit so viel Alkohol versetzt, daß sie an letzterem 50%ig ist. Das so erreichte Flüssigkeitsvolumen soll für eine Fluormenge von etwa 2 bis 50 mg Fluor 70 bis 80 cm³, von etwa 1 bis 2 mg Fluor 50 cm³, von etwa 0,1 bis 1 mg Fluor 25 cm³ betragen. Es werden 3 bis 4 Tropfen 0,1 mol Kalium-EisenIII-cyanidlösung und etwa 10 mg der Kalium-CerIII-EisenII-cyanidsuspension zugefügt. Diese Menge kann für die Bestimmung kleiner Fluormengen verringert werden, während jene nahezu konstant gehalten werden muß. Die Lösung wird auf 70° erhitzt und während der Titration auf der Temperatur gehalten, wobei diese um nicht mehr als 1° schwanken soll. Die Bestimmung des Äquivalenzpunktes erfolgt in üblicher Weise. Der Potentialsprung beträgt etwa 50 Millivolt bei mittleren Fluormengen und Anwendung von je 0,05 cm³ 0,1 n CerIII-nitratlösung.

Bemerkungen. **I.** Der **Anwendungsbereich** des Verfahrens liegt zwischen 0,1 und 50 mg Fluor, da bei höheren oder niedrigeren Mengen kein Potentialsprung beobachtet werden kann.

II. Störungen werden verursacht durch alle *Ionen, die CerIII-Ion fällen,* wie *Hydroxyd-, Carbonat-* und *Phosphat-Ion.* Auch *Säuren* stören, da Kalium-CerIII-EisenII-cyanid in verdünnten Säuren leicht löslich ist. *Größere Mengen an Fremdsalzen* sind ebenfalls zu vermeiden, da diese den Potentialsprung verschleiern.

III. Die Platinelektrode wird nach einigen Bestimmungen unbrauchbar und muß dann gereinigt werden.

IV. Die Genauigkeit des Verfahrens ist zufriedenstellend.

4. Weitere Methoden.

Es ist von mehreren Seiten vorgeschlagen worden, Fluorid unmittelbar mit CerIII-salz bzw. mit Yttriumsalz zu titrieren unter Verwendung eines Farbstoffes als Adsorptionsindicator. So empfehlen KURTENACKER und JURENKA CerIII-nitrat unter Verwendung von Methylrot als Indicator, während BATCHELDER und MELOCHE an dessen Stelle „Ampho magenta"[1] vorschlagen. FRERE verwendet Yttriumnitrat und Methylrot. Die erzielten Ergebnisse sind jedoch noch widerspruchsvoll, so daß auf die erwähnten Verfahren nicht näher eingegangen werden soll.

Literatur.

ALLEN, N. u. N. FURMAN: Am. Soc. **55**, 90 (1933).
BATCHELDER, G. u. V. W. MELOCHE: Am. Soc. **53**, 2131 (1931).
CRAIG, Th. J. I.: J. Soc. chem. Ind. **30**, 184 (1911); durch Fr. **52**, 117 (1913).
EEGRIWE, E.: Fr. **76**, 438 (1929); **108**, 268 (1937).
FISCHER, J.: Fr. **104**, 344 (1936). — FRERE, F. J.: Ind. eng. Chem. Anal. Edit. **5**, 17 (1933); **6**, 124 (1934). — FUCHS, P.: Ch. Z. **65**, 493 (1941).
GEYER, R.: Z. anorg. Ch. **252**, 42 (1944). — GIAMMARINO, P.: Fr. **108**, 196 (1937).
HARMS, J. u. G. JANDER: Z. El. Ch. **42**, 315 (1936).
JANDER, G. u. O. PFUNDT: Leitfähigkeitstitrationen und Leitfähigkeitsmessungen, 2. Aufl. Stuttgart (1934). Die konduktometrische Maßanalyse, S. 94 (Stuttgart 1945).
KOLTHOFF, I. M. u. N. FURMAN: Potentiometric titrations, New York (1931). — KURTENACKER, A. u. W. JURENKA: Fr. **82**, 210 (1930).
MEYER, R. J. u. W. SCHULZ: Angew. Ch. **38**, 203 (1925).
NICHOLS u. OLSEN: Ind. eng. Chem. Anal. Edit. **15**, 342 (1943); durch RINCK, E. (siehe dort).
OSCHEROWITSCH, R. J.: Betriebslab. **7**, 934 (1938); durch C. **111**, **II**, 1477 (1940).
RINCK, E.: Bl. [5] **15**, 310 (1948).
SAYLOR, J. H. u. M. E. LARKIN: Anal. Chem. **20**, 194 (1948).
TREADWELL, W. D. u. A. KÖHL: Helv. **8**, 506 (1925); **9**, 470 (1926).

§ 9. Besondere Methoden.

In diesem Paragraphen werden einige Verfahren angeführt, die sich in den vorigen Abschnitten nicht unterbringen ließen, ferner verschiedene Methoden beschrieben zur Bestimmung einiger einfacher Verbindungen des Fluors, vor allem auch von Verbindungen mit technischer Bedeutung.

1. Ätzverfahren.

Die Erscheinung, daß Flußsäure Glas angreift, indem sie die Kieselsäure auflöst und in Form von Siliciumfluorid, SiF_4, verflüchtigt (§ 4, S. 167), kann dazu verwendet werden, Fluor durch Anätzen von Glas und Ermittlung von dessen Gewichtsverlust zu bestimmen. Dieses Verfahren wird meist auf WILSON zurückgeführt, der es jedoch nur für den qualitativen Nachweis des Fluors verwendet hat. OST hat die Methode für die quantitative Bestimmung des Fluors in Pflanzenaschen in Anwendung gebracht. Er findet, daß bei genügender Vorsicht die Gewichtsabnahme des Glases annähernd proportional der angewendeten Fluormenge ist. Es muß also mit einem empirischen Faktor gearbeitet werden, was die Genauigkeit des Verfahrens und seine allgemeine Anwendbarkeit beeinträchtigt.

SPIELHACZEK empfiehlt das Ätzverfahren zur Bestimmung von Flußsäure in Schwefelsäure und Oleum (s. andere derartige Verfahren in diesem Paragraphen, S. 239). Er stellt eine Vergleichsskala mit bekannten Fluormengen unter gleichen Bedingungen her, wie sie bei der späteren Bestimmung herrschen, und vergleicht den Grad der Anätzung, den die unbekannte Probe hervorbringt, mit den Anätzungen der Vergleichsskala.

L. FRESENIUS und Mitarbeiter haben gute Erfahrungen mit einer von OLIVIER als „Trichterverfahren" bezeichneten Arbeitsweise gemacht, die sich besonders für Gehalte bis herauf zu 0,05% Fluor empfiehlt und für Blenden ausgearbeitet worden ist (s. S. 144).

---

[1] Ampho magenta wird nach den Angaben der „NATIONAL ANILINE AND CHEMICAL COMPANY" durch Diazotierung von p-Aminoäthylacetanilid und Kupplung mit 1,8-Dihydroxynaphthalin-3,6-disulfosäure hergestellt. Die Autoren benutzen eine Lösung von 20 mg des Indicators im Liter. Der Indicator schlägt beim Äquivalenzpunkt von einem tiefen Blau nach einem weniger intensiven Purpur um.

In einen Kolben von 100 cm^3 Inhalt wird das Reaktionsgemisch (1 g fein gepulverte Blende + 0,5 g gepulverter, trockener Seesand + 20 cm^3 konzentrierte Schwefelsäure) gebracht und gründlich vermischt. Der Kolben wird durch einen einfach durchbohrten Stopfen, durch den ein 2mal knieförmig gebogenes Rohr führt, an dem ein umgekehrter, kleiner Trichter angebracht ist, verschlossen. Dieser steht auf einer reinen, trockenen Fensterglasscheibe von 7 cm Länge und Breite, die in ihrer Mitte einen Wassertropfen von 1,5 cm Durchmesser trägt, den eine Anzahl Tröpfchen von konzentrierter Schwefelsäure rings umgibt. Der Trichter wird durch einen Bleiring beschwert. Der Kolben steht auf einer nicht zu dicken Eisenplatte, neben ihm befindet sich ein mit 2 g Sand und 20 cm^3 konzentrierter Schwefelsäure beschickter, gleich großer Kolben, durch dessen Stopfen ein Thermometer bis in die Schwefelsäure eingeführt wird.

Die Eisenplatte wird mit einer kleinen Flamme so weit erhitzt, daß das Thermometer nach $^1/_4$ Std. auf 160° steigt. Man schwenkt den Versuchskolben alle 2 Min. um, damit sich das verhältnismäßig schwere Siliciumfluorid mit dem leichten Schwefeldioxyd mischt und von diesem mitgerissen wird. Durch Einwirken des Siliciumfluorids auf den Wassertropfen erhält man einen Kieselsäurering, dessen Stärke dem entwickelten Siliciumfluorid proportional ist. Die Schwefelsäuretröpfchen sollen die Gase so weit trocknen, daß das Siliciumfluorid trocken ankommt.

Nach 30 Min. wird die Glasscheibe entfernt und durch eine in gleicher Weise vorbereitete ersetzt, während man den Versuch nun bei 160 bis 170° fortsetzt.

Durch Vergleich der erhaltenen SiO_2-Ringe und der um den Wassertropfen sich bildenden Ätzfurche mit den durch Vergleichsblenden hervorgebrachten stellt man nun den gesuchten Fluorgehalt fest. Die Empfindlichkeit des Verfahrens erstreckt sich nach OLIVIER bis zu 0,5 mg Fluor für die Kieselsäureringe und bis zu 0,05 mg Fluor für die Ätzfurche. Das Nichtauftreten der Ringe ist also noch nicht gleichbedeutend mit der Abwesenheit von Fluor, da dieses dann noch durch die Ätzfurche bei Mengen von 0,05 mg bis 0,4 mg deutlich angezeigt wird.

Da alle Ätzverfahren mehr oder weniger auf Schätzungen beruhen, erscheinen sie den in neuerer Zeit entwickelten Titrationsverfahren (vgl. § 5) oder colorimetrischen Verfahren (vgl. § 6 und § 7) unterlegen, zumal diese meist über weite Bereiche des Fluorgehaltes anwendbar sind.

Auch das Verfahren von GAUTIER und CLAUSMANN (s. auch RUFF) ist mit vielerlei Fehlerquellen behaftet. Die Verfasser erzeugen in einer komplizierten Goldapparatur zunächst aus dem fluorhaltigen Material Kaliumfluorid und Kaliumsilicofluorid. Diese werden sodann nach Abtrennung der Kieselsäure unter Zusatz von Natriumsulfat mittels Bariumnitrats in ein Gemenge von Bariumfluorid und -sulfat verwandelt. Aus diesem Gemenge wird in einer entsprechenden Platinapparatur Fluorwasserstoff entwickelt, den man auf Bleiglas einwirken läßt. Das sich bildende Bleifluorid wird unter Beobachtung aller Vorsichtsmaßnahmen gelöst und das in Lösung gegangene Blei durch Schwefelwasserstoff in kolloide Bleisulfidlösung übergeführt, diese wird colorimetrisch mit Bleisulfidlösungen bekannten Gehalts verglichen. Das überaus zeitraubende und mühsame Verfahren, das besonders für Mikromengen angewendet wurde, ist, von anderen Fehlermöglichkeiten abgesehen, schon deshalb ungenau, weil die Anreicherung des Fluors durch Fällung mittels Bariums bei Gegenwart von Sulfat unvollständig ist. THOMPSON und TAYLOR fanden nämlich, daß bei diesem Verfahren die Hälfte des Fluors in Lösung bleibt, was auch KLEMENT[1] bestätigen konnte. Dennoch sind die von GAUTIER und CLAUSMANN gefundenen Werte für den Fluorgehalt verschiedener Teile des menschlichen und tierischen Organismus zu hoch, wie neuere Forscher vielfach festgestellt haben.

CANNERI und COZZI haben ein neues Verfahren beschrieben, das darauf beruht, daß eine Glasoberfläche ihre Benetzbarkeit verliert, wenn man sie in Chromsäurereinigungsgemisch (1 g Kaliumdichromat und 10 cm^3 konzentrierte Schwefelsäure) taucht, das Flußsäure enthält. Der Tropfen Chromsäuregemisch, der sich auf der Glasoberfläche bildet, hat eine Konvexität, die von der Fluorkonzentration abhängt. Der Kontaktwinkel zwischen Tropfen und Glas ändert sich nahezu linear mit dem Exponenten der Fluorkonzentration p_F. Die Messungen des Kontaktwinkels (mit horizontalem Mikroskop und Goniometer) erfolgen nicht an den Dichromatschwefelsäuretropfen, sondern an einer Luftblase, die sich am Boden eines Glasröhrchens bildet, das vorher in die Untersuchungslösung eingetaucht worden war. Geeignete Vorrichtungen (Verwendung von durchsichtigem Material, das gegen Dichromatschwefelsäure und Flußsäure beständig ist) gestatten sogar die Mikrobestimmung von Fluor (0,5 γ F in 1 Tropfen Lösung). Analysenbelege werden nicht beigebracht, den Einfluß von Fremdstoffen, außer von Borsäure und Kieselsäure, die die Genauigkeit des Verfahrens beeinträchtigen können, haben die Verfasser anscheinend nicht untersucht. Sie nehmen nur an, daß die Fremdstoffe bei diesem Verfahren ebensowenig stören wie bei dem qualitativen Fluornachweis mittels der „Tröpfchenmethode".

2. Gravimetrische Bestimmung des Fluors als Wismutfluorid.

Das von DOMANGE angegebene Verfahren der gravimetrischen Fluorbestimmung als Wismutfluorid BiF_3 beruht darauf, daß Wismutfluorid in Wasser sehr wenig löslich ist und in krystalliner Form entsteht. Bei Vorliegen einer reinen Alkalifluoridlösung sind die Fehler kleiner als 0,25%, aber das Verfahren ist nur in Silber- oder Kunststoffgefäßen durchführbar und kann in Gegenwart

[1] Nach unveröffentlichten Versuchen des Autors (1938/39).

von Chlorid, Bromid, Jodid, Sulfat und Phosphat nicht angewendet werden, weil diese Anionen Wismut in der vorgeschriebenen essigsauren Lösung fällen. Das Verfahren wird deshalb nur sehr beschränkt brauchbar sein, und es soll hier nicht näher erläutert werden.

3. Maßanalytische Bestimmung des Fluors auf Grund der Umsetzungen mit Kieselsäure und Borsäure.

Das Verfahren von Siegel *beruht auf der Umsetzung von Alkalifluorid mit Kieselsäure und z. B. Salzsäure unter Bildung von Silicofluorid gemäß der Gleichung:*

$$6\,F' + SiO_2 + 4\,H^{\cdot} = [SiF_6]'' + 2\,H_2O.$$

Arbeitsvorschrift. Zu der Lösung des Fluorids fügt man Kieselsäure hinzu, z. B. in Form von frisch gefälltem Gel, dessen neutrale Reaktion zuvor festgestellt werden muß, und titriert unter Anwendung von Methylrot als Indicator mit 0,5 n Salzsäure in der Kälte oder unter schwachem Erwärmen. Die Säure wird anfangs fast augenblicklich, gegen Schluß etwas langsamer verbraucht. 1 cm^3 0,5 n Salzsäure entspricht 0,01425 g Fluor.

Bemerkungen. I. Die *Genauigkeit* wird von Siegel mit ± 0,5% angegeben. — Nach Geyer gibt das Verfahren keinen scharfen Endpunkt.

II. *Störungen* können durch *Metall-Ionen außer durch Alkali-Ionen* hervorgerufen werden. *Ammonium-Ionen* stören nicht. Ferner sind *Verunreinigungen der Fluoride*, wie *Bifluorid*, *Silicofluorid* und *Carbonat*, zu berücksichtigen.

Es sei noch auf Versuche zur Titration von Fluorid mit Borsäure hingewiesen, die von Kurtenacker und Jurenka ausgeführt wurden. Die Titration beruht auf der Umsetzung: $4\,F' + B\,(OH)_3 \rightleftarrows [BF_4]' + 3\,OH'$, nach der für 4 Äquivalente Fluor 3 Äquivalente Hydroxyd entstehen, die also 3 Äquivalente Säure verbrauchen. Wenn durch Zusatz von Kaliumchlorid und Alkohol für möglichst vollständige Abscheidung des Kaliumtetrafluoroborates gesorgt wird, so werden mit Methylorange als Indicator entsprechende Werte erhalten. Jedoch ist der Farbumschlag nicht besonders scharf, wodurch die Unsicherheit in der Erkennung des Endpunktes etwa 0,1 bis 0,15 cm^3 n Säure entsprechend 1,9 bis 2,8 mg F beträgt. Das Verfahren kann also keine genauen Ergebnisse liefern.

4. Titration mit Thoriumnitratlösung und acidimetrischem Indicator.

Sacharjewski titriert eine auf 90° erwärmte Fluoridlösung mit Thoriumnitrat und Methylrot als Indicator, bis eine beim Erwärmen beständige schwach rosa Färbung entsteht. Die Titration wird durch Ammoniumsalze und Sulfate gestört. (Analoge Verfahren mit Aluminiumsalz vgl. § 8, S. 222, mit Cer(III)-salz § 8, S. 229.)

5. Potentiometrische Bestimmung des Fluors mittels vierwertigen Urans.

Alkalifluoride erzeugen mit vierwertigem Uran Niederschläge von sehr schwer löslichen Komplexsalzen vom Typus $Me^I[UF_5]$. *Salze des sechswertigen Urans (Uranylsalze) bilden mit Fluoriden weder schwer lösliche Salze noch Komplexverbindungen. Es läßt sich daher nach* Flatt *das Redoxpotential des Systems* $U^{\cdot\cdot\cdot\cdot}/U^{\cdot\cdot\cdot\cdot\cdot\cdot}$ *zur potentiometrischen Bestimmung des Fluors benutzen.* Wenn eine Lösung, die neben Fluorid etwas Uranylsalz enthält, mit einer Lösung von UranIV-salz titriert wird, beobachtet man am Beginn der Titration eine Oxydationskraft, die von dem Verhältnis $U^{\cdot\cdot\cdot\cdot} : U^{\cdot\cdot\cdot\cdot\cdot\cdot}$ abhängt. Die zugefügten UranIV-Ionen verschwinden infolge Bildung des Komplexions $[UF_5]'$. Beim Überschreiten des Äquivalenzpunktes der Reaktion $U^{\cdot\cdot\cdot\cdot} + 5F' \rightleftarrows [UF_5]'$ erlangt die Lösung infolge des Überschusses der UranIV-Ionen eine reduzierende Kraft. Daher wird an diesem Punkt eine starke Potentialänderung eintreten. Da diese Potentialänderung jedoch nicht allein von dem Verhältnis $U^{\cdot\cdot\cdot\cdot}/U^{\cdot\cdot\cdot\cdot\cdot\cdot}$, sondern auch von der Wasserstoff-Ionen-Konzentration abhängt gemäß der für dieses System geltenden Nernstschen Formel

$$E = e_0 + \frac{RT}{2\,F} \ln \frac{[UO_2^{\cdot\cdot}][H^{\cdot}]^{\cdot}}{[U^{\cdot\cdot\cdot\cdot}]},$$

so muß während der Titration ein bestimmter p_H-Wert aufrecht erhalten werden. Dieses wird erreicht durch Anwendung einer Pufferlösung aus Sulfanilsäure und deren Kaliumsalz.

Arbeitsvorschrift. **Reagenzien.** *(1) UranIV-sulfatlösung.* a) 30 g UranIV-sulfat werden in einem Liter 0,2 n Schwefelsäure gelöst und unter Wasserstoffatmosphäre (s. Abb. 16) aufbewahrt. Um etwaiges Vorhandensein von dreiwertigem Uran zu verhindern, empfiehlt sich ein kleiner Zusatz von Uranylsulfat. b) Da die Anwesenheit von Zink- oder Cadmium-Ionen ohne Einfluß auf die potentiometrische Titration ist, kann die UranIV-salzlösung auch hergestellt werden, indem man 0,05 Mole Uranylsulfat in einem Liter 0,4 n Schwefelsäure löst. Diese Lösung wird im Zink- oder Cadmiumreduktor reduziert. – Die Einstellung der UranIV-salzlösung geschieht mittels Kaliumpermanganats. – *(2) Pufferlösung.* Eine 0,5 n Lösung von sulfanilsaurem Kalium wird mit Sulfanilsäure gesättigt.

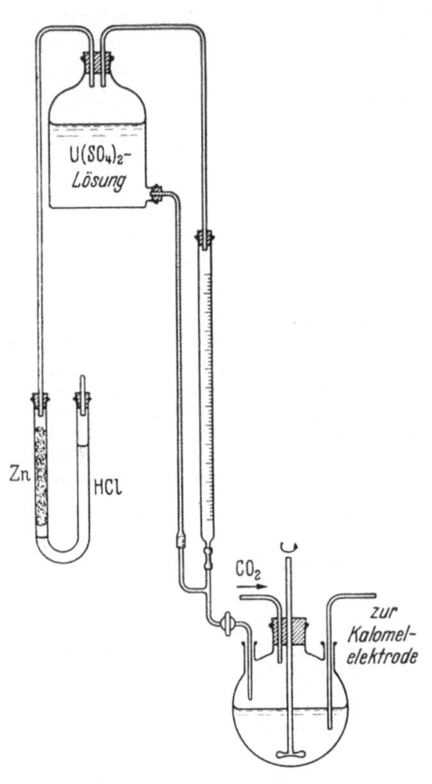

Abb. 16. Apparatur zur potentiometrischen Bestimmung des Fluors nach Flatt.

Bestimmung. 50 cm³ der fluorhaltigen Lösung werden in dem tubulierten Rundkolben von 500 cm³ Inhalt (s. Abb. 16) mit 50 bis 150 cm³ Pufferlösung (je nach der etwa vorliegenden Fluormenge) und 2 bis 3 g Sulfanilsäure versetzt. Dann vertreibt man die Luft durch Kohlendioxyd und titriert langsam mit der UranIV-sulfatlösung. Als Indicatorelektrode dient ein blanker Platindraht. Gegen Ende der Titration ist mit der Zugabe neuer Reagenslösung stets bis zur Wiedereinstellung des Potentials zu warten, was einige Minuten dauern kann. Die Bestimmung des Äquivalenzpunktes erfolgt in der für potentiometrische Titrationen üblichen Weise.

***Bemerkungen.* I.** Die **Genauigkeit** ist nach den Angaben von Flatt gut, der Fehler beträgt $\pm$ 0,4% bei einem *Anwendungsbereich* von 20 bis 200 mg Fluor.

II. Störungen werden verursacht durch *Calcium-, Aluminium-, EisenIII-* und *Phosphat-Ionen.* In diesen Fällen muß eine Destillation nach § 4, S. 167, vorhergehen. EisenIII kann auch im Reduktor zu EisenII, das nicht stört, reduziert werden. Dagegen stören *nicht* die *Ionen der Alkalien, des zweiwertigen Eisens, des Zinks und des Cadmiums.*

III. Anwendung für Silicofluoride. Silicofluoride werden durch überschüssige Kalilauge in der Siedehitze zersetzt (s. § 3, S. 162). Nach Zufügen der Pufferlösung und einiger Gramme Sulfanilsäure wird die Lösung *langsam* titriert.

6. Polarographische Bestimmung des Fluors mit Thoriumnitrat.

Die polarographische Titration an der tropfenden Quecksilberelektrode mit Thoriumnitrat eignet sich nach den Feststellungen von Langer besonders gut für die Bestimmung kleiner Mengen Fluor. Als angelegte Spannung wurden — 1,7 Volt gewählt. Als Elektrolyt dient Natrium- oder Kaliumchlorid (es können auch Nitrate verwendet werden), bei denen der Knick in der Kurve am schärfsten ausgeprägt ist. Höhere Konzentrationen an Alkohol verschärfen den Knick noch, bringen aber starke Konzentrationsabhängigkeit mit sich. Der Einfluß der Elektrolytkonzentration ist nicht groß, so daß im Bereich von 0,01 m bis 1 m Kaliumchloridlösung der gleiche Titrationsendpunkt erhalten wird. Bromide oder Jodide stören die Reaktion nicht, dagegen werden die Resultate bei Gegenwart größerer Mengen von Sulfaten ungenau. Auch Acetat-, Phosphat- und Arsenat-Ionen dürfen nicht zugegen sein, ebensowenig Sulfid- oder Hydroxyl-Ionen. Die Konzentration der Thoriumnitratlösung soll sich nach der Menge der vorhandenen Fluor-Ionen richten, so daß bei Mengen bis zu etwa 0,2 mg Fluor in 50 cm^3 0,1 m Elektrolytlösung 0,01 n Thoriumnitratlösung, bei kleinsten Fluorgehalten bis herab zu 0,005 mg Fluor 0,001 n Lösung zu verwenden ist.

7. Colorimetrische Bestimmung des Fluors mit Molybdänblau.

Von MAYRHOFER und WASITZKY wird vorgeschlagen, das Fluor mittels einer auf kleine Abmessungen reduzierten Apparatur als Siliciumfluorid (s. § 4, S. 173) in vorgelegte 5%ige Natronlauge überzutreiben. Das durch Hydrolyse entstehende Natriumsilicat, dessen Menge dem Fluor äquivalent ist (1 Atom Silicium entspricht 4 Atomen Fluor), wird sodann colorimetrisch durch die Blaufärbung bestimmt, die durch Reduktion von durch Zusatz von Ammoniummolybdat gebildeter Silicomolybdänsäure mittels Hydrochinons und Natriumsulfits auftritt. Da das Verfahren nur für Mikromengen (50 bis 200 γ Fluor) anwendbar ist, erscheint KLEMENT[1] die Brauchbarkeit umstritten, da die Herstellung ganz silicatfreier Natronlauge äußerst schwierig ist. Um etwa hierdurch auftretende Fehler auszuschließen, ist in der als Absorptionsflüssigkeit zu verwendenden Lauge jedesmal die Kieselsäuremenge auf dieselbe Weise colorimetrisch zu bestimmen. Dadurch wird das Verfahren etwas unsicher und zum mindesten zeitraubend. (Siehe auch S. 240.)

8. Spektrographische Bestimmung des Fluors.

a) Verfahren von PETREY.

Die spektrographische Bestimmung des Fluors nach PETREY *gründet sich auf das Auftreten des Bandenspektrums des Calciumfluorids. Dieses entsteht, wenn ein Stoff, der sowohl Calcium als auch Fluor enthält, im elektrischen Bogen oder Funken angeregt wird.* Die Bande mit dem Kopf bei $\lambda = 5291$ Å ist die empfindlichste; sie ist von PETREY für die Untersuchung von Wasser verwendet worden. Die Beobachtung des Spektrums kann mit dem Auge oder auf photographischem Wege erfolgen. RANKIN benutzt dieselbe Bande zur Fluorbestimmung in Natriumfluoracetat bis herab zu 100 γ F.

Arbeitsvorschrift. In einer Platinschale wird so viel Wasser verdampft, daß nach dem Glühen ein Rückstand von 50 mg hinterbleibt. Der Rückstand wird aus der Schale mittels eines Holzspatels und gegebenenfalls etwas destilliertem Wasser entfernt. Um den Rückstand homogen zu machen, wird er nach etwa nötigem Trocknen in einem Achatmörser sorgfältig verrieben. 12,5 mg des gepulverten Rückstandes werden sodann in die Höhlung einer Graphitelektrode gebracht. Diese Elektrode wird als untere Elektrode, und zwar als Anode, geschaltet. Bei photographischer Aufnahme wird der Rückstand vollständig verflüchtigt, was bei einem Strom von 15 Ampere Stärke etwa 1 Min. dauert. Bei visueller Beobachtung wird der Strom unterbrochen, sobald die Calciumfluoridbande verschwindet.

Nach dem Entwickeln der Platte wird das Spektrum projiziert und die Intensität der Calciumfluoridbande mit der von Standardproben verglichen. Diese Standardproben werden mittels fluorfreiem Calciumcarbonat hergestellt. Einige Gramme Calciumcarbonat werden im Achatmörser möglichst fein gepulvert. Die gewünschte Menge wird in eine Platinschale eingewogen, die nötige Menge einer Natriumfluoridlösung von bekanntem Gehalt zugefügt und mit etwa 100 cm^3 Wasser versetzt. Nach dem Eindampfen wird der Rückstand wie zuvor zerrieben. So wird eine Reihe von Proben mit Gehalten von 0,025 bis 2% Fluor hergestellt.

[1] Nach unveröffentlichten Versuchen des Autors (1938/39).

Bei der Bereitung der Vergleichsproben ist als wesentlich zu beachten, daß ihre Zusammensetzung möglichst der der unbekannten Probe entsprechen muß. Wenn der mineralische Rückstand von Wässern stark verschieden ist von dem der mit Calciumcarbonat hergestellten Vergleichsproben, so müssen diese gemäß einer vorhergegangenen Analyse des auf Fluor zu untersuchenden Wassers hergestellt werden.

Bemerkungen. I. Über die *Genauigkeit* des Verfahrens ist keine Angabe gemacht.

II. Der günstigste *Anwendungsbereich* liegt zwischen 0,05 und 1,5% Fluor. Hat die Probe einen höheren Gehalt, so ist sie entsprechend unter Verwendung von Calciumcarbonat zu verdünnen.

III. Die unteren *Elektroden*, die zur Aufnahme der Probe dienen, werden zweckmäßig im Vakuum mit einer 50%igen Calciumchloridlösung getränkt und dann bei 175° getrocknet und im Exsiccator aufbewahrt. Das Calciumsalz in den Elektroden verhindert Schwankungen in den Intensitäten, die dadurch entstehen, daß die verschiedenen Bestandteile des Wasserrückstandes mehr oder weniger stark verdampfen.

b) Verfahren von PAUL.

Da es unmöglich ist, unter den üblichen Bedingungen der Praxis ein Emissionsspektrum des Fluors zu erhalten, wird nach PAUL *das Emissionsspektrum des Siliciums beobachtet, nachdem das Fluor in üblicher Weise in Siliciumfluorid übergeführt worden ist.*

Arbeitsvorschrift. Das in einer kleinen Zersetzungsapparatur, die sich an die von MAYRHOFER und WASITZKY (s. § 4, S. 173) angegebene Form anlehnt, entwickelte Siliciumfluorid wird in einer auf 560° gehaltenen Schmelze aus 10% BleiII-oxyd und 90% Bortrioxyd absorbiert. Aus der nunmehr Silicium enthaltenden Schmelze werden kleine Stäbchen gegossen, die in einem Funken-Spektralapparat abgefunkt werden. In dem photographisch aufgenommenen Spektrum wird die Schwärzung einer Siliciumlinie (z. B. der Linie 2881,6 Å) mit der eines anderen im Grundstoff enthaltenen Elementes, hier des Bleis (2873 Å), verglichen.

Bemerkung. *Anwendungsbereich und Genauigkeit.* Es lassen sich nach dem Verfahren noch etwa 13 γ Fluor bei einem Fehler von 15 bis 20% quantitativ feststellen.

c) Verfahren von GATTERER.

Der Verfasser beschreibt ein Bestimmungsverfahren, das sich der starken Linien des einfach ionisierten Fluoratoms im Bereich 7000 bis 2500 Å bedient. Die Anregung erfolgt durch Verdampfung der in einer elektrodenlosen Röhre im Hochvakuum (unter 0,001 Torr) eingeschlossenen Probe im hochfrequenten Magnetfeld einer Spule von etwa 10 Windungen. Hierbei entfallen Verunreinigungen durch Elektrodenbestandteile, und die lichtstarke Anregung vergrößert die Nachweisempfindlichkeit. Bei einer Empfindlichkeit bis 0,01% beträgt die Genauigkeit etwa $\pm$ 10%. Weitere Vorteile des Verfahrens sind: geringer Materialbedarf, da die Probe in chemisch unveränderter Form als Pulver verwendet wird, reinliches Arbeiten und keine Beeinträchtigung bei Anwesenheit anderer Nichtmetalle.

9. Methode zur Analyse von technischem Natriumfluorid.

Technisches Natriumfluorid kann als wichtigste Verunreinigungen saures Natriumfluorid und Natriumsilicofluorid enthalten. Zur Bestimmung dieser beiden Verunreinigungen kann die in § 6, S. 210, beschriebene Methode von GREEFF unter Verwendung bekannter Arbeitsverfahren dienen.

Arbeitsvorschrift. 0,5 g Substanz werden in einer Platinschale in 25 cm³ heißem Wasser gelöst und mit n oder 0,1 n Natronlauge unter Zusatz von Phenolphthalein heiß titriert. Die Reaktionen werden durch die Gleichungen:

$Na_2[SiF_6] + 4\,NaOH = 6\,NaF + SiO_2 + 2\,H_2O$ und $NaHF_2 + NaOH = 2\,NaF + H_2O$ dargestellt. Die Anzahl der verbrauchten Kubikzentimeter Natronlauge sei x. Nunmehr liegt alles Fluor in der neutralen Lösung als Natriumfluorid vor, und es kann daher nach dem Verfahren von GREEFF (§ 6, S. 210) titriert werden.

Die Gesamtmenge des so gefundenen Natriumfluorids NaF sei Σ NaF. Zur Bestimmung des sauren Natriumfluorids werden nochmals 0,5 g Substanz abgewogen, mit 0,5 g Kaliumchlorid in einer Platinschale versetzt und in 25 cm^3 heißem Wasser gelöst. Nach dem Abkühlen werden 20 cm^3 Alkohol zugegeben; unter Zusatz von Phenolphthalein wird kalt mit Natronlauge bis zur Rotfärbung titriert. Hierbei wird nur saures Natriumfluorid $NaHF_2$ titriert, wofür y cm^3 Natronlauge verbraucht werden. Dann sind (x–y) cm^3 Natronlauge zur Titration des Natriumsilicofluorids benötigt worden. Zieht man die diesen beiden Salzen entsprechende Menge Natriumfluorid von Σ NaF ab, so findet man die Menge neutrales Natriumfluorid, die von vornherein in dem angewendeten Salzgemisch vorhanden gewesen ist.

Bemerkungen. Um in technischem Natriumfluorid einen etwaigen Gehalt an saurem Fluorid zu bestimmen, setzt VAN DER MEULEN neutrales Calciumchlorid zu der Lösung des Salzes zu. Vorhandenes saures Fluorid macht Salzsäure frei, die mit Natronlauge oder jodometrisch (mittels Kaliumjodids und Kaliumjodats) titriert wird.

Weitere zur Untersuchung von technischem Natriumfluorid in Betracht kommende Verfahren vgl. S. 224.

10. Maßanalytische Bestimmung von Flußsäure.

Die maßanalytische Bestimmung der Flußsäure kann nach ZELLNER *alkalimetrisch erfolgen.* Zu der abgemessenen Menge Säure fügt man einen Überschuß an Lauge hinzu, kocht kurz auf und titriert heiß zurück. 1 cm^3 0,5 n Natronlauge entspricht 10,0 mg Flußsäure. Als Indicator eignet sich ausschließlich Phenolphthalein, was HAGA und OSAKA bestätigen, die ebenso wie WINTELER den Gebrauch von Methylorange als völlig abwegig bezeichnen. Das Verfahren liefert nur richtige Werte bei völliger Abwesenheit von Silicofluorwasserstoffsäure. Über deren gleichzeitige Bestimmung s. unten.

SPECHT (b) beschreibt das *Einwägen hochprozentiger* (90- bis 100%iger) *Flußsäure.* Es erfolgt in einer Silberflasche mit Griff und eingeschliffenem Gewindestopfen (mit Stift). Bei Drehung des Stopfens wird die Öffnung der Flasche nur allmählich freigegeben, ein Zurückschnellen des Stopfens wird vermieden. Gasförmiger Fluorwasserstoff kann bei der Analyse durch die vorgelegte Natronlauge nicht entweichen. Man bringt die Flasche in verdünnte Natronlauge, die sich in einer Kasserolle befindet, und öffnet sie unter der Lauge durch vorsichtiges Drehen des Stopfens. Die Reaktion zwischen der Säure und der Lauge vollzieht sich auf eine äußerlich nicht erkennbare Weise. Die Bestimmung erfolgt auf eine bekannte Art.

11. Methoden zur Bestimmung von Flußsäure neben anderen Stoffen.

I. Bestimmung neben Silicofluorwasserstoffsäure.

a) Ältere Verfahren. *Das* von KATZ zur Bestimmung von Flußsäure und Silicofluorwasserstoffsäure nebeneinander ausgearbeitete *Verfahren beruht im Grunde darauf, daß durch alkalimetrische Titration zunächst die Summe beider Säuren bestimmt wird, indem durch Zugabe von Kaliumchlorid und Alkohol Kaliumsilicofluorid gefällt und eine äquivalente Menge der stärkeren Salzsäure in Freiheit gesetzt wird* (s. § 4, S. 168). *In einer zweiten Probe wird dann gemäß der Gleichung:*

$$H_2\,[SiF_6] + 6\,NaOH = 6\,NaF + H_2SiO_3 + 3\,H_2O \quad \text{(s. § 3, S. 162)}$$

die Silicofluorwasserstoffsäure aus dem Unterschied des Verbrauchs an Alkali für sich allein bestimmt. Die Ergebnisse des Verfahrens von KATZ sind nach den eigenen Angaben des Autors nicht befriedigend infolge von Adsorptionserscheinungen der Säuren an den kolloiden Niederschlägen.

BRINTON, SARVER und STOPPEL stellten fest, daß der Hauptfehler dieses Verfahrens sowie einer Abänderung von SCOTT in einem selbst nur geringen Gehalt der Lauge an Silicat liegt. Dieses Silicat reagiert in der flußsauren Lösung sofort mit dieser unter Bildung von Silicofluorwasserstoffsäure, wodurch der Wert für diese erhöht und der für die Flußsäure erniedrigt wird. Nach SCOTT wird in *eiskalter* Lösung mit Phenolphthalein unter Zusatz von Kaliumnitrat zunächst die Summe der Säuren bestimmt. Sodann wird durch Erhitzen auf 80° das gebildete Kaliumsilicofluorid durch eine weitere Menge Lauge hydrolysiert gemäß der Gleichung:

$$K_2\,[SiF_6] + 4\,NaOH = 4\,NaF + 2\,KF + Si(OH)_4.$$

Aus dem verschiedenen Verbrauch an Lauge kann der Gehalt der Lösung an Flußsäure und Silicofluorwasserstoffsäure berechnet werden.

Brinton, Sarver und Stoppel bestätigen die Brauchbarkeit von Phenolphthalein als Indicator. Methylorange ist nicht verwendbar, da bei seinem Umschlagspunkt saure Fluoride vorhanden sein können, so daß also nur ein Teil der Flußsäure bestimmt würde. Die rote Farbe des Phenolphthaleins ist nur kurze Zeit, etwa 1 Min., beständig. Dabei ist aber notwendig, daß die Lauge völlig carbonatfrei ist. Das kann erreicht werden durch Zusatz von Calciumoxyd. Die kleine Menge Calciumoxyd, die in einer Natriumhydroxydlösung existieren kann, bewirkt keine Störung des Gleichgewichts, die aber durch größere Mengen Calciumsalz infolge Ausfällung von Calciumfluorid eintritt.

Der schon erwähnte Einfluß des in der Natronlauge vorhandenen Silicats muß nach Brinton, Sarver und Stoppel ermittelt werden durch eine quantitative Bestimmung des Gehalts der Lauge an Kieselsäure. Es wirkt allerdings nur die bei der ersten Titration in eiskalter Lösung mit der Natronlauge zugefügte Kieselsäure, da nur dann freie Flußsäure vorhanden ist. Es ist also nur die in der bei dieser Titration verbrauchten Menge Natronlauge vorhandene Kieselsäure zu berücksichtigen. Die so zugefügte Menge Kieselsäure ist mit dem Faktor $H_2\,[SiF_6]\,/\,SiO_2 = 2{,}399$ zu multiplizieren und die so errechnete Menge Silicofluorwasserstoffsäure von der gefundenen Menge zu subtrahieren. Die zugefügte Menge Kieselsäure ist ferner zu multiplizieren mit dem Faktor $6\,HF\,/\,SiO_2 = 1{,}999$; die so ermittelte Menge Flußsäure muß zu der gefundenen Menge Flußsäure addiert werden.

b) Verfahren von Kolthoff. Auf Grund zahlreicher Versuche im Anschluß an das oben erwähnte Verfahren von Katz hat Kolthoff ein Verfahren zur Bestimmung von Flußsäure und Silicofluorwasserstoffsäure nebeneinander entwickelt. Hierbei werden zuerst beide Säuren in der Siedehitze gegen Phenolphthalein gemeinsam titriert. In einer zweiten Probe wird bei Gegenwart von Natriumchlorid die Flußsäure verflüchtigt, und das zurückbleibende Natriumsilicofluorid wird nun allein in der gleichen Weise titriert. Aus der Differenz des Laugeverbrauches beider Titrationen kann der Gehalt der Probelösung an den beiden Säuren errechnet werden.

Arbeitsvorschrift. 1. Das Gemisch der beiden Säuren wird in einer Platinschale in der Siedehitze bis zur Rotfärbung von Phenolphthalein titriert. Hierbei verbraucht 1 Mol HF 1 Äquivalent Lauge und 1 Mol $H_2[SiF_6]$ 6 Äquivalente Lauge. – 2. Zu dem in einer Platinschale befindlichen Säuregemisch wird wenig 4 n Salzsäure und etwa 1 g Natriumchlorid hinzugegeben. Die Mischung wird zur Trockene verdampft, der Rückstand mit etwas Wasser befeuchtet und nochmals eingedampft. Das zurückbleibende Natriumsilicofluorid (neben Natriumchlorid) wird in der Siedehitze mit Lauge gegen Phenolphthalein titriert. Es verbraucht nach der Gleichung:

$$[SiF_6]'' + 4\,OH' = 6\,F' + SiO_2 + 2\,H_2O$$

auf 1 Mol 4 Äquivalente Lauge.

c) Verfahren von Geffcken und Hamann. Auf einem ganz anderen Prinzip beruht die Methode von Geffcken und Hamann. Dieses technische Verfahren, wie es etwa in Glasätzereien angewendet werden kann, benutzt die Reaktion

$$6\,F' + SiO_2 + 2\,H_2O \rightleftarrows [SiF_6]'' + 4\,OH'. \qquad \text{(I)}$$

Der Verlauf der Reaktion von links nach rechts entspricht einer Zunahme der Alkalität. Wenn die Reaktion praktisch vollständig von links nach rechts verläuft, so ist die Zahl der gebildeten Hydroxyl-Ionen ein Maß für den ursprünglichen Gehalt an Fluorid. Nach dem Massenwirkungsgesetz muß zu diesem Zweck die Konzentration der Stoffe der rechten Seite möglichst klein gehalten werden. Dies kann geschehen durch Zugabe einer starken Säure, die die Hydroxyl-Ionen verbraucht, oder durch Ausfällung des Silicofluorids mittels Kalium-Ionen.

Beim Verlauf der Reaktion von rechts nach links werden Hydroxyl-Ionen verbraucht. Diesen Verlauf kann man erzwingen, indem man die Hydroxyl-Ionen-Konzentration verhältnismäßig hoch wählt. Da der Reaktionsverlauf nach Gleichung I merkliche Zeit beansprucht, so wendet man zweckmäßig höhere Temperaturen an, wodurch gleichzeitig die Hydroxyl-Ionen-Konzentration erhöht wird. Statt der Erhöhung der Konzentrationen der rechten Seite der Gleichung kann eine Erniedrigung der Konzentrationen der linken Seite herbeigeführt werden, indem z. B. die entstehenden Fluor-Ionen durch Calcium-Ionen gefällt werden.

Da die Umsetzungsgeschwindigkeit von gepulvertem Quarz zu gering ist, wählen die Verfasser den Ausweg, die Kieselsäure in möglichst reaktionsfähiger Form während der Titration aus einer Silicatlösung entstehen zu lassen. Dies geschieht am besten so, daß die genügend saure Versuchslösung mit Kaliumsilicat titriert wird. Dabei arbeitet man mit Alkoholzusatz in der Kälte und unter Anwendung eines im sauren Gebiet umschlagenden Indicators, z. B. Bromkresolpurpur.

Es gilt also für die Flußsäure die Bruttogleichung[1]:

$$6\,HF + 2\left(\frac{K_2SiO_3}{2}\right) = \underset{\text{fällt aus}}{K_2[SiF_6]} + 3\,H_2O. \qquad \text{(II)}$$

Bei einer Titration mit Kalilauge gilt die Gleichung:

$$6\,HF + 6\,KOH = 6\,K^{\cdot} + 6\,F' + 6H_2O. \qquad \text{(III)}$$

Für Silicofluorwasserstoffsäure gelten dagegen die Gleichungen:

$$\left(\frac{H_2[SiF_6]}{2}\right) + \left(\frac{K_2SiO_3}{2}\right) = \left(\frac{K_2[SiF_6]}{2}\right) + \left(\frac{H_2SiO_3}{2}\right) \qquad \text{(IV)}$$

$$\left(\frac{H_2[SiF_6]}{2}\right) + KOH = \left(\frac{K_2[SiF_6]}{2}\right) + H_2O\,, \qquad \text{(V)}$$

solange man ebenfalls unter Alkoholzusatz mit Bromkresolpurpur als Indicator arbeitet, also eine Hydrolyse der Silicofluorwasserstoffsäure verhindert. Titriert man also je eine Probe der Lösung mit Silicat bzw. Lauge, so bewirkt nach den Gleichungen II bis V nur ein Gehalt an Fluor-Ionen eine von Null verschiedene Differenz der verbrauchten Äquivalente an Silicat bzw. Lauge.

Da 1 Äquivalent Fluor nach Gleichung II $^1/_3$ Äquivalent Silicat oder nach Gleichung III 1 Äquivalent Lauge verbraucht, so ist der Unterschied $^2/_3$ Äquivalente. Liefert also die Silicattitration einen Verbrauch von k, die Laugentitration einen solchen von l Äquivalenten, so ist der Äquivalentgehalt x an Fluor-Ionen gegeben durch die Gleichung:

$$x = \frac{3}{2} \cdot (l - k) \qquad \text{(VI)}$$

unabhängig von der sonstigen Zusammensetzung der Lösung.

Titriert man nun noch einmal mit Natronlauge in der Hitze ohne Alkoholzusatz und verwendet man einen Indicator, der im alkalischen Gebiet umschlägt, z. B. Phenol- oder Naphtholphthalein, dann gilt statt Gleichung V die folgende Gleichung:

$$\left(\frac{H_2[SiF_6]}{2}\right) + 3\,NaOH = 3\,NaF + \left(\frac{SiO_2}{2}\right) + 2\,H_2O. \qquad \text{(VII)}$$

Bezeichnet man den Laugenverbrauch bei der letzten Titration mit m, so gilt für den Äquivalentgehalt y an Silicofluorid-Ion

$$y = \frac{1}{2}(m - l). \qquad \text{(VIII)}$$

Es werden zweckmäßig ziemlich konzentrierte Lösungen (etwa n) verwendet, da dann die Umschläge scharf sind.

[1] Die Schreibweise $\left(\frac{K_2SiO_3}{2}\right)$ usw. bedeutet 1 Äquivalent des betreffenden Stoffes.

Arbeitsvorschrift. *Reagenzien. (1)* Die *Kalilauge* muß aus praktisch kieselsäurefreiem Kaliumhydroxyd bereitet und in paraffinierten Flaschen aufbewahrt werden. Andernfalls wirkt sie als Gemisch von Silicat und Lauge, und man erhält einen zu geringen Verbrauch (entsprechend zu hohen Werten an Fluor-Ionen). – *(2) Kaliumsilicatlösung* kann aus einem beliebigen, einigermaßen sauberen Präparat bereitet werden. Ein Überschuß an Siliciumdioxyd gegenüber dem stöchiometrischen Wert ist unschädlich und einem Unterschuß daran vorzuziehen. – Der Gehalt der Kalilauge und der Kaliumsilicatlösung wird durch Einstellen der Lösungen gegen Salz- oder Schwefelsäure unter den späteren Versuchsbedingungen – Alkoholzusatz, Bromkresolpurpur als Indicator – ermittelt.

Bestimmung. In zwei paraffinierte Bechergläser werden mittels einer paraffinierten Pipette (deren Volumen nach dem Paraffinieren neu bestimmt werden muß) je 10 cm^3 Lösung eingemessen. Zu der Probe, die mit Silicat titriert werden soll, wird eine bekannte Menge von a cm^3 Salzsäure gegeben. $a \cdot f_1$ (f_1 ist der Titer der Salzsäure) muß größer sein als der Fluorgehalt der Lösung, damit bei der Titration nicht nur Kaliumsilicofluorid, sondern auch etwas Kaliumchlorid gebildet wird, das in der alkoholischen Flüssigkeit noch löslich ist, also die Kalium-Ionen-Konzentration erhöht und damit nach dem Massenwirkungsgesetz die Ausfällung des Kaliumsilicofluorids vervollständigt. Bei der Untersuchung von Flußsäure genügt ein Zusatz von 2 cm^3. Man setzt nun jeder Probe 20 cm^3 Alkohol und 1 Tropfen Bromkresolpurpurlösung zu und titriert mit Kalilauge bzw. Kaliumsilicatlösung. Der Umschlag von Rot nach Grün ist sehr scharf und mit einer Mikrobürette auf 0,01 cm^3 feststellbar. Die Titration mit Silicat darf nicht zu rasch erfolgen, da die Bildung des Silicofluorids eine gewisse Zeit erfordert.

Bezeichnet man den Verbrauch (in cm^3) an Kalilauge mit b, den an Kaliumsilicatlösung mit d und die entsprechenden Titer mit f_2 bzw. f_3, so gelten die Gleichungen:

$$\frac{d}{1000} \cdot f_3 - \frac{a}{1000} \cdot f_1 = k \qquad \text{(IX)}$$

$$\frac{b}{1000} \cdot f_2 = l \qquad \text{(X)}$$

Die so ermittelten Werte für k und l setzt man in die Gleichung VI ein und berechnet den Gehalt an Fluor-Ionen.

Zur Bestimmung des Gehaltes an Silicofluorid-Ion kann man nun entweder eine Probe, der anstatt des Alkohols Wasser zugesetzt wurde, unter Verwendung von Phenol- oder Naphtholphthalein als Indicator titrieren und nach dem ersten Umschlag zum Sieden erhitzen und bis zur dauernden Färbung weiter titrieren. Man kann aber auch zu der bereits mit Kalilauge unter Alkoholzusatz titrierten Probe 100 cm^3 Wasser zusetzen und mit Naphtholphthalein als zweitem Indicator in der Siedehitze fertig titrieren. War der Umschlagspunkt für Bromkresolpurpur bei Zugabe von b cm^3 und der für Naphtholphthalein bei einem solchen von e cm^3 erreicht, so ist der Gehalt an Silicofluorid-Ion, $C_{\frac{[SiF_6]''}{2}}$, gegeben durch die Gleichung:

$$C_{\frac{[SiF_6]''}{2}} = \frac{1}{2}\,\frac{e-b}{10} \cdot f_2. \qquad \text{(XI)}$$

Bemerkungen. *α) Genauigkeit.* Der Fehler beträgt etwa 1%. – Besonderer Wert ist auf silicatfreie Kalilauge zu legen, da sonst unkontrollierbare Fehler entstehen. – Wird für die Summe an Flußsäure + übrigen Säuren nach Abzug der Silicofluorwasserstoffsäure ein Wert gefunden, der kleiner ist als der für die vorhandenen Fluor-*Ionen* festgestellte, so bedeutet dies, daß die Säure außer der Flußsäure noch ein neutrales Fluorid enthält. Dieser Schluß darf jedoch nur dann gezogen werden, wenn man mit Sicherheit weiß, daß die verwendete Kalilauge silicatfrei ist.

β) Störungen bewirken *alle hydrolysierbaren Fremd-Ionen.*

II. Bestimmung neben Silicofluorwasserstoffsäure und Schwefelsäure.

SPECHT (a) bestimmt zunächst die Gesamtacidität durch Einbringen der Säure in überschüssige n Lauge und Rücktitration des Laugenüberschusses. In einer neuen Probe wird in einer Platinschale durch gesättigte Kaliumchloridlösung Kaliumsilicofluorid gefällt, das nach dem Auswaschen mit derselben Kaliumchloridlösung bis zur völligen Säurefreiheit mit n Natronlauge (Phenolphthalein als Indicator) nach § 3, S. 162, titriert wird. Nunmehr wird in einer weiteren Probe die Flußsäure auf dem Wasserbad aus einer Platinschale völlig verdampft und die hinterbleibende Schwefelsäure mit Natronlauge gegen Phenolphthalein titriert. Der Flußsäuregehalt kann dann errechnet werden, indem der Verbrauch an Natronlauge für Silicofluorwasserstoffsäure und für Schwefelsäure (nach Umrechnung auf Flußsäure) von dem Verbrauch an Natronlauge für die Gesamtacidität subtrahiert wird (s. auch weiter unten).

Siehe auch die Bestimmung von verschiedenen Fluoriden und Silicofluoriden nebeneinander durch Titration mit Aluminiumchloridlösung, § 8, S. 223.

III. Bestimmung neben Schwefelsäure.

Die maßanalytische Bestimmung der Flußsäure neben anderen Säuren, wie besonders Schwefelsäure, wie sie bei der Analyse von Ätzbädern häufig vorkommt, verdient vor gewichtsanalytischen Bestimmungsverfahren den Vorzug, da diese wegen der Schwerlöslichkeit des Bariumfluorids und des Calciumsulfats erhebliche Schwierigkeiten bereiten. Dies gilt auch für die Trennung der beiden Säuren durch fraktionierte Destillation, bei der unter großen Vorsichtsmaßregeln zuerst die Flußsäure ausgetrieben werden kann (GINSBERG). Zur Vermeidung dieser Schwierigkeiten schlägt ZSCHACKE vor, nach einer gewöhnlichen maßanalytischen Bestimmung der Gesamtacidität die Bestimmung der Flußsäure nach dem in § 6, S. 210, beschriebenen Verfahren von GREEFF mittels EisenIII-salz durchzuführen.

Arbeitsvorschrift. Etwa 10 g der Ätzbadflüssigkeit werden in einer Platinschale abgewogen, mit Wasser verdünnt, in einen halb mit Wasser gefüllten 250-cm^3-Meßkolben übergeführt und bis zur Marke aufgefüllt. 25 cm^3 dieser Lösung werden mit n Natronlauge (Phenolphthalein als Indicator) zunächst in der Kälte, dann in der Wärme auf Rot titriert (Wert A). Nach Abkühlung auf Raumtemperatur wird die Lösung nach der Vorschrift von GREEFF (§ 6, S. 210) mit n $FeCl_3$-Lösung titriert (45,05 g $FeCl_3 \cdot 6\,H_2O$ in 1 l; 1 cm^3 entspricht 0,02 g H_2F_2). Die verbrauchten Kubikzentimeter $FeCl_3$-Lösung werden auf Kubikzentimeter n Natronlauge umgerechnet (Wert B). Aus B errechnet sich der Gehalt an Flußsäure, aus A–B der an Schwefelsäure.

IV. Bestimmung in Superphosphat.

Nach HILL und BEESON werden 2,5 g Superphosphat mit 100 cm^3 wasserfreiem Äther extrahiert. Der Extrakt wird mit 60%igem Alkohol auf 250 cm^3 aufgefüllt. 50 cm^3 dieser Lösung macht man mit verdünnter Natronlauge gegen Phenolphthalein schwach alkalisch, dampft auf 3 cm^3 ein, bestimmt darin das Fluor nach dem Verfahren von WILLARD und WINTER (s. § 4, S. 177, und § 5, S. 199) und berechnet auf Flußsäure.

12. Bestimmung von Silicofluorwasserstoffsäure neben Flußsäure.

Die vorangehend beschriebenen Verfahren zur Bestimmung von Silicofluorwasserstoffsäure und Flußsäure nebeneinander werden bei kleinen Konzentrationen an jener unsicher, wenn nicht große Einwaagen (bis zu 10 g) angewendet werden. Auch soll die zur Titration verwendete Lauge carbonat- und silicatfrei sein. CADE beschreibt ein elegantes Verfahren zur Bestimmung der Silicofluorwasserstoffsäure, die diese in einer Menge von 0,005 bis 0,3% in Flußsäure mit einem durchschnittlichen Fehler von 0,003% zu bestimmen gestattet. Das Verfahren beruht auf der Umwandlung der Silicofluorwasserstoffsäure in Silicomolybdänsäure, deren gelbe Farbe im Photometer gemessen wird. Der größte Teil der Flußsäure wird vor der Bestimmung in Gegenwart von Natriumchlorid abgedampft, ein kleiner Rest von Natriumhydrogenfluorid wird in Fluoroborsäure verwandelt. Eine Bestimmung dauert etwa 1 Std.

Reagenzien. 1. *Silicofluorwasserstoffsäure,* etwa 1 mg/cm³. Die Einstellung erfolgt durch Versetzen von 25 cm³ mit 2 g Kaliumchlorid, 25 cm³ Alkohol und 5 Tropfen Methylrot und Titration mit 0,1 n Lauge. Die Lösung soll sobald als möglich nach der Herstellung benutzt werden. – 2. *2%ige Natriumchloridlösung.* – 3. *Gesättigte Lösung von Borsäure.* – 4. *5 n Schwefelsäure.* – 5. *10%ige Ammoniummolybdatlösung.* – 6. *Stahlflasche mit trockenem Stickstoff mit Reduzierventil.*

Apparate. 1. *Lichtelektrisches Photometer* mit 425 mμ-Filter und zylindrischen Zellen von 23 cm³ Inhalt. Mit optischem Zement gekittete Zellen sind nicht brauchbar. – 2. *Bombe* von 100 cm³ Inhalt, möglichst aus Monelmetall, mit 0,6 cm weitem Messingventil und Anschlußstutzen für Röhre von 0,6 cm Durchmesser. – 3. *25 cm³-Meßzylinder aus Bakelit.*

Arbeitsvorschrift. 1. *Eichkurve.* Man mischt in fünf 50 cm³-Meßkolben je 15 cm³ Wasser, 10 cm³ Natriumchloridlösung, 0,2 bis 5 cm³ Silicofluorwasserstoffsäure, 10 cm³ Borsäure, 2 cm³ Schwefelsäure und 5 cm³ Ammoniummolybdatlösung. Nach dem Auffüllen zur Marke und Umschütteln läßt man 10 Min. stehen. Dann mißt man im Photometer und trägt die Ablesungen gegen mg Silicofluorwasserstoffsäure in ein Diagramm ein. – 2. *Blindprobe.* Wegen des Gehaltes der Reagenzien an Silicat ist eine Blindprobe erforderlich. Der Blindwert wird in zwei Ansätzen bestimmt, einmal mit 1 g und das andere Mal mit 5 bis 7 g Flußsäure, die nur wenig Silicofluorwasserstoffsäure enthält. Die gefundenen Werte werden auf den Gehalt einer 0 g-Probe an Silicofluorwasserstoffsäure extrapoliert. – 3. *Bestimmung.* In die evakuierte Bombe wird eine Probe von 60 bis 80 g eingezogen und auf 1 mg genau gewogen. In den Bakelit-Meßzylinder werden 10 cm³ Natriumchloridlösung einpipettiert. Die Bombe wird mit dem Ventil nach unten befestigt und das Ventil und das der Stickstoffbombe mit einem T-Stück aus Kunststoff („Saran") mittels eines ebensolchen Rohres von 6 mm Weite verbunden. Die dritte Öffnung des T-Stückes wird an ein Kunststoffrohr angeschlossen, das fast bis auf den Boden des Meßzylinders reicht. Der Meßzylinder ist mit einem Neoprenstopfen verschlossen, durch dessen Bohrung das Kunststoffrohr mit so viel Spielraum hindurchgeführt wird, daß der Stickstoff entweichen kann. In die Lösung wird ein Stickstoffstrom von etwa 1 bis 2 Blasen je Sek. eingeleitet. Das Ventil der Bombe mit der Probe wird vorsichtig geöffnet, so daß 1 bis 5 g der Säure von der Lösung aufgenommen wird, wobei die Geschwindigkeit des Ausfließens so geregelt wird, daß keine erheblichen Mengen von Säurenebeln entweichen. Nach dem Verschließen des Bombenventils wird noch 5 Min. lang Stickstoff in die Lösung eingeleitet. Der Inhalt des Meßzylinders wird in einer Platinschale von 100 cm³ Inhalt auf dem Dampfbade bei 100° zur Trockene eingedampft. Der Rückstand wird in 15 cm³ Wasser gelöst, und es werden 10 cm³ der Borsäurelösung zugesetzt. Die Mischung wird, falls nötig, filtriert und in einem 50 cm³-Meßkolben mit 2 cm³ Schwefelsäure und 5 cm³ Ammoniummolybdatlösung versetzt. Nach dem Auffüllen zur Marke, Umschütteln und 10 Min. langem Stehen wird die Lösung im Photometer gemessen. Der Gehalt an Silicofluorwasserstoffsäure wird der Eichkurve entnommen.

Das Verfahren ist ursprünglich zur Bestimmung von Silicofluorwasserstoffsäure in flüssigem Fluorwasserstoff ausgearbeitet worden. Es kann aber ohne weiteres auf wäßrige Flußsäure angewendet werden, wenn ein Platinvorratsgefäß und kein Stickstoff verwendet werden.

Bemerkung. Bis zu 5 mg Eisen sind ohne Störung.

13. Verschiedene Verfahren.

I. Verfahren von MILLER. In schwach salzsaurer oder essigsaurer Lösung können bis herab zu 0,04 mg Fluor in 10 cm³ Lösung als komplexes Benzidin-Quecksilberfluorid von der Zusammensetzung $(HF \cdot H_2N \cdot C_6H_4 \cdot C_6H_4 \cdot NH_2 \cdot HF)_2 \cdot HgF_2$ bestimmt werden.

Reagens. 1,84 g Benzidin werden in 500 cm³ Eisessig gelöst. Diese Lösung vermischt man mit 500 cm³ einer 0,02 n Lösung von Quecksilbersuccinimid.

Arbeitsvorschrift. Die Probelösung wird mit Natronlauge neutralisiert und mit Eisessig schwach angesäuert. Bei einer Temperatur der Lösung von 50° versetzt man sie mit einem Überschuß des Reagenses und stellt die Mischung 20 Min. auf das Wasserbad. Der im Filtertiegel abgesaugte Niederschlag wird mit kaltem Wasser gewaschen und über Schwefelsäure oder im Vakuum bei 50° getrocknet. – Oxydierende Stoffe sowie Sulfat oder Phosphat dürfen nicht zugegen sein.

II. Verfahren von STETTER. Durch Schädigung der Enzymwirkung von Kartoffelphosphatase können 0,05 bis 1 γ Fluor mit $\pm$ 1% Fehler bestimmt werden. Das sehr subtile Verfahren, das sich nicht ohne weiteres für analytische Laboratorien eignen dürfte, wird hier nicht näher beschrieben. Es wird gestört durch die Anwesenheit von Beryllium-, Aluminium-, Titanyl- und Molybdat-Ionen.

Literatur.

BRINTON, P., L. SARVER u. A. STOPPEL: Ind. eng. Chem. **15**, 1080 (1923).

CADE, G. N.: Ind. eng. Chem. Anal. Edit. **17**, 372 (1945). — CANNERI, G. u. D. COZZI: Anal. Chim. Acta **2**, 321 (1948).

DOMANGE, L.: C. r. **213**, 31 (1941); durch C. **112, II**, 2846 (1941).

FLATT, R.: Helv. **20**, 894 (1937). — FRESENIUS, L., K. SCHRÖDER u. M. FROMMES: Fr. **73**, 65 (1928).

GATTERER, A.: Spectrochimica Acta [Roma] **3**, 214 (1948); durch C. **120, II**, 788 (1949). — GAUTIER, A. u. P. CLAUSMANN: C. r. **154**, 1469, 1670, 1753 (1912). — GEFFCKEN, W. u. H. HAMANN: Fr. **114**, 15 (1938). — GEYER, R.: Z. anorg. Ch. **252**, 42 (1944). — GINSBERG, H.: Ch. Z. **55**, 608 (1931). — GREEFF, A.: B. **46**, 2511 (1913).

HAGA, T. u. Y. OSAKA: Soc. **67**, 251 (1895). — HILL, W. L. u. K. C. BEESON: J. Assoc. offic. agric. Chem. **19**, 328 (1936); durch C. **107, II**, 3940 (1936).

KATZ, J.: Ch. Z. **30**, 356 (1904). — KOLTHOFF, I. M.: Die Maßanalyse, 2. Aufl. 1931, 2. Teil, S. 130. — KURTENACKER, A. u. W. JURENKA: Fr. **82**, 210 (1930).

LANGER, A.: Ind. eng. Chem. Anal. Edit. **12**, 511 (1940).

MAYRHOFER, A. u. A. WASITZKY: Mikrochemie **20**, 29 (1936). — MEULEN, J. H. VAN DER: Chem. Weekbl. **36**, 476 (1939); durch C. **110, II**, 1933 (1939). — MILLER, C. F.: Chemist-Analyst **26**, 35 (1937); durch C. **108, II**, 2873 (1937).

OLIVIER, E.: Extrait des Publications du Congrès des Ingénieurs A. I. Lg. 1922, Liège et de la Revue universelle des Mines; durch Fr. **62**, 299 (1923). — OST, H.: B. **26**, 151 (1893).

PAUL, W.: Angew. Ch. **49**, 901 (1936). — PAUL, W. u. CH. KARRETH: Angew. Ch. **53**, 573 (1940). — PETREY, A. W.: Ind. eng. Chem. Anal. Edit. **6**, 343 (1934).

RANKIN, Ch. W.: Anal. Chem. **20**, 1128 (1948); durch C. **120, II**, 1112 (1949).

SACHARJEWSKI, W. A.: Betriebslab. **6**, 1019 (1937); durch C. **109, I**, 948 (1938). — SCOTT, W. W.: Standard Methods of Chemical Analysis, S. 1019, 1922; durch BRINTON, P., L. SARVER u. A. STOPPEL (s. dort). — SIEGEL, W.: Angew. Ch. **42**, 856 (1929). — SPECHT, F.: (a) Z. anorg. Ch. **231**, 181 (1937); (b) Angew. Ch. **61**, 44 (1949). — SPIELHACZEK, H.: Fr. **100**, 184 (1935). — STETTER, H.: B. **81**, 532 (1948).

THOMPSON, TH. u. H. TAYLOR: Ind. eng. Chem. Anal. Edit. **5**, 87 (1933).

WILSON, H.: J. pr. **57**, 246 (1852.) — WINTELER, F.: Angew. Ch. **15**, 33 (1902).

ZELLNER, J.: M. **18**, 49 (1897). — ZSCHACKE, F.: Ch. Z. **55**, 246 (1931).

§ 10. Verfahren zur Bestimmung von elementarem Fluor.

Die früheren Bestimmungsverfahren von MOISSAN (Umsetzung des Fluors mit Wasser und Bestimmung des entwickelten Sauerstoffs) sowie von RUFF (Umsetzung mit Siliciumpulver und Bestimmung als Siliciumfluorid) sind nach Ansicht von BODENSTEIN und JOCKUSCH ebensowenig brauchbar wie die Methode von v. WARTENBERG und FITZNER, bei der elementares Fluor auf Natriumchlorid unter Freimachung von Chlor einwirkt, das dann jodometrisch bestimmt wird. BODENSTEIN und JOCKUSCH fanden ein brauchbares Verfahren in der Bestimmung der Gewichtszunahme bei der Umsetzung von Fluor mit fein verteiltem Silber. Die Übelstände des Verfahrens von BODENSTEIN und JOCKUSCH bei der Bestimmung durch Schütteln mit Quecksilber vermeidet das Verfahren von SCHMITZ und SCHUMACHER. In jüngster Zeit haben TURNBULL und Mitarbeiter verschiedene Verfahren zur Bestimmung von Fluor in den aus der technischen Elektrolyse kommenden Gasen mitgeteilt. Das wichtigste davon geht auf die Methode von v. WARTENBERG und FITZNER zurück und ist von den Verfassern zu einem hohen Grade von Genauigkeit gebracht worden.

A) Verfahren von BODENSTEIN und JOCKUSCH.

Arbeitsvorschrift. Ein kleines Silbergefäß (55 g Leergewicht) wird mit 2 g Silberschnitzeln und darüber 10 bis 12 g sehr feinem Silberpulver gefüllt. Bei einer Temperatur von 200° wird das Fluor vollständig absorbiert. Die Füllung kann so lange gebraucht werden, bis das Silberpulver größtenteils fluoriert ist. (Dem Fluorgas etwa beigemengter Sauerstoff wird *nicht* absorbiert und kann für sich, etwa durch Bindung an Kupfer oder in einer gewöhnlichen Apparatur zur Gasanalyse bestimmt werden.)

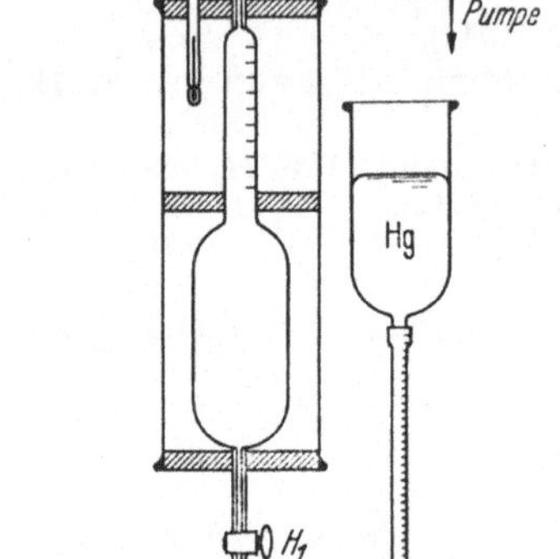

Abb. 17. Apparatur von Schmitz und Schumacher.

BODENSTEIN und JOCKUSCH bestimmten das Fluor durch Schütteln mit Quecksilber in einem vor dem Einfüllen des Fluorgases evakuierten Gefäß. Es bildet sich hierbei QuecksilberI-fluorid, und dadurch entsteht eine Druckabnahme, die gemessen wird. Dieses Verfahren hat aber den Nachteil, daß das Quecksilber im Manometer ebenfalls angegriffen und dadurch verschmutzt wird. An demselben Mangel dürfte das auf dem gleichen Prinzip beruhende Verfahren von MILLER und BIGELOW leiden, bei dem außerdem eine sehr komplizierte Apparatur angewendet werden muß.

B) Verfahren von SCHMITZ und SCHUMACHER.

Arbeitsvorschrift. *Apparatur.* Als Analysengefäß dient eine Bürette aus Quarz (s. Abb. 17). Sie hat ein zuvor genau zu bestimmendes Gesamtvolumen von etwa 100 bis 120 cm³ und besteht aus einem weiten Zylinder, an den oben ein enges graduiertes Rohr von 10 cm³ Inhalt angesetzt ist. Die Bürette ist unten durch den Quarzhahn H_1 verschlossen, durch den Quecksilber eingelassen werden kann; nach oben ist sie in der aus Abb. 17 ersichtlichen Weise mit der übrigen Apparatur durch Capillaren verbunden. Der besseren Temperaturkonstanz wegen ist sie mit einem Wassermantel umgeben.

Bestimmung. Die Bürette wird zunächst ausgepumpt und dann, um die Wasserhaut an der Wand zu beseitigen, einmal mit Fluor durchgespült. Nach nochmaligem Auspumpen wird der Hahn H_2 geschlossen und das zu analysierende Fluor aus der gekühlten Vorratsfalle so lange eingelassen, bis es einige Millimeter Überdruck besitzt. Nach Schließen des Kupferventils V der Vorratsfalle wird der Hahn H_3 geöffnet und so der Überdruck beseitigt. Die beim Drehen des Hahns bisweilen stattfindende Reaktion des Fluors mit dem Hahnfett ändert bei der beschriebenen Art der Ausführung nicht die Zusammensetzung des Gasgemisches in der Bürette. Nach Eintreten des Druckausgleiches wird bei S sofort abgeschmolzen. Darauf läßt man durch den Hahn H_1 trockenes Quecksilber (etwa 20 bis 30 cm^3) ein und schüttelt vorsichtig. Es muß darauf geachtet werden, daß das Quecksilber möglichst wenig erhitzt wird, da bei etwaiger Entzündung auch der Sauerstoff reagiert. Die Bohrung des Hahnes H_1 muß frei von Hahnfett sein. Nach Reaktionsende, das in etwa 1/4 Std. erreicht ist und am Blankbleiben der Quecksilberoberfläche zu erkennen ist, wird die Bürette mit weiterem Quecksilber gefüllt und das Restvolumen nach Herstellung der Niveaugleichheit abgelesen. (Dauer der Analyse etwa 1 Std.)

Bemerkungen. Die *Genauigkeit* des Verfahrens ist für die meisten Zwecke ausreichend. – Dem Restgasgehalt ist eine *Korrektur* von bis zu etwa 0,4% (bei etwa 10% Restgehalt) hinzuzuzählen. Diese Korrektur wird dadurch notwendig, daß ein kleiner Teil des Restgases von dem an der Wand der Bürette haftenden QuecksilberI-fluoridschlamm adsorbiert oder eingeschlossen wird und daher beim späteren Einlassen des Quecksilbers bis zur Niveaugleichheit nicht in den Gasraum gelangt.

C) Verfahren von TURNBULL und Mitarbeitern.

Dieses sichere analytische Verfahren für Betriebsanalysen eignet sich für die Untersuchung von hochprozentigem Fluor. Es beruht auf der Bindung von beigemengtem Fluorwasserstoff an Natriumfluorid, die Umwandlung von Fluor in Chlor bei der Reaktion mit Natriumchlorid und Analyse des Chlors auf Sauerstoff und inerte Gase. Der Gesamtfehler in bezug auf Fluor beträgt weniger als 0,4%.

1. Natriumfluorid-Natriumchlorid-Verfahren. Dieses Verfahren eignet sich für Fluorkonzentrationen über 50%. Der Fluorwasserstoff wird zuerst quantitativ durch Natriumfluoridplätzchen in einem Kupfer- oder Nickelrohr entfernt auf Grund der Bildung von saurem Natriumfluorid $NaHF_2$. Das Fluor wird dann durch Natriumchlorid, das sich in einem anderen Rohre befindet, hindurchgeleitet, wobei freies Chlor entsteht. Nachdem das gasförmige Fluor mehrere Minuten lang durch die Apparatur geleitet ist, um alle Spuren inerter Gase zu entfernen, wird eine Probe des konvertierten Gases, das aus Chlor, Sauerstoff und inerten Gasen, hauptsächlich Stickstoff, besteht, entnommen. Das übrige konvertierte Gas wird in kalte 2 n Natronlauge geleitet, die mit dem Chlor Natriumhypochlorit bildet, während die inerten Gase in die Luft entweichen. Die in die Analyse eingebrachte Menge Fluor wird durch die Messung des als Hypochlorit absorbierten Chlors plus dem Chlor in der entnommenen Gasprobe bestimmt. Jenes wird ermittelt durch Titration des bei der Einwirkung von Kaliumjodid und Essigsäure auf die Hypochloritlösung entstandenen freien Jodes mit Natriumthiosulfatlösung. Das Chlor in der Gasprobe wird durch Absorption in Lauge bestimmt. Die durch Lauge nicht absorbierten Gase werden zwecks Bestimmung des Sauerstoffes durch alkalische Pyrogallollösung geleitet. Der nicht in Reaktion getretene Gasrest wird „inert“ genannt und besteht hauptsächlich aus Stickstoff. Die Menge des im Fluor anwesenden Fluorwasserstoffes wird bestimmt durch Behandlung der Natriumfluoridplätzchen mit kalter, neutralisierter Kaliumnitratlösung in einer Nickel- oder Platinschale, um jeden Irrtum auszuschalten, der durch etwa als Verunreinigung anwesendes Natriumsilicofluorid entstehen könnte. Das saure Fluorid wird dann nach bekannten Verfahren mit silicatfreier Natronlauge titriert. Aus den Mengen Fluor, Fluorwasserstoff, Sauerstoff und inerten Gasen kann die genaue Zusammensetzung und Reinheit des Fluorgases berechnet werden.

2. Dampfdruck-Verfahren. Bei diesem Verfahren wird die Menge des anwesenden Fluorwasserstoffes durch die direkte Messung seines Dampfdruckes ermittelt. Eine bekannte Menge Fluorgas wird bei der Temperatur des flüssigen Stickstoffs kondensiert. Dann wird das Fluor ab-

gepumpt und das Gefäß mit dem zurückbleibenden Fluorwasserstoff auf Raumtemperatur erwärmt. Die Menge des Fluorwasserstoffes wird mit Hilfe des BOYLE-MARIOTTEschen Gesetzes berechnet.

Dieses Verfahren ist schwieriger auszuführen als das unter 1. beschriebene Natriumfluorid-Natriumchlorid-Verfahren. Auch leidet es darunter, daß Fehler durch kleine Undichtigkeiten der Apparatur entstehen können, und schließlich erlaubt das Verfahren 1. die gleichzeitige Bestimmung von Fluor, Fluorwasserstoff, Sauerstoff und inerten Gasen.

3. Jodwasserstoff-Verfahren. Für die Analyse niedriger Konzentrationen an Fluor ist das unter 1. beschriebene Verfahren nicht zufriedenstellend. In der Reaktion des Fluors mit verdünnter Jodwasserstoffsäure liegt aber eine Möglichkeit, Fluorgas mit weniger als 10% F_2 zu analysieren. Fluor reagiert mit wäßriger Jodwasserstofflösung auf dreierlei Weisen:

$$F_2 + 2\,HJ = 2\,HF + J_2 \quad (1)$$
$$2\,F_2 + 2\,H_2O = 4\,HF + O_2 \quad (2)$$
$$2\,F_2 + H_2O = 2\,HF + F_2O. \quad (3)$$

Reaktion (1) überwiegt bei weitem. Reaktion (2) verursacht einen relativen Fehler von nur etwa 2% bezüglich der aus (1) errechneten Werte, während Reaktion (3) bei der angewendeten Konzentration von n Essigsäure unbedeutend ist.

D) Bestimmung von Fluor in der Luft.

Eine durch Mischung gleicher Teile von Lösungen von alizarinsulfosaurem Natrium (0,17 g/100 cm³) und Zirkonylnitrat (0,87 g$ZrO(NO_3)_2$/100 cm³) erhaltene, mit Wasser im Verhältnis 1:5 verdünnte Lösung wird als Indicator für die photocolorimetrische Bestimmung sehr geringer Mengen elementaren Fluors (1 bis 20 γ) in Luft verwendet. Die Empfindlichkeit wird durch Verlängerung der Küvette auf 18 cm und Verwendung eines geeigneten Lichtfilters erhöht. Die erreichte Empfindlichkeit beträgt 0,6 γ je Skalenteil des Galvanometers (RAINESS und KASATSCHKOWA).

Literatur.

BODENSTEIN, M. u. H. JOCKUSCH: S.-B. preuß. Akad. Wiss. **1934**, 27.

MILLER, W. T. u. L. A. BIGELOW: Am. Soc. **58**, 1585 (1936). — MOISSAN, H.: Das Fluor, S. 89, Berlin 1900.

RAINESS, M. M. u. S. W. KASATSCHKOWA: J. chim. applic. **13**, 153 (1940); durch C. **111, II**, 1477 (1940). — RUFF, O.: Die Chemie des Fluors, S. 64, Berlin 1920.

SCHMITZ, H. u. H.-J. SCHUMACHER: Z. anorg. Ch. **245**, 221 (1940).

TURNBULL, S. G., A. F. BENNING, G. W. FELDMANN, A. L. LINCH, R. C. MCHARNESS u. M. K. RICHARDS: Ind. eng. Chem. Ind. Edit. **39**, 286 (1947).

WARTENBERG, H. v. u. O. FITZNER: Z. anorg. Ch. **151**, 319 (1926).

§ 11. Bestimmung des Fluors neben anderen Elementen.

Wenn eine Bestimmung des Fluors neben anderen Bestandteilen nötig ist, so wird in den weitaus meisten Fällen die Austreibung als Siliciumfluorid, SiF_4, bei Gegenwart von Kieselsäure und Schwefel- oder Perchlorsäure nach den in § 4 geschilderten Verfahren anwendbar sein. Die Bestimmung des Fluors im Destillat kann nach den in den Paragraphen 4 und 5 beschriebenen Methoden geschehen.

Diese Art der Abtrennung des Fluors ist nur dann mit besonderen Schwierigkeiten verknüpft, wenn Borsäure, amorphe Kieselsäure oder große Mengen Aluminium anwesend sind oder wenn das Fluor in Silicaten bestimmt werden soll. Kieselsäure und Aluminium können nach den auf S. 141 angegebenen Verfahren abgeschieden werden. Aus einer Borsäure enthaltenden Lösung kann das Fluorid abgetrennt werden durch Fällung der mit Soda versetzten Lösung mit Calciumchlorid in der Siedehitze. Der mit heißem Wasser gewaschene Niederschlag, der aus Calciumcarbonat, -fluorid und etwas Calciumborat besteht, wird schwach geglüht, mit verdünnter Essigsäure behandelt und zur Trockne verdampft. Nach Zufügen von etwas

Essigsäure und Wasser gehen das entstandene Calciumacetat und -borat in Lösung, während Calciumfluorid zurückbleibt, das nach § 1, S. 147, als solches bestimmt oder nach § 4, S. 167, erst destilliert und nach § 5, S. 190, ermittelt werden kann (TREADWELL).

Die Destillation von Fluoriden mit Schwefel- oder Perchlorsäure bei Gegenwart von viel Chlorid, Bromid oder Jodid kann schwierig ausführbar sein. In diesen Fällen empfiehlt sich die Abtrennung der Halogene Chlor, Brom und Jod aus fast neutraler Lösung mittels Silberoxyds, -sulfats oder -perchlorats und die Bestimmung des Fluors im Filtrat des Silberhalogenidniederschlages.

Bei Anwesenheit von höheren Oxydationsstufen des Chroms oder Mangans müssen diese vor der Destillation reduziert werden, z.B. mittels schwefliger Säure.

Literatur.

TREADWELL, F. P.: Kurzes Lehrbuch der analytischen Chemie, 11. Aufl., Band 2, S. 11. Leipzig und Wien 1923.